水性树脂
制备与应用

张洪涛　黄锦霞　编

化学工业出版社

·北京·

本书对常用水性树脂，如水性油及水性聚丁二烯、水性酚醛树脂，水性氨基树脂、水性醇酸树脂，水性聚酯树脂，水性丙烯酸树脂，水性环氧树脂，水性聚氨酯树脂，水性含硅含氟树脂、水性超支化聚合物以及它们改性的多元杂合产品的制备技术、配方、工艺、性能及应用等进行了详细论述，可供从事各类精细聚合物（树脂）、涂料、胶黏剂、织物涂层剂、皮革涂饰剂等研究、产品开发、生产和应用的技术人员参考，也可作为大专院校相关专业教学和科研参考书。

图书在版编目（CIP）数据

水性树脂制备与应用/张洪涛，黄锦霞编.—北京：化学工业出版社，2011.10（2022.10 重印）
ISBN 978-7-122-12175-2

Ⅰ.水…　Ⅱ.①张…②黄…　Ⅲ.水溶性树脂
Ⅳ.TQ322.4

中国版本图书馆 CIP 数据核字（2011）第 174790 号

责任编辑：赵卫娟　翁靖一　　　　　　装帧设计：关　飞
责任校对：洪雅姝

出版发行：化学工业出版社（北京市东城区青年湖南街 13 号　邮政编码 100011）
印　　装：北京科印技术咨询服务有限公司数码印刷分部
710mm×1000mm　1/16　印张 20　字数 408 千字　　2022 年 10 月北京第 1 版第 3 次印刷

购书咨询：010-64518888　　　　　　售后服务：010-64518899
网　　址：http://www.cip.com.cn
凡购买本书，如有缺损质量问题，本社销售中心负责调换。

定　　价：98.00 元　　　　　　　　　　　　　版权所有　违者必究

前　言

涂料、胶黏剂、织物涂层剂和整理剂、皮革涂饰剂、印刷油墨、水泥添加剂、密封剂、灌封料以及其他精细聚合物化工产品与人们生产和生活密切相关。它们成分复杂、组成各异、品种繁多，用途广泛。但是，它们的组分却有类似之处，即都要用树脂（聚合物）作为黏结基料（或成膜物质），另外还有溶剂（或分散介质）、颜填料、各类助剂等。早期，这些产品大多是溶剂型的，含有大量可挥发的有机溶剂，因而在生产或使用后，这些有机溶剂都要挥发到大气中，对人身和环境造成极大危害。随着国际范围内的能源紧张和环境保护法进一步完善，VOC（挥发性有机化合物）排放进一步受到了限制。有机溶剂型产品被绿色环保型的水性产品代替已成为人们的追求目标。

有机溶剂的作用主要是溶解聚合物（黏结基料）和稀释。用水性产品代替有机溶剂型产品，最为关键的是要使用不可缺少的水性聚合物（水性树脂）。水性树脂分为水溶性树脂，水分散型树脂和水乳型树脂。水性树脂在环保、低碳方面具有极大的优势，但在某些性能上与有机溶剂型树脂相比，还存在一些问题。所以，要想使上述有机溶剂型产品用水性产品代替，在性能上达到或接近有机溶剂型产品，首先要制备出各种各样性能优良、质量稳定、使用方便，能满足各类材质、环境条件和施工要求的水性树脂。

为此，本书就常用的水性树脂的制备技术，配方、工艺、性能及应用，特别是最新的多元杂合水性树脂予以介绍。这些水性树脂包括水性油及水性聚丁二烯、水性酚醛树脂，水性氨基树脂、水性醇酸树脂，水性聚酯树脂，水性丙烯酸树脂，水性环氧树脂，水性聚氨酯树脂，水性含硅含氟树脂、水性超支化聚合物以及它们改性的多元杂合水性树脂产品等。

本书可供从事各类精细聚合物（树脂），涂料、胶黏剂、织物涂层剂、皮革涂饰剂等研究，产品开发，生产和应用的技术人员参考，也可作为大专院校相关专业的教师、本科生和研究生等教学和科研参考书。

本书在编著过程中，得到了很多专家和同事们的宝贵建议，给予了许多帮助，在此深表谢意。限于编者水平，书中可能会有许多疏漏之处，敬请广大读者批评指正。

张洪涛　黄锦霞
2011 年 8 月

目　录

第 1 章 水性树脂概述 / 001

第 2 章 水性油及水性聚丁二烯 / 012

第 3 章 水性酚醛树脂 / 031

第 4 章 水性氨基树脂 / 047

第 5 章 水性醇酸树脂 / 072

第 8 章 水性环氧树脂 / 160

第 9 章 水性聚氨酯 / 205

第 10 章 水性含硅、含氟树脂 / 257

第 11 章 水性超支化聚合物 / 280

第 1 章

水性树脂概述

Chapter 1

1.1 水性树脂的概念

1.1.1 水性树脂的含义

所谓水性树脂是指以水为介质的聚合物体系。它可分为水溶性树脂，水分散型树脂和水乳型树脂。水溶性树脂是靠聚合物分子链上带较多亲水基团（或加入适量的助溶剂）溶解于水来实现的。水溶性树脂呈透明状，为分子级分散状的真溶液，这个概念已经达成共识。但是，水分散型树脂和水乳型树脂的称呼多种多样。有的用树脂水分散型和胶体分散型来表述；有的用树脂水分散体和树脂水乳液来区分。有的根据是否外加乳化剂，或加入乳化剂的多少，或者聚合物链上所携带的亲水基团多少来区分。在一些书籍和文献中，也有按聚合物在水中分散的颗粒大小来判定。有人提出水分散型树脂粒径范围在 $0.001\sim0.1\mu m$，而树脂乳液的粒径$\geqslant0.1\mu m$；有的提出水性树脂乳液粒径$\geqslant1\mu m$，树脂水分散体粒径$\leqslant1\mu m$ 等。其结果是水分散型树脂和水乳型树脂的概念比较模糊，界限也不清楚。

随着聚合技术的不断进步（如可聚合乳化剂、微乳液聚合、聚合物链上亲水基团量的控制、自乳化乳液以及乳化剂与亲水基团量二者的结合），乳化技术的发展，从体系的组分和性能上看，已经不必严格区分，水分散型树脂和水乳型树脂的概念模糊不清亦是必然。早期所谓的水分散型聚合物只是颗粒范围在微米级以下，而水乳型树脂的聚合物颗粒范围在微米级以上，已经不太准确了。因此水分散型树脂的概念可包括水乳型树脂。所以在本书中，除了有时对水溶性树脂特别指出外，水分散型树脂和水乳型树脂并不严格区别，常用某种树脂的水分散体来表示，有时根据习惯也称树脂（或聚合物）乳液。

1.1.2 水性树脂与水溶性聚合物

通常树脂和聚合物的界限也没有严格区分，基本可互相代替。但在应用领域内二者还是稍有不同。聚合物的应用范围较宽，可以包括用于塑料、弹性体、纤维、涂料及胶黏剂等一切用单体聚合而成的高分子化合物，其中也包括树脂。而一般树脂的应用范围相对较窄，是依据天然树脂的性质和应用范围，主要是从涂料的黏结基料演化而来。而合成树脂主要是指某些带官能基团的单体经过逐步聚合（加聚或缩聚）而得到的可反应和交联的，最终作为涂料、胶黏剂、织物涂层剂、皮革上光剂、油墨黏结料及灌封料等方面的材料使用，其玻璃化温度相比较而言是比较高的精细聚合物，但聚丙烯酸酯树脂（聚合物）也有弹性体应用。而大规模生产的塑料材料、橡胶材料及纤维等不在此本书的讨论之列。

本书中介绍的水性树脂既包括水溶性树脂，又包括水分散型树脂和树脂乳液。

常用的水性树脂有水性酚醛树脂，水性氨基树脂、水性醇酸树脂，水性聚酯树脂，水性丙烯酸树脂，水性环氧树脂，水性聚氨酯，水性含硅、氟树脂、水性光固化树脂及水性超支化树脂等，主要用于涂料、胶黏剂等各类涂层成膜材料。

1.2 水溶性高分子类型和特性

1.2.1 水溶性高分子类型

水溶性高分子可以分为天然水溶性高分子，半合成水溶性高分子和合成水溶性高分子3大类。

(1) 天然水溶性高分子 以植物或动物为原料，通过物理过程或物理化学的方法提取而得。这类产品最常见的有淀粉类、海藻类、植物胶、动物胶和微生物胶质等。藻蛋白酸钠、阿拉伯胶、胍胶、骨胶、明胶、干酪素及黄耆胶等都是这类天然化合物的代表。

(2) 半合成水溶性高分子 由天然物质经化学改性而得。改性纤维素和改性淀粉是主要的两大类。常见的品种有：羧甲基纤维素、羟乙基纤维素、甲基纤维素、乙基纤维素、磷酸酯淀粉、氧化淀粉、羧甲基淀粉及双醛淀粉等。这类半天然化合物兼有天然化合物和合成化合物的优点，因而具有广泛的应用市场，产量很大。

(3) 合成水溶性高分子 有加聚类和缩聚类两种。加聚类产物有聚乙烯醇、聚丙烯酰胺、聚丙烯酸、聚氧化乙烯、聚乙二醇、聚马来酸酐及聚乙烯吡咯烷酮等；逐步聚合类产物有水溶性酚醛树脂、水溶性氨基树脂、水溶性醇酸树脂、水溶性环氧树脂、水溶性聚氨酯树脂以及水性丙烯酸树脂等，而后者逐步聚合类水溶性树脂也是本书所要介绍的水性树脂内容之一。

1.2.2 水溶性树脂结构和特性

通过逐步聚合合成的水溶性树脂是水溶性聚合物（或高分子）的一部分，是由含官能团的单体经逐步聚合而得到的产物。它不属于上述的水溶性高分子范畴。其树脂本身并不溶于水，而它的水溶性主要是来自于其分子中引进的亲水基团（或加入适量的助溶剂，以保证树脂的某些使用性能）来实现的。最常见的亲水基团是羧基、羟基、酰氨基、氨基、醚基和氧化乙烯链节等。这些官能基团不但使聚合物具有亲水性，而且使它具有许多宝贵的性能，如黏合性、成膜性、润滑性、成胶性、螯合性、分散性、絮凝性、减摩性及增稠性等。水溶性树脂的分子量通过改变制备配方和条件可以控制。其亲水基团的强弱和数量可以按要求加以调节，亲水基团等活性官能团还可以进行反应，生成具有新官能团的化合物。上述各种性能使水溶性树脂具有多种多样的品种和宝贵性能，获得越来越广泛的应用。

1.3 水溶性树脂的合成

因为水性树脂分为水溶性树脂和水分散型树脂，而这两种树脂外观差别较大，制备方法也不同。尤其是水分散型树脂，不同的树脂品种，其制备方法千差万别。例如水性酚醛树脂，水性氨基树脂、水性醇酸树脂，水性聚酯树脂，水性丙烯酸树脂，水性环氧树脂，水性聚氨酯树脂，水性含有机硅及氟树脂等，他们的树脂水分散体（或乳液）在后面的章节将有专门的制备例子来介绍。这里仅就其中的水溶性树脂部分制备的一般原理和影响因素给予简要叙述。

1.3.1 水溶性树脂合成原理

合成树脂之所以能溶于水，是由于在聚合物的分子链上含有一定数量的强亲水性基团，例如含有羧基、羟基、氨基、醚基及酰氨基等。但是这些极性基团与水混合时多数只能形成乳浊液，它们的羧酸盐则可部分溶于水中。因而水溶性树脂绝大多数都是先制得带亲水基团的聚合物，然后中和成盐而获得水溶性。要想得到较好的水溶性，其分子链中必须含有较多的可中和成盐的亲水官能团。带有氨基的聚合物以羧酸中和成盐，形成阳离子水溶性树脂，如阴极电沉积涂料水溶性树脂；带有羧酸基团的聚合物以胺中和成盐，形成阴离子水溶性树脂，如阳极电沉积涂料水溶性树脂。而且，有时还不足以完全成为水溶液时，还要加入助溶剂，以使其完全成为水性树脂溶液，而且还要调整到复合施工使用的黏度。

1.3.2 树脂水溶性与稳定性影响因素

如前所述，水溶性树脂能在水中溶解的主要原因是在分子链上带有亲水性基团。但是，树脂的结构、引进的基团、分子量、分子量分布以及使用的中和剂、助溶剂都能影响树脂的水溶性及稳定性等。

1.3.2.1 亲水基团的影响

(1) 醚基的影响 以直链型的聚酯树脂为例，即使酯化程度基本相同，其水溶性情况也不尽相同。醚基越多，水溶性情况越好。

(2) 高官能度醇类的影响 以季戊四醇和二聚季戊四醇作为高官能度醇为例，用它适当地取代上例聚酯树脂中的多元醇组分，可制得不同水溶性聚酯树脂。

(3) 高官能度酸的影响 作为高官能度酸的失水偏苯三甲酸和均苯四甲酸酐，将它分别与乙二酸一起使用，对每种酸的用量进行相应的调整，使之与上例聚酯保持相同的总官能度，它将最终生成不同水溶性的树脂。

1.3.2.2 分子量的影响

合成树脂的分子量大小对其水溶性的影响较大。以同类型的树脂来比较，分子量小的，水溶性较好，但涂膜的防腐蚀性能差；分子量较大的树脂，涂膜有较好的防腐蚀性，但水溶性较差。因此，在保证树脂能水溶的前提下，尽可能使树脂的分子量大一些，以制得性能较好的涂膜。

合成树脂的分子量分布越窄，水溶性越差，但涂膜的性能好，尤其对于电沉积法施工的漆料来说，分子量分布越窄越好，因为不同大小的分子在电场的作用下，表现出不同的电沉积效果。分子量分布宽时，因为分子间的互溶效应常有利于水溶性的改善，但往往不容易得到有良好性能的漆膜和稳定性。

1.3.2.3 中和剂的影响

中和剂的不同品种，能明显地影响树脂的水溶性、树脂溶液的储存稳定性、黏度、固化速率及涂膜的泛黄性。因此，适当地选择中和剂也是十分重要的。树脂的品种不同，所用的中和剂也应不同，常温干燥的水溶性漆，需选用低沸点的中和剂；浅色漆则选用变色性小的中和剂。常用的中和剂有氨、二乙胺、三乙胺、一乙醇胺、二乙醇胺、三乙醇胺、N,N-二甲基乙醇胺、氢氧化钠、氢氧化钾等。通常所用的中和剂要考虑几个因素来选择：首先应是可挥发性的（但采用电沉积涂装的漆，可以例外），而且价钱比较便宜，气味较小，对树脂的稳定性好等。从树脂的水溶性来比较，氨水、氢氧比钾及氢氧化钠等中和剂的助溶效果不如乙醇胺好。从漆的稳定性来考虑，一般选用叔胺比较好，它不会使聚酯产生胺解反应。缺点是叔胺的用量比伯胺、仲胺多，变色性大。

中和剂的用量，通常要求足够使树脂的 70% 以上羧基被中和，树脂水溶液的 pH 值达到 7 以上即可。一般控制中和的 pH 值为 7.5～8.5 较好，可以保持树脂水溶液的稳定性。中和剂的用量过多时，会加剧树脂的降解作用，不利于树脂溶液保持稳定，尤其是采用电沉积涂装的树脂更应严格控制 pH 值的范围。

1.3.2.4 助溶剂的影响

为了提高树脂的水溶性，调节水溶性树脂液的黏度和涂膜的流平性，有些水溶性树脂必须加入少量的亲水性有机溶剂，如低级的醇和醚醇类，通常称这种溶剂为助溶剂。它既能溶解高分子树脂，本身又能溶解于水中。助溶剂的选择亦需考虑所用中和剂胺类的性能。一般采用仲丁醇作助溶剂得到的溶液黏度小，且有较好的稳定性。

在水溶性醇类中，碳链长的醇比碳链短的醇助溶效果好，含醚基的醇比不含醚基的醇好。因此，丁醇比乙醇好，丁基溶纤剂比丁醇更好。

正确地选择助溶剂的品种，或者采用两种助溶剂品种和增大助溶剂量，对于克服稀释过程中不正常黏度增稠的现象是比较有效的。然而对于电沉积涂装的水溶性漆来说，往往多加助溶剂，对电沉积的效果并不好。助溶剂的加入量，通常为树脂量的 30% 以下。

在水溶性树脂中常用的助溶剂有乙醇、异丙醇、正丁醇、甲（乙、丁）基溶纤剂、二乙二醇甲（乙、丁）醚、丙二醇单乙（丁）醚等。而助溶剂的加入则会增加

VOC 的含量，使其对环保不利。

1.4 水分散型树脂制备方法

水分散型树脂是指在树脂分子上或者不带亲水基团，或者带有一定（比较少）的亲水基团，该类树脂不溶解或者不能完全溶解于水中，但是可以通过一定的制备或加工方法，使其分散于水中，形成以水为介质的水分散液。水分散型树脂的制备方法，有自乳化法和外乳化法两种。

1.4.1 自乳化法

又称内乳化法，是指树脂的分子链段上含有一定量的能中和成盐的亲水性成分，但又不能完全溶解于水中。在制备树脂的水分散体时，也无需另外再加乳化剂，是利用分子链本身所含的少量亲水性成分，在和水混合、搅拌等过程，即可形成稳定水分散型乳液的方法。该种方法不需要加入助溶剂，所以在制备水性涂料、胶黏剂等产品所用的水性树脂中，自乳化水分散树脂占据了绝大多数，近十多年来，各类树脂的自乳化水性化技术，特别是多元杂合水性树脂的研究和开发异常迅速。

1.4.2 外乳化法

外乳化法又称为强制乳化法，是指树脂分子上完全不含亲水性成分，或分子链中仅含极少量的亲水性链段或基团，但又不足以进行自乳化得到稳定的树脂乳液，因而该树脂制备水分散型体系时，必须另外添加乳化剂，采用强制乳化（高速搅拌、胶体磨或均化器等）的方法，才能得到稳定性较好的水分散型乳液，此种方法被称为外乳化法。

比较而言，外乳化法制备的水分散型树脂乳液中，由于亲水性小分子乳化剂的残留，影响树脂成膜固化后胶膜的性能，而自乳化法能消除此类弊病，水分散型树脂的制备多以自乳化法为主。但在某些品种的水性树脂中，例如水性环氧树脂，随着新型乳化剂（如水性环氧乳化剂与水性环氧固化剂类乳化剂）的研制，以及高效乳化技术和设备的出现，外乳化法制备水分散型树脂乳液也引起人们的很大兴趣和重视。

1.5 水性树脂的特点与发展

1.5.1 水性树脂的特点与改进

水性树脂主要用于水性涂料，所以水性涂料用黏结基料（树脂）的发展可以基本上代表水性树脂的发展。水性涂料是以水溶性树脂或不同类型的水分散树脂为基料配制而成，因而也常称为水性（基）涂料。水性涂料的基本组成为不同形式的水性树脂（聚合物）、颜料及填料和有关助剂，在施工应用过程中以水做稀释剂。

1.5.1.1　水性树脂的特点

（1）水溶性树脂优点　水性树脂，由于以水做溶剂，因而具有下述优点。

① 水的来源广泛，净化容易；

② 在加工过程中无火灾危险；

③ 无苯类等有机溶剂的毒性气体；

④ 以水代溶剂，节省大量资源；

⑤ 被涂工件经除油、除锈及磷化等处理后，不待完全干燥即可施工；

⑥ 施工的工具可用水进行清洗；

⑦ 水性涂料采用电沉积涂装，使涂漆工作自动化，效率高于通常采用的喷、刷、淋及浸等施工方法；

⑧ 用电沉积法涂出的涂膜质量好，没有厚边、流挂等弊病，工件的棱角、边缘部位基本上厚薄一致，狭缝、焊接部位亦能均匀上漆。

（2）水性树脂的缺点

① 以水做溶剂，由于蒸发潜热高，须增加漆膜的烘干和常温干的时间；同时，对水敏感的材料如木材、纸张等工业制品方面，水性漆的应用受到限制；

② 为了保证水溶性树脂的水溶性、稳定性，大多数羧酸型水溶性树脂常被中和到微碱性（pH 为 7.5～8.5），在这种情况下，容易造成高聚物分子的酯键降解，使树脂体系和涂膜的性能变坏；

③ 使用有机胺类物质作中和剂，对人体有一定的毒性，排出的废水会造成水源污染；

④ 由于水性树脂中存在大量的亲水性基团和较低的分子量，与同类型的溶剂树脂相比耐腐蚀性能较差。

⑤ 水性树脂采用电沉积涂装时，树脂液对基材的表面处理要求高，对由不同材质构成的组合件，因电沉积对基材的选择性不同，而造成涂膜不均匀。

1.5.1.2　水性树脂的改进和完善

（1）水性树脂的"四 E"原则　随着国际范围内的能源紧张和环境保护法进一步完善，VOC（Volatile Organic Compound，挥发性有机化合物）排放将进一步受到限制。例如，北美实施了 VOC 排放总量的限制，并制订了对待特定溶剂（如二甲苯、甲苯、甲基异丁基酮及甲乙酮）停止使用的削减计划。在这样一个特定的历史条件下，水性涂料、黏合剂以及其他涂层材料不仅制造过程不能使用溶剂、施工过程不排放有机溶剂，而且要完全符合国际流行的"四 E"（经济、环保、高效及性能卓越）原则。因此，水性树脂的研究开发，既不能走过去环境保护"先污染、后治理"的老路，也不能犯降低产品质量标准，"只重环保、而轻性能"的错误。近 20 年来，高装饰、超耐久性、多功能的水性涂料品种在国外不断增多。如超耐候性的水乳化型氟硅外墙涂料；防锈时间在 20 年以上的水性高锌量涂料；空调换热片用亲水、耐水的特种水乳化涂料；高装饰型轿车涂料水性化已达 100%等。例子很多，不胜枚举。国内关于限制涂料 VOC 的法规虽然出台较晚，但也开始考虑把水性化和高性能两个目标结合起来研究。

(2) 水性树脂改进和提高的要点 ①涂料用单组分室温固化水性树脂；②水性胶黏剂，例如鞋用和复合膜用的高初黏力和高粘接强度的水性树脂；③高固含量、高耐水性、快干型树脂涂层材料；④高性能、广用途的多元杂合产品的开发。

1.5.2 水性树脂的发展

目前，水性树脂的发展极为迅速，成百上千的有关研究文章和专利层出不穷，特别是多元杂合（或叫杂化）水性树脂更是如雨后春笋般涌现。水性树脂的制备可以有外乳化法和自乳化法，而自乳化水性树脂从制备反应原理上看，又有多元共聚反应，有嵌段、接枝反应，有基团加合或缩合反应，有共混交联反应，有辐射引发改性且有交联固化反应等。

水性树脂从品种和组分上，有均聚物（特别是两种性质差别较大的单体），实用性较好的二元共聚（或复合）、三元共聚（或杂合），甚至四元或五元杂合也是屡见不鲜。例如二元杂合的有丙烯酸-醇酸，丙烯酸-环氧树脂，丙烯酸-聚氨酯树脂，丙烯酸-含硅树脂，丙烯酸-含氟树脂，环氧-聚氨酯，环氧-含硅，环氧-含氟等；三元的有丙烯酸-环氧-聚氨酯，丙烯酸-环氧-含硅，丙烯酸-环氧-含氟；四元的有丙烯酸-环氧-聚氨酯-含硅（含氟）树脂，甚至可以制备以上所述的核/壳型，无机纳米材料参合的更加多元的水性树脂等。

多元杂合水性树脂体系包括了多元成分，其体系中的成分既含有通过各类反应生成的共聚（接枝、嵌断）化合物，还包含有一定的各自单体的均聚物，是一个非常繁杂的复合体系。改变制备配方和工艺步骤、条件，制得的多元组分杂合水性树脂，可以发挥各自组分的特点，使其产生协同效应，减少其不足，扬长避短，以得到各种各样不同组成、性能最佳的杂合水性树脂，可以满足各种不同领域、不同环境、不同施工条件的千差万别使用要求。

1.6 水性紫外光固化树脂

主要的水性树脂体系，包括水性油和聚丁二烯树脂，水性酚醛树脂，水性氨基树脂、水性醇酸树脂，水性聚酯树脂，水性丙烯酸树脂，水性环氧树脂，水性聚氨酯树脂，水性含硅氟树脂，水性超支化树脂，其合成反应原理，性能，制备工艺技术和具体应用将在后面分章详细介绍。而水性紫外光固化树脂，其结构是多类树脂复合的水性树脂，固化有独特的方法，而且具有较好的发展前途，所以，在本章中就水性紫外光固化树脂的一般性能、类型和发展予以简要介绍。

水性 UV 光固化树脂是水性 UV 固化产品的主要组分，是 UV 固化配方中的基料树脂，决定着固化后产品的基本性能，包括硬度、柔韧性、附着力、光学性能及耐老化性等。它是含有 C=C 不饱和双键的低分子量树脂，主要有环氧-丙烯酸酯、聚氨酯-丙烯酸酯、聚丙烯酸酯、聚酯丙烯酸酯和聚醚丙烯酸酯等几种类型。

1.6.1 水性光固化树脂基本性能

水性光固化树脂是含有亲水性基团和不饱和官能团的预聚物，决定了整个树脂的基本性能，官能团的种类影响树脂的固化速率。亲水基团可以是羧基、磺酸基、氨基、醚基或酰氨基等。用得最多的亲水基团是羧基。不饱和基团通常采用丙烯酰基、甲基丙烯酰基、烯丙基或乙烯基醚等。亲水基团使得水性 UV 固化树脂的分子结构更加复杂。通过与带不饱和双键或亲水基团的单体反应，使之获得 UV 固化能力和亲水性。

1.6.1.1 水性紫外光固化树脂的优点

水性紫外光固化树脂与传统的溶剂型 UV 光固化树脂相比，主要有如下的优点。

(1) 不必借助活性稀释剂来调节黏度，可解决 VOC 及毒性、刺激性的问题；

(2) 易于得到光固化前的无黏性干膜，尤其对以中、高分子量聚合物为基料的涂料，保证了固化膜的光洁度，简化了防尘操作；

(3) 可降低固化膜的收缩率，尤其对以中、低分子量聚合物为基料的体系，有利于提高固化膜对底材的附着性；

(4) 可得到薄膜型固化膜；

(5) 固化前干膜的机械刮伤易于修补；

(6) 可用水或增稠剂方便地控制流变性，便于喷涂；

(7) 设备、容器等易于清洗；

(8) 降低了涂料的易燃性。

(9) 水性紫外光固化树脂还克服了传统紫外光固化树脂高硬度和高柔韧性不能兼顾的矛盾，结合了传统紫外光固化树脂固化技术和水性树脂的优点。

1.6.1.2 水性光固化涂料存在的问题

(1) 体系中存在水，光固化前大多需要进行干燥除水，而水的高蒸发热（约 40.6kJ/mol）导致能耗增加，也使生产时间延长，生产效率下降。对于铁质基材还可能引起"瞬时锈蚀"问题。

(2) 水的高表面张力带来的一系列问题，如对底材（特别是低表面能底材）和颜料的浸润性差，影响分散，易引起涂布不均等。虽然可加入共溶剂或表面活性剂解决，但又会造成污染以及起泡、针眼等其他问题。

(3) 固化膜的光泽度较低，耐水性和耐洗涤性较差。

（4）体系的稳定性较差，对 pH 较敏感。

（5）水的凝固点比一般有机溶剂高，在运输和储存过程中需要加入防冻剂；水性体系还容易产生霉菌，需加入防霉剂，使配方复杂化。

总的来说，水性光固化涂料的优点突出，其有利于环境保护的特点符合时代发展要求。因此，继续开展基础性研究，扬长避短并大力拓展其应用领域，仍是当前发展水性光固化涂料技术的重要内容。

1.6.2 水性 UV 固化树脂的改进

1.6.2.1 主要的改进体系

（1）环氧丙烯酸酯/聚氨酯丙烯酸酯复合体系 光敏低聚物是 UV 固化树脂的主体部分，决定固化树脂的基本性能。各类基体树脂都有其不可代替的优点，但也难免会有缺陷。如环氧树脂基固化膜硬度高、粘接性好、光泽度高及耐化学品性优异，但其存在脆性和柔韧性不好的缺点。再如聚氨酯基树脂具有高耐磨性、抗划擦性等优良性能，但其耐候性不足。研究者们利用共混或者杂化的方法将二者相结合，从而弥补单一树脂的不足，开发出兼有两者优良特性的体系。

（2）树枝状或超支化体系 水性 UV 固化树枝状或超支化低聚物是一类新型聚合物，具有球形或者树枝状结构，分子链间不缠结。并且，高度支化的聚合物结构含有大量的活性端基，通过对这些活性端基进行改性以调整聚合物性能使其应用于特定的领域。与相同分子量的线型聚合物相比，超支化低聚物具有低熔点、低黏度、易溶解及高反应性等优异性能，是作为水性光固化基体树脂的理想材料。由多羟基功能性脂肪族酯为核心所组成的水性超支化聚酯，由于其具有良好的水溶性、低黏度，故可以减少稀释用水，显示了良好的降黏效果。

（3）环氧豆油丙烯酸酯 环氧豆油成本较低、环保，并且其分子链较长，交联密度适中，可以明显改善涂层的柔韧性和附着力，近年来已成为国内外在涂料领域的一研究热点。国内对环氧豆油丙烯酸酯及改性环氧豆油丙烯酸酯 UV 自由基固化涂料已经取得不俗成果。美国的 UCB 公司已经进行了商业化生产，如 Ebercy 860。环氧豆油丙烯酸酯的合成方法一般为半酯改性法，是将环氧豆油同丙烯酸进行酯化反应。

1.6.2.2 水性 UV 树脂涂料展望

水性 UV 树脂涂料可以在光引发剂和紫外光的作用下迅速进行交联固化。水性树脂最大的优点是黏度可控、清洁、环保、节能、高效，并且可以根据实际需求来设计预聚物的化学结构。但是此体系还存在着不足，如涂料水分散体系的长期稳定性有待提高，固化膜的吸水性有待改进等。有学者指出，未来水性光固化技术将朝着以下几个方面发展。

（1）制备新型的低聚物 包括低黏度、高活性、高固含、多功能以及超支化等。

（2）开发新型的活性稀释剂　包括新型的丙烯酸酯活性稀释剂，具有高转化率、高反应活性及低体积收缩率。

（3）研究新型固化体系　为克服有时因紫外光穿透能力有限产生的固化不完全的缺陷，采用双重固化体系，如自由基光固化/阳离子光固化、自由基光固化/热固化、自由基光固化/厌氧固化、自由基光固化/湿固化、自由基光固化/氧化还原固化等，使得两者的协同作用充分发挥，促进水性光固化材料的应用领域进一步发展。

水性油及水性聚丁二烯

Chapter 2

2.1 水性油

2.1.1 涂料用油类简介

涂料主要以干性油为成膜物质，成为油脂涂料。其产品包括清油、油性厚漆、油性调和漆以及油改性合成树脂漆类。油性涂料的特点如下。

① 涂刷性能好，漆膜柔韧，耐候性优良；

② 生产工艺简单；

③ 施工方便，用途广泛，适用各类材料的涂装。其缺点是干燥速率慢，水膨胀性大，光泽、硬度及耐碱性不及树脂类。

2.1.1.1 油脂的组成

油脂涂料的原料主要为植物油，主要成分为甘油三脂肪酸酯（甘油三酸酯）。另外还含有一些非脂肪的组分。

(1) 甘油三酸酯

① 分子结构如下：

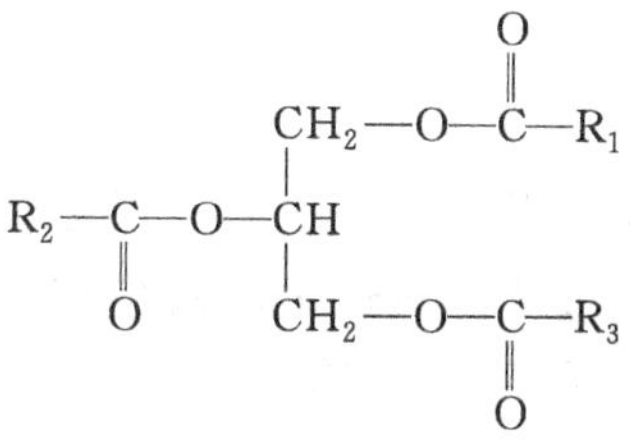

$$CH_2-O-C(=O)-R_1$$
$$R_2-C(=O)-O-CH$$
$$CH_2-O-C(=O)-R_3$$

分子中其酯基为三种不同结构烃基的脂肪酸，脂肪酸基是以甘油为中心，向三个不同轴向伸展的线状体，聚合后会形成立体网状结构。

② 脂肪酸的碳数和排列　不同油类的差别，主要在于脂肪酸的组成和结构不同。碳原子数一般在 6～24 个，多为偶数。脂肪酸的碳链大多为直链，排列成锯齿状，如下：

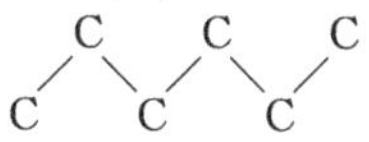

$$\begin{array}{ccc} C & C & C \\ C & C & C \end{array}$$

两键的空间夹角为 120°，是一个四面体。这种结构使漆膜具有良好的柔韧性。

③ 脂肪酸的饱和度　脂肪酸有饱和的和不饱和两类。如硬脂酸为饱和的，油酸为不饱和的。涂料主要用不饱和的脂肪酸的油类。其双键的数目、位置及构型对涂料的性能有重要影响。

a.键的数目　植物油中，十八烯酸含量较大，如油酸、亚油酸及亚麻酸等。双键能发生氧化聚合，涂刷后可自然干燥成固态膜。不含或含双键很少的油类若直接作涂料使用，不能成固态膜。

b. 双键位置　如桐油酸和亚麻酸，分子式完全相同，但双键位置不同。

桐油酸双键的位置在第 9，11，13 碳上，分子结构如下：

$$CH_3-(CH_2)_3-CH\!\!=\!\!\overset{13}{CH}-CH\!\!=\!\!\overset{11}{CH}-CH\!\!=\!\!\overset{9}{CH}(CH_2)_7COOH$$

亚麻酸双键的位置在第 9，12，15 碳上，分子结构如下：

$$CH_3-CH_2-CH\!\!=\!\!\overset{15}{CH}-CH_2-CH\!\!=\!\!\overset{12}{CH}-CH_2-CH\!\!=\!\!\overset{9}{CH}(CH_2)_7COOH$$

因而两者性质有很大差别，桐油酸的聚合要比亚麻酸快许多倍。这是桐油酸共轭双键碳原子之间 π 电子的离域作用，非常容易极化，活性高所致。

c. 双键构型　含有双键的脂肪酸，会产生不同的构型。如油酸有顺式（或 α-油酸），分子结构如下：

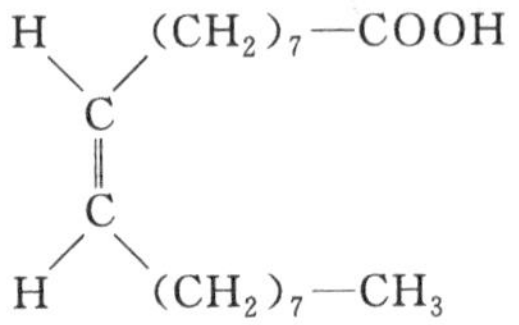

反式（或 β-油酸），分子结构如下：

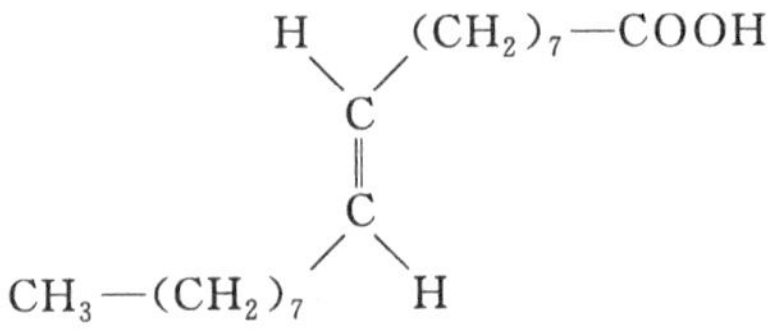

在一定条件下，顺式可以异构化为反式；双键数目越多，顺、反式构型也越多（顺式比反式构型的熔点低，而且，顺式比反式构型容易氧化），成膜干燥速率也快，一种油中可能含有多种脂肪酸，比单一的脂肪酸制得的涂料性能有更好的均一性。

(2) 其他组分

① 机械杂质　如泥沙、原料的粉末、纤维及其他固体；

② 可乳化杂质　如蛋白质、黏液及树脂类；

③ 油溶性杂质　如游离脂肪酸、磷脂、色素、固醇、生育酚、烃类、蜡、脂溶性纤维素及其他。其中大多为制漆的有害杂质，制漆前应当除去。

2.1.1.2 油脂的性质

(1) 主要理化性能

① 颜色和气味　一般为浅黄至棕红，也有呈绿色。用铁钴比色法，在 3～12 号范围。一般颜色越浅，质量越好；变质的油，臭味很重，并呈混浊状。

② 相对密度　一般在 0.9～0.94 之间，比水稍轻。脂肪酸碳链越长，相对密度越小；不饱和度增大，相对密度大；氧化油、聚合油的反应越深，相对密度越大。测定相对密度可以判断油的品种和纯度。

③ 折射率　一般在 1.4～1.6 的范围。不饱和度增加、共轭度大、氧化聚合度

大的折射率增大。

④ 黏度 一般油类的黏度近似，但随着油中共轭双键、羟基、氧化及聚合度增加而增大，常用于生产的控制指标。

⑤ 酸值 是指中和1g油中的游离酸所需氢氧化钾的毫克数，用来表示游离酸的含量。如直接测定脂肪酸，则酸值等于皂化值。酸值的高低标志着油的质量好坏。油中游离脂肪酸以油酸（分子量282）表示时，游离酸的百分含量可计算如下：

游离酸(％)＝(282/56100)×100 ×酸值

⑥ 皂化值与酯值 皂化值是指皂化1g油中全部脂肪酸（包括游离的和化合的），所耗用氢氧化钾的毫克数。酯值是表示用于皂化化合部分脂肪酸所耗用氢氧化钾的毫克数。 因此，皂化值＝酸值＋酯值。

⑦ 碘值 是指100g油所能加成碘的克数，是测定油类不饱和度的主要方法。油酸和碘的反应式如下：

$$CH_3-(CH_2)_7-CH=\!\!=\!\!CH(CH_2)_7COOH+I_2 \longrightarrow$$
$$CH_3-(CH_2)_7-(CHI)_2-(CH_2)_7COOH$$

而桐油酸，因共轭双键和碘加成时，只能吸收2/3的碘，所以桐油酸中虽含有80％的桐油酸，其碘值只有160左右。

⑧ 溶解度 植物油不溶于水，除蓖麻油溶于醇外，其他油类也不溶于醇，在烃类和其他有机溶剂中大都可溶解。

⑨ 熔点与冻点 常温下，除椰子油和β-桐油为固体外，其他大多数油类为液体。油脂的熔点是指在规定的条件下，脂肪完全成为清晰液体时温度。测定油脂皂化后分解所得的（混合）脂肪酸的凝固点，成为脂肪酸的冻点。

(2) 主要化学反应

① 酯结构的反应

a.水解 在酸、碱等催化剂存在下，油脂分解为脂肪酸和甘油，反应式如下：

$$C_3H_5(OOCR)_3+3HOH \Longrightarrow C_3H_5(OH)_3+3RCOOH$$

工业上利用这一反应来制备甘油和脂肪酸两种化合物。油脂的储存过程中，在有少量水存在下，水解反应亦可缓慢进行，造成油脂的酸值升高。油脂的水解反应是一可逆反应，因此，脂肪酸亦可与多元醇酯化而成酯。

b.皂化 是指油脂与碱类反应，生成脂肪酸金属盐（皂）与甘油的过程，反应式如下：

$$C_3H_5(OOCR)_3+3NaOH \Longrightarrow C_3H_5(OH)_3+3RCOONa$$

在油类精制和制催干剂时都用到这一反应。

c.醇解 在碱性催化剂存在下，油脂与多元醇反应，引起多元醇与脂肪酸两者的重新组合，反应式如下：

$$
\begin{array}{ccccc}
CH_2OH & CH_2OOCR & CH_2OOCR & CH_2OH \\
| & | & | & | \\
CHOH & + \ CHOOCR & \rightleftharpoons \ CHOH & + \ CHOOCR \\
| & | & | & | \\
CH_2OH & CH_2OOCR & CH_2OH & CH_2OOCR
\end{array}
$$

该反应相当复杂，随着多元醇与油的比例及反应条件的变化，整个体系中是甘油一酸酯与甘油三酸酯的平衡，它是制造醇酸树脂过程中的一个主要反应。

d. 酯交换　是不同油类（甘油酯）在一定的反应条件下发生的脂肪酸基的置换作用。

反应式如下：

$$
\begin{array}{ccccc}
CH_2OOCR & CH_2OOCR' & CH_2OOCR' & CH_2OOCR \\
| & | & | & | \\
CHOOCR & + \ CHOOCR' & \rightleftharpoons \ CHOOCR & + \ CHOOCR' \\
| & | & | & | \\
CH_2OOCR & CH_2OOCR' & CH_2OOCR & CH_2OOCR'
\end{array}
$$

这一反应一般在不同的油类或酯类一起高温加热时有可能发生。

② 脂肪酸不饱和键的反应

a. 热聚合　在加热时，油中一个分子的共轭双键同另一个分子的双键发生 1,4-加成的反应，如桐油酸聚合反应式如下：

$$
CH_3(CH_2)_3CH{=}CH{-}CH{=}CH{-}CH{=}CH(CH_2)_7COOH
$$
$$
+
$$
$$
CH_3(CH_2)_3CH{=}CH{-}CH{=}CH{-}CH{=}CH(CH_2)_7COOH \longrightarrow
$$

$$
\begin{array}{c}
CH{=}CH \\
CH_3(CH_2)_3CH{=}CH \qquad CH(CH_2)_7COOH \\
CH_3(CH_2)_3CH{=}CH{-}CH{-}CH{-}CH{=}CH(CH_2)_7COOH
\end{array}
$$

随着温度的上升，聚合速率加快，黏度上升，可提高油类室温下干燥能力。

b. 氧化反应　饱和的和不饱和的脂肪酸，在常温或高温下均可发生氧化反应。一种是氧化聚合，使涂层干结成膜的反应；只存在于不饱和脂肪酸中：生成过氧化氢，并使双键位移，进行加成聚合的反应；直接氧化聚合；生成羟基而后脱水聚合。另一种是氧化分解，在常温下缓慢进行，降解成酸、醛、酮及其他氧化物，是破坏油类薄膜的一个主要原因。

c. 异构化反应　有两种形式，一是双键的位移，二是构型的转化。

d. 加成反应　例如与卤素的加成、与顺丁烯二酸酐的加成、与硫的加成、与含羟甲基树脂的加成。

e. 苯乙烯或环戊二烯的共聚反应　在催化剂和没有催化剂下可以发生不同的反应。

f. 氢化反应　制备氢化油。

2.1.2 水溶性油的制备反应

因为油类是天然的可再生资源，水性油的制备和应用有利于节约矿产资源和环境保护，所以油类的水性化以及对水性树脂的改性也日益受到了重视。油的水性化技术主要是油分子中的双键与不饱和羧酸（或酐）加成，可以制得能水溶的油，其反应机理因油分子双键结构的差异而不同。

2.1.2.1 具有共轭双键结构的油

具有共轭双键结构的油与不饱和羧酸是通过狄尔斯-阿德尔反应，形成结构稳定的六元环。此反应可在较低的温度下进行，例如桐油、脱水蓖麻油与顺丁烯二酸酐的反应，在 80℃ 即可进行，反应式如下：

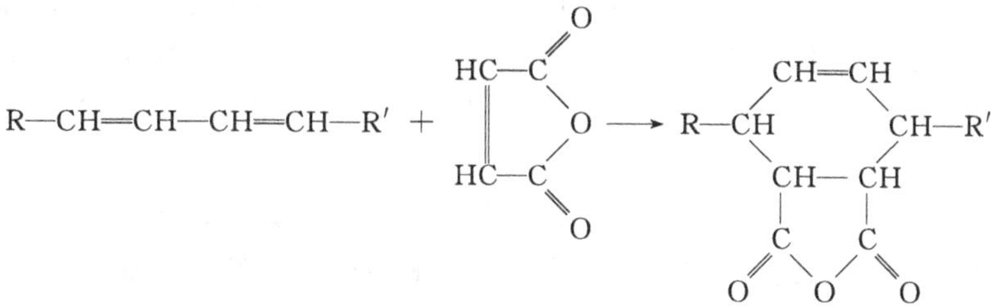

为了使酸酐反应得到更完全和获得足够的黏度，通常反应在 200℃ 左右进行。

2.1.2.2 具有隔离双键结构的油

具有隔离双键的油，常用的如亚麻油，在高温炼制过程中，会发生分子内部的异构化，形成共轭双键的结构，然后再与不饱和酸进行狄尔斯-阿德尔反应：

$$R-CH{=}CH-CH_2-CH{=}CH-R' \xrightarrow{\text{加热}} R-CH{=}CH-CH{=}CH-CH_2-R'$$

2.1.2.3 具有不饱和双键结构的油

含有不饱和双键结构的油分子，在其链上的 α 活泼氢原子或在双键的碳原子上的氢原子与不饱和酸进行反应。例如豆油与顺丁烯二酸酐的反应基本属于这种反应：

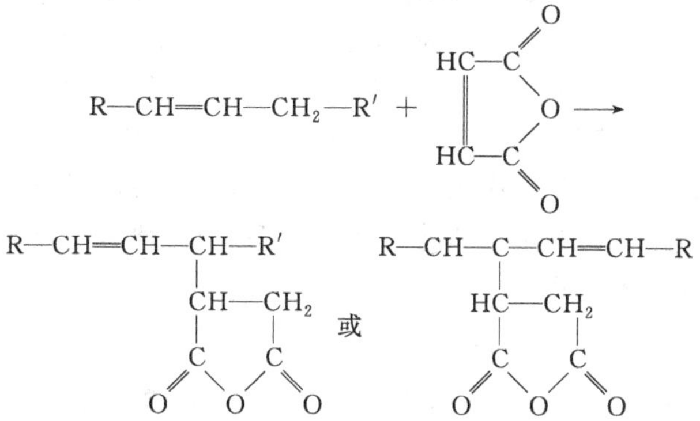

这种反应要求温度高，一般在 200℃ 以上进行。实际上油与不饱和羧酸的反应比较复杂，在高温条件下，油分子间的聚合、氧化及分解也会同时发生。

制备水溶油时，可以用亚麻仁油、桐油、脱水蓖麻油及豆油等。不饱和羧酸可以是顺丁烯二酸（或酐）、反丁烯二酸、巴豆酸及亚甲基丁二酸等，其中以顺丁烯二酸酐和反丁烯二酸用得最多。采用蓖麻油制备顺丁烯二酸酐改性油，其树脂易生成线型的结构，所以水溶性和稳定性最好。

油与顺丁烯二酸酐的比例,通常(按质量计算)在(85～70):(15～30)范围之内选择。用反丁烯二酸时,用量即使少些也能获得良好的水溶性。

以顺丁烯二酸酐改性油为漆料制得的漆膜比较软,耐蚀性能差,常通过改性来提高。用醇类、醇醚类或醇酮类物质使顺丁烯二酸酐改性油形成半酯,对于提高水溶性、稳定性和漆膜的流平性等都有好处。还常常用酚醛树脂、二甲苯甲醛树脂、环氧树脂及氨基树脂等改性,可提高漆膜的耐蚀性能和硬度,也可利用加成油中剩余的不饱和双键与烃类不饱和单体改性的顺丁烯二酸酐加成油,能提高漆膜干性;用苯乙烯改性能大大提高电沉积漆的泳透力,同时也带来一些缺点,例如用环戊二烯改性,漆膜有泛黄性;用苯乙烯改性,耐溶剂性能不好,尤其是对芳香族溶剂,而且漆膜具有一定的热塑性。

以水溶性油为主体的合成树脂漆,由于耐候性能不太好,多用于底漆,施工方法多数采用电沉积涂装。一般说来,水溶性油和改性水溶性油制成的漆,具有较好的储存和使用稳定性,电沉积涂装工艺选择参数也较宽。

2.1.3 油的水性化工艺

把疏水性的油制成水溶性油,采用使油分子结合上具有亲水性质的羧酸基团,使之形成一定的酸值。通常,最终酸值应保持在60以上,才能获得较好的水溶性和稳定性。

对于顺丁烯二酸酐改性亚麻油来说,顺丁烯二酸酐的量占总量的13.6%时,为其水溶性的临界值(低于此数量为乳浊液,高于此数可以水溶),顺丁烯二酸酐的含量愈高,水溶性愈好。但是随着顺丁烯二酸酐含量的增加,防腐蚀性能下降,黏度也随之增大,以至达到难以搅动的程度。综合其水溶性、稳定性及黏度等因素来考虑,顺丁烯二酸酐量占其总量的18%～20%较适宜。

油与顺丁烯二酸酐的反应,一般在200℃以上进行,也可以用少量的催化剂(如碘等)促进反应。若此反应在$(49.03～98.06)\times10^3$Pa压力釜中进行可大大减少顺丁烯二酸酐的损失,且反应程度高。一般可根据需要按不同黏度和游离顺酐量来控制终点。游离顺酐的测定,通常是以温水多次洗涤树脂,分离出的水层经过滤后,以标准的碱水溶液滴定。

2.1.3.1 顺酐改性水溶性油的制备

(1)主要原料用量(质量分数)亚麻油(双漂)80%;顺丁烯二酸酐(99%)20%。

(2)操作工艺　将亚麻油、顺丁烯二酸酐加入反应釜内,通入二氧化碳,缓缓升温到200℃,保温约4h,取样测酸值,待酸值>110mgKOH/g、黏度为6s(按树脂:二甲苯为8:2,25℃,加氏管)时合格,停止加热和通气,降温,冷却至100℃左右,加入按树脂质量20%的丁醇,然后在搅拌下冷却至60℃以下,加氨水中和,取样测树脂的水溶液pH至8.0～8.5时无限稀释成透明溶液。

2.1.3.2 酚醛树脂改性水溶性油的制备

(1) 酚醛浆的制备

① 主要原料用量二甲酚（工业品）122kg；甲醛（36%～37%）45kg；一乙醇胺（85%）3.6kg；氨水（工业品，25%）19.52kg；丁醇（工业品）111kg。

② 操作工艺　将二甲酚和甲醛溶液加入反应釜内，加入一乙醇胺，然后升温到 45℃，保温半小时，加入氨水，在 45℃ 保温 1h，取样测相对密度，待达到 1.038～1.085（25℃，波美比重计）时，迅速降温分出水层，在分水后的树脂层里加入丁醇，加热升温脱水，当温度升到 118℃ 开始蒸出丁醇，待温度上升到 130℃ 迅速降温，制得的酚醛浆为透明的棕色液体，固含量约在（50±10）%，作水溶性酚醛树脂改性油的制备改性之用。

(2) 改性的水溶性油　改性的水溶性油品种很多，用作改性的树脂也很多，单以酚醛树脂来说就可用甲酚、二甲酚、苯基苯酚及二酚基丙烷等各种酚类做成酚醛树脂。以改性水溶性油体系为基础的水溶性漆，大多数在弱碱性水溶液中是比较稳定的，树脂的制备工艺也较简单。它的各项性能中尤以耐水性和耐潮湿性能比较突出，因此它在水溶性漆里无论在品种和产量方面，仍然占有一定的地位。但是漆膜的耐光性能不好，多数用作底漆。它的另一个缺点是用油量大，烘烤时易变黄。

2.1.4 水性油涂料配制及应用

2.1.4.1 新型水性油防腐漆

(1) 主要原材料　亚麻油，单体，工业品；顺丁烯二酸酐，单体，分析纯；苯酚，单体，分析纯；甲醛，单体，分析纯；盐酸，催化剂，分析纯；草酸，脱水剂，分析纯；正丁醇，助溶剂，分析纯；三乙醇胺，中和剂，分析纯；铁红，防锈填料，工业品；红丹粉，防锈填料，工业品；磷酸锌，白色防锈颜料，化学纯；偏硼酸钠，白色防锈颜料，分析纯；轻质碳酸钙，体质填料，工业品；滑石粉，体质填料，工业品；硫酸钡，体质填料，自制。

(2) 工艺流程

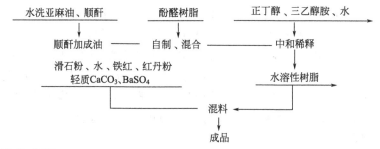

(3) 操作步骤

① 亚麻油的精制　将粗亚麻油 250g 加入 500mL 三颈瓶内，开动搅拌，转速控制在 50r/min 左右，20min 内缓慢加入 80mL 水，继续搅拌 20min，停止搅拌，

静置 24h 以上，放出下面水洗层即可。

② 酚醛树脂的制取　将 50g 苯酚加入三颈瓶中，加热熔化，加入 37% 的甲醛 24.1g 搅拌，在 58℃ 下加入 20% 的盐酸 2.9g，升温至 100℃ 回流 5h，取样滴于玻璃板上冷却至室温不粘手为止。加入 20mL 热水洗涤，搅拌 5min，静置 15min，除去上层水，用水洗涤至中性，分去水层后，加入极少草酸，加热减压脱水，至温度 120～150℃，并保持 15min，冷却，即得产品。该产品作为涂料，其涂膜硬度高，附着力大，耐酸碱、耐化学腐蚀且耐水。

③ 水溶性树脂的合成　在 500mL 三颈瓶中加入 185.7g 精制亚麻油，开动搅拌，加热至 120℃，一次加入顺丁烯二酸酐 35.9g，升温到 190～200℃ 时，保温 2h，测水溶性并分析酸值，加入自制的酚醛树脂 7.7g，升温到 230～240℃ 时，保温 1h，取样测水溶性并分析酸值；酸值在 30～40mgKOH/g 之间并水溶时，降温至 200℃ 反应 1h 关炉；当温度降到 100℃ 以下时，加入 17.8g 正丁醇；降温到 60℃ 以下时，用三乙醇胺中和至 pH＝7.5～8.5 即可，制得的水溶性树脂为棕色透明液体，10 倍水稀释透明，无限稀释呈轻微乳光。

④ 防锈漆的制备　配比（质量份）：水溶性树脂 234.0g；铁红 53.3g；红丹粉 43.0g；磷酸锌 5.0g；偏硼酸钠 1.1g；轻质碳酸钙 51.0g；滑石粉 41.0g；$BaSO_4$ 2.8g；水 225.0g。具体操作是把各料加入 1000mL 三颈瓶中，开动搅拌，混合均匀即可。

(4) 影响防锈漆质量的因素

① 顺酐用量　顺酐与亚麻油加成后，在疏水性的亚麻油分子上引入了羧基，使其具有亲水性，当羧基含量达到一定程度时，树脂便可水溶，顺酐量越多，树脂的水溶性越好。然而亲水基团的增加则会降低漆膜的耐水性。因此，顺酐用量必须适当，在满足水溶性要求下，尽可能减少。资料表明，顺酐量为总量的 13% 左右，综合性能最好，既可保证良好的水溶性，又能获得足够的耐水性。

② 搅拌速率　在精制亚麻油的过程中，要严格控制转速，若转速太快，易形成黄色絮状沉淀，静置后不易分层，而使得树脂不均匀，有分层现象。

③ 改性树脂　用酚醛树脂作为改性成分，由于该树脂含有大量的刚性芳环，引入后能显著提高漆膜的硬度、耐磨性及耐腐蚀性。然而，过量引入会降低树脂水溶性，资料表明，改性树脂的用量为总量的 10%～15% 较佳。

④ 反应条件　制备水溶性树脂，最关键的条件是温度和时间。顺酐与油的加成反应一般要在 150℃ 以上方能进行，而与酚醛树脂的反应需 200℃ 以上，显然升高温度有利于反应的进行，但同时会造成顺酐的升华损失，反应温度过高甚至会造成反应物的凝胶。因此，必须严格控制反应温度，最高温度不能超过 260℃，以 230℃ 左右为好。

反应时间与反应物的分子量有关，同样温度下，反应时间越长，反应物的分子量越大，表现为黏度增加，同时酸值也略有降低，一般反应物的分子量大（黏度大），制成的漆干燥性能和防腐蚀性能会有提高，但要增加漆的黏度并降低水溶性，一般应控制树脂固含量为 50% 左右为宜。

⑤ 中和剂和助溶剂　中和剂能显著影响树脂的水溶性、稳定性、黏度、固化速率及漆的泛黄性等，常用的中和剂有氨水、二乙胺、三乙胺、乙醇胺及各种改性胺和 NaOH、KOH 等。由于氨水有较快的挥发速率，价格又便宜，因而选氨水作为中和剂较好。改用三乙醇胺作中和剂，效果很理想。

树脂经三乙醇胺中和后只能部分水溶，而彻底水溶还要靠助溶剂，同时助溶剂还可起提高漆膜稳定性，降低表面张力、改善流平性的作用。一般长碳链的醇及醇醚类有较好的助溶效果，采用了正丁醇为助溶剂，其用量约为树脂的 21%～30%。

⑥ 颜料、填料的选择　颜料的选择同传统防锈漆一样，防锈填料选用氧化铁红、红丹粉、磷酸锌等。因当前涂料工业界多数防锈漆均采用含铅、铬盐等颜料组成，而铅和六价铬常能造成环境污染和危害工人身体健康，因此近年来很多国家已启用劳保法规限制铅系、铬系防锈漆的使用范围，而推荐某些无毒、浅色防锈漆。偏硼酸钠、磷酸锌等白色防锈颜料，均可作为无毒，浅色防锈漆的主要颜料，其中偏硼酸钠防锈漆具有防毒和阻燃性能；磷酸锌的主要成分为 $Zn_3(PO_4)_2 \cdot 2H_2O$，由它配制的无毒浅色防锈漆，具有良好的封闭性和缓蚀性，最适用于要求白色或浅灰色漆间的配套体系，若直接涂在钢铁表面涂膜能缓慢地渗出磷酸盐离子，表面形成类似"磷化"的缓蚀层。

体质填料选用了轻质碳酸钙、滑石粉和硫酸钡。轻质碳酸钙可以降低漆膜的开裂和起泡现象，并能提高漆膜的附着力和防霉性；滑石粉能和漆中的极性基团形成部分氢键而使漆具有一定的触变性，从而改善了漆的涂刷性和防沉性；硫酸钡是一种化学性能稳定的体质填料，可使漆膜坚硬并增强不透性，增加涂层的防腐蚀效果。

2.1.4.2 水溶性油防锈涂料

以亚麻油与顺丁烯二酸酐加合而成的水溶性树脂为基料引入经过改性的酚醛树脂，将其按一定比例与防锈颜料、填料混合配制成一种新型的水溶性防锈涂料。该涂料附着力强，防锈性能好，环境污染小，基本上消除了涂料的吸附失干现象，并在消泡、储存稳定性和提高涂膜的综合性能等方面都达到了比较满意的效果。以合成的水溶性树脂和亚磷酸钙、磷酸锌为主体的防锈颜料制成的水溶性防锈涂料，各项性能指标均符合油性防锈涂料的要求，可以代替传统油性防锈涂料和醇酸防锈涂料。

(1) 主要原材料规格及用量　原料规格及用量见表 2-1。

(2) 水溶性树脂的制备　在装有冷凝管和温度计的 250mL 三口烧瓶中，加入 32.5g 亚麻油和 9.5g 顺丁烯二酸酐，升温至 180～200℃，保温反应 2h，然后加入 3.5g 改性酚醛树脂，升温至 220～230℃继续反应，取样测定树脂的酸值，当酸值达到 60～80 时，降温至 100℃以下，加入 10mL 正丁醇，继续降温至 60℃以下，用氨水调节 pH 值为 7.5～8.5，搅拌下加水稀释至固含量为 50% 左右，搅匀后即得水溶性树脂基料，备用。

表 2-1 原料规格及用量

原料名称	规格	用量/g	原料名称	规格	用量/g
亚麻油	工业级	32.5	滑石粉	工业级	2.0
顺丁烯二酐	化学纯	9.5	轻质碳酸钙	工业级	2.0
改性酚醛树脂	自制	3.5	正丁醇	分析纯	10mL
亚磷酸钙	分析纯	15.0	氨水	分析纯	适量
磷酸锌	分析纯	10.0	环烷酸钴	工业级	0.85
硫酸钡	工业级	2.0			

(3) 水溶性防锈涂料的制备 按配比量将亚磷酸钙、磷酸锌、硫酸钡、滑石粉和轻质碳酸钙于研钵中研磨混匀，然后与备用基料一起加入砂磨机进行砂磨，当砂磨至细度小于 $50\mu m$ 后，加入 0.85g 环烷酸钴，最后加入约 15mL 去离子水调匀至漆料黏度合格即可。

(4) 涂层性能测试结果 将涂料按标准方法涂覆于马口铁上制成试片，测试涂层各项性能，结果见表 2-2。

表 2-2 性能检测结果

测试项目	检测结果	检测标准
涂层外观	白色(微黄)、平整光滑	目测法
黏度/s	60	GB 1723279
固含量/%	⩾55	GB 1725279
表干时间/h	⩽2	GB 1728279
实干时间/h	⩽24	GB 1728279
附着力/级	⩽2	GB 1720279
柔韧性/mm	1	GB 1731279
耐盐水性(盐水中浸 168h)	不起泡、不生锈	GB 1763279

以亚麻油与顺丁烯二酸酐加合而成的水溶性树脂为基料，引入经过改性的酚醛树脂，将其按一定比例与防锈颜料、填料混合配制了一种新型水溶性防锈涂料，该涂料以水为溶剂，成本低、环境污染小、工艺简单，且涂膜附着力强，防锈性能好，基本上消除了涂料的吸附失干现象，并在消泡、储存稳定性和提高涂膜的综合性能等方面都达到了比较满意的效果。

2.2 水性聚丁二烯

2.2.1 聚丁二烯简介

(1) 聚丁二烯结构与性能 聚丁二烯（polybutadiene 英文缩写 PB）为 1,3-丁二烯的聚合物，1,3-丁二烯结构式为：$H_2C=CH-CH=CH_2$。

聚丁二烯按结构不同可分为顺式-1,4-聚丁二烯（又称顺丁橡胶，CBR），结构式为：

$$\begin{matrix} \xleftarrow{} CH_2 & CH_2 \xrightarrow{}_n \\ CH = CH & \end{matrix} \quad ;$$

反式-1,4-聚丁二烯，结构式为：

$$\begin{matrix} \xleftarrow{} CH_2 & \\ CH = CH & \\ & CH_2 \xrightarrow{}_n \end{matrix} \quad ;$$

以及 1,2-聚丁二烯，结构式为：

$$\begin{matrix} \xleftarrow{} CH_2 - CH \xrightarrow{}_n \\ | \\ CH \\ \| \\ CH_2 \end{matrix} \quad 。$$

后者还有全同和间同立构之分。

顺式-1,4-聚丁二烯的玻璃化温度 $-106℃$，结晶熔点 $3℃$，晶体密度 $1.01g/cm^3$，而 1,2-聚丁二烯的密度 $0.93g/cm^3$，玻璃化温度 $-15℃$，熔点 $128℃$（全同）和 $156℃$（间同）。不同结构的聚丁二烯之性能差别很大，CBR 有高弹性和低滞后性，高拉伸强度和耐磨性，拉伸时可结晶。高反式-1,4-聚丁二烯的结晶性大，回弹性差。而 1,2-聚丁二烯为非晶态，低温性能较差。聚丁二烯可用硫黄硫化，硫化时会发生顺-反异构化。对于 1,4-加成的双烯类聚合物，由于双键上的基团在双键两侧排列的方式不同而有顺式构型与反式构型之分，其中顺式的 1,4-聚丁二烯，分子链与分子链之间的距离较大，在常温下是一种弹性很好的橡胶；反式 1,4-聚丁二烯分子链的结构也比较规整，容易结晶，在常温下是弹性很差的塑料。

(2) 制备聚合方法

① 配位聚合　用齐格勒-纳塔催化剂可合成出不同立体结构的聚丁二烯。工业上重要的催化剂有四种：钛、钴、镍和稀土催化剂体系。a. 钛催化剂：采用 TiI_4 与 AlR_3 或 $TiCl_4$ 与 AlI_3-AlH_3-mXm（X 为卤素），可制得高顺式聚丁二烯，但催化剂用量较大，凝胶较多。b. 钴催化剂：钴盐和氯化二乙基铝可形成均相催化剂，用水或氧作活化剂。c. 镍催化剂：虽然开发较晚，但它是工业化的优良催化剂，由环烷酸镍、三氟化硼和三烷基铝组成，聚合可在脂肪烃中进行。d. 稀土催化剂：这是中国发展的一个体系，是由环烷酸稀土 $[Ln(naph)_3]$、氯化二乙基铝和三异丁基铝组成的三元体系，均用脂肪烃作溶剂。

② 负离子聚合　最老的方法是用钠作催化剂，德国和前苏联都生产过丁钠橡胶；美国用丁基锂生产聚丁二烯。由于用烷基锂容易控制引发过程，广泛用来研究丁二烯的负离子聚合。用金属锂或丁基锂在烃类溶剂中聚合得到的聚丁二烯中，顺式-1,4 结构含量约为 35%，可用于生产低顺丁橡胶；而在四氢呋喃溶液中主要形成 1,2 结构。

③ 自由基乳液聚合　典型的乳液体系含水、单体、引发剂和乳化剂（皂）。常用引发剂有过硫酸钾、过氧化二苯甲酰、对异丙苯过氧化氢和偶氮二异丁腈。分子量调节剂为硫醇，主要起链转移作用。乳液聚合不能得到结构规整的聚丁二烯。例

如，丁二烯于 5～50℃进行乳液聚合，所得聚合物的微观结构如下：顺式-1,4 占 13%～19%；反式-1,4 占 69%～62%；1,2 结构占 17%～19%。

(3) 聚丁二烯的应用 聚丁二烯主要用作合成橡胶，溶液聚合的聚丁二烯常与丁苯橡胶或天然橡胶并用，做轮胎的胎面和胎体。此外，由于它耐磨，可用作输送带的包皮、鞋底、摩托车零部件等。1,2-聚丁二烯主要用作胶黏剂和密封剂。分子量为几百至几千的液体聚丁二烯（LPB）是一种重要的石油化工产品。它广泛应用于涂料、黏合剂、密封材料、绝缘漆和润滑油等领域。

2.2.2 水性聚丁二烯的制备

2.2.2.1 聚丁二烯树脂水性化途径

利用聚丁二烯链中双键与 α,β-乙烯型不饱和羧酸（或酐）加成可于大分子链上引入足够量的极性基团（羧基），它与碱（胺）成盐后使树脂获得水溶性。

不饱和羧酸（酐）有反丁烯二酸、亚甲基丁二酸（衣康酸）、丙烯酸及不饱和脂肪酸等。利用聚丁二烯双键与其他烯类单体（如苯乙烯、α-甲基苯乙烯等）或顺酐上羧基与羟基组分（如乙二醇单丁醚、酚醛树脂、氨基树脂等）改性可以得到具有不同性能的聚丁二烯水溶性树脂。

要想获得水溶性良好的聚丁二烯树脂，必须注意下述问题。

(1) 聚丁二烯顺酐化过程中，具有高度不饱和性的聚丁二烯分子在高温下相互聚合形成网状结构的可能性很大。因此，往往出现顺酐未加成上去时，聚丁二烯树脂已经凝胶化。克服此种弊端的措施是顺酐化在惰性气体保护下进行，体系中还应加入抗氧化剂。常用的抗氧化剂有 2,6-二叔丁基对甲苯酚（BHT）、环烷酸铜-乙酰丙酮等。使用前者时反应温度不超过 180℃；后者可在 200℃以上的温度下使用。环烷酸铜与乙酰丙酮配合使用是因为乙酰丙酮存在着酰酮式和烯醇式异构体平衡：

$$CH_3\overset{O}{\overset{\|}{C}}-CH_2-\overset{O}{\overset{\|}{C}}-CH_3 \Longrightarrow CH_3\overset{OH}{\overset{|}{C}}=CH-\overset{O}{\overset{\|}{C}}-CH_3$$

（酰酮式）　　　　　　　　　（烯醇式）

常温下，烯醇式含量＞70%以上。烯醇式结构可与铜盐形成结构较稳定的螯合物，从而增强其抗氧化效果。

由于 1,2-聚丁二烯侧链上乙烯基自聚倾向性比 1,4-聚丁二烯大，故 1,2-聚丁二烯树脂顺酐化时反应温度宜在低于 180℃的条件下进行。

(2) 1,2-聚丁二烯的顺丁烯二酸酐化，在极性溶剂如在邻二氯苯中较易进行。

(3) 与顺酐化水溶性天然油的中和过程不同，聚丁二烯顺酐化产物在中和前必须用少量水水解或醇醚类化合物半酯化，否则体系易出现凝胶化。

对于带有羟基、羧基的聚丁二烯树脂常用作多元醇、多元酸组分，制成水溶性聚丁二烯醇酸，以改善其干性、硬度和防腐性。

2.2.2.2 水溶性聚丁二烯树脂特点

水溶性聚丁二烯树脂发展十分迅速，许多牌号的品种已在工业涂装上获得了实际应用。该类涂料的显著特点如下。

(1) 原料立足石油化工产品，可少用或不用植物油脂；

(2) 水溶性聚丁二烯涂膜具有快干性、耐水性及抗化学腐蚀性都较好，电沉积泳透力高的特点；

(3) 价格比环氧酯、聚氨酯系防腐涂料低廉。

水溶性聚丁二烯树脂中仍具有大量的不饱和双键，涂膜易泛黄老化，耐候性差，因而用作底漆比较理想。

丁二烯分子内具有共轭双键，在金属钠、锂或有机金属化合物等催化剂作用下，可以制得聚丁二烯树脂。随着催化体系、反应条件及溶剂的不同，产物结构各异。

实际上，聚丁二烯链为上述结构的混合物。通常，1,4-结构量超过 50％者，称为 1,4-聚丁二烯；1,2-聚丁二烯结构量超过 50％者被称为 1,2-聚丁二烯。丁二烯聚合时引入其他乙烯类单体（如苯乙烯、α-甲基苯乙烯、丙烯腈等）可制成丁二烯共聚物。聚合结束时，用不同的链终止剂还可以得到带端羟基或端羧基的聚丁二烯树脂。例如用环氧乙烷作用处理剂，制成含端羟基的聚丁二烯醇。用二氧化碳处理制成含端羧基的聚丁二烯羧酸。

但不论其微观结构和所带官能团如何，聚丁二烯树脂都具有高度的不饱和性（碘值＞400gI/100g）。涂料用的聚丁二烯树脂分子量范围一般在 1000～4000 间比较合适。

2.2.3 水性聚丁二烯树脂涂料

2.2.3.1 端羟基聚丁二烯改性醇酸树脂漆

(1) 端羟基聚丁二烯改性醇酸树脂

① 主要原材料　桐油；端羟基聚丁二烯；季戊四醇、三羟甲基丙烷（TMP）；四氢苯酐；邻苯二甲酸酐；以上原料均为工业品。精制梓油，自制。

② 树脂配方见表 2-3。

表 2-3　树脂配方

原　　料	用量(质量分数)/％	原　　料	用量(质量分数)/％
梓油	40～60	三羟甲基丙烷(TMP)	8～14
四氢苯酐	10～18	催化剂	适量
桐油	15～25	季戊四醇	0.5～2
端羟基聚丁二烯	1～10	二甲苯	适量
邻苯二甲酸酐	1～3		

③ 树脂合成工艺　将梓油、桐油、季戊四醇、三羟甲基丙烷加入到反应瓶中，升温并开始通入 CO_2 保护，在 240℃下醇解 1h，醇解完毕后，加入酸以及催化剂进行在 220℃下酯化脱水，酯化 4～5h，当酸值≤15mg KOH/g 时停止反应，降温至 80℃出料。

(2) 端羟基聚丁二烯改性醇酸树脂制漆配方　端羟基聚丁二烯改性醇酸树脂制

漆配方见表2-4。

表2-4　聚丁二烯改性醇酸树脂制漆配方

原　料	用量/g	原　料	用量/g
树脂	140	中铬黄	0~52.5
分散剂	5.6	二甲苯	适量
混合干料	3	流平剂	0.4

按照上述配方配料，研磨至细度≤10μm。

(3) 清漆的性能对比　不同清漆的性能对比见表2-5。

表2-5　清漆的性能对比（按GB方法）

检验项目	检验结果		
	1# 产品	2# 产品	389-8# 产品
颜色(铁-钴色)/	11	10	8
附着力/级	1	1	1
耐冲击/kgf·cm	50	50	50
光泽度(60°)/%	98	99	94
柔韧性/mm	1	1	1
双摆硬度	0.55	0.60	0.50
储存稳定性	7d黏度增长10%,32d凝固	7d黏度增长15%,25d凝固	5d黏度增长16%,15d凝固

(4) 特性和应用　该树脂不仅具有传统醇酸树脂的优异特性外，还具有涂膜透明、保光、保色、光亮丰满、耐候、耐盐雾、耐湿热、耐水及耐油等优异的性能。用桐油改善其干性以及强度，在引入丁羟基后其耐候、耐热、耐腐蚀及耐盐雾等性能都有大幅度的提高；在附着力，柔韧性等方面都表现出优良的效果，具有高装饰性外，还有具有很好的防腐性能。该产品可以替代进口产品，适用于要求涂膜坚硬、平滑、有光泽及耐油等的工程机械。

2.2.3.2 快干水性聚丁二烯涂料

(1) 主要原材料　主要原材料见表2-6。

表2-6　聚丁二烯涂料原材料

原料名称	规　格	原料名称	规　格
端羟基液体聚丁二烯树脂(HTPB)	平均 M_n=3779	亚麻油缩水甘油酯	自制
顺丁烯二酸酐(顺酐)	分析纯	环烷酸钴	4%Co
亚麻油	精制	稀土催干剂	金属含量4%

(2) 水性涂料配方　聚丁二烯水性涂料配方见表2-7。

表2-7　水性涂料配方

原材料	用量(质量分数)/%	原材料	用量(质量分数)/%
改性树脂	100	环烷酸钴	1.25
中和剂	5.5	稀土催干剂	20
助溶剂	35	水	175

(3) 水性聚丁二烯涂料配制工艺　在反应器中，加入 100 份 HTPB，20 份顺酐，少量阻聚剂，升温至 100℃反应 6h。加入过量的水，在 90℃反应 3h，再升温至 100℃反应 2h。降温，除去过剩水。加入 18 份亚麻酸缩水甘油酯，120℃反应 5h，降温，加入助溶剂。催干剂。中和剂及水，搅匀即得水性涂料。用铁片浸涂，室温自干。

2.2.3.3 阴离子聚丁二烯电泳涂料

(1) 液体聚丁二烯　电泳涂料用聚丁二烯一般为相对分子质量 500～5000 的液体聚丁二烯（LPB），常见制备过程为在 30L 反应釜中在氮气氛下加入 1mol 苄基钠、15mol 甲苯和 15L 正己烷，然后升温到 30℃，滴加 10L 丁二烯 2h 以上。此后加甲醇，终止聚合反应。加入石膏粉，充分搅拌，把混合物过滤，即得不含碱的聚合物透明溶液。将未反应的丁二烯、甲苯和正己烷从聚合物溶液中蒸出，得到聚丁二烯。

(2) 阴离子化　阳极电泳涂料采用的是阴离子化的聚丁二烯，聚丁二烯一般由顺酐化反应进行阴离子化。其过程为在 2L 反应釜中加入 1000g 聚丁二烯，212g 顺酐，300g 二甲苯和 2g 抗原 3C，于氮气氛中在 19℃下反应 8h，在低压下蒸出未反应的顺酐和二甲苯，得到顺酐化聚丁二烯。在聚丁二烯上接枝顺丁烯二酸酐后，碱性水解就可得到阴离子型的聚丁二烯。

2.2.3.4 聚丁二烯阳极电泳涂料

(1) 水溶性聚丁二烯树脂的合成

① 合成树脂配方见表 2-8。

表 2-8　合成树脂配方

原料及规格	用量(质量分数)/%	原料及规格	用量(质量分数)/%
聚丁二烯(分子量 1000)	100～120	乙二醇丁醚	12～15
顺丁烯二酸酐	15～20	乙酸丁酯	12～15
交联剂	20～25	二甲苯	10～12
抗氧剂 4010,抗氧剂 RD	0.12		

② **工艺流程**　按配方量将聚丁二烯、抗氧剂、顺酐、二甲苯加入反应釜，升温，通氮气，待顺酐融化后，搅拌，升温到（200 ±10）℃，保温 4h，再抽真空 1h，将二甲苯抽出之后，取样测树脂黏度和酸值，合格后降温到 140℃，加入配方量的交联剂、乙二醇丁醚、乙酸丁酯，在 140℃保温 3h 后，降温到 100℃以下过滤出料。

(2) 色漆配制

① 色漆配方见表 2-9。

表 2-9　色漆配方

主要原料	规格	用量(质量分数)/%	主要原料	规格	用量(质量分数)/%
水溶性聚丁二烯	合成	100	高色素炭黑	工业品	3
三乙胺	工业品	8	去离子水		40

② 操作步骤　水溶性聚丁二烯树脂经有机胺中和后，加入颜料、填料及助剂，研磨至细度合格后，即得固含量为（50±2）％的 H11-94 阳极电泳涂料。

(3) 电泳涂装及涂膜性能指标　将黑色电泳漆原漆配成固含量为 14％～17％ 的槽液，熟化 24h 即可电泳涂装。槽液 pH 为 8.0～9.0；施工温度为 25～40℃；施工电压为 100～180V；电导率为 (1200 ±500)μS·cm^{-1}；泳透力大于 16％。涂层性能检测结果见表 2-10。

表 2-10　聚丁二烯阳极电泳涂层性能检测

项　目	指　标	项　目	指　标
漆膜外观	平整，光亮	固化条件(170～180)/min	30
耐冲击性/kgf·cm	50	耐盐雾性(500h)	单边腐蚀宽度≤2mm
铅笔硬度	H～3H	耐水性(20 周期)	允许变粗，不起泡
涂层厚度/μm	≥25	耐酸性(48h)	不发雾，允许轻微变色
附着力/级	1	耐碱性(10h)	不发雾，允许轻微变色
柔韧性/mm	1	耐汽油性(96 h)	无明显变化

H11-94 阳极电泳涂料施工方便，大小槽均适用。主要用于汽车、农机、摩托车、自行车及机械机电产品作防锈底漆，也可用于汽配、摩配产品作底面合一漆使用。

2.2.4 水性聚丁二烯-聚氨酯

2.2.4.1 端羟基聚丁二烯橡胶改性水性聚氨酯

水性聚氨酯具有良好的物理及力学性能，耐寒、光泽、弹性、耐曲折以及软硬度随温度变化不大，是具有较大发展前途的绿色环保材料。水性聚氨酯广泛应用于纺织、皮革、木材、建筑、汽车、造纸、电子等领域。但是水性聚氨酯乳液大都存在力学性能不好、耐水性差、耐溶剂性不好、耐热性较差、乳液自增稠性差、固含量较低及胶膜光泽较差等缺点。与聚酯型和聚醚型 PU 相比，以端羟基聚丁二烯（HTPB）为低聚物制得的 PU 弹性体，既保持了 PU 弹性体良好的性能，又具有类似天然橡胶的特性如气密性、耐水性能，从而使其在电子工业、建筑材料、弹性体、胶黏剂及涂料的制备等领域具有广阔的应用前景。

(1) 主要原料　甲苯二异氰酸酯（TDI）；聚醚 N-210（M_n = 1000）；一缩二乙二醇（Ex）；以上均为工业品。蓖麻油（C.O）；三羟甲基丙烷（TMP）；二羟甲基丙酸（DMPA）；端羟基聚丁二烯橡胶（HTPB），以上均为工业级。二月桂酸二丁基锡（T-12），辛酸亚锡（T-9）；用 DBP 作溶剂，配成 3％溶液使用。三乙胺（TEA），以上均为分析纯。

(2) 合成方法　在干燥 N$_2$ 保护下，将真空脱水后的聚醚 N-210、HTPB 与 TDI 按计量加入三口烧瓶中，混合均匀后升温至 90℃左右反应 2h，再加入适量 DMPA 反应 1h，最后加入扩链剂 EX、丙酮和几滴催化剂，60℃反应 4～6h 后，冷却到 30℃出料，将预聚体用三乙胺 TEA 中和后进行高速乳化，得到白色乳液。

通过使用表明，HTPB 明显改善水性聚氨酯涂膜的手感，并且 HTPB 中大量存在着 C＝C 双键，大量的憎水基团提高涂膜的耐水性。适度交联可提高胶膜拉伸强度及耐水性，交联使膜的断裂伸长率降低。交联度的大小对胶膜手感影响不明显。

2.2.4.2 聚丁二烯二醇改性水性聚氨酯膜材料

以含有较长聚丁二烯二醇的 HTPB 作为软段，部分取代聚醚二元醇改性水性聚氨酯分散体，并制备成膜。HTPB 因具有较长的非极性碳链，大幅度提高耐酸性水解、耐碱性水解的能力等；同时改性后水性聚氨酯的软段结构中含有碳碳双键，可以进一步通过与其他单体进行自由基反应生成接枝和交联物，提高最终产品的力学性能。

(1) 主要原材料　甲苯、丁酮、丙酮、乙醇：均为分析纯；聚丁二烯二醇改性水性聚氨酯膜、$Cs(OH)_2$ 纯度 99％，50％（质量分数）水溶液：Acros Organics 产品；染色聚丁二烯二醇改性水性聚氨酯分散体：自制。

(2) 性能　引入含有碳碳双键的聚丁二烯二醇（HTPB）改性水性聚氨酯，得到的材料耐水、耐某些溶剂性能有了很大的提高，当聚丁二烯二醇含量较高时，制得的膜材料具有良好的耐水和耐溶剂性能；通过这种方式改性，获得了具有较好物理及力学性能的材料，在材料断裂伸长率减少不太大的前提下，也大幅度地提高了材料的拉伸强度和弹性模量。

2.2.4.3 高牢度水性聚氨酯树脂皮革涂饰剂

(1) 主要原材料　聚丁烯二醇，工业级；三元醇，工业级；TDI（80/20），工业级；二羟甲基丙酸，工业级；N-甲基吡咯烷酮，工业级；三乙胺，工业级；去离子水，工业级，自制。

(2) 合成步骤

① 预聚反应（形成"鹧爪式"结构）　向 1000mL 四口烧瓶中，加入准确称量的聚丁二烯二醇、三元醇、TDI、N-甲基吡咯烷酮和其他助剂，搅拌升温到 80℃左右反应 2.5h，取样用二正丁胺法检测—NCO 含量。

② 扩链反应（引入亲水基团）　当—NCO 含量达到要求时，加入二羟甲基丙酸和少量 N-甲基吡咯烷酮稀释，在 80℃左右继续反应 4～5h，取样分析—NCO 含量，检测反应程度。

③ 中和乳化　扩链反应结束后，把反应产品放到乳化釜中，加入三乙胺和去离子水分散乳化。取样分析，合格后过滤包装。

该产品比用普通聚酯、聚醚合成的聚氨酯树脂用于皮革涂饰具有更强更牢的结合力，干湿摩擦牢度可以达到 4 级，并且在皮革上成膜，用不干胶带撕不掉，达到了皮革涂饰高牢度的要求。该水性聚氨酯树脂属环保型树脂，具有优异的固色能力和高牢度。

2.2.4.4 封闭型异氰酸酯固化马来酸酐聚丁二烯水性涂料

液态聚丁二烯（LPB）由于具有优异的成膜性能，多被用于制备各种溶剂型涂料、水性涂料和电泳涂料。

采用液态马来酸酐化低分子聚丁二烯（MALPB）为基础原料，通过对MAL-PB的乳化和中和成盐，制得了二乙醇胺改性马来酸酐化聚丁二烯乳液。

(1) 主要原料 MALPB（分子量1040；酸值75mgKOH/g），工业级；十二烷基硫酸钠、二乙醇胺（DEA），分析纯；曲拉通X-100（OP-10），化学纯；叔丁基过氧化氢（TBHP），化学纯；Bayhydur BL5140，Bayer。

(2) 试样的制备

① 二乙醇胺改性马来酸酐化聚丁二烯乳液的制备 用曲拉通X-100（OP-10）和十二烷基硫酸钠为乳化剂，制备了马来酸酐化聚丁二烯的水性乳液。以二乙醇胺作为中和剂，合成了二乙醇胺改性马来酸酐化聚丁二烯乳液。

② 涂覆基板的预处理 采用镁合金板和镀锌板作为涂覆基板。首先将表面打磨并磨去边缘的毛刺，再放入碱液中于60℃浸泡10min，取出后用去离子水清洗，之后放入丙酮中浸泡3~5min，取出后晾干，再用去离子水清洗，备用。

③ 涂料的涂覆和固化 将乳液在磁力搅拌机的作用下进行搅拌，缓慢滴加定量的固化剂及其他助剂，滴加完毕后继续搅拌10~20min，即得到涂料。将已进行表面处理的基板完全浸入涂料中，之后缓慢匀速提拉基板使涂料均匀覆盖整个基板，之后将基板悬挂，滴干去除多余的涂料。然后将涂覆的样品放入烘箱中，调整固化温度及时间进行固化。

由于马来酸酐化聚丁二烯经过二乙醇胺中和改性后存在大量的羟基，通过封闭型异氰酸酯固化剂BL5140与叔丁基过氧化氢的混合固化作用，获得了一种成膜性能优良的水性涂料。固化剂BL5140含量在5％~15％时涂料成膜效果好；且涂层的耐热性能得到大幅度提高。通过加入BL5140获得的马来酸酐化聚丁二烯水性涂料具有突出耐腐蚀性。

第 3 章

水性酚醛树脂

Chapter 3

3.1 酚醛树脂概述

3.1.1 酚醛树脂简介

酚醛树脂（phenolic resin，简称 PF），固体酚醛树脂为黄色、透明、无定形块状物质，因含有游离酚而呈微红色，相对密度 1.25～1.30，易溶于丙酮、酒精等有机溶剂中，不溶于水，对水、弱酸、弱碱溶液稳定。遇强酸发生分解，遇强碱发生腐蚀。酚醛树脂也叫电木，又称电木粉。原为无色或黄褐色透明物，市场销售往往加着色剂而呈红、黄、黑、绿、棕及蓝等颜色，有颗粒、粉末状。

酚醛树脂是由酚类（如苯酚、甲酚、二甲酚、叔丁酚及间苯二酚等）与醛类（甲醛、糠醛等）在催化剂存在下缩合生成的产物。例如由苯酚和甲醛在催化剂条件下缩聚、经中和、水洗而制成的树脂，由于原料、催化剂和反应条件的不同，可获得一系列性能各异的树脂，可分为热固性和热塑性两类。液体酚醛树脂为黄色或深棕色液体。

酚醛树脂具有良好的耐酸性能、力学性能、耐热性能，广泛应用于涂料、防腐蚀工程、胶黏剂、阻燃材料及砂轮片制造等行业。

酚醛树脂涂料是由酚醛树脂及其改性产物配制而成，有醇溶性、松香改性及纯酚醛树脂涂料等类型。其特点是耐磨、耐水、耐潮、耐酸碱腐蚀、绝缘性好且干性快等。广泛用于涂装木器、家具、建筑物、船舶、机械及电机等方面。

3.1.2 酚醛树脂的性能和应用

(1) 高温性能　酚醛树脂最重要的特征就是耐高温性，即使在非常高的温度下，也能保持其结构的整体性和尺寸的稳定性。正因为这个原因，酚醛树脂才被应用于一些高温领域，例如耐火材料，摩擦材料，黏结剂和铸造行业。

(2) 黏结强度　酚醛树脂一个重要的应用就是作为黏结剂。酚醛树脂是一种多功能，与各种各样的有机和无机填料都能相容的物质。设计正确的酚醛树脂，润湿速率特别快。并且在交联后可以为磨具、耐火材料，摩擦材料以及电木粉提供所需要的机械强度，耐热性能和电性能。水溶性酚醛树脂或醇溶性酚醛树脂被用来浸渍纸、棉布、玻璃、石棉和其他类似的物质为它们提供机械强度，电性能等。典型的例子包括电绝缘和机械层压制造，离合器片和汽车滤清器用滤纸。

(3) 高残碳率　在温度大约为 1000℃ 的惰性气体条件下，酚醛树脂会产生很高的残碳，这有利于维持酚醛树脂的结构稳定性。酚醛树脂的这种特性，也是它能用于耐火材料领域的一个重要原因。

(4) 低烟低毒　与其他树脂系统相比，酚醛树脂系统具有低烟低毒的优势。在燃烧的情况下，用科学配方生产出的酚醛树脂系统，将会缓慢分解产生氢气、烃类化合物、水蒸气和碳氧化物。分解过程中所产生的烟相对少，毒性也相对低。这些特点使酚醛树脂适用于公共运输和安全要求非常严格的领域，如矿山，防护栏和建筑业等。

(5) 抗化学性　交联后的酚醛树脂可以抵制任何化学物质的分解。例如汽油，石油，醇，乙二醇和各种烃类化合物。

(6) 热处理　热处理会提高固化树脂的玻璃化温度，可以进一步改善树脂的各项性能。玻璃化温度与结晶固体如聚丙烯的熔化状态相似。酚醛树脂最初的玻璃化温度与在最初固化阶段所用的固化温度有关。热处理过程可以提高交联树脂的流动性促使反应进一步发生，同时也可以除去残留的挥发酚，降低收缩、增强尺寸稳定性、硬度和高温强度。同时，树脂也趋向于收缩和变脆。

3.1.3 酚醛树脂的发展

有关酚醛树脂的开发和研究工作，主要围绕着增强、阻燃、低烟、成型适用性以及绿色化方面开展，向功能化、精细化发展，各国科学家都以高附加值的酚醛树脂材料为研究开发对象。

(1) 清洁生产工艺

① 微波加热　利用微波加热，可急剧提高分子运动的速率，大加快反应速率，缩短反应时间，提高单体转化率。因此，该方法不仅可以节约能源、提高生产效率，而且能降低合成过程中酚及醛的挥发量，减少对环境的污染。

② 传统生产工艺的改良　采用甲醛的滴加方式使酚醛反应平稳，苯酚始终处于过量的状态，降低了上层清液中游离酚及甲醛的含量；再通过回收和利用酚醛树脂上层清液中的游离单体，在反应温度不变时，延长反应时间，生产的产品可达到改变工艺前所生产的产品质量。从而降低了酚醛树脂生产过程中游离甲醛和苯酚的含量。

(2) 减少或不用甲醛合成酚醛树脂

① 淀粉代替甲醛合成酚醛树脂　淀粉完全水解后生成 D-葡萄糖，其具有醛的特性，且还存在大量的羟基，故淀粉在酸性条件下可以和苯酚进行缩聚反应，生成的苯酚淀粉树脂与传统的酚醛树脂相比耐热性能更高，成本低、生物降解性好，而且在该树脂的生产和使用过程中不存在甲醛的污染问题，因此该树脂还具有良好的环境效益。

② 低甲醛用量　选择苯酚与甲醛物质的量比以降低生产过程及产物中甲醛的含量。实验结果表明，苯酚与甲醛物质的量比为 $(1:1.2) \sim (1:1.5)$，控制反应温度为 $90℃$，并加入 (PVA-1799) 改性剂 (质量分数为 0.2%) 等，酚醛水溶液综合性能较好且毒性低。用硫代硫酸钠滴定分析方法测定游离醛含量在标准含量 2.5% 以内，力学性能符合 GB/T 9846—1988 标准要求。

(3) 酚醛树脂的替代品-聚酚树脂　众所周知，酶具有高度的区域选择性和立体专一性能，并且在十分温和的条件下，起高效催化作用；因此，它有着化学催化剂无可比拟的优点，已经广泛应用于食品工业、制药工业和洗涤剂工业。

近年来，酶催化聚合不仅成功合成了化学方法难以实现的功能高分子，同时具有节能和对环境无不良影响等优点。酶催化合成聚酚树脂就是一例。

聚酚树脂的耐热性、光学稳定性较酚醛树脂优，同时还具有导电、发光等其他功能。相对分子质量相同时，在丙酮、乙醇或异丙醇中固含量相等的条件下，此类树脂溶液的黏度比一般酚醛树脂的黏度低 $1/8\sim1/2$。因此，聚酚不仅可作为酚醛树脂的替代品，而且可作为高固含量的涂料和功能材料使用。

3.1.4 酚醛树脂的水性化

目前常用的主要是醇溶性酚醛树脂，虽然其生产工艺技术比较成熟，但是由于其使用有机溶剂，故生产成本较高，对环境和人体健康带来严重危害，而且还存在着易燃、易爆等危险性。而使用水溶性 PF，则不会有上述缺点。

水溶性 PF 就是以水为 PF 的溶剂，与有机溶剂型 PF 相比具有如下优点：①成本低；②不污染环境；③无毒无害；④不易燃易爆；⑤安全性高。

因此，水溶性 PF 的理论研究和推广应用，符合当今经济、环保的发展要求，具有广阔的应用前景和良好的社会价值。

3.2 水溶性酚醛树脂制备

3.2.1 水溶性酚醛树脂的合成机理

水溶性 PF 的反应机理有五步。

(1) 碱催化生成具有更强亲核性的苯氧负离子

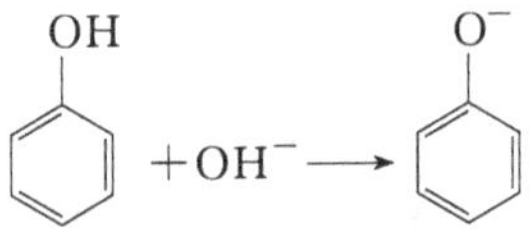

(2) 与甲醛初步反应生成一羟甲基苯酚

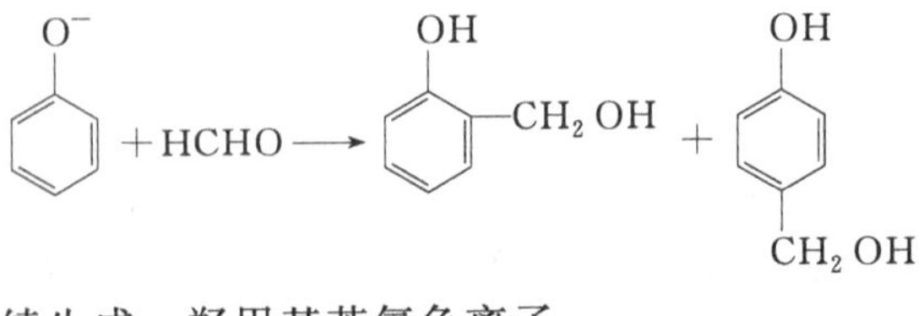

(3) 碱催化继续生成一羟甲基苯氧负离子

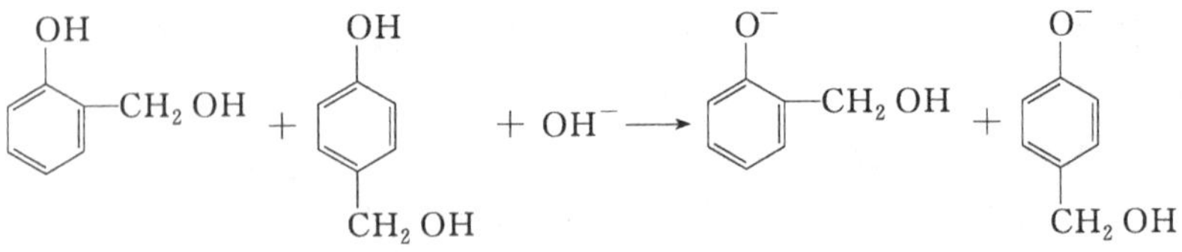

（4）继续与甲醛反应生成二羟甲基苯酚、三羟甲基苯酚和含二亚甲基醚的多羟甲基苯酚以及水溶性（甲阶）酚醛树脂

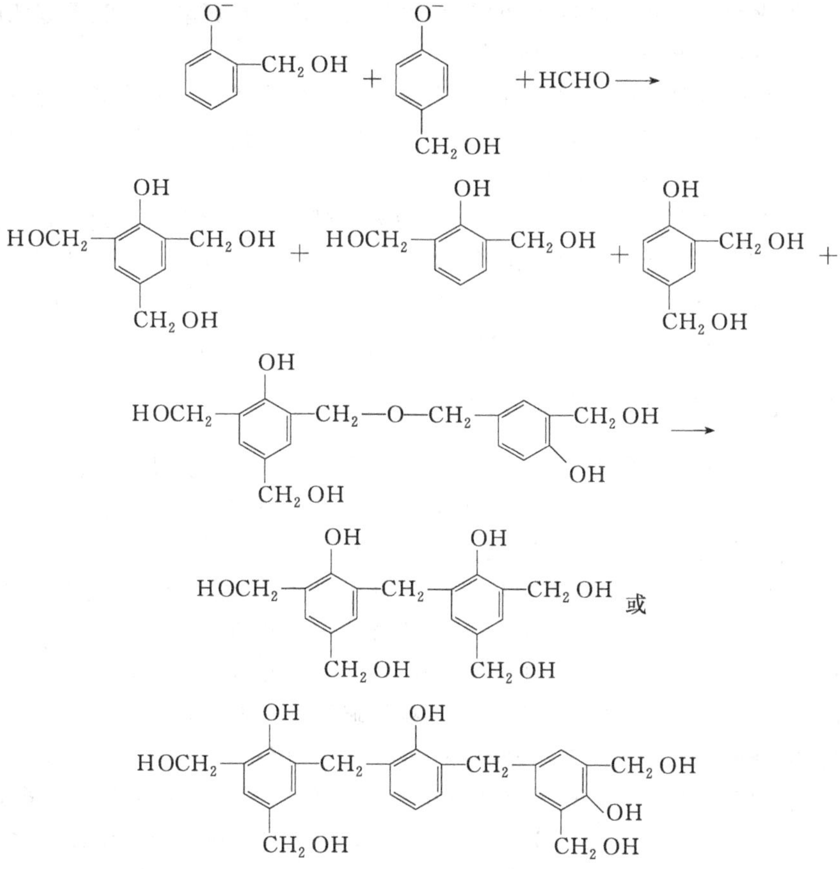

（5）水溶性酚醛树脂进一步自缩聚就可得到网状体型酚醛树脂

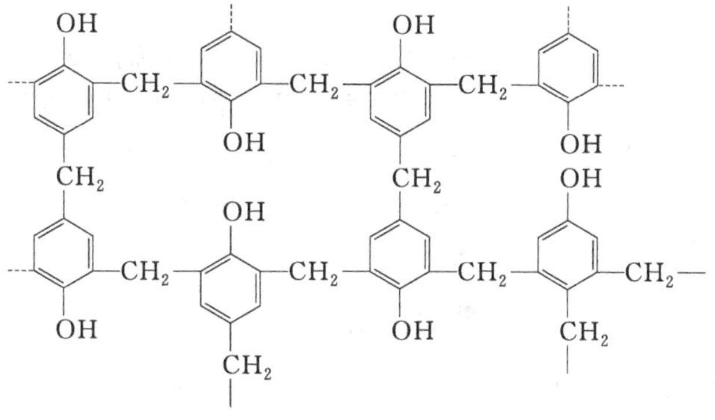

3.2.2 水溶性酚醛树脂制备的影响因素

对水溶性 PF 的制备过程而言，很多因素会影响其制品的性质，直接表现在固含量、黏度、水溶性和游离酚含量等方面；间接表现在所得树脂的力学性能、电气性能及其他工艺性能等方面。这些影响因素彼此较为独立，又相互影响，从而在很大程度上决定了整个体系的质量和性能。

(1) 催化剂的类型　水溶性 PF 常用的碱性催化剂有氨水、六亚甲基四胺、碳酸钠、碱金属和碱土金属氢氧化物等。

(2) 投料比对 PF 水溶性的影响　适当增加甲醛的用量，酚的多元羟甲基化程度增大，反应生成的多羟基酚增多，PF 的水溶性明显提高；但是，甲醛用量过多时，会导致产物中的游离甲醛含量增加。

(3) 反应温度和反应时间的控制　反应温度越低，自缩聚反应速率越缓慢；当温度超过 90℃时，多元羟甲基苯酚很快缩聚并形成体型结构，胶液黏度急剧上升，同时转变为不溶于水的乙、丙阶 PF。此外，反应时间不能太短，否则产品主要是一羟甲基、二羟甲基和三羟甲基苯酚的混合物，其特点是黏度低。

3.2.3　低游离醛高羟甲基水溶性酚醛树脂

酚醛树脂中酚环上的羟甲基属于极性活性基团，大量的羟甲基基团是保证酚醛树脂具有一定水溶性的条件，同时在酸性条件下又有利于生成相对稳定的亚甲基衍生物即树脂状产物，从而达到提高酚醛树脂的固化速率和储存稳定性的目的。为制备甲醛含量低、羟甲基含量高、工艺简单的水溶性酚醛树脂，采用 $Ba(OH)_2 \cdot 8H_2O$ 作为催化剂，用逐步加入甲醛的方法合成水溶性酚醛树脂。

(1) 主要原材料　苯酚，分析纯；甲醛（37%水溶液）、盐酸（37%），分析纯；$Ba(OH)_2 \cdot 8H_2O$、盐酸羟胺、碘、硫代硫酸钠、氢氧化钠，分析纯。

(2) 酚醛树脂的合成工艺　取适量苯酚于三口瓶中，在 50℃下熔融，加入预定量催化剂和 5g 水，在 50℃搅拌 40min 后，三口瓶中加入一定量的甲醛同时升温，醛完全加入后温度升高至 60℃，温 10min 后以 1℃/min 的升温速率将温度升至 90℃后，10min 内温度降低至预定反应温度，恒温反应一定时间后迅速降温至 40℃出料。

(3) 最佳工艺条件　采用 $Ba(OH)_2 \cdot 8H_2O$ 为催化剂合成的水溶性酚醛树脂中，影响游离醛和羟甲基含量的最显著因素分别是催化剂用量和反应原料比，合成的最佳工艺为甲醛与苯酚摩尔比为 2.0，反应温度为 85℃，反应时间为 120min，催化剂用量为 4%，合成的酚醛树脂具有低的游离醛含量和高的羟甲基含量，固含量为 41.6%，水稀释性为 3 倍。

3.2.4　低分子量水溶性酚醛树脂合成

(1) 主要原材料　苯酚，分析纯；甲醛（37%水溶液），分析纯；$Ba(OH)_2 \cdot 8H_2O$，分析纯。

(2) 合成步骤　按苯酚与甲醛摩尔比为 1：2 称取适量苯酚于三口瓶中在 50℃下加热熔融，按苯酚质量的 4% 加入催化剂和适量水。在 50℃搅拌 40min 后，向反应器中加入甲醛同时升温，30min 后甲醛加入完毕同时温度升高至 60℃，保温

10min 后在 30min 内升温至 90℃，再在 10min 降温至 85℃，保温反应 120min 后迅速降温至 40℃出料，从开始加入甲醛至反应结束共 200min。

(3) 合成树脂的性能指标　树脂为深红色液体，游离醛含量为 1.40%，游离酚含量为 2.26%，羟甲基含量为 23.10%，固含量为 41.60%，水稀释性为 3 倍。

重均分子量（M_w）为 485，数均分子量（M_n）为 413，多分散指数为 1.17，合成酚醛树脂分子量较低且分布均匀。

3.2.5 可控丙烯酸制备水溶性酚醛树脂

采用 RAFT 链转移剂，先与酚醛环氧树脂进行加成反应，然后通过控制丙烯酸的量再对加成后树脂进行改性，制备出了水溶性酚醛树脂；当酚醛环氧树脂和丙烯酸的摩尔比为 1∶1.5 时，制备的改性酚醛环氧树脂不但溶于水，而且能溶于乙醇、丙酮等有机溶剂。210℃热处理 10min 后，树脂由水溶变成水不溶。该树脂有望在水显影热敏树脂体系中得到应用。

(1) 主要原材料　RAFT 链转移剂为自制；F-44 环氧酚醛树脂（环氧值 0.4）；丙烯酸；其他试剂均为市售。

(2) 化合物 A 合成工艺　将 5.2g 酚醛环氧树脂和 0.26RAFT 加入反应体系中，加入 10mL 乙醇，滴加 2 滴 N,N-2-甲基苯胺作催化剂；70~80℃，反应 5h；减压除乙醇；乙酸乙酯溶解，稀盐酸洗，去离子水洗，旋蒸得到黄色黏糊状产物。

(3) 改性酚醛树脂化合物 B 的合成　4.18g 化合物 A、7.56g 丙烯酸［化合物 A 和丙烯酸的摩尔比为 1∶1.5］和 0.2gAIBN 加入反应体系中，用乙酸乙酯做溶剂，在 N_2 保护的情况下，60~70℃，反应 8h，旋蒸，得到橙黄色半固状产物 B。

(4) 产物性能　当用 1.5 倍丙烯酸改性时，得到的树脂不但有很好的水溶性，而且能溶于一般的有机溶剂，在 70℃下除去溶剂能得到固体颗粒；210℃热处理后，发生了链段的断裂、分解，不再溶于水和普通的有机溶剂。

3.2.6 层压布板浸渍用半水溶性酚醛树脂

该半水溶性酚醛树脂是在特定温度、强碱催化作用下，由苯酚、甲醛经过取代反应、缩聚反应合成的。制备的树脂用在层压布板上，符合 JB/T 814913—1995 要求。

(1) 主要原材料　苯酚：无色针状结晶体，具有特殊气味，在空气中受光和氧的作用易变蔷薇红色，有毒。福尔马林：甲醛的水溶液，常温下为无色具有特殊刺激气味的液体，甲醛含量为 37%。

(2) 催化剂　制备液体树脂，通常用 $Ba(OH)_2 \cdot 8H_2O$（化学纯）作催化剂，它易使反应形成低分子量的可溶性树脂。$Ba(OH)_2$ 是一种强碱，反应虽激烈，但易于控制，易被中和（通入 CO_2 即可）。有人认为在树脂中有 Ba^{2+} 存在，能改进树脂的介电性能，即使不进行中和，对介电性能也无不良影响。实际生产中，可用氨水（25%）和 $Ba(OH)_2$ 作催化剂，即所谓"复媒催化剂"。

（3）工艺配比（质量份） 苯酚（100）；福尔马林（100）；Ba(OH)$_2$·8H$_2$O（1）；氨水（22）；酒精（130）。

（4）操作步骤 按配比将苯酚与福尔马林加入三颈烧瓶中，开始搅拌。用少量热水将 Ba(OH)$_2$ 溶解后随氨水加入烧瓶内，加热，使瓶内温度升至 333～343K，停止加热。借助余热和反应放热使温度升到 353K，保温在 353～373K 下进行反应，直至反应物由原透明的暗红色变为浑浊的乳黄色。等全部乳化约几分钟后，进行真空脱水。此时，温度定会下降。当反应物全部透明时，停止抽空，继续搅拌，冷却。待温度降到 313K 左右时，向瓶内加入已准备好的酒精，搅拌 1h，即得半水溶性酚醛树脂。

（5）产物性能 该树脂一般含有 20% 左右的水分，分子量较低，易于浸渍、填料，渗透性好（上胶均匀），其中游离酚量虽较大，但在上胶过程中，还会进一步反应，使树脂分子内部进一步发生交联，得以固化。其优点是能节约大量的有机溶剂，降低成本，减轻大气污染。全水溶性树脂，虽不需有机溶剂，大大降低成本，但贮存时间短，树脂和水容易分层，上胶时树脂不均匀。醇溶性树脂成本高，气味大。该半水溶性酚醛树脂介于两者之间，克服了它们的缺点，集中它们的优点，是以后生产改性酚醛树脂的方向。

3.3 水溶性酚醛树脂改性

3.3.1 热敏成像水溶性酚醛树脂

采用一锅、两步法制备改性酚醛树脂。首先利用环氧酚醛树脂 F-44 与二甲胺反应，得到叔胺化酚醛树脂，叔胺化树脂被双氧水氧化后得到最终目标产物，即含强极性氧化叔胺的酚醛树脂。

（1）主要原材料 环氧酚醛树脂 F-44（环氧值 E＝0.44），工业品；二甲胺（30%水溶液）、双氧水、乙醇、二氧六环、四氢呋喃均为分析纯；830nm 激光增感染料（CTP-I）。

（2）含氧化叔胺侧基的酚醛树脂的合成 在装有温度计、冷凝管及滴液漏斗的四口瓶中加入 4.0g 的 F-44 树脂和 20mL 的二氧六环，搅拌使溶解，并用冰水混合物将体系冷却到 10℃ 左右。在氮气保护和不断搅拌下，缓慢滴加 3.6g 的二甲胺水溶液。滴加完毕后（约 0.5h），继续室温反应 5h。最后，将体系温度升至 60℃ 继续反应 6h，得到浅黄色均相液体。

去掉氮气保护，在上述体系中加入 0.2g 的柠檬酸，搅拌使之溶解。将体系温度调至 75℃，慢慢滴加 5mL 的 H$_2$O$_2$（30%水溶液），约 1h 加毕，期间控制温度在 75～85℃ 之间。然后将体系温度升至 80℃ 继续搅拌反应 5h，冷至室温，得到几乎无色的黏稠状均相液体。将上述液体移入减压蒸馏装置中，减压蒸出绝大部分二氧六环溶剂，得到浅黄色固体物。加入 10mL 的乙醇，搅拌 0.5h。静置，将上层乙醇倾去，收集下层固体沉淀物，于 60℃ 干燥，得到浅黄色树脂状固体物。

(3) 含氧化叔胺树脂的热敏树脂薄膜的制备　将 2.0g 的氧化叔胺树脂和 30mg 的红外增感染料溶于 20mL 的四氢呋喃中，得到深蓝色均相溶液。然后，采用丝棒刮涂方式，在经过阳极氧化处理的铝版基涂覆一层聚合物薄膜。于常温下放置干燥，用轮廓仪测定薄膜的厚度。将上面制备的热敏薄膜在红外激光曝光装置上进行曝光，然后用中性去离子水冲洗并干燥。用电镜观察热敏成像效果。

(4) 含氧化叔胺侧基的酚醛树脂的合成　两步、一锅法制备目标产物。首先，环氧酚醛树脂的环氧基团与二甲胺发生开环加成反应，得到侧链含叔胺的酚醛树脂。在反应过程中，通过定期取样测定反应物的环氧值来跟踪反应进行的程度。当二甲胺滴加完毕并于室温下反应 5h，取样测得反应体系中树脂的环氧值为 0.16，环氧基团的转化率约为 64%。当体系温度升至 60℃，反应 1h 后取样，测得反应体系中树脂的环氧值为 0.06，说明大部分环氧基团（86%）已经发生转化；而加热 5h 后，树脂的环氧值已测不出来，加热反应时间采用 6h 为宜。

(5) 性能与应用　合成的具有热致溶解性变化特性的水溶性氧化叔胺酚醛树脂，易溶于水和一些强极性溶剂，如四氢呋喃、乙二醇单甲醚和 N,N-二甲基甲酰胺等。在热的作用下，树脂能够分解并失去水溶性，但仍可溶于一些有机溶剂。利用该树脂制备了一种可进行红外激光成像的热敏树脂体系。由该树脂与 830nm 激光增感染料匹配使用，该树脂体系经曝光后可进行中性水显影，并得到较为清晰的阴图图像。有望作为树脂主体或与其他组分一起配合使用，用于免化学处理热敏激光成像领域。

3.3.2 光敏水性丙烯酸改性酚醛环氧树脂

丙烯酸对 F-44 酚醛环氧树脂改性，合成了一种光敏性酚醛环氧树脂，该树脂既能光照交联，也具有一般酚醛环氧树脂所具有的优良性能，如优良的附着力、耐热性及耐腐蚀性。但该树脂只能溶解在有机溶剂中，只能用有机溶剂作稀释剂，不符合现代化工绿色环保的要求。对上述丙烯酸改性的酚醛环氧树脂作进一步的改性，用琥珀酸酐对丙烯酸改性的 F-44 酚醛环氧树脂作进一步的改性，合成了一种具有光敏性的水性酚醛环氧树脂。当 n(环氧基)：n(羟基)：n(琥珀酸酐)＝1：1：1 时，以三乙胺作催化剂，在 95℃ 下反应 3h，可合成能溶解于 5% 的 Na_2CO_3 水溶液的性能优良的水性酚醛环氧光敏树脂。

(1) 主要原材料　丙烯酸改性的 F-44 酚醛环氧树脂：制备；二氧六环：分析纯；琥珀酸酐：化学纯；1,4-对苯二酚：化学纯；光敏促进剂乙基-对-二甲基氨基苯甲酸酯（EDAB）、光敏剂异丙基硫杂蒽酮（TTX）；交联剂三羟甲基丙烷三丙烯酸酯（TMPTA）；马来酸酐：分析纯。

(2) 水性丙烯酸改性酚醛环氧树脂的合成　在带回流和搅拌装置的圆底烧瓶中，加入 48.0g 质量分数为 61.7% 的丙烯酸改性的 F-44 酚醛环氧树脂的二氧六环溶液、0.05g 1,4-对苯二酚作为阻聚剂、0.5g 催化剂和设计量的质量分数为

22.5%的琥珀酸酐的二氧六环溶液，在设定的温度反应，并每隔0.5h取样分析琥珀酸酐含量进而计算其转化率。

（3）水性丙烯酸改性酚醛环氧树脂的性能 在覆有铜膜的环氧树脂底版上采用丝网印刷的方式涂布水性树脂产品和固化剂、交联剂、光敏剂及光敏促进剂等的混合物，固化剂马来酸酐的用量按树脂中的环氧基的量计量：n（改性后树脂的环氧基）：n（马来酸酐）$=1.00:0.57$；交联剂、光敏剂和光敏促进剂的量按改性后树脂中双键含量计量：m（丙烯酸基）：m（TTX）$=16:1$；m（丙烯酸基）：m（EDAB）$=8$；m（丙烯酸基）：m（TMPTA）$=22:1$。然后在紫外光曝光仪上按设计的时间曝光，时间为3min，或紫外光曝光后，在恒温箱中进行热固化，热固化温度为150℃时间为1h；用划圈法测定漆膜附着力。漆膜用石蜡封边后置于25℃的质量分数为10%的HCl、10%的NaOH、丙酮和甲苯中浸泡1h，以此考察漆膜的耐酸碱性和耐溶剂性。浸泡后漆膜无变化的为优秀，漆膜发泡或脱落的为不合格。

3.3.3 水溶性酚醛树脂二氧化硅杂化材料

在碱性催化条件下采用有机/无机同步聚合法制备PF/SiO$_2$杂化材料，使PF单体聚合和SiO$_2$前驱体水解缩合同步进行，形成互穿网络，大大提高了其应用范围。

（1）主要原材料 苯酚：分析纯；甲醛：化学纯，36%～37%；正硅酸乙酯（TEOS）：分析纯；γ-氨丙基三乙氧基硅烷：KH-550，化学纯。

（2）水溶性/杂化材料的合成 将熔融的苯酚倒入500mL的三口烧瓶中后，按苯酚与甲醛$=1:1.2$（物质的量之比）的比例加入甲醛溶液，并加入适量催化剂。将一定量正硅酸乙酯、蒸馏水和偶联剂加入烧杯中，搅拌30min后加入三口烧瓶中，在50℃下反应1h，升温到70℃后反应3h，制得PF/SiO$_2$杂化材料。

（3）PF/SiO$_2$杂化材料的性质

① 与纯水溶性PF相比，水溶性PF/SiO$_2$杂化材料在固化反应第二阶段时其固化反应速率加快，一方面是由于TEOS发生缩聚反应放出热量，另一方面是由于TEOS水解提供更多可反应基团，与甲醛等发生缩聚反应，并且随着SiO$_2$含量的增加，树脂与SiO$_2$的相容性提高。

② 水溶性PF/SiO$_2$杂化材料的耐热性优于纯水溶性PF，尤其在高温下（650℃以上），其质量保持率均提高到50%以上，SiO$_2$的引入使水溶性PF的耐热性能显著提高。

3.4 水溶性酚醛树脂的应用

3.4.1 水溶性酚醛树脂涂料的合成

（1）主要原料 苯酚（质量分数为95%）、甲醛、氢氧化钠（质量分数为

95%)、六亚甲基四胺、硼酸、豆油及顺丁烯二酸酐。

(2) 合成工艺

① 称取苯酚 117g 与 75.6g 硼酸反应制得硼酸酚酯，然后将甲醛 152g、氢氧化钠 6.2g 加到装有回流装置的三口烧瓶中，混合搅拌后，用水浴锅控制温度为 90℃ 左右进行加热，反应温度在 85~90℃ 之间，反应 1.5~2h。测定反应后溶液的溶水比合格后，降温出料。

② 在 500mL 三颈瓶中加入 85.7g 精制豆油，搅拌，加热至 120℃，一次加入顺丁烯二酸酐 15.9g，升温到 190~200℃ 时，保温 2h，测水溶性并分析酸值，加入自制的酚醛树脂 82.7g，升温到 230~240℃ 时，保温 1h，取样测水溶性并分析酸值；酸值在 30~40mgKOH/g 之间并水溶时，降温至 200℃ 反应 1h 关炉。

③ 反应后的产物用草酸调整其 pH 值为 7.5 左右，然后过滤脱盐，再向溶液中加入 10g 左右的六亚甲基四胺，适当加热搅拌使六亚甲基四胺完全溶解，即制得水溶性改性酚醛树脂涂料。

(3) 合成水溶性酚醛树脂的影响因素

① 顺酐的影响　顺酐与豆油加成后，在疏水性的豆油分子上引入了羧基，使其具有亲水性，当羧基含量达到一定程度时，树脂便可水溶，顺酐量越多，树脂的水溶性越好。然而亲水基团的增加则会降低涂膜的耐水性。因此，顺酐用量必须适当，在满足水溶性要求下，尽可能减少。资料表明，顺酐的质量分数为 13% 左右，综合性能最好，既可保证良好的水溶性，又能获得足够的耐水性。

② 催化剂用量的影响　随着催化剂用量的增加，羟甲基含量先增加后减少，可被溴化质量分数的含量下降，树脂的固有黏度逐渐增加。碱性催化剂既有利于羟甲基化反应，又有利于缩聚反应。因此催化剂氢氧化钠用量的增加加快了羟甲基化的反应速率，当催化剂用量超过一定值时，缩聚反应速率超过羟甲基化反应速率，使得羟甲基含量下降，固有黏度增大。

③ 反应时间的影响　随着反应时间的延长甲醛转化率增加，羟甲基含量逐渐减少，而树脂的固有黏度增加。因为酚的羟甲基化反应速率大于缩合反应速率，所以在反应初期（即反应前 2h），以羟甲基化反应为主，随着反应时间的延长，多羟甲基酚进一步缩聚（可被溴化物含量降低），而固有黏度则随反应进行程度的加深而增大。

④ 固化剂的影响　线型酚醛树脂的硬化速率与六亚甲基四胺的用量有关。为达到最大的固化速率所需用量，取决于树脂中游离酚的含量与线型酚醛树脂的化学组成。而树脂的化学组成又取决于原料中苯酚与甲醛的比例、缩合反应时间的长短与树脂的热处理情况。同时在混合时，如果混合的完全，则用量可以减少，也可达到同样的硬化速率，否则用量虽多，但因一部分不能与树脂接触而不能发挥作用。六亚甲基四胺的用量一般为树脂用量的 10%~15%，如量不足，会使固化速率及耐热性下降，如过量不但不能加速固化和提高耐热性能，反而使耐水性与电性能降低，并可发生肿胀现象。

⑤ 水对涂料黏度的影响　水稀释预聚物时，加水量对涂料黏度有明显影响，从开始加水到水量 10% 左右，涂料的黏度急剧下降，随后黏度变化不大。这是由于加水量较少时，高分子预聚物没完全溶解于水中，体系的黏度较大，水量增大后，水性预聚物完全溶于水，表观黏度随之下降。

3.4.2 新型水溶性酚醛树脂防锈涂料

(1) 水溶性树脂的制备　在反应瓶中加入 32.5g 亚麻油和 9.5g 顺丁烯二酸酐，升温至 180～200℃，保温反应 2h，然后加入 3.5g 改性酚醛树脂，升温至 220～300℃继续反应，取样测定树脂的酸值，当酸值达到 60～80mgKOH/g 时，降温至 100℃以下，加入 10mL 正丁醇，继续降温至 60℃以下，用氨水调节 pH 值为 7.5～8.5，搅拌下加水稀释至固含量为 50% 左右，搅匀后即得水溶性树脂基料，备用。

(2) 水溶性防锈涂料

① 原料规格及配方见表 3-1。

表 3-1　原料规格及配方

原料名称	规格	用量/g	原料名称	规格	用量/g
亚麻油	工业级	32.5	滑石粉	工业级	2.0
顺丁烯二酐	化学纯	9.5	轻质碳酸钙	工业级	2.0
改性酚醛树脂	自制	3.5	正丁醇	分析纯	10 mL
亚磷酸钙	分析纯	15.0	氨水	分析纯	适量
磷酸锌	分析纯	10.0	环烷酸钴	工业级	0.85
硫酸钡	工业级	2.0			

② 水溶性防锈涂料的制备　按配比量将亚磷酸钙、磷酸锌、硫酸钡、滑石粉和轻质碳酸钙于研钵中研磨混匀，然后与备用基料一起加入砂磨机进行砂磨，当砂磨至细度小于 50μm 后，加入 0.85g 环烷酸钴，最后加入约 15 mL 去离子水调匀至漆料黏度合格即可。

③ 涂层性能　将涂料按标准方法涂覆于马口铁上制成试片，涂层各项性能见表 3-2。

表 3-2　性能检测结果（按 GB 方法）

测试项目	检测结果	测试项目	检测结果
涂层外观	白色(微黄)、平整光滑	实干时间/h	≤24
黏度/s	60	附着力/级	≤2
固含量/%	≥55	柔韧性/mm	1
表干时间/h	≤2	耐盐水性(浸168h)	不起泡、不生锈

3.4.3 水溶性光敏酚醛树脂耐高温涂料

以多羧基酚醛光敏树脂为基本原材料制备了能完全水溶性的、可光交联且交联后耐高温的特种涂料。

（1）**主要原材料**　多羧基酚醛光敏树脂，酸值为 157.8mgKOH/g（每克树脂能消耗的 KOH 质量），50％的二氧六环溶液，自制；马来酸酐，分析纯；六亚甲基四胺、二氧六环，分析纯；丙烯酰胺，分析纯；异丙基硫杂蒽酮（ITX）、乙基-对-二甲基氨基苯甲酸酯（EDAB），用时按 $m(\text{EDAB}):m(\text{ITX})=2$ 配成 8.87％的二氧六环溶液；三羟甲基丙烷三丙烯酸酯（TMPTA）。

（2）**漆膜的制备**　将多羧基酚醛光敏树脂与活性稀释剂、光引发剂和其他助剂按一定比例搅拌混合均匀，涂布于已用 0# 水性砂纸打磨的镀铜线路板上，在 50℃下真空预处理，然后用 1000W 高压汞灯光固化成膜，测定漆膜的表干时间，最后 150℃热处理 1h。

（3）**多羧基酚醛光敏树脂与添加剂的比例关系以及最佳配方**　涂料中多羧基酚醛光敏树脂的质量分数为 23.4％、乙基-对-二甲基氨基苯甲酸酯（EDAB）和异丙基硫杂蒽酮（ITX）为 0.23％[$m(\text{EDAB}):m(\text{ITX})=2$]、三羟甲基丙烷三丙烯酸酯（TMPTA）为 6.9％、氨水为 1.0％、丙烯酰胺为 1.56％、丙酮为 39.8％、水为 27.1％。

（4）**成膜最佳条件及性能**

① 添加易挥发溶剂丙酮能缩短多羧基酚醛光敏树脂的紫外光交联时间，当多羧基酚醛光敏树脂的用量为 7.5g，光敏剂溶液的用量为 0.846g；TMPTA 用量为 2.222g 时，添加 12g 丙酮能将多羧基酚醛光敏树脂的光交联时间从 90s 下降到 40s。

② 羧基酚醛光敏树脂体系中添加丙烯酰胺可以改善漆膜的附着力，但延长了漆膜的光交联时间，对体系的水溶性没有明显改善。改用氨水代替丙烯酰胺则能明显缩短体系的光交联时间，可以获得完全水溶性的涂料体系。

③ 氨水与丙烯酰胺共用既可以起到改善漆膜附着力的作用，亦能缩短漆膜的光交联时间，还可以获得完全水溶性的涂料体系，该体系在光交联、热交联后具有良好的耐酸碱性与耐溶剂性，在 280℃的导热油中 30s 无变化。

④ 漆膜在 50℃下真空预处理 2h，紫外光交联 30s，热后处理 1h 后，所得漆膜具有优良的耐酸碱性、耐溶剂性，附着力为 1 级，在 280℃的导热油中 30s 无变化。

3.4.4 水溶性酚醛树脂凝胶交联剂

水溶性酚醛树脂属于热固性酚醛树脂的甲阶段产物，其羟甲基官能团具有很强的反应活性，与聚丙烯酰胺之间的脱水缩合交联反应在弱碱性或中性条件下就可完成，适宜用作堵水调剖用聚丙烯酰胺水基冻胶的交联剂。

（1）**主要原材料**　苯酚、甲醛（35％水溶液）、聚甲醛均为工业产工厂产品。碱性催化剂，化学纯试剂。

（2）**水溶性酚醛树脂的合成**　称取适量的苯酚倒入反应釜，加热至 50℃，使其熔融成液体。按苯酚和甲醛（纯物质）总量 5％的比例称取催化剂，分为 3.5％

和 1.5% 两份，将 3.5% 的催化剂加入盛有已熔融苯酚的反应釜中，剩余的 1.5% 备用。维持反应釜温度为 50℃，搅拌反应 20min，按苯酚：甲醛＝1：3（摩尔比）称取所需量 80% 的甲醛倒入反应釜，升高反应釜温度至 60℃，继续搅拌反应 50min，将其余 1.5% 的催化剂加入反应釜，升高反应釜温度至 70℃，恒温搅拌反应 20min，最后加入其余 20% 量的甲醛，升高反应温度至 90℃，恒温搅拌反应 30min。最终得到的产物为透亮棕红色、浓度 45%、完全溶于水的胶液，即交联剂产品。

(3) 聚合物水基凝胶制备及性能测定　将两性离子聚丙烯酰胺配制成一定浓度的水溶液，加入定量的水溶性酚醛树脂，混合均匀，用 pHS-25C 酸度计测定溶液 pH 值，放入电热恒温干燥箱内，定期观测凝胶的流动性和弹性。用 RV2 旋转黏度计在 $243s^{-1}$ 下测定溶液黏度，在 $1.5s^{-1}$ 下测定凝胶黏度。

(4) 聚合物/酚醛树脂凝胶应用　用甲阶酚醛树脂作交联剂配制两性离子聚丙烯酰胺水基凝胶的条件为聚合物溶液浓度 0.3%～1.0%，交联剂加量 0.3%～1.1%，混合溶液体系的 pH 值 7.2～7.8，交联反应温度 45～70℃。对于油田 50～55℃ 的地层温度，通过改变聚合物溶液浓度和交联剂加量，成胶时间可控制在 3～16d。得到的聚合物凝胶强度高并富有弹性，25℃ 下黏为 1.6×10^4～2.9×10^4 mPa·s。

两性离子聚丙烯酰胺/酚醛树脂凝胶已成功地应用于油田中高渗的调剖作业，其中，某采油井共注入调剖剂 2000m³，平均注水压力提高 5.0MPa；有 4 口采油井持续有效期 7～8 个月，累计减水超过 4000m³，增油 10000 余吨，按油田生产成本价计算投入产出比为 1：9.65。

3.4.5 胶合板用水溶性酚醛树脂

胶合板生产中一般都选脲醛树脂胶作胶黏剂，但要提高胶合板的耐水性、力学强度和耐久性最好选用酚醛树脂胶，与脲醛树脂相比，酚醛树脂成本高，但使用一种合成的溶水热固性酚醛树脂可降低生产成本，用水作溶剂比用有机溶剂的价格低很多生产表明，水溶性酚醛树脂胶并不比其他非水溶性酚醛树脂胶的黏合性能差。

(1) 合成原理　胶合板用水溶性酚醛树脂胶是以苯酚和甲醛为原料，在氢氧化钠作为催化剂的条件下缩聚而成的甲阶酚醛树脂胶。

苯酚与甲醛可在碱性或强碱介质中缩合，如果甲醛过量，苯酚分子酚羟基的对位和两个邻位的氢都能与甲醛反应，生成邻羟基甲基酚和对羟甲基酚，然后在碱性介质中继续与苯酚及甲醛反应生成多羟基甲基酚多羟基甲基酚既可相互之间反应也能与酚醛反应，生成甲阶酚醛树脂。

(2) 主要原材料与生产工艺　生产水溶性酚醛树脂胶的原料主要有工业用苯酚（98%），甲醛水溶液（37%），氢氧化钠水溶液（40%）和水，苯酚与甲醛的摩尔比一般为 1：(2.1～2.5)（最佳为 1：2.18）。甲醛分三次加入，第一次加入总量的 70%，第二次加入总量的 20%，第三次加入总量的 10%；氢氧化钠水溶液

（40%）为苯酚质量的 0.54 倍，水为苯酚质量的 0.7 倍。

水溶性酚醛树脂胶的生产工艺如下：将苯酚（工业级）、水、氢氧化钠（40%）装入反应釜内，边搅拌边加温，当温度升至 40～45℃时，将第一批甲醛水溶液缓慢加入，并停止加热，继续搅拌，反应液自身放热升温；温度升至 80～85℃，保持 20～30min，加入第二批甲醛水溶液，在此温度下反应 45min，继续加热，在 10min 之内加热至沸腾，保持 10min，冷却至 80～85℃，再加入第三批甲醛水，并在 10～15min 内加热至 85～90℃，取样测黏度符合要求后，在 1h 将树脂冷却至 30℃左右，取样化验后放料。

(3) 性能及应用 酚醛树脂技术指标为（20）：外观为深棕色透明黏稠液体，黏度 110～130s，碱度 4.5～5.5，固含量（45±2）%，储存期 2～3 个月。

与该胶种匹配的胶合板（桦木胶合板）生产工艺条件为：单板含水率 5%～8%，施胶量 130～140g/m²，热压压力 1.8～2.0MPa，热压温度 115～120℃，热压时间 0.8min/mm（厚度），胶合板的胶合强度 1.4MPa，属Ⅰ类胶合板。

水溶性酚醛树脂以水为溶剂，水比乙醇和丙酮的价格低得多，而且其还具有固化时间短，固化温度低，对人体危害小，使用时加热即可固化（不需固化剂）和便于生产线清洗等优点。

水溶性酚醛树脂合成工艺简单，反应温度较低，容易掌握；反应时甲醛挥发少，可减少对操作人员的健康损害，无空气污染；使用水溶性酚醛树脂胶生产的胶合板黏结力强，符合Ⅰ类胶合板国家标准的要求。

3.4.6 环保型水性酚醛树脂胶黏剂

选用三官能团的苯酚和固体甲醛合成。甲醛对苯酚质量比大于1，在碱性条件下加成缩合反应。使用固体甲醛，不需抽出多余水分，减少污染；固体甲醛活性高，选用了合适的催化剂，合成出了不需脱水的高固含量产品。

(1) 主要原材料 苯酚（分析纯），甲醛（37%），固体甲醛，金属 Al、ZnO、Mg，增韧树脂等。

(2) 制备方法 在四口烧瓶中加入熔化了的苯酚及催化剂，升温至 40℃，加入甲醛及固体甲醛，控制温度在 60～70℃反应 2h 之后，升温至（85±2）℃，保温 30min，再升温至 95℃保温 20min，继续反应 20min，取样测黏度和稀释比，合格后加入树脂，搅拌均匀即可。

(3) 水溶性酚醛树脂性能指标 外观：棕红色透明黏稠液体；不挥发物含量（75±5）%；黏度（25℃）900～1500mPa·s；pH 值 8～10。

(4) 工艺条件与产品性能

① 环保型水性酚醛树脂胶黏剂制备工艺条件是以甲醛、固体甲醛和苯酚为原料，$N_f/N_p = 1.2～1.5$，加入 $M_{ZnO}/M_{NaOH} = 3:2$ 的复合催化剂，通过先低温后高温的工艺制得。

② 该工艺不需抽真空，因而反应过程中无废水排出，不产生污染物。

③ 该胶涂覆的砂布、砂纸强度高，磨削锋利，使用寿命长，耐用度高，耐水性好。

④ 该胶以水为溶剂，成本低，操作方便，适合国内现有的平跑式和悬挂式生产线生产，生产工艺稳定，产品性能优良。

3.4.7 水溶性酚醛树脂胶

(1) 反应原理 当酚醛的摩尔比小于1时，在碱催化剂（NaOH）的作用下，首先生成邻羟甲基苯酚、2,4-羟甲基苯酚及2,4,6-羟甲基苯酚，然后进一步缩聚可得可溶可熔的线型酚醛树脂。反应式如下：

(2) 主要原材料 氢氧化钠水溶液（0.1mol/L）；苯酚；甲醛（37%）（均为化学纯）。

(3) 反应物用量 此反应在500mL三颈瓶中进行，三颈瓶装料系数约为50%，各物质用量如下：氢氧化钠水溶液（0.1mol/L），125mL；蒸馏水，68mL；苯酚，47g；甲醛（37%），60.5g。

(4) 酚醛树脂胶的制备工艺步骤

① 将针状无色苯酚晶体加热到43℃，熔化后将它加入到三口瓶中，搅拌，加入氢氧化钠水溶液和水，溶液呈粉红色，并出现少许颗粒，升温至45℃并保温25min；

② 加入甲醛总量的80%，溶液呈现棕红色，固体颗粒减少，约3min后，溶液为深棕色透明液体，并于45~50℃保温30min，在80min内由50℃升至87℃，再在25min内由87℃升至95℃，在此温度下保温20min；

③ 在30min内由95℃冷却至82℃，加入剩下的甲醛，溶液少许混浊随后又马上消失，于82℃保温15min；

④ 在30min内把温度从82℃升至92℃，溶液在约6min后呈现胶状，为深棕色，92~96℃之间保温20min后，样品测定黏度为（100~200）×10^{-5} m² · s^{-1}时，即通冷却水，温度降至40℃时，出料，产品为深棕色黏稠状液体。

(5) 产物性能 苯酚与甲醛在碱催化剂作用下，摩尔比为1∶1.5时，生成水溶性酚醛树脂胶，其黏度适中，游离酚<3%，且产率比一般方法提高8%左右，若用于生产，可提高效益。

第 4 章

水性氨基树脂

4.1 氨基树脂概述

4.2 水性氨基树脂

4.3 水性氨基树脂应用

Chapter 4

4.1 氨基树脂概述

氨基树脂是指含有氨基官能团的有机化合物与甲醛反应的产物。该类树脂颜色浅，硬度高，光泽强，耐化学腐蚀性和电绝缘性优良。它是热固性树脂，极性大，不溶于烃类溶剂，附着力差，不能直接用于制造涂料。涂料所用氨基树脂，须在缩合物中引入丁基或其他烷基，降低极性，提高烃类中的溶解力，改善附着力。

4.1.1 氨基树脂的种类

氨基树脂主要有以下类型。

(1) 三聚氰胺甲醛树脂 丁醇改性三聚氰胺甲醛树脂；异丁醇改性三聚氰胺甲醛树脂；六甲氧基三聚氰胺树脂。

(2) 脲醛树脂 丁醇改性脲醛树脂

(3) 烃基三聚氰胺甲醛树脂 苯基三聚氰胺甲醛树脂；N-苯基三聚氰胺甲醛树脂；N-丁基三聚氰胺甲醛树脂。

(4) 共聚树脂 聚氰胺/脲醛共聚树脂；三聚氰胺/苯基三聚氰胺甲醛树脂。

4.1.2 三聚氰胺与六羟甲基三聚氰胺

(1) 三聚氰胺 三聚氰胺又名三聚氰酰胺，或蜜胺。结构式如下：

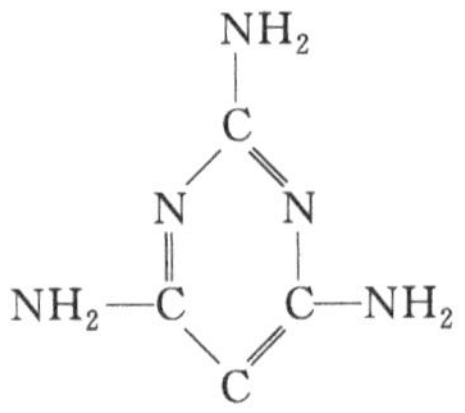

(2) 六羟甲基三聚氰胺 又称2,4,6-三个（N,N-二羟甲基氨基)-1,3,5-三嗪。分子式：$C_3N_6(CH_2OH)_6$，分子量：306.27。

六羟甲基三聚氰胺是将三聚氰胺在过量的甲醛水溶液中，于弱碱性条件下加热制取。是一个含 N 的杂环化合物，有六个活泼氢原子。结构式如下：

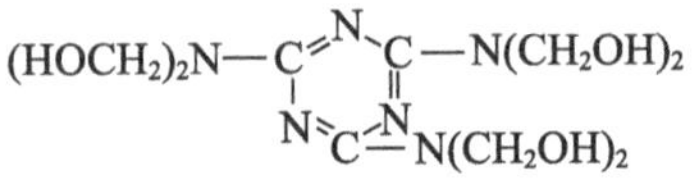

外观为白色结晶颗粒或粉末，略有甲醛气味。无毒，不腐蚀，加热溶于醇。熔点 163～164℃。加热即放出甲醛而缩合，变为不熔不溶的树脂。

六羟甲基三聚氰胺成品企业标准：羟甲基含量/%：≥50.0；水分/%：≤10.0（105℃ 2h 烘干）；游离醛含量/%：≤1.0。

主要用作建筑涂料、汽车胶黏剂原料，还用于橡胶黏合剂 A 及防水胶的中间体。随着科学技术的不断发展，它的用途越来越广泛。

4.1.3 主要氨基树脂性能简介

4.1.3.1 脲醛树脂

脲醛树脂（urea-formaldehyde resins）一般为水溶性树脂，较易固化，固化后的树脂无毒、无色且耐光性好，长期使用不变色，热成型时也不变色，可加入各种着色剂以制备各种色泽鲜艳的制品。

脲醛树脂坚硬，耐刮伤，耐弱酸弱碱及油脂等介质，价格便宜，具有一定的韧性，但它易于吸水，因而耐水性和电性能较差，耐热性也不高。

脲醛树脂主要用于制造模压塑料，广泛用于日用生活品和电器零件，还可作板材黏合剂、纸品和织物的浆料、贴面板及建筑装饰板等。由于其色浅和易于着色，制品色彩丰富。

制作塑料制品所用的脲醛树脂的数量仅占总产量的 10％ 左右。在甲醛与尿素的摩尔比较低的情况下制得的脲醛树脂，与填料（纸浆、木粉）、色料、润滑剂、固化剂、稳定剂（六亚甲基四胺、碳酸铵）及增塑剂（脲或硫脲）等组分混合，再经过干燥、粉碎、球磨、过筛，即得脲醛压塑粉。压制脲醛塑料的温度 140～150℃、压力 25～35MPa，压制时间依制品的厚度而异，一般为 10～60min。塑料制品主要是电气照明设备和电话零件等。

4.1.3.2 甲醚化六羟甲基三聚氰胺树脂

甲醚化六羟甲基三聚氰胺树脂（代号 560 树脂）是水溶性氨基树脂中的一种。它是三聚氰胺与甲醛反应后，用甲醇醚化成含有 6 个或接近 6 个甲氧基的化合物。无色至微黄色稠状液体。属热固性树脂初聚物范畴，遇冷变为凝胶体，可被冷水以任意比例稀释。呈凝胶体时，用 3～5 倍的热水（70～80℃）溶解。可与阳离子及非离子表面活性剂同浴使用；在高温下由可溶性变为不溶性，一经定型则不可逆反；在非酸性水溶液中能保持数天。

甲醚化六羟甲基三聚氰胺树脂因为不含羟甲基，固化温度较高，需 150℃，它的官能度为 6，固化交联度高，用量少，柔韧性、抗水性好，光泽丰满。它具有优良的混溶性，能和多种树脂，如短油度、中油度及长油度醇酸树脂相混溶，能和环氧树脂、丙烯酸树脂等混溶，并作为固化剂。

主要用于水溶性氨基醇酸烘漆，也可用于配制油性氨基醇酸烘漆。调制的油漆用在高级轿车和高档家具上，漆膜平整，漆面光亮。它可作为高级涂料和高级油墨的主要原料，还可用于印刷上光。甲醚化六羟甲基三聚氰胺树脂，主要用于棉织物和人造棉织物的防缩、防皱、免烫、轧光整理，领衬、裙布及花边等含纤纺织产品，特别是工业用聚酯无纺布硬挺整理，可缩短加工周期、提高产品质量。还可用作 CP 类阻燃剂的配套用树脂。

甲醚化六羟甲基三聚氰胺树脂的合成路线主要有一步一浴法和一步二浴法。前者系先制成三聚氰胺-甲醛初缩体溶液，然后加甲醇醚化。主要技术指标为，外观：半透明黏稠液体；甲氧基：≥5个；含固量：≥95％。

4.1.3.3 醇改性氨基树脂

（1）丁醇改性三聚氰胺甲醛树脂

① 三聚氰胺和甲醛的缩合反应　在酸碱的作用下，可与1～6摩尔的甲醛反应，生成相应的羟甲基三聚氰胺。生成最初三个羟甲基时，是放热反应，速率快而不可逆。此后是吸热反应，速率慢且可逆。甲醛过量越多，产物中羟甲基含量越多。涂料用一般每个链节含羟甲基数4～5个较好。在该反应中，多羟甲基三聚氰胺经过羟甲基与活泼氢的反应或羟甲基之间的缩合反应，进一步缩聚成大分子。

② 丁醚化反应　多羟甲基三聚氰胺初缩物是不溶于有机溶剂的亲水产物，可用于塑料、黏合剂、织物处理和纸张增强剂等各方面。用于涂料的必须用丁醇醚化增大油溶性。在碱性催化剂下，用过量的丁醇和羟基进行反应脱水，得到醚化物。

③ 固化反应　在酸性催化剂作用下，于100～169℃进行脱水、脱丁醇，生成—N＝CH_2的反应，而—N＝CH_2又和羟甲基脱水，进一步脱甲醛等反应，形成坚硬的固体树脂。

（2）丁醇改性三聚氰胺甲醛树脂制造工艺

① 组分对树脂性能的影响

a.甲醛的用量　直接决定着羟甲基的数目，进而影响其性能。结果见表4-1。

表4-1　甲醛的用量对羟甲基数目和性能影响

甲醛/三聚氰胺摩尔比	反应时间/min	反应的甲醛/%	羟甲基/个	干性	硬度	混溶性	稳定性
6∶1	50	68.6	4.12	↓	↓	好	好
8∶1	50	66.0	5.27				↑
8∶1	90	67.4	5.28			↑	↑
12∶1	80	44.5	5.35	↓	↓		
12∶1	120	43.4	5.80	快	大		

b.丁醇的用量　醚化度对性能的影响见表4-2。

表4-2　丁醇的用量对性能的影响

丁氧基含量	黏度	干性	硬度	混溶性	稳定性	容忍度
多	低	慢	软	干性醇酸	好	高
少	高	快	硬	不干性醇酸	差	低

丁氧基含量也不是越多越好，三聚氰胺和丁醇的摩尔比1∶（5～8），每一个链节丁氧基含量2～8，多余的丁醇可作为溶剂，可提高树脂的储存稳定性。

c.催化剂品种和用量　三聚氰胺和甲醛缩合反应的催化剂种类有氢氧化钾、碳酸钠、氢氧化钙、碳酸镁及氨水等。氢氧化钾碱性强和甲醛易发生歧化反应；氨水碱性弱，易挥发，能和甲醛生成六甲基四胺，树脂稳定性好，但有泛黄倾向；碳酸镁碱性最弱，在甲醛中溶解度小，pH能稳定在6.5～7范围内，过量的碳酸镁有吸附色素的作用，过滤时可作助滤剂，制成的树脂色浅，透明，抗水性好。催化剂用量不能太多，否则会加速缩聚反应，一般 pH 达到 6.5～8.5 之间为好。

三聚氰胺和丁醇醚化反应，一定要在微酸性介质中进行。此阶段由缩合（羟甲基之间及同活性氢之间）和醚化（羟甲基和丁醇之间）两种反应的竞争。所用酸类有盐酸、乙酸、磷酸、油酸、草酸、邻苯二甲酸酐及氯乙酸等。用磷酸、草酸制成的树脂色浅，硬度略差；用油酸则树脂带黄色；盐酸、乙酸、氯乙酸的酸性太强，反应速率快；邻苯二甲酸酐能使醚化反应均匀进行。酸的用量以 pH 为 4.5～6 之间较好，酸量多，缩聚反应快于醚化反应，树脂黏度高，甚至凝胶；酸的用量少，反应缓慢。

② 工艺条件　三聚氰胺树脂生产分为三个阶段。

a. 反应阶段　一步法是在微酸性介质中，各种原料一起加入反应，要严格控制 pH 值。二步法是先在碱性下进行甲基化，在甲酸进行缩合和醚化反应，该法易于控制。

b. 脱水阶段　常压蒸馏法，是用苯为脱水剂，用量为丁醇的 10%，通过分水器将水分出，丁醇损耗小，要严格控制终点。减压脱水法，是在减压下将水和大量丁醇一起蒸出，温度低，脱水干净，终点易控，但丁醇消耗量大。

c. 后处理阶段　后处理是用热水洗去小分子产物，没有醚化好的羟甲基三聚氰胺及原料中带入的杂质，可提高树脂的质量和稳定性。

③ 制造过程

a. 低和高醚化度的配方见表 4-3。

表 4-3　低和高醚化度的配方

原料	分子量	低醚化度		高醚化度	
		摩尔数	质量份	摩尔数	质量份
三聚氰胺	126	1	126	1	126
甲醛(37%)	30	6.3	510	6.3	510
丁醇Ⅰ	74	5.4	400	5.4	400
丁醇Ⅱ	74			0.9	66.6
碳酸镁			0.4		0.4
苯二甲酸酐			0.44		0.44
二甲苯			50		50

b. 制造步骤　先将甲醛、丁醇Ⅰ、二甲苯加入反应釜，搅拌下加入碳酸镁，再徐徐加入三聚氰胺，升温到 89℃，树脂液清澈透明，再升温到 90～92℃，回流反应 2.5h；然后加入苯酐，待全溶后，测定 pH=4.5～5 左右，升温到 90～92℃，回流反应 1.5h。再精制 1～2h 分离去下部水分。最后升温常压脱水，回流丁醇。生产低醚化度树脂时，混溶性合格后蒸出过量的丁醇；生产高醚化度树脂时，混溶性合格后要加入丁醇Ⅱ，继续回流反应 2h。

4.2 水性氨基树脂

本节主要介绍具有广泛用途的水性氨基树脂：脲醛树脂，六羟甲基三聚氰胺树脂和甲醚化六羟甲基三聚氰胺树脂。

4.2.1 水性脲醛树脂的制备和应用

4.2.1.1 低毒脲醛树脂胶的合成

(1) 主要原料 尿素（分析纯）、甲醛（分析纯）、氯化铵（分析纯）、氢氧化钠（分析纯）、盐酸（分析纯）、氨水（分析纯）、聚乙烯醇(PVA-1799) 及三聚氰胺（分析纯）。

(2) 反应原理 在弱碱性介质中，甲醛与尿素的摩尔比＞1 时，甲醛与尿素进行初期加成反应，生成一羟甲基脲、二羟甲基脲。另外还生成少量的三羟甲基脲。理论上讲，还可生四羟甲基脲，但到目前为止，实验室还未分离出四羟甲基脲。在酸的催化作用下，这些羟甲基脲通过甲基键 CH_2-缩合形成聚合物。聚合物以羟基结尾，可以继续与尿素或其他羟基脲分子进行缩合，使分子链增长，形成聚合物。

加成反应是一个平衡反应，若无另外物质参与，体系中永远存在游离甲醛。大量研究表明，若甲醛/尿素摩尔比的增加，胶中游离甲醛含量增加。因此，在保证胶接强度的前提下，应尽可能降低甲醛/尿素摩尔比。根据化学平衡移动原理，低摩尔比的合成工艺中尿素分批加入，有利于反应进行得更彻底，从而降低游离醛含量。

(3) 合成方法 采用弱碱-弱酸-弱碱的合成方法。将 1.6gPVA 加入沸水中溶解成均匀稠状物，将配方中的 200g 37％的甲醛溶液全部加入三口烧瓶，用恒温水浴加热，开动搅拌器。升温至 50℃左右，用 3mol/L 的 NaOH 调 pH＝8.2 左右，尿素 106g 按 7.0∶2.0∶1.0 质量比，分 3 次投料。当温度升高至 65℃时，投入第一批尿素，并加入预处理过的，缓慢升温至 90℃，保温 50min，用 NH_4Cl 调节 pH＝5.0 左右，至混浊，立即用 3mol/L 的 NaOH 调节为 7.0 左右。加入第二批尿素和改性剂三聚氰胺 2.2g，恒温 90℃保温 40min 左右，达到一定黏度，再用 3mol/L 的 NaOH 调节 pH 值为 7.0～8.0。加入第三批尿素，反应 20min，加入适量氨水后，自然降温至 40℃，出料密封。

(4) 脲醛树脂技术指标 脲醛树脂主要技术指标见表 4-4。

表 4-4　脲醛树脂主要技术指标

指标名称	ZBG39001 标准	实测值
外观	白色或浅黄色无杂物均匀黏液	乳白色无杂物均匀黏液
pH	7.0～8.0	7.0～8.0
黏度(20℃)/mPa·s	22.0～56.0	33.0～65.0
固含量(质量分数)/%	55.0～56.0	54.0～58.0
游离甲醛(质量分数)/%	≤2.0	0.19

4.2.1.2 聚乙烯醇和苯酚改性低毒脲醛树脂胶黏剂

(1) 主要原材料 甲醛，分析纯（37%）；尿素，分析纯（99%）；苯酚，分析纯；聚乙烯醇（聚合度 1500～2000），工业级；盐酸，化学纯；氢氧化钠，化学纯。

(2) 制备方法 将甲醛溶液全部加入三口瓶中，搅拌下用 NaOH 溶液调其 pH 值为 8.0～8.5，加入第一批尿素和改性剂苯酚，控制温度为 85℃，在该温度下反应 50～60min；然后用盐酸（1mol/L）溶液调 pH≈5.0，加入第二批尿素和聚乙烯醇，在 85℃下反应 40～60min，用 25℃水测产品浊点以确定终点。达到要求后，用 NaOH 溶液调 pH≈8.0，加入第三批尿素，继续在 85℃下反应 10～20min 后立即用冷却水冷却至 40℃即可。

(3) 产品主要性能指标 将优化产品与市售脲醛树脂性能指标进行比较见表 4-5。

表 4-5　产品主要性能指标

检测项目	优化产品	市售产品	HG-1238-79
外观	淡黄色液体	乳白色液体	半透明液体
pH	8.0	7.0～8.0	7.5～8.5
固含量/%	53	48	—
黏度（涂-4 杯）/s	43	18	40～120
游离甲醛含量/%	0.39	1.3	3.0～7.0
剪切强度/MPa	10.30	—	2.45～2.65

(4) 最佳工艺条件和优点

① 最佳工艺条件为尿素与甲醛摩尔比 1：1.4，苯酚加入量 6%，反应温度 85℃，反应时间 135min。

② 在脲醛树脂胶黏剂制备过程中，通过加入苯酚、降低尿素与甲醛的配比，并采用分批加入尿素以及不脱水工艺，大大降低了游离甲醛含量，从而降低了毒性，减少了环境污染，改善了脲醛树脂胶黏剂的性能。

4.2.1.3 三聚氰胺改性脲醛树脂

采用尿素四次投料方式，因为尿素与甲醛反应的第一阶段是加成反应，甲醛摩尔数高，有利于二羟甲基脲的生成，对胶合强度及胶黏剂的稳定性起重要作用，最后一批加入的尿素有助于捕捉未反应的甲醛，此时尿素与甲醛反应生成一羟甲基脲，吸收了残存的甲醛，从而较好地解决了现有问题。

(1) 主要原材料及规格见表 4-6。

表 4-6　主要原材料及规格

原料名称	规格型号	分子量	用量	备注
甲醛溶液	37%～40%	30	188g(69.56 g)	2.32mol
氢氧化钠溶液	20%	40	适量	调 pH
尿素	工业	60	105.8g	1.76mol
氯化铵	36%～48%	36.5	适量	调 pH
三聚氰胺			2%	
氯化铵			1%	固化剂

(2) 合成工艺 将 156g 甲醛一次加入 500mL 的三口烧瓶中，并搅拌，用 20％的烧碱溶液调 pH 至 7.5～7.8，加热至 60～65℃加入第一批尿素 53g，自助升温，反应 30min，然后升温至 95～98℃，保温 20min。自然降温至 90℃，调节 pH 值至 5.0～5.6，在 85～90℃的温度条件下聚合至胶液滴入 40℃的水中出现彗星状的小胶粒为止；调节 pH 至 7.5～7.8，加入第二批尿素 16.8g，在 70℃左右下搅拌 20min，然后用氯化铵酸化至 pH 为 5.5～6.4，同温下搅拌 30min；调节 pH 至 7.5～7.8，加入第二批甲醛 32g，在 70℃左右搅拌 30min 加入第三批尿素 24g，搅拌 20min，后用氯化铵调节 pH 至 6.4～6.6，再搅拌 30 min。用烧碱溶液 20％调 pH 至 7.5～7.8，加入最后一批尿素 12g，搅拌至溶解。调 pH 至 8.0～8.5，降至室温出料。

(3) 脲醛树脂的性能指标 外观：半透明至透明，流动；黏度：（可调）冷压胶（60～170s），热压胶（10～20s）（涂-4 杯测）；游离醛：0.083％；固化速率：20～50s；活性期：4～8h（60g 试样，室温放置）；储存期：＞50d。

确定了在甲醛/尿素摩尔比 1.5 的条件下，加入三聚氰胺，制得低游离甲醛含量、耐水性能好的环保型脲醛树脂。

4.2.1.4 竹碎料板用低毒脲醛树脂

(1) 试验原料 甲醛（HCHO），分析纯（37％～40％）；尿素，分析纯（99.0％）；三聚氰胺，$C_3N_6H_6$，化学纯（99.0％）；氢氧化钠（NaOH），分析纯（96％）；盐酸，（HCl），分析纯（36％～38％）；盐酸羟胺（$H_3NO \cdot HCl$），分析纯（98.5％）；甲醇，分析纯（99.5％）。竹碎料由小杂竹、毛竹采伐和加工剩余物经锤式破碎机加工而成，碎料为针棒状，长 0.55mm，宽 0.51mm，厚 0.2～0.5mm，含水率 4％～6％。

(2) 脲醛胶（UF）的合成 在反应釜中加入甲醛，搅拌，用 30％ NaOH 溶液调节 pH 值（分别为 7.0～7.5、7.5～8.0 和 8.0～8.5）；加入第一批尿素 U1，在 40min 内升温至 88～90℃，并保持 30min 反应液的 pH 值为 6.0～6.5；降温至 80～82℃，用 NaOH 溶液调节 pH 值至 7.0～7.5，加入第二批尿素 U2 和三聚氰胺，在 15min 内升温至 88～90℃，保温 20min，用 10％的 HCl 溶液调节 pH 值至 4.5～5.0；在 88～90℃时反应 20～30min，待试样滴入 15℃水中呈白色云雾状时停止反应；立即用 NaOH 溶液调节 pH 值至 7.5～8.0，并冷却至 70℃左右；加入第三批尿素 U3 在 60～65℃时反应 30min；冷却至 35℃以下放料即可。

(3) 低毒 UF 胶黏剂的各项性能 按照上述优选出的最佳工艺条件，制得低毒 UF，并检测其各项性能，结果见表 4-7 所列。

以低毒 UF 和普通 UF 为胶黏剂，分别压制两块竹碎料板（热压工艺相同）；然后分别检测产品的各项力学性能，并与国家标准进行比较，结果见表 4-8 所列。

表 4-7 低毒 UF 胶黏剂的各项性能

测试项目	胶黏剂性能	测试项目	胶黏剂性能
外观	乳白色黏稠液体	pH 值	7.0～8.0
固含量(质量分数)/%	49.88	游离甲醛(质量分数)/%	0.2026
固化时间/min	8.25	稳定期(20℃)/d	≥30
黏度(25℃,涂-4 杯)/s	18±0.2		

表 4-8 验证性试验的实测结果

项 目	静曲强度/MPa	弹性模量/MPa	内结合强度/MPa	2h 吸水厚度膨胀率/%
低毒竹碎料板	22.6	2.056	0.58	2.75
竹碎料板	24.3	2.140	0.61	2.30
中纤板	≥29.4	2.070	≥0.62	≤12.00
刨花板	≥16.0		≥0.40	≤8.00

(4) 最佳工艺及性能

① 在低毒 UF 的生产过程中,优先考虑的是尿素的投放比例,其次是甲醛与尿素的物质量比,而三聚氰胺的用量可以适当减少以降低生产成本。其最佳工艺条件是: $n(F):n(U)=1.1:1$,尿素分三批投放且 $m(U1:m(U2):m(U3)=3:1:1$,$w(三聚氰胺)=3\%$(相对于尿素),反应第一阶段的 pH 值为 8.0～8.5。

② 按照最佳工艺条件生产的 UF 胶黏剂,是一种性能良好的低毒胶黏剂,其固含量为 49.88%,黏度为 18s,游离甲醛含量为 0.20%。

③ 低毒 UF 胶黏剂热压而成的竹碎料板,其静曲强度为 22.6MPa,弹性模量为 2056MPa,内结合强度为 0.58 MPa,2h 吸水厚度膨胀率为 2.57%。这种低毒竹碎料板的物理、力学性能已经优于刨花板的国家标准,接近于中纤板的国家标准(除静曲强度外),该低毒 UF 是一种应用前景良好的木材用胶黏剂。

4.2.1.5 人造板用改性低甲醛脲醛树脂

(1) 主要原材料及配比

① 原料 尿素 (>98%)、甲醛 (37%)、甲酸 (20%)、氢氧化钠 (30%)、改性剂 (自制)。

② 配比 UFM 树脂的终摩尔比 $(F+M)/U$ 分别为 1.0 、1.1、1.2。

(2) UFM 树脂合成

① 将甲醛一次性加入三口瓶中,开动搅拌。用氢氧化钠溶液调 pH 值至 7.2～7.5,加热至 40℃时加入尿素 U1,在 30～40min 内缓慢升温至 (90±2)℃。

② 在此温度下保温 45min,用 20% 的甲酸溶液调 pH 值至 4.4～4.8,在 (90±2)℃下继续反应,并不断测树脂黏度。

③ 达到预定黏度后,立即调 pH 值为 7.0～7.2,加入 M 和 U2,在 70～80℃继续反应 40min。

④ 降温至 60～70℃,加入 U3,继续反应 30min。

⑤ 调 pH 值至 7.5～8.0,冷却至 45℃,出料。

(3) 胶合板制备 单板：杨木（厚度为 1.5mm），含水率 8%～10%，尺寸：(30 ± 2)mm×(30 ± 2)mm。施胶：芯板涂胶，涂胶量为 240～260g/m²，双面涂胶。热压参数：温度 120～140℃；压力 1.2MPa；时间 60s/mm。

(4) 人造板用改性脲醛胶的特性

① 用改性剂替代部分甲醛，能有效地降低脲醛树脂的游离甲醛含量及其胶接制品的甲醛释放量。

② 改性剂替代甲醛的摩尔比为 0.05 与 0.1 时，其胶接制品的胶合强度较佳。

③ 热压温度对改性树脂胶接胶合板的强度和甲醛释放量影响显著，热压温度为 140℃时，胶合强度较高，甲醛释放量较低。若进一步提高热压温度可以得到更理想的胶合强度与更低的甲醛释放量。

4.2.1.6 环保脲醛树脂

新型环保甲醛生产的脲醛树脂，绿色环保，无毒无味。用新型环保甲醛在不加任何添加剂的情况下，做出的脲醛树脂胶可以达到 E1 级或 E0 级。新型环保甲醛生产的脲醛树脂是普通脲醛树脂的升级换代产品。

(1) 主要原材料与配比见表 4-9。

表 4-9　主要原材料与配比

主要原材料	规格	用量/kg	备注
甲醛	36.5%	600	
新型环保甲醛		400	
尿素	N 含量≥46%	300	市售
聚乙烯醇	2099 或 2299	适量	
氢氧化钠	30%	适量	液碱
氯化铵	20%	适量	调节酸度

(2) 生产工艺

① 将环保甲醛 400kg 和普通甲醛 600kg，加入反应釜内，开动搅拌器。加聚乙烯醇（2099 或 2299 型号）2～4kg。

② 加尿素 300kg，开始升温。

③ 保温反应结束后，用氯化铵调节 pH 值。

④ 成胶后，降温至 45℃，停止搅拌，即可放料。

该工艺制作简单，操作方便，容易掌握。

(3) 树脂质量指标　见表 4-10。

表 4-10　树脂质量指标

项目	指标	项目	指标
外观	乳白色黏液	pH 值	7.0～8.0
黏度	0.25～0.40Pa·s	固含量	>50%
游离甲醛	<0.05	储存期限/d	>20
固化时间/s	45～65		

(4) 工艺特点

① 成本低　环保甲醛售价完全和市售普通甲醛一样。尿素用量小，占总甲醛的 30%，比普通环保脲醛树脂节省约近 50% 尿素。

② 环保　该树脂游离甲醛含量很低，在制造过程中，味道很小。成胶后，几乎闻不到甲醛味道。用该树脂制成的胶合板，经技术监督局化验、检测，完全达到了国标 E2 级和 E1 级。

③ 生产工艺简单　甲醛和尿素都是一次投料，前期甚至无需调节 pH 值，操作简单。

4.2.1.7 低成本低毒脲醛树脂胶

(1) 脲醛树脂的合成

① 原料　尿素（工业品）；甲醛（工业品）；复合 pH 调节剂；聚乙烯醇（化学纯）。

② 制备工艺

a. 将甲醛水溶液用复合 pH 调节剂调至弱酸性，然后加入到带有回流冷凝器、温度计、搅拌器的三口瓶中，水浴升温。

b. 溶液升温至 50℃左右时投入第一批尿素，使 F/U＝2.5 以上，继续升温并保温 20～40min。

c. 加入第二批尿素，根据需要加入少量聚乙烯醇（PVA）反应 40～60min。

d. 加入第三批尿素反应，测定黏度到合适时，即用复合 pH 调节剂调节 pH 值，降温至 40℃以下出料。生产周期约 4h。

(2) 制板试验

① 试验材料　新疆杨（Populus bolleana）单板，规格为 320mm×320mm×2mm；固化剂为 NH_4Cl，加入量为总施胶量的 0.5%；填料为面粉。

② 工艺参数　3 层胶合板，芯板施胶量（双面）为 300g/m^2，涂胶后陈放60min，热压温度 115 ℃，热压时间 30s/mm，热压压力为 0.8～1.0MPa。

③ 性能检测　压制的杨木胶合板在室温下放置一天后，依据 GB/T 17657—1999 测试其胶合强度及甲醛释放量。

(3) 不同制备工艺时 UF 树脂的性能指标见表 4-11。

表 4-11 中列出不同制备工艺下 UF 树脂的性能指标：胶样 A 采用弱碱-弱酸-弱碱条件合成；胶样 B、C 则在弱酸工艺条件下合成。由表 1 可见，胶样 B、C 的性能指标完全能达到 GB/T 14732—1993 要求，关键指标如游离甲醛含量、胶合强度及胶合板甲醛释放量均优于 A。实测结果显示，胶样 B、C 的游离甲醛含量低于0.7%，压制的杨木胶合板的甲醛释放量达到 GB 18580—2001 的 E2 级要求。

(4) 压板工艺的选择　评价胶的性能优劣，除了考察胶本身的性能指标外，还要看用其压制出板的性能。影响人造板甲醛释放量的因素有：①树脂中游离甲醛含量；②施胶量大小；③热压温度、时间；④材料含水率；⑤环境温度、湿度等。

表 4-11 不同制备工艺时 UF 树脂的性能指标

检测项目	标准规定值	胶样实测值		
		A	B	C
外观	白色或浅黄色无杂质均匀液体			
pH 值	7.0～8.5	7.5	7.6	7.7
固含量/%	46.0～52.0	52.1	52.5	51.3
游离甲醛含量/%	≤1.0	0.86	0.44	0.65
黏度/mPa·s	60.0～180.0	40	80	228
固化时间/s	≤60	56	58	58
适用期/h	≥4.0	7.0	8.0	8.0
羟甲基含量/%	≥10.0	10.8	11.4	11.8
胶合强度/MPa	≥0.7(杨木)	1.0	1.2	1.3
板材甲醛释放量/(mg/L)	E1≤1.5,E2≤5.0	3.2	2.7	2.5

注：1. 用于检测甲醛释放量的试件锯取当天放入干燥器中，24h 后检测甲醛释放量。

2. 胶样 B 未加 PVA，胶样 C 加入少量 PVA。

　　树脂中游离甲醛含量直接与原料组分的摩尔比相关联，而低摩尔比 UF 树脂胶对热压工艺参数变化的适应程度较差。板材甲醛释放量能否降低和加压温度、加压时间有关，任何偏离生产工艺的过程都会造成板材甲醛释放量的明显波动。因此，选择常规压板工艺，更能反映胶的实用性能，故选择压板温度为 115℃，热压时间为 30s/mm，压力为 8～10MPa，双面施胶量为 300g/m²。

　　(5) 最佳工艺及特点

　　① 采用 F/U＜1.4 的低摩尔比，并将尿素分 3 次加入，可以降低胶的游离甲醛含量；且在甲醛与尿素摩尔比相同时，尿素分批加入的量不同，对树脂性能、结构也有影响。

　　② 需加入小于总投料量 0.3％的 PVA 即可明显提高胶的初黏性。PVA 宜在 pH＜6.0 时加入，反应时间不宜过长。

　　③ 采用弱酸工艺可以得到性能良好的低毒脲醛胶。合成的 UF 胶的游离甲醛含量小于 0.7％，用其压制的杨木胶合板的胶合强度大于 1.0MPa，甲醛释放量在 2～3mg/L 之间，达国标 E2 级水平。胶液外观及稳定性良好。

　　④ 采用弱酸工艺制备脲醛胶，工艺过程简单，不需多次调 pH 值，不用脱水，反应时间短，反应温度低，能耗少，可节约酸碱用量，降低生产成本。

4.2.2 六羟甲基三聚氰胺树脂的制备和应用

4.2.2.1 水性六羟甲基三聚氰胺树脂合成技术

　　(1) 主要原材料 三聚氰胺（工业）；甲醛：37％；乙醇：95％；聚乙烯醇（工业）；氢氧化钠：30％；水。

　　(2) 合成工艺 将配方中甲醛与水加入三口烧瓶中，在水浴中加热升温，在搅拌的情况下，滴加适量氢氧化钠溶液，调节 pH 值＝8.5～9.0，加入三聚氰胺和聚乙烯醇，在 30～40min 内升温至（92±2）℃，在此温度下反应 30min 后测定混浊度（又称憎水温度），当混浊度达到 24～25℃ 时立即冷却加乙醇（此阶段反应温度的时间一般为 60～90min）。加完乙醇后用氢氧化钠溶液调 pH 值为 8.0～8.5，然后升温至（80±2）℃，并保持此温度继续反应，同时取样测混浊度（此阶段 pH 值为 7.5～8.0）当混浊度达到 23～24℃ 时，立即冷却并加入用来稀释的乙醇和水，在反应液温度降至 40℃，调 pH 值为 7.5～8.0 后放料。

(3) 三聚氰胺树脂的性能指标　外观：透明液体；固含量（%）：31～36；游离甲醛含量（%）：≤0.5；黏度（mPa·s）：16～23；pH 值：7.5～8.0。

(4) 性能与应用

① 三聚氰胺树脂保存性能差，因而储存时间短，一般不超过两周。但本配方由于加了稀释剂，使树脂的稳定性显著提高，便于储存。

② 三聚氰胺树脂胶膜的脆性，最终会导致脆性树脂发生裂纹。已用乙醇对树脂进行醚化，增加其柔韧性，使脆性下降。

③ 三聚氰胺树脂固化后，其胶膜耐水、耐热、耐化学药剂以及耐腐蚀等性能极为优良，因而常用于制造塑料贴面板，广泛地使用于家具、建筑、车辆及船舶等方面。

4.2.2.2　三聚氰胺-尿素-甲醛共缩聚树脂胶黏剂

(1) 主要原材料　尿素、三聚氰胺，工业级；甲醛，分析纯；氢氧化钠（NaOH），分析纯；甲酸，分析纯；面粉，食用级。

(2) MUF 的合成　在带有温度计、搅拌器和冷凝管的反应釜中加入甲醛，用 30%NaOH 溶液调节 pH 值至 8.4～8.6，加入 U1；70℃ 时加入 U2，94℃ 保温 30min；用甲酸调节 pH 值至 4.8～5.1，加入 U3，升温至 95～97℃，保温至工艺要求的黏度（同时观察反应浊点）；调节 pH 值至碱性，加入三聚氰胺，降温至 90℃，保温反应 1h（反应过程中调节 pH 值）；冷却至 75℃，加入 U 反应 15min，调节 pH 值至 8.8～9.0，降温至 40℃，出料即可。

(3) 胶黏剂的调配　为了达到提高 MUF 胶黏剂的初黏性、满足预压要求、防止热压时透胶、节约原料和降低成本等目的，在调胶过程中需要加入填料（有时加入某种改性剂以改善 MUF 胶黏剂的某些性能）。以面粉为活性填料，以甲酸为固化剂，调胶配比为 m（MUF）:m（面粉）:m（甲酸）=100:15:100。

(4) 五层胶合板的压制

① 杨木单板　含水率 6%～8%，厚度 1mm，幅面 300mm×300mm×6mm。

② 工艺参数　芯板施胶量（双面）300g/m²，陈化时间 60min，热压温度 120℃，热压时间 30s/mm，热压压力 0.8～1.0MPa。

(5) 最佳条件和性能

① 当 w（三聚氰胺）≥30% 时，胶合板的湿态剪切强度都超过 0.7MPa，即均满足 GB/T 9846.7—2004 标准。

② MUF 胶黏剂的耐水性能和胶接强度随着三聚氰胺用量的增加而增大，综合

考虑性能与成本因素，选择 w（三聚氰胺）＝30%～40%时较适宜。

③ 三聚氰胺越多，参与反应的甲醛也就越多，故 MUF 胶黏剂中游离醛含量越少、固含量越高且固化时间越长。另外，三聚氰胺对 pH 值具有一定的缓冲作用，故胶液的储存稳定性更好。

4.2.2.3 新型阻燃性三聚氰胺树脂鞣剂

(1) 主要原材料 氧氯化磷（C.P），季戊四醇（C.P），三聚氰胺（C.P），二氯化碳（C.P），甲醛溶液（37%）（C.P），氢氧化钠（C.P），亚硫酸氢钠（C.P）。

(2) 合成步骤 取定量的季戊四醇、氧氯化磷和催化剂装入 250mL 三口瓶中，搅拌，缓慢升温至 75℃，保持 17h；冷却过滤，用二氯甲烷洗涤、抽滤。干燥至恒重，得白色固体化合物（A）。测熔点为 244～246℃。取定量的化合物（A），蒸馏水，三聚氰胺加入三口瓶中。升温至 90℃，保持 2h；冷却过滤，用蒸馏水洗涤 4次，抽滤。干燥至恒重，得白色固体［即化合物（B）］，测熔点为 338～342℃。取定量的化合物（B），37%的甲醛溶液，加入三口瓶中，加蒸馏水，在搅拌下用10%氢氧化钠溶液将 pH 值调至 8，缓慢升温至 80℃，保持 1h，得透明油状液体。将上一步产品冷却至 50℃，缓慢加入亚硫酸氢钠溶液，调节 pH 值至 8，升温至75～85℃，保持 2h，得透明树脂液体产品。

(3) 成革的主要性能见表 4-12 和表 4-13。

表 4-12 成革的物理性能测试指标

成　革	拉伸强度/MPa	10N 伸长率/%	撕裂强度/(N/mm)	崩裂力/(N/mm)	增厚率/%
产品 4%树脂	18.10	34	47.20	8.30	5.84
对比(空白)	14.12	30	41.40	7.10	1.50

表 4-13 成革物理性能主要评价

成　革	柔软度	弹性	丰满度	松面	部位差	粒面状况
产品 4%树脂	＋＋＋	＋＋＋＋	＋＋＋＋	＋＋	＋＋	粒面较紧实、平整
对比(空白)	＋＋＋＋	＋＋	＋＋	＋＋＋＋	＋＋＋＋	粒面较粗、松软

注："＋"表示某项指标性能的高低评价，"＋"项多表示性能高或优。

(4) 最佳工艺条件和产品性能

① 化合物（A）最优工艺条件 反应温度为 73～77℃；反应时间 17h。物质的量比 $n(POCl_3)$: n（季戊四醇）= 4，化合物（A）收率达到 76%～79%。化合物（B）的最优工艺条件为：反应温度为 90℃，反应时间为 1.5h，产率达到 71.2%。

② 采用甲醛和助剂对其改性，获得了无色透明、稳定性高、水溶性好，即具有高效阻燃性又有良好复鞣填充性能的、新型皮革多功能氨基树脂鞣剂产品。

4.2.2.4 氨基磺酸盐高效减水剂

(1) 主要原材料 对氨基苯磺酸，分子量 173.19；苯酚，分子量 94，化学试剂；甲醛（HCHO），分子量 30.03，化学试剂；尿素，分析纯，化学试剂；其他少量添加剂（如氢氧化钠，硫酸）。

(2) 合成步骤　首先使磺化单体与苯酚、尿素在三口烧瓶内熔融，然后缓慢滴入甲醛进行缩合反应，未反应甲醛变成蒸气经冷凝管回流入釜。缩合反应后降温，恒温搅拌，滴入 NaOH 调 pH，然后出料。

(3) 产品特点

① 芳香族氨基磺酸甲醛缩合物，由对氨基苯磺酸、苯酚及尿素在含水条件下与甲醛加热聚合而成，其分子结构特点是分支较多，疏水基分子链段较短，极性强。

② 氨基磺酸系高效减水剂减水率高，控制流动度损失功能好。可以维持水泥浆流动度在 2h 内基本不变。这是由于该种减水剂与水泥粒子吸附形态是刚性垂直吸附，水泥粒子间是立体排斥力，对水泥粒子分散性强，并能保持分散系统的稳定。

③ 氨基磺酸系高效减水剂与萘系复合，其与水泥相容性较好，其初始和 2h 净浆流动度变化不大。

④ 氨基磺酸系高效减水剂与缓凝剂、引气剂两者或三者的相容性都很好，且其初始和 2h 净浆流动度变化不大，2h 净浆流动度基本不损失。

⑤ 氨基磺酸系高效减水剂与萘系相比，合成温度低，工艺简单，管理方便。

4.2.3 甲醚化六羟甲基三聚氰胺树脂

4.2.3.1 六甲氧甲基三聚氰胺生产技术

(1) 干法

① 六羟甲基三聚氰胺的制备

a. 配方见表 4-14。

表 4-14　干法制六羟甲基三聚氰胺生产配方

原　　料	用量/质量份	原　　料	用量/质量份
三聚氰胺	126	去离子水	129
甲醛(37%)	810	NaOH(10%溶液)	pH＝9

b. 操作步骤　将甲醛和水（为反应物总量的 60%）加入反应釜中，搅拌升温 56℃，用 10% 的 NaOH 溶液调节 pH 至 9。慢慢加入三聚氰胺，待完全溶解透明后，再用 10% 的 NaOH 溶液调节 pH 至 9。升温至 60～65℃进行反应，直至结晶析出，停止搅拌，保温 4h，并注意 pH 的变化。冷却至 30℃以下，分离废水及游离甲醛，在 55℃以下低温干燥。

质量标准：羟甲基含量≥5（以固体每分子含羟甲基个数计算）。

② 六甲氧甲基三聚氰胺制备

a. 配方见表 4-15。

表 4-15 六甲氧甲基三聚氰胺生产配方

原 料	用量/质量份	原 料	用量/质量份
六羟甲基三聚氰胺	306	盐酸	5
甲醇	640	NaOH(10%溶液)	21.5

b.操作步骤 将甲醇加入反应釜，用盐酸调整 pH 至 1～1.5。加入六羟甲基三聚氰胺。搅拌，升温至 40℃。待六羟甲基三聚氰胺全部溶解透明后，测 pH，如不大于 3 则不必再调整，反应液 pH 控制在 2～3，在 40～45℃保温反应醚化 1h。然后，加 10% NaOH 溶液中和至 pH＝9，真空脱甲醇，真空度约为 700mmHg（1mmHg＝133.322Pa）。温度最高不超过 60℃，至基本无甲醇溜出为止。加丁醇稀释至不挥发分 70%左右，真空抽滤除盐。

(2) 湿法

① 配方见表 4-16。

表 4-16 湿法制六甲氧甲基三聚氰胺生产配方

原 料	用量/质量份	原 料	用量/质量份
三聚氰胺	126	浓硫酸 B	6
甲醛(37%)	810	30%NaOH 溶液 A	13.5
去离子水	129	30%NaOH 溶液 B	13.5
碳酸氢钠 A	1.65	甲醇 A	576
碳酸氢钠 B	1.35	甲醇 B	576
浓硫酸 A	6		

② 操作 将甲醛和水加入反应釜中，搅拌，升温 40℃，加入碳酸氢钠 A，调pH 至 8.5。0.5h 内分三批加入三聚氰胺，温度不超过 55℃。形成透明溶液后，加入碳酸氢钠 B，调整 pH 至 9～9.5。于 60℃保温反应至溶液发浑，继续搅拌 20min。停止搅拌，在 60～63℃保温 3h 结晶。冷却、静置。真空抽滤去过量甲醛及水。

将甲醇 A 及浓硫酸 A 加入反应釜，调整 pH 至 2.5，待结晶全部溶解，溶液澄清后，在 45℃保温醚化反应 20min，加入 30% NaOH 溶液 A 中和，调整 pH 至 9。真空蒸馏除去过剩甲醛、甲醇及水。蒸馏从 40～50℃，600mmHg（1mmHg＝133.322Pa）开始，直到 75℃，700mmHg（1mmHg＝133.322Pa）以上，无溜出物为终点。

将甲醇 B 及浓硫酸 B 加入反应釜，调整 pH 至 2.5，进行二次醚化。在 45℃保温醚化反应 40min，加入 30% NaOH 溶液 B 中和，调整 pH 至 9。真空蒸馏除去过剩甲醇，至基本无馏出物为终点。取样观察结晶情况，加入丁醇稀释到 70%固含量，过滤除盐。

主要技术指标为甲氧基含量：≥5（以固体每分子含羟甲基个数计算）；溶解性：溶于醇类，部分溶于水；游离甲醛含量：≤3%。

4.2.3.2 超低甲醛硬挺剂的合成

醚化六羟甲基三聚氰胺树脂（简称六羟树脂）是用于棉、人造棉、T/C 等织物的防缩、防皱及轧光等的硬挺树脂整理剂，亦是国内外棉阻燃纺织品的配套树脂。六羟树脂醚化后，在一定程度上降低了游离甲醛的含量，为了适合出口衬布的更高要求，采取在一定温度下抽真空和添加捕醛剂 DF-460 的措施，更加降低树脂溶液里的游离甲醛，从而降低布面残留甲醛。

(1) 主要原材料 三聚氰胺（试剂），甲醛（试剂），甲醇（试剂），三乙胺（试剂），捕醛剂 DF-460（自制），催化剂（自制）。

(2) 生产工艺 将 145kg 甲醛溶液倒入反应釜中，用三乙胺调 pH 至 8.5，升温至 70～75℃，一次性加进三聚氰胺 40kg，自动升温到 80～85℃，保温 5～15min。

降温至 75℃，加入甲醇 80kg 及催化剂 1kg，保温至溶液由乳白色变成透明。

降温至 60～65℃，抽真空至体系质量分数为 70%～75%。降温至 45℃下加入一定量的捕醛剂 DF-460，搅拌 10～15min，降温放料，密闭保存。

(3) 低甲醛硬挺树脂 WD-3 与其他样品效果对比见表 4-17。

表 4-17 WD-3 与来样对比

名 称	外观	折射率/%	游离甲醛含量/%	布面残留甲醛/$\times 10^{-4}$	硬挺度/mm
硬挺剂	稠	75	1.76～1.80	250	75
硬挺剂 YL-202	稀	51	0.58～0.92	135	48
硬挺剂 WD-2	稠	77	14.42～1.45	320	82
硬挺剂 WD-3	稠	75	0.75～0.86	243	85

4.2.3.3 棉织物低甲醛耐久阻燃整理

采用自制的醚化阻燃剂 MCFR-201，结合交联剂醚化六羟甲基三聚氰胺树脂（MHMM）对棉织物进行低甲醛阻燃整理。

(1) 主要原材料

① 织物 经退浆、精练、漂白的棉细布（40/40，133×72）；

② 化学品 乙醇、尿素、苯酐均为分析纯；自配 80%磷酸溶液；醚化六羟甲基三聚氰胺（MHMM）、CFR-201 纯棉耐洗阻燃剂（CP 类阻燃剂）为工业品；渗透剂 JFC，Na_2CO_3。

(2) 阻燃剂 MCFR-201 的制备过程 称取 300gCFR-201 纯棉耐洗阻燃剂（游离甲醛量约为 10000×10^{-6}）加入到装有回流冷凝器、温度计和电动搅拌器的四口烧瓶中，升温至 65～70℃，启动电子搅拌器搅拌，加入溶有苯酐（约 0.6g）的乙醇 55g，用盐酸调节 pH 值到 4.5～5.0，在 60～65℃保温反应 50min，用氢氧化钠调节 pH 值到 8.0～8.5，再一次性加入适量尿素，尿素与阻燃剂中游离甲醛量比为 1:1.2（阻燃剂 CFR-201 醚化后游离甲醛量约为 5800×10^{-6}），75℃反应 90min；最后用盐酸调 pH 值至中性，并保存在广口瓶中。

该合成阻燃剂为无色黏稠物质，pH 值约为 7，可与水以任意比例进行混合，整理液中的游离甲醛量约为 1200×10^{-6}。

(3) 织物阻燃整理 二浸二轧(自制阻燃剂 $100\sim500$g/L,交联剂 MH-MM$100\sim200$g/L,磷酸溶液调 pH 值至 $2.0\sim5.5$,尿素 15g/L,渗透剂 JFC 2g/L,轧余率 90%)→预烘(90℃,5min)→焙烘→中和水洗(Na_2CO_3 50g/L,室温,3min)→皂洗(Na_2CO_3 4g/L,皂片 2g/L,温度 60℃,1 次时间为 3min)→烘干。

(4) 最佳工艺与性能

① 采用自制阻燃剂 MCFR-201 和 MHMM 树脂对棉织物进行低甲醛耐久阻燃整理的最佳工艺如下:阻燃剂为 400g/L,MHMM 为 110g/L,磷酸调 pH≈5,尿素为 15g/L,渗透剂 JFC 为 2g/L,90℃预烘 5min,160℃焙烘 3min。

② 与阻燃剂 CFR-201 相比,自制阻燃剂 MCFR-201 中的游离甲醛量大幅降低,阻燃整理后织物上游离甲醛量可降至 100×10^{-6} 以下。

4.3 水性氨基树脂应用

4.3.1 改性水溶性氨基涂料

采用无水醚化的新工艺,以多聚甲醛、三聚氰胺、脲、甲醇以及改性剂为原料,合成改性水溶性氨基树脂,以该树脂和水性聚酯为基料制备水溶性的氨基涂料。

(1) 主要原料及规格见表 4-18。

表 4-18 主要原料及规格

原料名称	规格	原料名称	规格
三聚氰胺	工业级	草酸	AR
多聚甲醛	CP	氢氧化钠	AR
尿素	工业级	三乙醇胺	CP
甲醇	CP	改性剂	制备

(2) 工艺步骤

① 在反应器中,加入多聚甲醛、甲醇,用碱液调 pH 值 $7.5\sim8.5$,缓慢加热至多聚甲醛全部溶解;

② 加入三聚氰胺,缓慢加热至完全溶解(约 0.5h),然后在 pH=$7.5\sim8.5$、温度 $60\sim80$℃的条件下,恒温反应 1h;

③ 加入尿素,维持恒温条件反应 $0.5\sim1.0$h;

④ 加入改性剂和甲醇,调整 pH=$4.5\sim5.0$,恒温反应 $1.0\sim2.0$h,温度 $60\sim80$℃。当产物成疏水状态时,立即调整 pH=$7.5\sim8.0$;

⑤ 真空脱出过量的甲醇和水,维持恒沸状态,产物黏度(涂-4 杯)控制在 $100\sim200$s,冷却至室温出料,得到透明黏稠的水性氨基树脂。

(3) 水性氨基树脂性能指标 外观：无色透明液体（或略呈淡黄色）；固含量：>80%；黏度（涂-4 杯）：>100s；干燥时间[(100±2)℃]<1h；pH：7.5～8.0；水溶性：良好；游离甲醛含量：<0.3%。

(4) 色漆配方及技术指标 由改性的水性氨基树脂可以配制不同颜色的色漆，配方见表 4-19。

表 4-19 色漆配方

原料	规格	用量/质量份	原料	规格	用量/质量份
水性氨基树脂	>80%	40	表面活性剂	工业级	1
水溶性聚酯	>50%	10	钛白粉	工业级	20
乙二醇丁醚	CP	5	立德粉	工业级	5
丁醇	工业级	4	蒸馏水		15

(5) 漆液和漆膜技术指标见表 4-20。

表 4-20 漆液和漆膜技术指标

项　目	指标	检测方法	项　目	指标	检测方法
黏度(涂-4 杯)/s	40～60	GB 1723—1979	附着力(划圈法)/级	2～3	GB 1720—1979
细度	≤20	GB 1724—1979	冲击强度/kgf·cm	>40	GB 1732—1979
固含量/%	>62	GB 1725—1979	柔韧性/mm	≤3	GB 1731—1979
干燥时间(120±2)℃/min	40～60				

4.3.2 改性水性醇酸树脂-氨基漆

(1) 主要原材料 脂肪酸；三羟甲基丙烷，工业级；间苯二甲酸，工业级；顺丁烯二酸酐，工业级；苯乙烯，工业级；甲基丙烯酸甲酯，工业级；丙烯酸，工业级；丙烯酸羟乙酯，工业级；引发剂，试剂；二甲苯，工业级；乙二醇单丁醚，工业级；丙二醇甲醚，工业级；丁醇，工业级；六甲氧基甲基三聚氰胺（HMMM）；金红石钛白粉；三乙氨，工业级；去离子水，自制。

(2) 改性水性醇酸树脂的合成

① 基础醇酸树脂的合成 将脂肪酸、顺丁烯二酸酐、三羟甲基丙烷、间苯二甲酸和回流二甲苯投入反应釜中，升温到 180℃保温 1h，当出水量变慢时，以 10℃/h 的升温速率均匀升温至 220～230℃，保温酯化，至酸值为 16～20mg KOH/g 后，降温真空抽去回流二甲苯，降温后加入乙二醇丁醚，稀释备用。

② 改性水性醇酸树脂的合成 将醇酸树脂加热到 125～130℃，用 4.5～5.0h 的时间滴加甲基丙烯酸甲酯，丙烯酸，丙烯酸羟乙酯，苯乙烯和部分引发剂的混合物，滴加完后保温 1h 后，分 2 次补加余下的引发剂，各保温 1h；降温至 80℃，加入适量的乙二醇单丁醚，稀释备用。

(3) 改性水性醇酸氨基涂料的制备

① 改性水性醇酸氨基涂料配方 改性水性醇酸树脂：32%～36%；颜填料：22%～26%；六甲氧基甲基三聚氰胺：4%～7%；中和剂：2%～4%；助溶剂：

5%～7%；润湿分散流平消泡助剂等：1%～3%；去离子水：18%～40%。

② 改性水性醇酸氨基涂料的生产工艺　加入配方中部分醇酸树脂、助溶剂、中和剂和去离子水；将树脂黏度稀释到一定程度，调节 pH 值至 8 左右后，加入润湿分散剂和部分消泡剂；在搅拌下加入颜填料，经高速搅拌分散后，经砂磨机研磨至细度≤30μm，加入剩余的树脂、助溶剂、助剂和复合缓蚀剂；搅拌均匀后，再次调整 pH 值至 8 左右，用剩余的去离子水调整漆液的黏度，合格后过滤包装。

(4) 改性水性醇酸氨基涂料的性能见表 4-21。

表 4-21　改性水性醇酸氨基涂料的性能指标

项　　目	检测结果	项　　目	检测结果
漆膜颜色及外观	漆膜平整光滑	摆杆硬度	≥0.060
黏度[涂-4 杯,(25±1)℃]/s	≥100	柔韧性/mm	≤1
细度/μm	≤30	冲击强度/ kgf·cm	≥50
固含量/%	≥45	耐水性	120h 不起泡、不起皱
干燥时间(80～100℃)/min	≤30	耐盐雾性	120h 不起泡、不生锈
附着力(划圈法)/级	1		

(5) 产品的特性　水性醇酸氨基涂料继承了溶剂型氨基涂料的优点，而且通过改性获得了良好的保色性、保光性、耐候性、耐久性、耐腐蚀性、快干性及高硬度性等，克服了常规水性氨基涂料的储存稳定性差，干燥速率慢，硬度、耐水性和耐溶剂性较差，且施工受环境湿度、温度和溶剂组成等诸多因素影响较大等弊病，同时大大降低了 VOC 的含量。

4.3.3 氨基树脂改性水性聚氨酯-丙烯酸酯复合乳液

(1) 主要原材料　异佛尔酮二异氰酸酯（IPDI），工业品；二羟甲基丙酸（DMPA），工业品；聚醚二元醇，牌号 N210（相对分子质量为 1000），化学纯，于 80℃、13.3Pa 下脱水 4h 备用；MMA，经 NaOH 溶液洗涤，除去阻聚剂，水洗至中性，经减压蒸馏后放于 4℃的冰箱里备用；甲基丙烯酸羟乙酯（HEMA），工业品。HMMM，工业品，总固物质量分数 80%；其他化学药品均为市售品，化学纯，未经处理直接使用。

(2) 制备工艺

① PUA 复合乳液　首先在装有搅拌器、温度计、冷凝管的四口烧瓶中加入 14.2g IPDI 与 0.03g 二月桂酸二丁基锡催化剂，通入氮气，升温至 50℃，加入 35.4g 聚醚二元醇，继续升温至 80℃，反应 2h，测定—NCO 达到理论值时，加入 15mL DMPA/N-甲基吡咯烷酮溶液（0.127g/mL），继续反应 2h，测定—NCO 达到理论值。降温至 45℃，加入 3.7g HEMA，0.5h 后升温至 55℃继续反应 2.5h；降温至 40℃，加 1.36g 三乙胺中和，0.5h 后降温至 30℃，加去离子水分散，高速搅拌，制得 PU 预聚体。搅拌 0.5h 后加入 6g MMA，继续搅拌 0.5h，然后静置 12h。将所合成的乳液升温至 65℃，加入 5g 过硫酸钾水溶液（0.08g/mL）引发

剂，滴加 8g MMA，同时通氮气，2h 滴完，再继续反应 3h，冷却后出料，制得总固物质量分数为 33% 左右的 PUA 复合乳液。

② HMMM 改性　将 HMMM 用少量水稀释，然后加入 PUA 复合乳液，搅拌均匀后配制成质量分数分别为 5%、10% 和 15% 的 HMMM 改性复合乳液（M-PUA）。

③ 涂膜　分别将 PUA 复合乳液和 M-PUA 在聚四氟乙烯板上流延成膜，常温下干燥 7d，制成约 1mm 厚的涂膜备用。

(3) 涂料性能　用 HMMM 改性 PUA，合适的固化温度为 100~120℃，固化时间为 30min，高温下与 PUA 交联固化后，膜表面比较光滑，随其用量的增加，涂膜的交联度增大，T_g 升高，硬度和耐水性也得到提高。

4.3.4 膨胀型改性水性氨基树脂木材阻燃涂料

(1) 主要原材料　脲醛树脂（UF）；聚乙酸乙烯酯树脂（PVAc）；聚磷酸铵（APP）：聚合度＞1500，粒度＞600 目；季戊四醇（PER）；三聚氰胺（MEL）；磷酸胍基脲（GUP）；涂料助剂；阻燃涂料 A；胶合板。

(2) 材料的制备　水性阻燃涂料的制备工艺流程如下。A 组分：将聚磷酸铵、磷酸胍基脲、三聚氰胺、季戊四醇和适量水经研磨、混匀，然后过筛；B 组分：将涂料助剂和适量水混合均匀；C 组分：将填料和适量水混合均匀。

将 UF、PVAc 和适量水混匀后，加入 A 并搅匀，然后将之加入到球磨机中进一步碎解、分散均匀（约 1.5h），再加入 B 和 C，混匀、过筛、罐装，即得膨胀型水性阻燃涂料成品。制备的膨胀型水性阻燃涂料中固形物含量约为 35%，其中成膜树脂（UF＋PVAc）含量为 50%。

合成的阻燃涂料过筛后装入桶内，进一步检测其细度，并在放置至少 48h 后将之涂覆（分 2 次，间隔至少 24h）于预处理好的胶合板上，在（23±2）℃、相对湿度（50±5）% 条件下调节 24h 以上。

(3) 阻燃材料的性能　由 UF 和 PVAc 树脂作为成膜物质，GUP-APP-PER-MEL 为膨胀阻燃体系，可构成膨胀型水性氨基树脂木材阻燃涂料。

① 膨胀型水性氨基树脂木材阻燃涂料成炭性好，当涂膜厚度为 0.3mm 时，热释放速率 pk-HRR 值大大降低，仅为胶合板素材的 12.4%，开始有焰燃烧时间是胶合板素板的 10 倍；总热释放量 THR 为 7.2MJ/m²，是胶合板素材（S-JHB）16.8 MJ/m² 的 42.9%，大幅度降低了材料燃烧时放出的热量，可有效降低火强度；点燃时间（TTI）长达 7min，是超过市售膨胀型阻燃涂料 A 的 2.5 倍，抑制红热燃烧效果显著。

② 膨胀型水性氨基树脂木材阻燃涂料的抑烟效果明显，CO 的释放明显延缓，并且烟释放速率（SPR）和总烟释放量（TSP）均显著降低，有效减弱了火灾发生的危险性，为人员安全撤离和消防补救赢得了宝贵时间。

4.3.5 高光泽深色水性氨基烤漆

(1) 主要原材料 水性羟基丙烯酸改性饱和聚酯树脂（HD）：固含量75%；低甲醚化三聚氰胺树脂072：固含量74%；润湿剂；分散剂；氧化铁红、氧化铁黑；二甲基乙醇胺；防闪锈剂、防沉剂；消泡剂；流平剂；二乙二醇单丁醚。

(2) 水性氨基烤漆配方 最佳配方列于表4-22。

表4-22 水性丙烯酸氨基漆配方

原料名称	用量(质量分数)/%	原料名称	用量(质量分数)/%
HD树脂	30～35	分散剂	0.3
072树脂	6～10	防闪锈剂	0.1
氧化铁红	1～9	消泡剂	0.01
氧化铁黑	1～9	流平剂	0.6
二甲基乙醇胺	1.2～2.1	二乙二醇单丁醚	1
润湿剂	0.3	水	补足100%

(3) 水性氨基烤漆的制备 将部分水性羟基丙烯酸改性饱和聚酯树脂、胺调节剂、防闪锈剂、氧化铁红、氧化铁黑、润湿剂、分散剂及消泡剂加入容器内，高速分散至细度≤30μm，制成浆料，再将剩余的水性羟基丙烯酸改性饱和聚酯树脂、部分甲醚化三聚氰胺树脂、水、助溶剂及助剂加入浆料中，充分搅拌，最后调节黏度，即得产品。

4.3.6 亲水性氨基硅织物整理剂

(1) 主要原材料 聚醚环氧硅油（CGF）、N-β-氨乙基-γ-氨丙基硅油（ASO）；非离子脂肪醇聚氧乙烯醚乳化剂。

(2) 亲水性氨基硅织物整理剂的配制

① ASE的制备 将一定量ASO倒入反应釜中，搅拌下加热至40～50℃，加入适量非离子脂肪醇聚氧乙烯醚乳化剂，混合搅拌30min，加一倍量的水（相对于ASO量）后再搅拌1h，然后加适量冰醋酸搅拌30min，之后慢慢加入两倍量的水，再搅拌30min后加入余量的水，乳化得无色透明至发蓝光氨基硅油乳液（记作ASE），其pH为6～7，固含量为30%。

② 亲水性氨基硅整理剂制备 ZH-4的复配是将一定量ASE放入反应釜中，搅拌下缓慢加入聚醚环氧硅油CGF，然后加水调节固含量到所需要求，搅拌均匀，经200目纱网过滤，得ZH-4。

③ 整理工艺 布样为色聚酯/黏胶（65/35）纤维织物-平纹竹节呢，密度（经向×纬向，根/10cm）为194×156。

将固含量一定的ZH-4按硅乳与水质量比为1:100的比例进行稀释，配成整理用工作浴液。聚酯/黏胶纤维织物在生产线大型轧车上经一浸一轧法整理，轧余率70%，100℃烘干，180℃定型。

(3) 整理效果

① 在相同条件下，经 ZH-4 整理织物的柔软性略逊于氨基硅 ASE，但优于 CGF，且 ZH-4 处理织物的静态吸水性能优异。

② ZH-4 与阴离子型树脂和助剂的配伍性良好，拼混使用不会产生漂油、分层或沉淀。ZH-42 以 1∶100 稀释浴液的耐温性能好于 ASE，但低于 CGF。此法方便，操作简单，不需特殊设备，易工业化生产。

4.3.7 氨基磺酸系水性涂料分散剂

(1) 分散剂的合成

① 树脂基氨基磺酸盐分散剂的合成　将一定量的氨基树脂、尿素、甲醛及水等加入三颈烧瓶中，升温至 70℃，在碱性条件下进行羟甲基化反应；一定时间后，加入适量磺化剂，在 85℃下磺化 2h；降温至 50℃，滴加规定量的硫酸，在酸性条件下缩合 2h；用液碱中和体系中的硫酸，调节体系的 pH 值至 7～8；除盐。

② 酚型氨基磺酸盐分散剂的合成　将一定量的苯酚、对氨基苯磺酸、磺化剂、甲醛及水加入三颈烧瓶中，升温至 85℃，在碱性条件下进行羟甲基化反应和磺化反应；一定时间后，降温至 40℃，滴加规定量的硫酸，在酸性条件下缩合 1.5h；用液碱中和体系中的硫酸，调节体系的 pH 值至 7～8；除盐。

(2) 分散性能测试

① 试验材料　钛白粉、碳酸钙、滑石粉、氧化铁红、铁酞绿及 DA 分散剂（聚丙烯酸盐）。

② 氨基磺酸盐分散剂制备配方见表 4-23。

表 4-23　典型水性涂料的配方

原料名称	用量(质量分数)/%	原料名称	用量(质量分数)/%
丙烯酸乳液(含固量 50%)	400	树脂基氨基磺酸盐分散剂(40%溶液)	10
钛白粉(金红石型)	165	消泡剂	1
滑石粉	100	乙二醇	19
碳酸钙	160	增稠剂	60
水	85		

③ 氨基磺酸盐分散剂的基本性能见表 4-24。

表 4-24　氨基磺酸盐分散剂的基本性能

项　目	性能指标		项　目	性能指标	
	树脂基分散剂	酚型分散剂		树脂基分散剂	酚型分散剂
外观/%	乳白色	浅棕色	黏度/s	55±5	50±3
固含量/%	40±2	40±2	氨释放量/%	0.04	0.030
密度(20℃)/(g/cm³)	1.22±0.02	1.20±0.02	游离苯酚/%		0.050
pH 值	7～8	7～8	游离甲醛/%	0.009	0.008

(3) 以氨基磺酸盐为分散剂的水性涂料性能　对按表 4-23 配方制得的以树脂

基氨基磺酸盐为分散剂的水性涂料的性能进行了检测，结果见表 4-25。所测的各项性能指标均达到 GB/T 9755—2001《合成树脂乳液外墙涂料》一等品指标要求。

表 4-25 以树脂基氨基磺酸盐为分散剂的水性涂料性能

检测项目	技术指标(一等品)	检测结果	检测项目	技术指标(一等品)	检测结果
容器中状态	无结块，均匀	符合要求	耐洗刷性/次	≥1000	<1000
施工性	涂刷 2 道无障碍	无障碍	耐水性(96h)	无异常	无异常
涂膜外观	涂膜均匀无缺陷	正常	耐碱性(48h)	无异常	无异常
干燥时间/h	≤2	<2	低温稳定性	不变质	不变质
对比率	≤0.09	0.092	涂层耐温变性(5 次循环)	无粉化、开裂、分离	符合要求

(4) 分散剂性能

① 氨基磺酸盐水性涂料分散剂，对涂料常用颜、填料具有优异的分散效果。与聚丙烯酸盐类分散剂相比，氨基磺酸盐分散剂用量较少；相同用量时，掺树脂基分散剂和酚型分散剂的浆体扩展度，分别比掺聚丙烯酸盐分散剂的浆体扩展度增加 23.2%～31.0% 和 3.0%～20.1%。

② 树脂基氨基磺酸系水性涂料分散剂合成工艺稳定可靠，分散剂平均工厂成本较低，已在建筑工程中推广应用。

4.3.8 水性氨基树脂透明木器腻子

(1) 腻子的制备

① 原料配比见表 4-26。

表 4-26 水性腻子的原料配比

原　料	规格	用量/g	原　料	规格	用量/g
改性氨基树脂	自制	54.0	防霉剂	工业	0.5
填充剂	320 目	26.5	助剂	自配	5.5
增塑剂	工业	4.5	氨水	工业	1.0
硬脂酸锌	工业	2.0	水	去离子	6.0

② 制备方法　将 2/3 配方量的改性氨基树脂投入搅拌罐，在搅拌下加入填充剂和硬脂酸锌，搅匀后加入余量树脂，继续搅拌，依次加入防霉剂和助剂，用水调整到适当稠度，最后加入氨水调整 pH 值在 8.5～9.0 之间即可。

(2) 性能测定　水性腻子的测定结果见表 4-27。

表 4-27 水性腻子的测定结果

检测项目	结　果	检测项目	结　果
腻子层外观	涂刮透明，木纹清晰	耐热(65～70℃,6h)	无可见裂纹
固含量/%	56.8	打磨性	表面光滑,不粘砂纸
干燥时间/h	2.5	涂刮性	易涂刮,不粘边
稠度/cm	10.0	稳定性(常温储存 18 个月)	正常

(3) 该水性腻子的特点

① 本品以改性水性氨基树脂为基料，以酸为固化剂制成，可在常温下迅速干燥、固化。

② 用于木制品，尤其是对透明度要求较高的家具的涂装打底性能良好。

③ 与油性腻子相比较，本品具有以下突出特点：以水为溶剂，无刺激气味、使用安全且方便；干燥快，涂层坚硬，结合力强；透明性好，木色自然；兼容性好，可与硝基、醇酸、聚酯及聚氨酯等面漆配套使用，无副作用；价格低，可降低生产成本。

④ 本品生产工艺稳定，条件易于控制，且原料易得，便于工业化规模生产。

第 5 章

水性醇酸树脂

Chapter 5

5.1 醇酸树脂概述

5.1.1 醇酸树脂简介

5.1.1.1 醇酸树脂的分类

醇酸树脂是由多元醇、多元酸（如邻苯二甲酸酐）和脂肪酸或油（甘油三脂肪酸酯）制成的聚酯树脂，为了同单纯的多元醇、多元酸制成的聚酯相区别，故定为此名称。根据脂肪酸（或油）分子中双键的数目及结构，可分为干性、半干性和非干性三类。干性醇酸树脂可在空气中固化；非干性醇酸树脂则要与氨基树脂混合，经加热才能固化。另外也可按所用脂肪酸（或油）或邻苯二甲酸酐的含量，分为短、中、长和极长四种油度的醇酸树脂。

(1) 按性能分类　有干性油醇酸树脂，用不饱和脂肪酸改性制成的醇酸树脂，在室温和氧存在下能直接固化形成漆膜；不干性油醇酸树脂，是使用不干性油来改性聚酯制成的醇酸树脂，不能在空气中聚合成膜，不能单独作为涂料使用，只能用来和其他原料混合使用。

(2) 按油度分类　见表 5-1。

表 5-1　醇酸树脂按油度分类

油度	短油	中油	长油	极长油
油量/%	35～45	46～60	60～67	＞70
苯二甲酸酐量/%	＞35	30～40	20～30	＜20

油度的计算方法如下：油度（或苯二甲酸酐），％＝[油（或苯二甲酸酐）用量/树脂理论产量]×100。其中，树脂理论产量＝[苯二甲酸酐＋甘油＋脂肪酸（或油）]－生成的水。不同的脂肪酸，虽然摩尔比相同，但是由于分子量相差较大，油度的差别也较大。

5.1.1.2 醇酸树脂的性能及应用

醇酸树脂可用熔融缩聚或溶液缩聚法制造。熔融法是将甘油、邻苯二甲酸酐、脂肪酸或油在惰性气氛中加热至 200℃ 以上酯化，直到酸值达到要求，再加溶剂稀释。溶液缩聚法是在二甲苯等溶剂中反应，二甲苯既是溶剂，又作为与水共沸液体，可提高反应速率。反应温度较熔融缩聚低，产物色浅。树脂的性能随脂肪酸或油的结构不同而不同。

醇酸树脂固化成膜后，有较好的光泽和韧性，附着力强，并具有良好的耐磨性、耐候性和绝缘性等。

醇酸树脂主要用作涂料、油漆，在金属防护、家具、车辆及建筑等方面有广泛应用，也可用作漆包线的绝缘层，制成油墨大量应用于印刷工业，此外也用于制造模压塑料。

5.1.2 醇酸树脂合成

5.1.2.1 醇酸树脂的原料

(1) 多元醇　用于醇酸树脂的多元醇见表5-2。

表5-2　醇酸树脂用的多元醇

多元醇类	羟基当量值	状态	熔点/℃	沸点/℃	相对密度
乙二醇	31.0	液		198	1.12
新戊二醇	52.1	固	125	204	1.06
甘油	30.7	液	18	290	1.26
甘油(99%)	31.0	液			
甘油(95%)	32.3	液			
三羟基甲烷	44.7	固	57~59	295	1.14
季戊四醇	34.0	固	262		1.38

甘油和季戊四醇是制造醇酸树脂做常用的两个多元醇,其上的羟基取代位置不同,分为伯、仲、叔三种醇,反应活性不同,其顺序为:伯醇＞仲醇＞叔醇。

(2) 有机酸　醇酸树脂中使用的有机酸种类繁多,有一、二、三元酸,见表5-3。

表5-3　醇酸树脂用的有机酸种类

有机酸类	羧基当量值	状态	熔点/℃	沸点/℃	相对密度
松香酸	340	固	65		1.07
苯甲酸	122.1	固	122	249	1.27
对叔丁基苯甲酸	178.1	固	165		1.15
椰子油酸	205	液			0.88
豆油酸	230	液			0.90
亚麻油酸	273	液			0.90
蓖麻油酸	297	液			0.94
脱水蓖麻油酸	284	液			0.90
松浆油酸	288	液			0.90
己二酸	73.1	固	152		1.37
苯二甲酸酐	74.1	固	131	284	1.52
间苯二甲酸酐	83.1	固	354		1.54
顺丁烯二酸酐	49.0	固	55	200	1.47
苯偏三甲酸酐	64.0	固	165		1.55

(3) 油类　制造醇酸树脂的油类见表5-4。

表5-4　醇酸树脂用的油类

油　类	羧基当量值	状态	碘值/(mgI₂/g)	相对密度
椰子油	218	固	7.5~16.5	0.92
蓖麻油	310	液	8.00~9.0	0.96
棉子油	289	液	99.0~113.0	0.92
豆油	293	液	130~140	0.92
脱水蓖麻油	293	液	125~140	0.94
亚麻油	293	液	170~190	0.93
桐油	293	液	160~165	0.94
梓油		液	169~190	0.94

5.1.2.2 醇酸树脂的合成反应理论

醇酸树脂制造中低分子反应有：醇和酸在催化剂和加热下，脱水的酯化反应；油类与醇共热发生重新分配的醇解反应及油类与酸的酸解反应；不同酯的相互反应，发生酯与醇的重新组合的酯交换反应；当温度高达 200～250℃，在酸或碱催化剂的存在下，发生两个羟基缩合的醚化反应；不饱和脂肪酸的双键之间加成生成二聚物，顺丁烯二酸酐与不饱和脂肪酸的双键或活泼氢的加成反应等。

醇酸树脂是由多元醇、多元酸和脂肪酸，按设计所要求的比例，在一定条件下有多官能团经过缩聚反应制得的有一定强度的聚合物。在原料醇和酸中，所带官能团的多少，对产物的结构和聚合度起着关键的作用。此处主要对缩聚反应中的几个重要概念，如官能度，聚合度，凝胶点，予以简要介绍。

(1) 官能度

① 官能度含义以及对聚合物分子结构的影响　官能度是指，一个分子单体参加缩聚反应时能够起反应的活性基团的个数。在醇酸树脂制造中，实质上是羧基和羟基的个数。1-1 官能度、2-1 官能度的单体不能得到高分子；2-2 官能度也只能得到线型的高分子；2-3 官能度、2-4 及其以上官能度的单体可生成体型结构的高分子，但是配比不当、聚合条件控制不好，容易发生凝胶化，生成不溶不熔的热固性树脂，其中含有大量未反应的羧基和羟基，没有使用价值，使生产报废。因此控制缩聚反应中的凝胶化发生，是设计配方和生产操作的关键问题。

② 凝胶点和有效官能度　在多种单体 (2-3，2-4 官能度) 缩聚反应时，生成体型分子的开始阶段叫凝胶点。为了控制凝胶点，最根本的办法是在设计配方时，加入一定量的单官能度的物质。这就涉及到有效官能度和平均官能度的概念。

多元醇有效官能度：

$$F_{有效} = \frac{f}{1+n} \tag{5-1}$$

式中　f——多元醇官能度；

　　　n——羟基对羧基的过量比值（以小数表示）。

实际上就是多元醇的羟基官能团大于多元酸的羧基官能团时，羟基能与羧基反应的有效个数。

当多元酸为混合酸（包括一元酸）时，酸的总官能度：

$$F_{酸总} = \frac{f_1 N_1 + f_2 N_2}{N_1 + N_2} \tag{5-2}$$

式中　f_1，f_2——各种多元酸官能度；

　　　N_1，N_2——各种多元酸摩尔数。

(2) 平均官能度和凝胶点预测　在设计制造某种醇酸树脂时，通过对所用原料和整个反应物的平均官能度计算，根据 Carothers 方程，可以预测发生胶化时的反应程度。

① 平均官能度 F_{av} 计算

a. 醇和酸等物质的量，即等摩尔数的官能团，F_{av} 计算如式（5-3）：

$$F_{av} = \frac{f_A N_A + f_B N_B}{N_A + N_B}$$ (5-3)

式中　f_A，f_B——各种单体的官能度；

　　　N_A，N_B——各种单体的摩尔数。

b. 醇和酸不等物质的量，即不等摩尔数的官能团，F_{av} 计算如式（5-4）：

$$F_{av} = \frac{e_0}{m_0} = \frac{e_A + e_B}{m_0}$$ (5-4)

式中　e_0——物质基团的总摩尔（当量）数；

　　　m_0——物质的总摩尔（分子）数；

　　　e_A——酸基团的总摩尔（当量）数；

　　　e_B——醇基团的总摩尔（当量）数。

② 用 Carothers 方程预测凝胶点

在缩聚反应中，反应进行的状况，不像在自由基聚合中用转化率来表示，而是用反应程度，即官能团消失的情况来表示。官能团消失的百分数即反应程度 P，计算如式（5-5）：

$$P = \frac{2(N_0 - N)}{N_0 \times F_{av}}$$ (5-5)

式中　F_{av}——平均官能度；

　　　N_0——反应开始时单体的总摩尔数；

　　　N——反应一定时间后，各类分子的总摩尔数；

$2(N_0 - N)$——反应一定时间后，已反应单体的总摩尔数；

$N_0 \times F_{av}$——反应开始时单体官能团的总摩尔数。

平均聚合度：

$$\overline{X}_n = \frac{N_0}{N}$$ (5-6)

与平均聚合度关联的反应程度：

$$P = \frac{2(N_0 - N)}{N_0 \times F_{av}} = \frac{2}{F_{av}} - \frac{2}{\overline{X}_n \times F_{av}}$$ (5-7)

当发生胶化时，即开始形成网状分子时，

$$\frac{2}{\overline{X}_n \times F_{av}} \longrightarrow 0$$ (5-8)

凝胶化时的反应程度 $P_g = 2/F_{av}$，若 $F_{av} \leqslant 2$ 时，$P_g \geqslant 100\%$，即反应程度为百分之百，这是不可能的，因此，这样设计配方制备醇酸树脂就不会发生凝胶化。

5.1.2.3 醇酸树脂的制造工艺

(1) 醇酸树脂的制造配方　在实际生产中，首先按油度分类设计原料配方。以甘油、苯二甲酸酐与脂肪酸（或油脂）为例不同油度的原料摩尔比见表 5-5（分子摩尔比）。

表 5-5　醇酸树脂原料配方

编　号	A	B		C	D
油度	0	短油	中油	长油	极长油
苯二甲酸酐/%	75.5	48.0	30.6	20～30	<20
苯二甲酸酐/mol	3	5	1	1	1
甘油/mol	2	4	1	1	1
脂肪酸/mol		2	1	1	1
油脂/mol					1

(2) 工作常数 K　当醇与酸基团的摩尔数为 1：1，即一个羟基和一个羧基反应。但是一般甘油在配比中总是过量的，而甘油的有效当量与全部酸的当量相等，因此平均官能度的公式可如下变化：

$$F_{av} = \frac{e_A + e_B}{m_0} = \frac{2e_A}{m_0} \tag{5-9}$$

卡氏公式中的凝胶化反应程度：

$$P_g = \frac{2}{F_{av}} = \frac{m_0}{e_A} \tag{5-10}$$

取

$$K = \frac{m_0}{e_A}$$

即为醇酸树脂制造中的工作常数。表明，醇过量时，即为凝胶化时的反应程度。K 一般在 0.98～1.06 之间，但不能等于 1。

(3) 油度和羟基过量数　在醇酸树脂制造中，脂肪酸：甘油：苯酐（mol）= 1：1：1 时，$F_{av} = 2$，理论上反应程度可达 100% 而不凝胶，油度为 60%。油度高于此树脂时，$F_{av} < 2$，则 $P_g > 1$，可完全酯化而不凝胶；油度小于此树脂时，$F_{av} > 2$，则 $P_g < 1$，如果小得较多，则反应不完全是胶化。一般多采用多元醇过量的方法，降低平均官能度来达到不胶化的目的。

不同油度的干性油醇酸树脂中，某种多元醇对苯酐的过量数以 r 表示，见表 5-6。

表 5-6　多元醇对苯酐的过量数

油度/%	甘油过量羟基数 r	季戊四醇过量羟基数 r	油度/%	甘油过量羟基数 r	季戊四醇过量羟基数 r
65	0	5	50～55	10	30
62～65	0	10	40～50	18	35
60～62	0	18	30～40	25	—
55～60	0	35			

根据油度的计算公式，可以推出用油量的计算公式：

油量 =[油度，%/(100−油度，%)]×(酯化苯二甲酸酐的多元醇量＋苯二甲酸酐量＋过量多元醇量−酯化产生水量)

(4) 醇酸树脂的制造步骤及影响因素　按所用原料和反应不同，可分为脂肪酸法和醇解法；按工艺条件的不同分为溶液法和熔融法。脂肪酸法因工艺复杂、成本高已淘汰。

① 醇解　醇解法是先将甘油与油在 200～250℃，于催化剂作用下，进行醇解，生成各种不完全的甘油一酸、二酸酯和未反应的甘油及油，再与苯酐进行酯化反应。

影响反应的主要因素如下：

a. 油/醇的比例　甘油含量增加，甘油一酸酯（制造醇酸树脂的主要成分）含量增加，但是剩余的甘油量也增加，因此，甘油的量取决于所要生产醇酸树脂的油度，即苯酐的用量；

b. 催化剂　常用的有 CaO、PbO、NaOH、Na_2CO_3、LiOH 及其金属的环烷酸盐。用量为油量的 0.02%～0.05%；

c. 温度和时间　温度越高，醇解反应速率越快，最后使甘油一酸酯含量达到平衡，延长反应时间会使甘油一酸酯含量下降；

d. 油的纯度　要求经过碱洗、中和脂肪酸、除去蛋白质和磷脂等的精制过程，游离脂肪酸高会消耗催化剂，降低醇解速率。碘值大的油，醇解深度大，甘油一酸酯含量高；

e. 保护气体　空气中的氧容易使树脂颜色变深，发生氧化聚合，延长醇解时间，要用惰性气体保护；

f. 醇的种类　不同的多元醇对醇解过程和树脂也有较大影响，季戊四醇比甘油有所制成的同类醇酸树脂干率较快，光泽、硬度、保光性及耐碱性方面都较好。

② 酯化　最常用的是溶剂法，即利用有机溶剂（常用二甲苯）作为共沸物，帮助酯化脱水，其优点是制得的树脂颜色较浅，结构均匀，产量高，苯酐损失小，酯化温度低，速率快，周期短，反应釜易清洗。

(5) 醇酸树脂的质量控制

① 酸值　是指中和 1g 醇酸树脂试样所需的 KOH 的毫克数，用以表示酯化反应进行的程度。在拟定配方时，要尽可能使酸值低一些，仅比胶化时的酸值高 2～5 左右，这样的树脂储存稳定性与漆膜都较好，大多数树脂的酸值在 15 以下。

② 黏度　系将固体树脂溶于规定数量的特定溶剂中，在指定温度下，以加氏管测定，可表示其聚合程度和分子量大小。

③ 酸值-黏度关系　酸值、黏度对反应时间作图，该曲线可反映树脂制备过程中反应情况，并延续曲线来推测反应情况。

④ 固化时间试验　将一块铁板加热到 200℃，滴一滴树脂于板上，记录树脂胶化时间，作生产终点的控制，胶化时间一般不小于 10s。

⑤ 醇解终点的测定　主要是测定甘油一酸酯的含量，有醇容忍度法，电导控制法和高碘酸氧化法。醇容忍度法：取醇解物 1mL，在 25℃，用 95% 的乙醇滴定，直至试样出现混浊，即为终点，此时消耗乙醇的毫升数即为醇容忍度。电导控制法的原理是在醇解过程中，电阻降到最低值并开始恢复到平衡时，α-甘油一酸酯

含量达到最高的规律。高碘酸氧化较麻烦，很少应用。

5.1.3 醇酸树脂的特点、改性及用途

5.1.3.1 醇酸树脂特点和用途

醇酸树脂中不饱和脂肪酸通过氧化固化成膜，无须添加助溶剂（或成膜助剂）。它具有良好的渗透性、流动性和丰满度，多用于生产色漆，特别是装饰性漆，在木器漆中得到了一定的应用。而且其单体来源丰富、价格低、品种多、配方变化大且性能好，也是发展最早、产量最大的合成树脂。醇酸树脂的另一优点是基本不依赖于石油产品，因此醇酸树脂具有得天独厚的价格优势。

醇酸树脂涂膜耐候性好，不易老化，光泽持久；附着力好，柔韧耐腐；耐溶剂性、耐油性、耐水性好。施工方便，可刷涂、喷涂及浸涂；既能自干又可烘干。特别是品种多、规格全，和其他树脂有良好的并用性。改性的醇酸树脂有松香、酚醛树脂、苯乙烯树脂、丙烯酸酯、有机硅、苯甲酸、无油及触变醇酸树脂漆等多种类型，因此适应性强，用途广泛。

醇酸树脂可以配制各类涂料，例如，钢铁结构、外用建筑的长油度季戊四醇醇酸树脂自干型涂料；中油度醇酸树脂漆可配制自干或烘干磁漆、底漆、金属装饰漆、机械漆、建筑漆、家具漆及卡车漆等。

水性醇酸树脂也是开发较早，应用比较成熟的水性树脂之一，它同样具有较好的光泽、柔韧性、附着力、对颜料的润湿性能及施工性能优异、涂层丰满等优点，已广泛应用于木器装饰涂料、铁道车辆、汽车涂料、船舶工业及建筑等领域。

5.1.3.2 水性醇酸树脂改性

醇酸树脂水性化最常用的方法是成盐法的自乳化方式。例如用偏苯三酸酐提供亲水基团，采用成盐法一步合成自干水溶性醇酸树脂。该方法得到的水溶性和涂膜性能较为理想。

但水性醇酸树脂往往存在着干性较差、保光性不好、耐水性差、储存稳定性差、涂膜硬度低等问题，为进一步提高水溶性醇酸树脂的综合性能，通常需对其进行改性，改性的方法有如下一些。

（1）丙烯酸改性　用丙烯酸改性水性醇酸能明显提高其耐水性、耐化学药品性及机械强度等性能。例如有些用丙烯酸改性水性醇酸树脂，明显改善了涂膜的光泽、干燥性、早期耐水性、流变性及与各种助剂的相互作用，缩短了干燥时间，提高了柔韧性，使得涂膜的综合性能得到提高。

还有向醇酸树脂中引入丙烯酸共聚物的方法，得到改性水性醇酸树脂，其在常温下 4 个月后，酸值只增长了 23.5%，具有很好的稳定性，解决了醇酸树脂存在水解稳定性差主要问题。

另外，用甲基丙烯酸丁酯与马来酸酐进行自由基共聚，得到羧基官能团丙烯酸共聚物，再与改性后的棕榈油进行反应，改性后的水性醇酸树脂涂膜耐酸碱性能得

到明显提高。

（2）有机硅改性　用有机硅改性的水性醇酸树脂，它具有与水溶性醇酸树脂类似的施工性能，而且干燥性能、耐候性、耐久性、耐热性和耐水解性都得到改善，还显示出优良的外观和耐水性。改性后的水溶性醇酸树脂最突出的特点是优异的保光性和耐粉化性。

（3）苯乙烯改性　利用苯乙烯共聚改性水性醇酸树脂，提高了其耐溶剂、储存稳定性等性能。苯乙烯改性水性醇酸的成本较低，扩大了改性醇酸树脂涂料的应用领域。苯乙烯改性水性醇酸树脂具有粘接力强、耐水性好及干燥速率快等特点，但是耐溶剂性、稳定性较差。

（4）松香改性　以大豆油脚为原料，研制的松香改性醇酸树脂，性能可靠且质量稳定。可代替市场紧缺的天然桐油和亚麻油，加工成各色醇酸调和瓷漆和醇酸调和瓷漆。大豆油脚在催化剂存在下高压水解，使油脚中所含的油脂和磷脂完全水解，脂肪酸、甾醇进入油相为精脂肪酸，甘油、肌醇、磷酸盐、胆碱及乙醇胺等磷脂组分进入水相。粗脂肪酸经减压蒸馏得工业脂肪酸，将油脚中的脂肪酸萃取回收，可综合利用加工制成较为理想的各种油漆。

豆油酸合成醇酸树脂采用脂肪酸溶剂法，较脂肪酸调和漆熔融法合成工艺简单，且污染少，能耗低及设备利用率高。特别是减少了个半成品的加工，减少了产品质量不合格因素，提高了产品的一次合格率。大豆油脚在油漆工业上的开发和利用，不仅有效利用了废弃的大豆下脚料，而且节省了大量贵重的天然油脂桐油和亚麻油，为天然油脂漆的发展开辟了新的途径。

（5）其他改性方法　使用偏苯三酸酐改性得到的水溶性醇酸树脂具有良好的水溶性、稳定性等优点，但存在涂膜硬度低的缺点。利用苯甲酸对其改性，可以明显提高涂膜硬度，并达到降低成本的目的。使用纳米氧化物改性水性醇酸树脂，得到的水性树脂涂料具有优异的耐酸碱性能，此外该涂料还具有抗菌性。

如何降低水溶性醇酸树脂涂料的施工黏度、进一步增强涂膜的耐腐蚀性、改善外观和降低成本、开发新的合成方法及制备具有特种功能的水性醇酸树脂等问题，是水性醇酸树脂研究的主要方向。

5.2 水性醇酸树脂及涂料

5.2.1 水性醇酸树脂简介

水性醇酸树脂包括水溶性醇酸树脂和醇酸树脂乳液，特别是自乳化醇酸树脂乳液，是目前发展的主要方向。

5.2.1.1 水溶性醇酸树脂

(1) 水溶性醇酸树脂的组成和水溶性 水溶性醇酸树脂的主要组成与一般溶剂型醇酸树脂基本相同，系由多元酸、多元醇及植物油（酸）或其他脂肪酸经酯化缩聚而成。为了使制成的醇酸树脂可溶于水，必须控制它的酸值和分子量，酸值高（通常酸值在 60mgKOH/g 以上）、分子量小的水溶性好。因此，水溶性醇酸树脂大多数都是高酸值、低黏度的树脂。为提高它的水溶性也可采用部分多缩多元醇（多缩乙二醇、二缩甘油等）引入醚基的助溶作用来改善，或加入部分多元酸也同样会有明显效果。

(2) 影响水溶性的因素 水溶性醇酸树脂的水溶性好与差，还与下面因素有关。

① 多元酸 以失水偏苯三酸、均苯四甲酸酐较好，邻苯二甲酸酐差，如果加入少量顺丁烯二甲酸酐油（可视作多元酸）对水溶性有好处，尤其是稳定性有很大提高。

② 多元醇 常用的多元醇，水溶性顺序为三羟甲基丙烷＞季戊四醇中＞甘油。如用少量聚乙二醇代替（例如取代 5％～10％当量）水溶性会有极明显改善，但树脂的颜色变深；

③ 油类 蓖麻油、氢化蓖麻油水溶性最好，椰子油次之，脱水蓖麻油、豆油、梓油及亚麻油较差；

④ 油度 油度越长水溶性越差。水溶性顺序为短油度＞中油度＞长油度；

⑤ 助溶剂 丁基溶纤剂、仲丁醇最好，乙基溶纤剂、丁醇次之，乙醇最差；

⑥ 中和剂 乙醇胺、三乙醇胺最好，氨水、氢氧化钾及氢氧化钠最差；

⑦ 水质 要求应使用蒸馏水。因为硬水里含有多种金属离子，尤其是钙、镁等金属离子与醇酸树脂的羧基作用生成皂类，影响水溶性；

(3) 水溶性醇酸树脂的稳定性 水溶性树脂都存在一个稳定性问题，水溶性醇酸树脂比同类型的溶剂漆更为突出。因为在弱碱性水溶液中，无论在主链或支链上含有酯键结构的聚合物都能发生不同程度的水解作用。然而绝大多数水溶性树脂，都含有或多或少的酯键结构成分、其中尤以醇酸与聚酯这一类树脂最为突出。它的水溶液经过短期储存（尤其是在夏季），往往树脂会发生溶液变浑、pH 值下降、树脂分层及黏度下降等现象。在电沉积时，最终电流变大、电解剧烈、气泡多，于是有漆膜粗糙、厚边及针孔等现象产生。

主要原因是水溶性醇酸树脂是由多元酸与多元酸等缩聚而成的聚合物。其聚合物的主链是由很多的酯键连接起来组成的，这些酯键在碱性水溶液里容易被水解，生成较小的低分子物质，碱被逐渐消耗。因而溶液的 pH 值降低、黏度也发生了变化，失去了水溶性，开始变浑以至分层析出树脂。另一方面树脂里的双键吸收了氧，发生聚合作用使某些分子进一步变大。而水解作用则相反，一部分变大，一部分变小，从面使它的分子量分布越来越宽，溶液的电阻亦随之变小，电流增大，电极反应加剧，电沉积的漆膜出现大量的针孔、严重时成蜂窝状结构，通常称这种现象为"返粗"。

如何减缓这种现象的发生，是涂料工作者应该研究的问题，否则，即使制出的水溶性漆性能很好，由于稳定性很差也不会有任何使用价值的。可从下面几项措施考虑来提高水溶性醇酸树脂的稳定性：①加入高官能团有机酸取代部分的二元酸，尤其用少量顺丁烯二酸酐化油效果更显著，有人认为它与醇酸分子生成一种螺旋体结构，使酯键得到保护；②用叔胺作中和剂；③可根据情况加入少量抗氧剂；④选择适宜的助溶剂。

(4) 一般水溶性醇酸树脂的制备

① 原料配比(质量份)失水偏苯三甲酸(工业品)63；邻苯二甲酸酐(工业品)74；甘油-豆油脂肪酸脂106；1,3-丁二醇(工业品)72；丁醇(工业品)63；氨水(工业品，25％)适量。

② 操作 将上列前四种原料加入反应釜中，通入二氧化碳，加热使原料熔化之后，开动搅拌，逐渐升温到180℃，以熔融法进行酯化反应，待酸值达到60～65mgKOH/g时降温，冷却到130℃加入丁醇溶解，只60℃以下加入氨水中和，可制得水溶性醇酸树脂，制成色漆可用于喷涂、刷涂涂装。

③ 技术指标 外观：棕色透明黏稠液体；pH值：加水稀释，水溶液pH值为8.0～8.5；水稀释性：加蒸馏水稀释有轻微乳光。

5.2.1.2 自乳化醇酸树脂乳液

(1) 水性醇酸树脂的新发展 为了获得耐水解、高光泽、储存寿命长且易被水稀释的水性醇酸树脂，必须在树脂碳-碳主链中，即在醇酸树脂的羧基和丙烯酸聚合物之间引入不皂化的单键，这就是近年来出现的自乳化型醇酸树脂乳液。

自乳化型醇酸树脂乳液，顾名思义，自乳化分散就是不用乳化剂，使树脂分子链上带有亲水的基团，能自动分散在水中。主要是通过引入非离子基团，非离子基团主要有羟基和醚基，这类聚合物与非离子表面活性剂具有相似之处，能与现有的水溶性树脂以及大多数溶剂型树脂相容，可作为活性稀释剂，取代水溶性树脂体系中的助溶剂。在醇酸树脂结构中引入非离子型的亲水基团，使醇酸树脂有自乳化分散特性，用聚乙二醇代替部分多元醇制造醇酸树脂。如多亚乙氧基 $[(CH_2CH_2)O]_n$，式中 n 表示聚乙二醇中亚乙氧基数，由所用聚乙二醇的分子量所决定。由于分子结构中有亲水的亚乙氧基，在水中具有自分散性能。n 数值大，自分散性好，但漆膜回黏性差，所以在满足自分散的前提下，聚乙二醇的用量越少越好。制造水分散醇酸树脂，要选择干燥性能好的干性油。

新型的水性气干醇酸树脂，是由疏水的醇酸部分和含羧基的丙烯酸共聚物部分连接而成的，用胺类化合物或氨水中和后就变得亲水了。

在水中乳化过程中，分子间发生缔合作用，疏水的醇酸部分形成了核，丙烯酸共聚物部分形成了壳，结果形成自乳化醇酸的核-壳乳液。不皂化的共聚物壳保护着容易水解的核。

（2）自乳化水性醇酸的制备　自乳化水性醇酸的生产比传统的溶剂性醇酸复杂得多。首先，合成一种以多元醇、多元酸和不饱和植物油或脂肪酸为基础的醇酸树脂，这种预缩合物（醇酸部分）具有合适的低分子量，低酸值和一定的羟基超量。

第二步，用甲基丙烯酸，各种其他单体和脂肪酸合成一种接枝聚合物，这种预聚物（丙烯酸部分）含有高酸值。

第三步，将两种分别准备好的中间体在高温下仔细地进行综合，以便仅使脂肪酸接枝共聚物的末端羧基，与醇酸预缩合物的剩余羟基，进行酯化反应而连接起来，留下未反应的丙烯酸接枝聚合物，部分的羧基以待中和。用氨水中和后，再用水稀释这种自乳化醇酸分散体。至此，这种树脂便制备完毕，可供应用了。

自乳化醇酸树脂的醇酸部分能用各种可能的成分进行改性。例如，环氧树脂，氨基甲酸酯中间体，有机硅衍生物和触变剂改性。运用核-壳乳液的办法可控制醇酸部分在中心，丙烯酸部分在外层。醇酸部分的主要功能在于形成网状化的漆膜，使涂料具有干燥和耐化学品性（盐、雾、潮湿和水）。外层的丙烯酸部分的作用是赋予流变特性并与颜料、填充料及催干剂相互作用，并附着于底材或涂层的表面。

5.2.2 水性醇酸树脂的制备

5.2.2.1 水分散型醇酸树脂

（1）主要原材料　脱水蓖麻油：工业级；蓖麻油：工业级；亚麻油：工业级；桐油：工业级；改性氢化蓖麻油：工业级；邻苯二甲酸酐（PA）：工业级；三羟甲基丙烷（TMP）：工业级；偏苯三酸酐（TMA）：工业级；对甲基苯磺酸：分析纯；马来酸酐：分析纯；乙二醇丁醚：分析纯；三乙胺：分析纯；催干剂：工业级。

（2）水分散型醇酸树脂制备工艺　将不饱和脂肪油和多元醇按比例加入四口瓶中，通氮气，50～60min 内升温至 180℃，反应 1.5h。安装好分水器，加入定量的邻苯二甲酸酐、对甲基苯磺酸和马来酸酐，通氮气并逐步升温至 200℃，反应 2～3h，至酸值 10mgKOH/g 以下。降温至 180℃，加入偏苯三酸酐，反应 1.5h 左右，测定酸值，计算中和剂的用量。降温至 140℃，加入助溶剂和中和剂，反应 0.5h后出料。加入去离子水，高速搅拌得到透明水分散型醇酸树脂。

制备水分散型醇酸树脂的基本配方见表 5-7 所示。

表 5-7　水分散型醇酸树脂合成配方

原　　料	用量(质量分数)/%	原　　料	用量(质量分数)/%
脂肪油	40～60	三乙胺	适量
三羟甲基丙烷	20～25	催化剂	适量
邻苯二甲酸酐	20～25	催干剂	适量
偏苯三酸酐	5～8	助溶剂	适量
顺丁烯二酸酐	1～2	去离子水	适量

(3) 最佳合成工艺条件及性能

① 在脂肪油中，以脱水蓖麻油合成的水性醇酸树脂，其综合性能较好，加入一定比例的桐油，可以明显地改善树脂的自干性能。

② 醇解催化剂，醇解反应过程在醇酸树脂制备中十分关键，加催化剂可以加速醇解反应和醇解的深度。钛酸四异丙酯对于蓖麻油的催化效果明显，优于氢氧化锂。

③ 工艺条件的控制，温度控制和终点酸值的控制对于合成过程有重要的影响。合成过程中各步骤的反应温度不同，并且过程要逐步缓慢地升温，醇解反应温度控制在 180℃ 左右，酯化反应控制在 200～220℃，在加入偏苯三酸酐之前，必须先把温度降至 180℃ 以下，否则会出现凝胶。在加入助溶剂和中和剂之前降温度降至 140℃ 以下。酯化反应第一阶段酸值应降至 10mgKOH/g 以下，第二阶段酯化的终点酸值应控制在 60～70mgKOH/g。

④ 该醇酸树脂具有良好的水分散性，稳定储存时间可达到 6 个月以上。

⑤ 将合成的水分散型醇酸树脂按 GB 1727—1992 标准涂刷成膜，漆膜附着力 1 级，硬度 2～3H，冲击强度 50kgf·cm。

5.2.2.2 水溶性自干醇酸树脂

(1) 主要原料　六氢苯酐（HHPA），工业品；间苯二甲酸（IPA），化学纯；己二酸（AA），化学纯；亚麻酸（LA），自制；三羟甲基丙烷（TMP），工业级；水性单体（AM），进口，工业级；二甲苯，化学纯；乙二醇单丁醚，化学纯；二甲基乙醇胺（DMAE），化学纯；金红石型二氧化钛（CR828）。

(2) 水溶性自干醇酸树脂合成工艺　将 HHPA、LA、TMP、AM 及二甲苯加入反应瓶中，用电加热套加热至 140℃，使体系熔融；加入 IPA，开始慢速搅拌，0.5h 升温至 180℃，保温约 1h，当出水变慢时，继续升温至 240℃，1.5h 后蒸出二甲苯，测酸值；控制酸值为 50～60mgKOH/g（树脂），停止聚合反应；降温至 120℃，按 85% 固含量加入乙二醇单丁醚兑稀，继续降温至 70℃，按羧基物质的量的 80% 加入 DMAE，中和 1h；50% 固含量加入蒸馏水，搅拌 0.5h；过滤，得水性醇酸树脂基料。

(3) 水溶性自干醇酸树脂产品技术指标　改性水性醇酸氨基涂料的性能见表 5-8。

表 5-8　水溶性自干醇酸树脂产品技术指标

项　目	指　标	项　目	指　标
固含量/%	50	油度/%	60
pH 值	6.5～7.0	酸值/(mgKOH/g)	50～60
黏度(涂-4 杯)/s	100～150	水溶性	无限稀释,轻微乳化

(4) 水溶性自干醇酸树脂涂料的配方　水溶性自干醇酸树脂涂料的配方见表 5-9。

表 5-9 白色水溶性自干醇酸树脂涂料配方

原材料名称	用量(质量分数)/%	原材料名称	用量(质量分数)/%
水性醇酸树脂	45	Henke15040	适量
蒸馏水	35	Dehydran	适量
TiO$_2$	20	SN636	适量
Hydropalat875	适量	催干剂	适量
BYK346	适量		

注：Henkel 助剂由海川公司提供；BYK 助剂由 BYK 公司提供；催干剂由华海达公司提供。

(5) 涂料制备工艺 在容器中按表中配方加入水性醇酸树脂、水，搅拌下加入流平剂、润湿剂、分散剂及消泡剂，搅拌均匀；加入颜料，搅拌，锥形磨研磨至细度<20μm，加入催干剂、增稠剂，调匀，100 目筛网过滤，得白色水溶性自干醇酸树脂涂料。

5.2.3 短油度交联型水性醇酸树脂

(1) 主要原材料 苯酐（PA，工业纯）、间苯二甲酸（IPA，化学纯）、月桂酸（LL，化学纯）、偏苯三酸酐（TMA，进口品）、三羟基甲基丙烷（TMP，工业纯）、六甲氧基甲基三聚氰胺（HMMM，进口品）、二甲苯（化学纯）及乙二醇单丁醚（化学纯）。

(2) 合成原理 水性醇酸树脂的合成分为两步，即缩聚及水性化。缩聚是先将 PA、IPA、LL 及 TMP 进行共缩聚生成常规的一定油度、预定分子量的醇酸树脂。水性化是将 TMA 与上述树脂结构上的羟基进一步反应引入一定的羧基，此羧基经中和以实现水性化。

(3) 合成工艺 将 PA、IPA、LL、TMP 及二甲苯加入带有搅拌器、温度计、分水器及氮气导管的 500mL 四口瓶中；用电加热套加热至 140℃，开动慢速搅拌，1h 升温至 180℃，保温约 1h；当出水变慢时，继续升温至 230℃，1h 后测酸值；当酸值小于 10mgKOH/g（树脂）时，蒸除溶剂，降温至 170℃，加入 TMA，控制酸值为 50～60 mgKOH/g（树脂），停止反应；降温至 120℃，按 85% 固含量加入乙二醇单丁醚溶解，继续降温至 70℃，按羧基 80% 的物质的量加入二甲基乙醇胺，中和 1h；按 50% 固含量加入蒸馏水，拌 0.5h；过滤得水性醇酸树脂基料。

(4) 产品技术指标 产品技术指标见表 5-10。

表 5-10 产品技术指标

项 目	技术指标	项 目	技术指标
外观	浅黄色透明液体，无可见杂质	黏度(涂-4 杯)/s	100～150
固含量/%	50	油度/%	40
pH 值	7.5～8.0		

(5) 醇酸-氨基烘漆的配制

① （白色）烘漆的基本配方见表 5-11。

② 制作工艺 将 HMMM 加入计量好的水中，搅拌下依次加入除增稠剂外的各种助剂、钛白粉混合均匀，最后加入水性醇酸树脂基料，用锥形磨研磨至 20μm 以下，180 目筛网过滤，加入增稠剂调黏度，即得烘漆产品。

表 5-11 （白色）烘漆的基本配方

原　料	用量(质量分数)/%	原　料	用量(质量分数)/%
水性醇酸树脂	40	流平剂	适量
HMMM	6	消泡剂	适量
TiO_2	15	增稠剂	适量
蒸馏水	35	防腐剂	适量
分散剂	适量	催化剂	适量

③ 烘烤条件　将漆在 140℃下，烘 30min；涂板性能用相关国标方法测试。

(6) 短油度水性醇酸树脂特性

① 以间苯二甲酸、苯酐、月桂酸、偏苯三酸酐及三羟甲基丙烷为主要原料，经缩聚、水性化两段式反应合成了一种水性短油度醇酸树脂；油度：40%；分子量：1800；酸值：50～60mgKOH/g（树脂）；羟值：120mgKOH/g（树脂）。

② 该树脂同 HMMM（氨基树脂）复配而成的水性氨基-醇酸烘漆综合性能优良，可取代溶剂型产品得以推广。

5.2.4 自干型水分散型醇酸树脂漆

(1) 顺酐油的制备

① 原料名称、规格及配方见表 5-12。

表 5-12　顺酐油用原料名称、规格及配方

原料名称	规　格	用量(质量分数)/%
胡麻油	精制	80
顺丁烯二酸酐	≥99%,工业级	20

② 顺酐油合成工艺　将胡麻油与顺丁烯二酸酐加入到三口瓶内，通入 CO_2 气体，缓慢升温至 200℃，保温约 5h。取样测游离酸酐量不大于 2.5%，黏度（树脂∶二甲苯为 8∶2，25℃加式管）为 6s 时合格。进行降温、冷却及备用。

(2) 水性醇酸树脂的合成

① 原料名称及规格　豆油酸（酸值 195mgKOH/gm，碘值≥120mg I_2/g）；季戊四醇、邻苯二甲酸酐（PA）、苯甲酸、二甲苯，均为工业品；2,2-二羟甲基丙酸（DMPA），进口；顺酐油，自制，合格。

② 水性醇酸树脂配方见表 5-13。

表 5-13　水性醇酸树脂配方

原料名称	规　格	用量(质量分数)/%	原料名称	规　格	用量(质量分数)/%
豆油酸	工业级	40～45	DMPA	进口	12～16
苯甲酸	工业级	4～7	顺酐油	100%,合格品	8～10
季戊四醇	100%,工业级	15～20	二甲苯(回流)	工业级	(占总量)5%
PA	≥99%,工业级	13～18			

③ 水性醇酸树脂合成工艺 将豆油酸、苯甲酸、季戊四醇、DA、DMPA 及回流二甲苯一起加入到反应器中，通入 CO_2 气体，缓慢升温至 180℃，保温 1h 后升温至 200～210℃，保温 2h，然后升温至 220～230℃，保温酯化至酸值 50～60mgKOH/g 后，抽真空除去回流二甲苯，降温至 120℃ 以下，加入顺酐油 120℃保温 0.5h，再降温至 60℃，加三乙胺（TEM）中和并反应 15min，然后用助溶剂[正丁醇：丙二醇单甲醚（PM＝1∶1）]兑稀成固含量为 75％的树脂溶液，最后加入去离子水（调整固含量为 50％）搅拌，即得水性醇酸树脂，其技术指标见表 5-14。

表 5-14 水溶性醇酸树脂技术指标

检测项目	技术指标	检测项目	技术指标
外观	棕色透明黏稠液体	pH	7～8
黏度（涂-4 杯）/s	70～90	水溶性	10 倍水稀释透明,无限稀
固含量/%	50±2		释微乳化

（3）水溶性醇酸树脂漆

① 水溶性醇酸树脂漆配方见表 5-15。

表 5-15 自干型水性醇酸树脂白色漆配方

原料名称	规 格	用量（质量分数）/%	原料名称	规 格	用量（质量分数）/%
水性醇酸树脂	59％,自制	63.0	环烷酸钴	4％	0.4
钛白粉	金红石型	20.6	水性复合催干剂	进口	1.0
去离子水	自制	适量	流平剂	BYK-380	0.2
润湿分散剂	Henkel5040	0.2	PM	工业级	3.0
氨水	28％	2.0			

② 水性醇酸树脂漆的性能见表 5-16。

表 5-16 水性醇酸树脂漆与同类溶剂型醇酸树脂漆的性能比较（白色）

项 目	检测结果[①]	项 目	检测结果[①]
漆膜外观	平整光滑	柔韧性/mm	1
黏度（涂-4 杯,25℃）/s	≥60	耐冲击性/kgf·cm	50
细度/μm	≤20	附着力/级	1
指触干/min	40	耐水（48h）	无变化
实干/h	8	耐汽油性（24h）	无变化
光泽（69°）/%	86	耐人工老化（200h）	失光 1 级,变色 2 级
摆杆硬度	0.45		

① 按 GB 方法检测。

5.2.5 水性醇酸厚浆防腐涂料

（1）主要原材料 水性醇酸树脂；去离子水；助溶剂；中和剂；氧化铁

红;复合铁钛粉;改性磷酸锌、有机膨润土;沉淀硫酸钡;磷酸锌;三聚磷酸铝;催干剂。

（2）基础配方 水性醇酸厚浆底漆和面漆的基础配方见表5-17。

表 5-17 水性醇酸厚浆涂料配方

序号	原材料	用量/质量份	
		厚浆型防锈底漆	厚浆型面漆
1	水性醇酸树脂	100	100
2	助溶剂	14	8
3	中和剂	10	10
4	去离子水	40	30
5	耐盐雾助剂	8	6
6	铁红	30	25
7	防锈颜料	45	25
8	云母粉	—	25
9	复合铁钛粉	125	35
10	沉淀硫酸钡	25	20
11	防沉剂	10	7
12	催干剂	1.25~2.25	1.75~2.5

（3）涂料制备步骤

① 制备水性醇酸厚浆涂料 将水性醇酸树脂、助溶剂、中和剂、去离子水及颜填料等按配方数量称量，依次加入到烧杯中，搅拌均匀，然后用砂磨机将上述混合物研磨至一定细度，调黏度，过滤即可。

② 样板处理 试板及表面清洗处理要求按 GB/T 9271 规定进行，打磨马口铁板和冷轧钢板；用粗砂纸顺着试板任何一边的平行方向，平直均匀地来回打磨，最后用酒精擦净试板。

③ 制备样板（喷涂法） 将试样稀释至适当黏度，用高压无气喷枪喷涂。涂覆的样板平放于空气干燥箱中，干膜厚度在 $70\mu m$ 以下，可一次喷涂达到涂膜厚度要求，于规定条件下放置 10d 再投入试验，干膜厚度在 $70\mu m$ 以上，可喷涂两遍，两遍之间的间隔 24h，喷第二遍后，室温下放置 9d 干燥。在样板成膜后所得涂膜的光洁度应较好，涂膜也应较平整，无杂质、颗粒。然后进行性能测试。涂膜厚度测定按 GB/T 13452.2 规定进行。

④ 对样板封边和划叉 直接用透明胶带封边，测涂膜厚度，用涂膜划格仪划叉，划叉的中心部位（$38mm \times 80mm$ 处），划线时必须用力均匀，应划穿底材上所有有机涂层至金属基体，划线过程中不允许有间断，直线长度 $100mm$，夹角为 $60°$。

（4）技术指标 铁路货车用涂料涂膜的各项性能测试结果见表 5-18 所列。

表 5-18　厚浆型醇酸涂料性能指标

项　　目		性能指标	
		厚浆型防锈底漆	厚浆型面漆
细度/μm		45	40
黏度(3#转子,6r/min)/Pa·s		3	3
不挥发物含量/%		65	63
干燥时间/h	表干	1	1
	实干	24	24
附着力/级		1	1
弯曲性/级		4	3
闪点/℃		65	65
耐水性/h		—	36h 不起泡,不生锈
耐盐雾性/h		500h 不起泡,不生锈腐蚀蔓延<2mm	—
厚涂性		湿膜厚涂 125μm 不流挂	湿膜厚涂 125μm 不流挂

注：耐水性、耐盐雾、厚涂性作为保证项目。

5.2.6 催干型水性醇酸树脂漆

(1) 主要原材料　水性醇酸树脂（75%）、钛白粉（R595）、HLD061 钴催干剂（8%）、HLD064 锰催干剂（8%）、Cobalt Hydro-Cure Ⅱ 催干剂（5%）、Octa-Soligen 421 催干剂（10%）、润湿分散剂（BYK-190）、消泡剂（Foamex 810）、流平剂（BYK-333）、增稠剂（RM-8W）、pH 值调节剂（氨水，25%）、防结皮剂（Anti Skin 0445）。

(2) 涂料配方及配漆工艺　水性醇酸白漆的配方见表 5-19。

表 5-19　水性醇酸白漆配方

原材料	用量(质量分数)/%	原材料	用量(质量分数)/%
钛白粉	34	pH 值调节剂	1.0
润湿分散剂	3.4	水性催干剂	1.0
消泡剂	0.2	流平剂	0.2
去离子水	33	增稠剂	0.2
水性醇酸树脂(75%)	23.3	防结皮剂	0.2
助溶剂	3.5		

(3) 研磨色浆

① 在分散釜中加入配方量的助溶剂和去离子水，在搅拌情况下缓缓加入配方量的一部分水性醇酸树脂，使之稀释，然后加入 pH 值调节剂，调整 pH 值为 7~8；

② 在搅拌下，缓缓加入配方量的消泡剂、催干剂和分散剂；

③ 在搅拌下，缓缓加入配方量的钛白粉，然后用砂磨机进行研磨，直至细度小于 20μm；

④ 达到要求细度后，放出色浆，并用计量的去离子水分 3 次冲洗砂磨釜，将该部分冲洗水用于后面的配漆中。

(4) 混合

① 调漆釜中加入配方量的助溶剂和去离子水（包括研磨色浆阶段的冲洗水），在搅拌情况下缓缓加入配方量剩余部分的水性醇酸树脂，使之稀释，然后加入 pH 值调节剂，调整 pH 值为 7～8；

② 在搅拌下，缓缓加入配方量的消泡剂、流平剂和增稠剂等助剂；

③ 在搅拌下，缓缓加入上述所得的色浆；

④ 检测 pH 值，用 pH 值调节剂调整 pH 值为 7～8，加适量的去离子水调节黏度；

⑤ 用 80～120 目的滤网过滤，即制得水性醇酸白漆。

5.3 改性水性醇酸树脂与涂料

5.3.1 磺酸盐改性水性醇酸树脂涂料

(1) 改性水性醇酸树脂的合成

① 主要原材料　新戊二醇（NPG）；三羟甲基丙烷（TMP）；间苯二甲酸（IPA）；邻苯二甲酸酐（PA）；亚桐油酸；松香；偏苯三甲酸酐（TMA）；间苯二甲酸-5-磺酸钠（5-SSIPA）；二甲苯；三乙胺；氨水；丙二醇丁醚。

② 树脂合成工艺　在装有冷凝器、搅拌器、温度计及热电偶的四口烧瓶中，加入干性油酸、磺酸盐预聚物 NPG、TMP、松香、IPA、PA 及催化剂；通入氮气，搅拌升温至 180℃并反应 1h，然后逐步升温到 230℃反应 2h；待反应物清澈透明后，降温到 180℃，加入回流二甲苯；升温到 210℃保温回流，待酸值小于20mgKOH/g 时，停止加热，边降温边真空抽出二甲苯；当温度降到 175℃时，加入 TMA，升温至 180℃保持酯化；当达到合格的酸值和黏度后，降温结束反应，冷却到 120℃，加入丙二醇丁醚，降温到 70℃出料备用。磺酸盐改性水性醇酸树脂的技术指标见表 5-20。

表 5-20　磺酸盐改性水性醇酸树脂的技术指标

项　　目	规　　格	项　　目	规　　格
外观	淡黄色透明液体	黏度(格氏管)	Z2-Z3
色泽/号	≤12	酸值/(mgKOH/g)	25～35
固含量/%	70±1		

(2) 色漆的制备　5-SSIPA 改性水性醇酸底漆的配方见表 5-21。

将磺酸盐改性水性醇酸树脂、助溶剂及水按配方量混匀，加入适量的胺中和剂中和；然后加入颜料、填料和助剂，高速分散 30min，再用砂磨机进行研磨分散，待细度研磨至 40μm，用水将固含量调至 50%。

(3) 5-SSIPA 亲水预聚物特性指标　5-SSIPA 特性指标见表 5-22。

表 5-21 改性水性醇酸底漆的配方

项 目	加入量/质量份	项 目	加入量/质量份
改性水性醇酸树脂	32.0	分散剂	0.2
炭黑	2.0	消泡剂	0.2
三聚磷酸二氢铝	8.0	助溶剂	适量
硫酸钡	14.0	水性催干剂	0.2
滑石粉	8.0	去离子水	30.0
润湿剂	0.2	胺中和剂	适量

表 5-22 5-SSIPA 特性指标

性 能	指 标	性 能	指 标
分子量	268.24	硫酸钠含量/%	0.6
外观	易流动,白色结晶粉末	pH 值(10%水溶液)	2
含水量	1.5	熔点/℃	>300

(4)磺酸盐改性水性醇酸树脂特性 以 IPA、PA、干性油脂肪酸、TMA、NPG 及 TMP 为主要原料,通过引入亲水性 5-SSIPA,经缩聚、水性化反应合成了一种磺酸盐改性水性醇酸树脂,其酸值为 $25 \sim 35 mgKOH/g$,树脂具有良好的水溶性和稳定性,采用 5-SSIPA 合成醇酸树脂,其 VOC 可控制到 $160g/L$ 以下。该产品性能完全达到目前市场上水性醇酸涂料的质量水平,同时表干速率快,溶剂含量低,具有一定的市场竞争力。

5.3.2 树脂改性桐油醇酸树脂水性绝缘漆

(1)主要原材料 顺丁烯二酸酐(MA)、正硅酸乙酯(TEOS)、乙二醇丁醚(EM)、三羟甲基丙烷(TTMP)、丙二醇甲醚(PM)、无水乙醇(EtOH)、N,N-二甲基乙醇胺(DMEA)、甲基三乙氧基硅烷(MTES);桐油。

(2)样品制备

① 硅树脂 在催化剂 HCl 作用下,TEOS 与 MTES 于乙醇介质中 45℃部分水解缩合反应 5h,制得无色透明的硅树脂(备用)。

② 桐油醇酸树脂 将计量的 MA 和桐油加入四口烧瓶中,N_2 保护,缓慢升温至 190℃,加入适量 TTMP,进行酯化反应,控制酸值 $50 \sim 60 mgKOH/g$,停止反应。降温后,加入适量的助溶剂 EM,得淡黄色透明桐油醇酸树脂。

③ 硅树脂改性桐油醇酸树脂水性绝缘漆 将硅树脂与桐油醇酸树脂按一定配比混合,80℃反应 2h 后,加入适量的助剂,以 DMEA 调节至 $7.5 \sim 8.5$,加入去离子水至所需固含量,搅拌均匀后,得到自交联型硅树脂改性桐油醇酸树脂水性绝缘漆。

5.3.3 改性水性醇酸树脂底漆

(1)主要原材料 丙烯海松酸;马来海松酸酰亚胺;油酸,淡黄色液体;氧化铁红;磷铬酸锌;锶铬黄;其余化学试剂均为市售分析纯。

(2) 改性松香类水性醇酸树脂的制备 将计量好的多元醇甘油、多元酸丙烯海松酸、马来海松酸酰亚胺与脂肪酸油酸及少量催化剂于四口烧瓶中，升温至170℃，开动搅拌，加入回流用二甲苯，继续升温至230～240℃保温酯化，每隔一定时间取样测酸值，到酸值降到90mgKOH/g左右，停止加热，降温，真空抽除溶剂。当温度降至120℃时加入定量的丁醇，继续降温到50～60℃，加入氨水中和，调整pH值至8.0左右。

(3) 底漆的制备 改性水性醇酸树脂底漆配方见表5-23。

表5-23 水性醇酸树脂底漆配方

原 料	用量(质量分数)/%	原 料	用量(质量分数)/%
铁红	15～20	助剂	6～8
防锈颜料	5～6	去离子水	20～25
填充料	15～30	pH中和剂	4～4.5
水性醇酸树脂	34～40		

在一定量的去离子水中依次加入助剂，进行分散，然后加入pH中和剂调至pH值在8左右，分散0.5h后，加入颜料与填料，搅拌均匀后，加入部分树脂，经高速搅拌分散后，将其经砂磨机研磨，当漆细度≤60/μm时，把剩余的树脂和复合缓蚀剂加入漆中，搅拌均匀后，以去离子水调节黏度，制得的改性醇酸漆漆膜性能列于表5-24。

表5-24 改性松香类水性醇酸底漆漆膜性能

项 目	指 标	检测结果	检测方法
漆膜外观	涂膜平整光滑	涂膜平整光滑	GB/T 1729—1979
黏度[涂-4 杯,(25±1)℃]/s	≤50	45	GB/T 6753.4—1986
细度/μm	≤60	42	GB/T 9286—1988
附着力/级	≤1	1	GB/T 9273—1988
干燥时间			
表干/h	≤1	≤20 (min)	GB/T 9273—1988
实干/h	≤24	≤18	GB/T 9273—1988
耐盐水性	≥96h不起泡,不生锈	合格	GB/T 9274—1988
耐盐雾性	≥249h不起泡,不生锈	合格	GB/T 1865—1980
储存稳定性	12个月	12个月	

5.3.4 核-壳结构水性丙烯酸改性醇酸树脂涂料

(1) 主要原材料 亚麻油酸；三羟甲基丙烷、季戊四醇、间苯二甲酸、顺丁烯二酸酐、苯甲酸、苯乙烯、甲基丙烯酸甲酯及丙烯酸；引发剂，试剂级；二甲苯、丙二醇甲醚、丁醇、三乙胺及氨水；金红石型钛白粉；水性催干剂；去离子水。

(2) 核-壳结构水性醇酸树脂的合成

① 基础醇酸树脂的合成

a.基础醇酸树脂配方（质量份） 亚麻油酸，48～52；三羟甲基丙烷，14～19；季戊四醇，5～9；顺丁烯二酸酐，2～4；苯甲酸，4～7；间苯二甲酸，

14～19。

　　b.合成工艺　按配方将亚麻油酸、苯甲酸、顺丁烯二酸酐、三羟甲基丙烷及季戊四醇，间苯二甲酸和回流二甲苯投入反应釜中，升温到180℃保温1h，当出水量趋缓时，以10℃/h的升温速率均匀升温至230℃左右，保温酯化，至酸值为16～20mgKOH/g后降温，真空抽去回流二甲苯，加入丙二醇甲醚兑稀备用。

　　② 核-壳结构醇酸树脂的合成

　　a.核-壳结构醇酸树脂配方（质量份）　基础醇酸树脂，48～52；甲基丙烯酸甲酯，32～36；苯乙烯，10～12；丙烯酸2～6。

　　b.合成工艺　将醇酸树脂加热到125～130℃，在4.5～5.0h内滴加甲基丙烯酸甲酯、丙烯酸、苯乙烯和部分引发剂的混合物，滴加完毕后保温1h，分2次补加余下的引发剂，各保温1h；降温至80℃，加入适量的乙二醇单丁醚兑稀备用。

　　③ 水性醇酸树脂涂料的制备

　　a.水性醇酸树脂涂料配方（质量份）　核壳结构水性醇酸树脂，30～36；钛白粉，22～26；氨水，0.4～0.6；三乙胺，1.3～1.8；催干剂及活性"饲给性"干料，0.5～2.5；助剂，0.3～1.5；去离子水，33～48。

　　b.生产工艺　在核壳结构水溶性醇酸树脂中加入三乙胺、氨水和部分去离子水，稀释树脂到一定黏度，并调节pH值至8左右，在搅拌下加入钛白粉，高速搅拌分散，用砂磨机研磨至细度≤20μm，加入剩余的树脂和复合缓蚀剂及水性催干剂；搅拌均匀后，再次调整pH值至8.5左右，用剩余的去离子水调整漆液的黏度，合格后过滤包装。

　　(3) 性能检测结果　核壳结构水性醇酸树脂涂料的性能检测结果见表5-25。

表 5-25　核壳结构水性醇酸树脂涂料的性能

检测项目	检测结果	检测方法
漆膜外观	平整,光滑	GB/T 1729—1979
黏度[涂-4 杯,(25±1)℃]/s	76	GB/T 1723—1993
细度/μm	20	GB/T 1724—1979
60°光泽/%	88	GB/T 1743—1989
干燥时间/h		
表干	0.5	GB/T 1728—1979
实干	12	GB/T 1728—1979
附着力（划圈法）/级	1	GB/T 1720—1989
摆杆硬度	0.5	GB/T 1730—1993
柔韧性/mm	1	GB/T 1731—1993
耐冲击性/kgf·cm	45	GB/T 1732—1993
耐水性（浸于符合 GB 6682 三级水中）	48h 不起泡, 不变色, 不生锈	GB/T 1734—1993
耐汽油性	24h 不起泡, 不变色, 不生锈	GB/T 1734—1993
耐盐雾性	24h 不起泡, 不变色, 不生锈	GB/T 1734—1993

　　核-壳结构水性丙烯酸改性醇酸树脂涂料具有了良好的保色性、保光性、耐候性、耐久性、耐腐蚀性、快干性及高硬度等，克服了常规水性醇酸树脂涂料储存稳

定性差，干燥速率慢，早期硬度、耐水性和耐溶剂性较差等弊病，同时大大降低了VOC 的含量，顺应了环保发展的要求，具有广阔的发展前景。

5.3.5 聚氨酯改性水性醇酸树脂涂料

(1) 主要原材料 邻苯二甲酸酐（PA），化学纯；二羟甲基丙酸（DMPA）、三羟甲基丙烷（TMP）、甲苯二异氰酸酯（TDI）、三乙胺、二乙胺、乙二醇丁醚、二甲苯、N-甲基吡咯烷酮，均为分析纯；脂肪酸（FA）。

(2) 制备原理

① 用一元酸、多元酸及多元醇采用一步法制取端羟基醇酸树脂；

② 将醇酸树脂、二羟甲基丙酸与多异氰酸酯反应制备端异氰酸酯预聚体；

③ 在预聚体中加入成盐剂中和羧基成盐；

④ 将上述产物分散于水中，同时加入扩链剂强力搅拌成为稳定的水分散 PU乳液。

(3) 合成工艺

① 醇酸树脂的合成 在装有搅拌器、温度计及油水分离装置的 250mL 的四口烧瓶中一次加入配方量的 PA、TMP 及 FA，加热升温，同时用二甲苯作回流溶剂，150～160℃保温反应 2h，180℃保温反应 2～3h，升温到 210℃，保温反应至酸值到预期值，停止加热，蒸出二甲苯，出料备用。

② 聚氨酯改性醇酸树脂的合成 取上述醇酸树脂和 DMPA 置于装有搅拌器、温度计、冷凝管的四口烧瓶中，加热升温，80℃滴加 TDI，滴完后保温反应 1h，升温到 85℃保温反应 4～5h，测 NCO 含量到预期值，降温加三乙胺反应 20～30min 后强力搅拌下依次加入冰水、扩链剂，0.5h 后出料。

(4) 最佳条件 采用一步法合成端羟基醇酸树脂，通过聚氨酯改性制得了性能优异的水性聚氨酯改性醇酸树脂乳液。DMPA 用量为总质量的 4%～5%、—NCO/—OH 比为 1.6～1.7、油度为 45%～50%、醇酸平均分子量为 1800～2000，制得的涂料涂膜性能最优。

5.4 水性醇酸氨基树脂涂料

5.4.1 水溶性醇酸氨基烘漆

(1) 主要原材料 月桂酸、苯酐、三羟甲基丙烷、新戊二醇、二甲苯蒸馏水、偏苯三酸酐、助溶剂及金红石型钛白粉；pH 调节剂；水性润湿分散剂、水性消泡剂和水性流平剂；甲醚化氨基树脂。

(2) 水溶性醇酸树脂的合成 在反应釜中投入配方量的月桂酸、苯酐、三羟甲基丙烷及新戊二醇，开动搅拌，加二甲苯回流；升温到 200℃进行酯化，至合适酸值，降温至 150℃，加入偏苯三酸酐，再逐渐升温到 165℃酯化至合适酸值；真空抽二甲苯，然后降温至 60℃，加入 pH 调节剂和助溶剂，中和至 pH 为 7～8；再加入水，分散 30min，调整到 50％固含量，过滤即得水溶性醇酸树脂。

(3) 水溶性醇酸氨基烘漆的制备　将水溶性醇酸树脂、水性润湿分散剂、蒸馏水和金红石型钛白粉或钼铬红依次加入搅拌釜中，搅拌混合均匀，在砂磨机中高速研磨至细度不大于 20μm，再加入水性流平剂、水性消泡剂、甲醚化氨基树脂和蒸馏水搅拌均匀，过滤包装。

(4) 性能与应用　采用饱和脂肪酸、苯酐、三羟甲基丙烷、新戊二醇和偏苯三酸酐合成水溶性醇酸树脂，与甲醚化三聚氰胺甲醛树脂制备水性醇酸氨基烘漆。其漆膜性能均达到并超过溶剂型醇酸氨基烘漆的性能。水性醇酸氨基烘漆与水性醇酸防锈底漆，配套使用具有优异的防腐性能，可广泛应用于汽车、家电、印铁及铸造等工业领域。

5.4.2 高性能水性醇酸氨基涂料

(1) 水性醇酸树脂的合成

① 主要原材料　新戊二醇（NPG）；三羟甲基丙烷（TMP）；间苯二甲酸（IPA）；苯甲酸（BA）；偏苯三甲酸酐（TMA）；椰子油脂肪酸（C12A），柔性树脂；二甲苯；三乙胺；氨水；钛白粉。

② 树脂合成工艺　在装有冷凝器、搅拌器、温度计及热电偶的四口烧瓶中，加入椰子油脂肪酸、柔性树脂、新戊二醇、安息香酸、间苯二甲酸及催化剂，通入氮气，搅拌升温至 180℃反应 1h，然后逐步升温到 230℃反应 2h，待反应物清澈透明后，降温到 180℃，加入回流二甲苯，升温到 210℃保温回流，待酸值小于 10mgKOH/g 时，停止加热，边降温并将二甲苯抽出，当温度降到 175℃时，加入偏苯三甲酸酐，升温 180℃保持酯化，当达到合格的酸值和黏度后降温，结束反应，冷却到 120℃时加入乙二醇丁醚，降温到 70℃出料备用。

③ 水性醇酸树脂的技术指标见表 5-26。

表 5-26　水性醇酸树脂的技术指标

项　　目	规　　格	项　　目	规　　格
外观	浅黄色透明液体	黏度（格氏管,25℃）/s	23～24
色泽	≤1#	酸值/（mgKOH/g）	35～45
固含量/%	65±1		

(2) 色漆的制备

① 水性醇酸氨基面漆的配方见表 5-27。

② 工艺　先将水性醇酸树脂、助溶剂及水按配方量混匀，加入胺中和剂中和，然后加入钛白粉和助剂，先高速分散 30min，再用砂磨机进行研磨分散，将细度研磨到 15μm，再加入配方量的氨基树脂，用水将固含量调到 50％。

表 5-27　水性醇酸氨基面漆的配方

原　料	加入量/g	原　料	加入量/g
水性醇酸树脂	100	助溶剂	适量
钛白粉	65	水	120
润湿剂	0.3	胺中和剂	适量
分散剂	0.3	HMMM 氨基树脂	15
消泡剂	0.3		

5.4.3 间苯二甲酸磺酸钠改性水性醇酸氨基漆

(1) 主要原材料　新戊二醇；三羟甲基丙烷；间苯二甲酸；C12 合成脂肪酸；偏苯三甲酸酐；二聚酸；二甲苯；N,N-二甲基乙醇胺；氨水；酯化催化剂；间苯二甲酸磺酸钠（5-SSIPA）；乙二醇丁醚。

(2) 树脂合成工艺　在装有冷凝器、搅拌器、温度计及热电偶的四口烧瓶中，加入新戊二醇、对苯二甲酸磺酸钠和酯化催化剂，升温到 150℃，开动搅拌，继续缓慢升温到 200℃保温反应，至反应物透明，酸值降至 2～3mgKOH/g，降温；当温度降至 150℃左右，加入 C12 合成脂肪酸、二聚酸、三羟甲基丙烷、间苯二甲酸及酯化催化剂，通入氮气，搅拌逐步升温至 210℃保温，待反应物清澈透明后，降温到 180℃，加入回流二甲苯，升温到 200℃保温回流，待酸值为 10～12mgKOH/g 时，停止加热，边降温边减压抽出二甲苯，当温度降到 160℃时，加入偏苯三甲酸酐，升温至 180℃保持酯化，当达到合格的酸值和黏度后降温，结束反应，冷却到 150℃时加入乙二醇丁醚，降温到 80℃出料备用。

(3) 水性醇酸树脂的技术指标见表 5-28。

表 5-28　水性醇酸树脂技术指标

项　目	规　格	检测方法
外观	清澈透明	GB/T 9761—1988
颜色(铁钴比色计)/级	≤3	GB/T 1722—1992
固含量(150℃/2h)/%	70±1	GB/T 1725—1989
黏度(格氏管,25℃)/s	15～19	GB/T 1723—1993
酸值/(mgKOH/g)	40～50	GB/T 8743—1986

(4) 水性醇酸氨基漆的制备

① 白色水性醇酸氨基漆配方见表 5-29。

表 5-29　白色水性醇酸氨基漆配方

原　材　料	用量(质量分数)/%	原　材　料	用量(质量分数)/%
70%水性氨基醇酸树脂	35～40	747 氨基树脂	4～8
EFKA-4560 分散剂	0.5～1.0	酸催化剂	0.2～0.4
BYK-020 消泡剂	0.2～0.4	二甲基乙醇胺	1～3
BYK-341 润湿剂	0.2～0.4	去离子水	20～30
二氧化钛	20～25		

② 制备工艺　在搅拌状态下，往水性醇酸树脂中加入二甲基乙醇胺，调节 pH 值为 7.5～8.0，加入部分去离子水，搅拌均匀；依次加入 EFKA-4560、BYK-020、BYK-341 和二氧化钛，高速搅拌，加入去离子水调整至可研磨的黏度，投料到砂磨机中研磨至细度小于 $20\mu m$；取以上色浆加入氨基树脂和酸催化剂，加去离子水调整黏度至合格。

③ 水性醇酸氨基漆性能检测结果见表 5-30 所示。

表 5-30　水性醇酸氨基漆性能检测结果

检测项目	指　　标	检测结果	检测方法
施工性	喷涂二道无障碍	合格	GB/T 1727—1992
干燥时间(140℃)/min	30	合格	GB/T 1728—1799(1989)
漆膜颜色和外观	符合标准,平整光滑	合格	GB/T 9761—1988
不挥发分/%　　　　≥	45	47.5	GB/T 9751—1986
60o 光泽/%	92	93	GB/T 9754—1988
柔韧性/mm	3	2	GB/T 1731—1993
耐冲击性/kgf·cm　≥	40	50	GB/T 1732—1993
铅笔硬度　　　　　≥	HB	H	GB/T 6739—1996
漆膜加热试验(150℃,1.5h)	颜色光泽稍有变化,弯曲试验≤10mm	颜色无变化,弯曲试验 5mm	GB/T 1765—1799(1989)
耐水性[(40±1)℃,72h]	无异常	96h 无变化	GB/T 9274—1988 中 5.4
耐碱性[(40±1)℃,5%(质量分数)Na_2CO_3,48h]	漆膜允许有少许小泡,常温下放置 2h 恢复	72h 有少许小泡,常温下放置 2h 恢复	GB/T 1763—1799(1989)
耐酸性[10%(体积分数)H_2SO_4,5h]	无起跑、开裂,与标准品相比颜色和光泽变化不大	24h 无变化	GB/T 1763—1799(1989)

第 6 章

水性聚酯树脂

Chapter 6

6.1 聚酯树脂概述

6.1.1 聚酯树脂简介

聚酯（PET）是指大分子主链上含有大量酯键的高分子化合物，是一大类合成树脂的总称，由二元（或多元）酸（或其酯）与二元（或多元）醇通过直接酯化或酯交换反应生成，为综合性能优良的合成树脂之一。聚酯包括饱和的二元醇与二元酸制成的线型树脂；二元酸与三元醇制备的交联型聚酯和分子中含有双键的不饱和聚酯。可以制备增强塑料、纤维、包装容器、黏合剂、涂料等制品，广泛应用于轻工、机械、电子及食品等工业领域。

饱和聚酯树脂根据性能和结构的不同分别可用于卷材涂料的面漆、底漆、背漆，也有用于油墨和热覆膜卷材用的饱和聚酯树脂。聚酯底漆的特点是附着力好、通用性强，耐候性及柔韧性突出。背面漆涂在卷材的背面，主要起保护作用，同时提供外观性和一定的耐久性。目前背面漆以氨基聚酯型为多。

不饱和聚酯树脂（UPR）是热固性树脂中用量最大的树脂品种，也是玻璃纤维增强材料（FRP）制品生产中用得最多的基体树脂。UPR 生产工艺简便，原料易得，耐化学腐蚀，力学性能、电性能优良，可常温常压固化，具有良好的工艺性能，广泛应用于建筑、防腐、汽车及电子电器等多种复合材料。而且不饱和聚酯树脂也是制造聚酯涂料与胶黏剂等的主要成膜物质。

6.1.1.1 不饱和聚酯的组成和原料

涂料用不饱和聚酯树脂是由不饱和二元酸与二元醇，经缩聚先制得直链型聚酯树脂，再用单体（如苯乙烯、丙烯酸酯）稀释而成。它是一种线型结构，分子中含有不饱和双键，在引发剂（如过氧化物）和促进剂（环烷酸钴）存在下，单体可以在常温下发生交联反应而固化，变成不溶不熔物。不饱和单体起着交联剂和溶剂的双重作用，因此，不饱和树脂漆液可称为无溶剂涂料。另外，不饱和聚酯树脂涂料中，加入一些光敏物质，或直接将光敏物质与不饱和聚酯树脂聚合，可以制造光敏涂料。不饱和聚酯树脂可以在室温下或用光固化，使用简单，树脂种类多，强度大，发展快。

不饱和聚酯树脂的原料有二元醇、二元酸和单体等多种，对树脂的性能影响较大。

（1）二元醇　不饱和聚酯树脂涂料中，最常用的二元醇有 1,2-丙二醇，另外还有乙二醇、一缩乙二醇、二缩乙二醇、1,3-丁二醇、1,4-丁二醇及多聚丙二醇等。在制造聚酯中，所用的二元醇的链越长，固化后漆膜柔韧性越大。二元醇中若含有醚键，会增加对水的敏感性，因此，用量不宜过多。乙二醇结构对称，制造的聚酯结晶性大，与苯乙烯的容忍度差，稍经储存，苯乙烯会分层析出；当选用三元醇或四元醇（如甘油、三羟甲基丙烷及季戊四醇）来代替部分二元醇时，要注意加入一元醇或过量的羧酸来调整其平均官能度。生产中多采用1,2-丙二醇，它来源充足，价格较低，制造的树脂抗水性好，与苯乙烯的混溶性优良。

(2) 二元酸 在制造不饱和聚酯树脂时，最重要的不饱和二元酸是顺丁烯二酸酐和反丁烯二酸。为了树脂的柔韧性，防止过多的不饱和双键和苯乙烯发生交联反应，在实际生产中还常加入饱和的二元酸，如邻苯二甲酸酐、己二酸及癸二酸，能提高树脂的弹性。甚至还加入一元酸，如蓖麻油酸、椰子油酸、硬脂酸及十一烯酸等。苯二甲酸酐用量多时，漆膜硬度差，漆液黏度高；顺丁烯二酸酐用量多时，漆膜硬度高，黏度低。

(3) 交联单体 在不饱和聚酯树脂中，所用的交联单体主要是苯乙烯，此外还有乙烯基甲苯、丙烯酸酯、醋酸乙烯酯、苯二甲酸二烯丙酯及三聚氰胺三烯丙酯等。因为苯乙烯性能优良，价格低，被广泛采用。但是苯乙烯中不能含微量的聚苯乙烯，这是由于聚苯乙烯不与固化的聚酯树脂相混溶，会使漆膜呈白色的云雾状，在使用前要予以鉴定并除去。在制备光敏印刷版不饱和聚酯树脂还可采用双烯丙烯酸酯类，如二（甲基）丙烯酸酯类。

(4) 其他物质 在制备不受空气中氧阻聚的不饱和树脂时，采用的二元酸有四氢苯二甲酸酐、间苯二甲酸和内亚甲基四氢苯二甲酸酐，可提高聚酯的自干性。采用的二元醇有氢化双酚 A,1,3-环己二醇、（反）双失水甘露醇及 N-烯丙基二乙醇胺等。此外还有甘油及失水甘油醚类，如甘油单烯丙醚、失水甘油烯丁醚及失水甘油甲苯醚等。

6.1.1.2 不饱和聚酯的制造

(1) 酯化、缩聚反应 聚酯树脂的制备反应是逐步酯化的缩聚反应，线型缩聚反应中，聚合度的控制一般采用非等反应官能团的摩尔比或加入单官能团来控制，聚酯缩聚的反应式可用下式表示：

$$n\,\mathrm{HOOCRCOOH} + n\,\mathrm{HOR'OH} = \mathrm{HO}\!\left[\mathrm{OCRCOOR'O}\right]_n\!\!-\mathrm{H} + (2n-1)\mathrm{H_2O}$$

从上式可以看出，如果采用过量的二元酸，分子两端为羧基；如果二元醇过量，则分子两端为羟基。实际生产中应用的聚酯原料包括顺丁烯二酸酐，邻苯二甲酸酐，丙二醇，乙二醇。

(2) 制造方法 不饱和聚酯树脂的制造可用熔融法或溶剂法。常用的溶剂法是酌量加入甲苯或二甲苯溶剂共沸脱水，所得产品比熔融法黏度低。但在共沸时有少量二元醇带出。在操作中又分为一次加料和二次加料法。一次加料，是将参加反应的二元醇和二元酸全部一次加入进行酯化缩聚反应；二次加料，是先将二元醇和苯二酸酐进行酯化，待酸值达到 $100\,\mathrm{mgKOH/g}$ 时，再加入顺酐，继续反应到规定的酸值。二次加料比一次加料法所得的聚酯硬度高，软化度高，弯曲模数大。

(3) 交联反应 不饱和聚酯树脂本身是一种线型的热塑性树脂，为形成有使用价值的不溶不熔的热固性树脂，在使用前必须加入单体、引发剂（或固化剂）和促进剂，使之进行自由剂聚合的交联反应。该交联反应是由引发剂在促进剂作用下，首先产生自由基，然后使苯乙烯或聚酯中的双键生成单体自由基或聚合物自由基，再不断加聚，形成网状大分子。

不饱和聚酯树脂的制造中，常用的引发剂主要为各种有机过氧化物，如过氧化苯甲酰，过氧化环己酮，过氧化甲乙酮等，其中过氧化环己酮是一个混合物，主要组分为 1-羟基 1'-过氧化环己基过氧化物与 1,1'-氢过氧化二环己基过氧化物。常用的促进剂有环烷酸钴和叔胺类。在使用时，引发剂和促进剂应有选择的配合，组成氧化还原体系，可以加快引发剂的分解速率或降低分解温度。因此，促进剂又称活化剂。一般，环烷酸钴和过氧化环己酮相配合，叔胺类和过氧化苯甲酰相配合较好。

6.1.1.3　不饱和聚酯的性质和使用方法

(1) 不饱和聚酯树脂的性质　不饱和聚酯树脂用于涂料，其优点是漆液固含量高，使用时无溶剂挥发，不污染环境；漆膜硬度高，耐磨、抗冲击性好；漆膜绝缘性能好；漆膜清澈透明，保光保色性好；制成腻子容易干燥，且平滑。其缺点是对金属附着力差。目前主要用于涂刷绝缘材料，高档木质家具，电视机及缝纫机台板等。

(2) 不饱和聚酯树脂的使用方法　不饱和聚酯树脂作为涂料应用时，需要加入固化剂和促进剂才能在室温下进行自由基聚合发生交联，该自由基聚合反应会受空气中氧的阻聚作用，因此会出现漆膜下层先固化变硬，表面因接触空气而发黏。通常采用下列几种方法解决。

① 物理遮盖法　将漆膜置于氮气下，或用涤纶薄膜、玻璃、或其他物品覆盖于涂膜表面，以隔绝空气，阻止氧化作用。

② 加蜡隔绝法　如在聚酯清漆中，加入少量高熔点石蜡，在固化过程中蜡浮于漆膜表面而形成一层薄薄的蜡膜，可以隔绝空气，同时减少了苯乙烯的挥发，但影响表面的光亮。

③ 加醋酸丁酸纤维素　在制造聚酯的过程中，将高丁酸基（能于苯乙烯中溶解）和低黏度醋酸丁酸纤维素加入聚酯中，不仅能使漆膜常温下干燥，而且还可免除漆膜缩孔（鱼眼）；缩短黏尘和凝胶时间；减少垂直面流挂，表面较硬，提高抗热性。

④ "常温干性"官能团的引入　在制造过程中，加入含有"气干性"官能团的物质，它具有吸收氧和自身氧化的能力。

⑤ 改变树脂中的单体　例如用甘油二烯丙醚的己二酸酯来代替苯乙烯。蒸气压低，能与树脂很好混溶，降低树脂黏度，并获得"自干性"。

⑥ 引入异氰酸酯　在不饱和聚酯中引入异氰酸酯（如甲苯二异氰酸酯等）或在使用时加入异氰酸酯的加成物（预聚物），其中羟基和异氰酸根的反应不受空气

的抑制作用，保证制得高光泽不发黏的涂层。

⑦ 制成高软化点的聚酯　树脂的软化点高于 90℃时，即使未固化，漆膜也相当硬。如用环烷二元醇、氢化双酚 A 等代替部分丙二醇，实际上是挥发性聚酯漆，不耐溶剂，受到一定限度。

(3) 不饱和聚酯的光固化　不饱和聚酯树脂的固化方式很多，除了热固化和氧化还原固化外，应用较多的是采用光敏固化。光敏固化的关键是选用适当的光敏剂，加入树脂中以后，经适当波长的光照射后，可立即分解为自由基，引发烯类单体聚合，使线型高分子达到交联固化的目的。因此光敏剂有其特殊的使用价值。如在油墨和涂料中加入光敏剂，可以加快漆膜干燥速率，提高生产效率；用光敏树脂制造印刷底板，可以代替金属铅，既经久耐用，又工艺简单。光敏固化有较多的优越性，单组分包装，使用方便；不受操作环境影响，可大面积施工，节约材料。常用的光敏剂如下。

① 羰基化合物　如二苯甲酮，二苯基乙酮，安息香乙醚等，主要用于作为交联单体的苯乙烯中。

② 过氧化物　主要有二叔丁基过氧化物，过氧化二苯甲酰，过氧化氢等适用于丙烯酰胺类。

③ 含氮化合物　主要有偶氮二异丁腈，苯基重氮盐等，可用于丙烯酸酯，苯乙烯，醋酸乙烯等。分解后放出氮气，使光固化树脂带有气泡，不宜作紫外线聚合引发剂使用。有实用价值的含氮光敏剂，是偶氮二硫异氰丙基等。

6.1.2 聚酯树脂涂料

6.1.2.1 溶剂型聚酯涂料

聚酯的品种很多，改变醇类和酸类的品种及相对用量，就可得到一系列结构不同的产品，有饱和的和不饱和的。如果将丙烯酸树脂、氨基树脂、聚氨酯树脂或环氧树脂加入其中，就可以得到许多性能各异的涂料。若加入一些助剂，则可大幅度地改变涂料性能。如果再加入少量银粉、金粉、珠光粉及荧光粉等，便可得到一系列特殊用途的涂料。近年来，国内外溶剂型聚酯涂料的品种很多，如有防腐、绝缘、耐热、阻燃、高光泽及平光等，广泛用于建材、造船、航空航天、汽车、化工设备、轻工及民用等方面。

(1) "气干性"不饱和聚酯涂料　普通不饱和聚酯涂料是 20 世纪 60 年代研制的，现俗称"倒膜漆"，是在引发剂和促进剂（由过氧化环己酮或过氧化甲乙酮和环烷酸钴组成的系统）作用下，于室温交联固化，但由于空气中氧的阻聚作用，使涂层表面发黏。为了克服空气阻聚，常采用一些方法，但施工之繁，令人望而生畏。由于涂料不但要有良好的涂膜性能，而且还要有良好的施工性能，所以，人们一直在寻求新的克服空气阻聚的方法来合成非厌氧型不饱和聚酯树脂。

① "气干性"官能团的引入　具体方法就是利用含上述官能团的二元醇或加含

2~7个醚键的多元直链醇类（如：失水甘油烯丙醚、烯丁醚，二缩三 乙二醇、三缩四乙二醇及四缩五乙醇等）来代替部分多元醇进行缩聚。

另一种方法是改变树脂中可共聚单体。在制漆时，可采用低蒸气压的活性溶剂，例如多元的烯丙醚类，它比苯乙烯更符合这个要求。它能与聚酯混合，并降低黏度，得到良好的气干性。此类化合物与反丁烯二酸共聚是很容易的。它不是在线型支链上引入"气干性"官能团，而是甘油二烯丙醚的己二酸酯来代替苯乙烯稀释，使聚酯固化，达到气干的目的。

② 添加醋丁纤维素　在不饱和聚酯中加入少量的醋丁纤维素，然后加入苯乙烯单体，这个不饱和聚酯树脂除了获得常温干燥性能外，还有以下改进：固化后漆膜可免除鱼眼；缩短胶凝时间；增强硬度，提高耐水、耐热及防腐性能。

(2) 防腐聚酯涂料　不饱和聚酯涂料成膜后呈空间网状结构，本身就具有优良的耐水、耐溶剂及耐化学药品等性能，一次施工便可得到较厚涂层，把不饱和聚酯配以合适的颜料（特别是片状的惰性体质颜料），可制成防腐蚀涂料。若配用环氧树脂或直接用环氧树脂改性聚酯树脂，便可制成三防性能优异的环氧聚酯涂料。该涂料可用于涂装金属储罐内壁、化工设备及海洋构件等。

(3) 高光泽聚酯涂料　用脂肪族单环氧衍生物脂肪族或脂环族多元醇、多元酸缩合而成的聚酯和 BYK385 相混，用缩二脲固化，制成高光泽、可厚涂的聚酯聚氨酯涂料，适用于汽车、金属制品、瓷砖及木器表面的涂装，还可制成用环氧聚酯-三聚氰胺甲醛树脂相混的复合涂料，可得到光泽高、硬度好、抗冲击、挠曲性及三防性能均优的汽车漆。此外，聚酯-聚胺封闭的异氰酸酯组成的树脂涂料，也适于制造汽车漆。将丙烯酸或含氟丙烯酸单体直接接枝于聚酯树脂上，制成丙烯酸改性的聚酯树脂，再与氨基树脂相混，也可制出各项性能均优的高级轿车漆和仿瓷涂料。

(4) 聚酯阻燃涂料　防火聚酯树脂阻燃方法一般有反应型和添加型两种。前者是先使乙烯基单体卤化，然后再与二元醇、二元酸进行缩聚，生成阻燃性聚酯。后者是在普通聚酯内添加氯化石蜡、氧化锆、含结晶水无机化合物（如明矾、氢氧化铝）及有机卤化物。如果并用三氧化二锑，就可以制得阻燃性非常好的涂料。有时，为了减少燃烧时放出毒性较大的卤化氢气，可加入少量磷化物，如磷酸三甲酚酯与磷酸三丁酯等。在不饱和聚酯树脂中混合溴代环氧树脂和马来酸酐，由于马来酸酐中酸酐基团既可参与环氧树脂的固化反应，残余双键又可与不饱和聚酯共聚，因此可制成具有优良阻燃性的透明涂膜。此外，用二氯代苯基磷制得的不饱和聚酯漆，也具有优良的难燃性和自熄性。

(5) 电绝缘聚酯涂料　普通聚酯涂料本身就具有良好的绝缘性，若再改变工艺和组成物，就可制得绝缘性更好的涂料。将含羟基聚酯与甲酚、石脑油溶剂、仲丁基化铝和甲乙醇胺相混，可得到储存稳定热固性电绝缘聚酯涂料。

聚酯清漆中加入部分皂化的酯蜡和低密度聚乙烯，该漆绝缘耐磨。双酚 A 聚碳酸酯低聚物同聚酯缩聚而成的聚酯聚碳酸酯涂料耐热绝缘。

芳香族二元羧酸或其衍生物链烷二醇或酯和含卤素的单体[如四溴代双酚 A 双 (2-羟乙基)醚]共聚而成的卤化聚酯，再与多异氰酸酯混合，制得柔韧性好、绝缘性高的漆包线漆，甚至有些还可剥去，以便焊接。

酯环族醇和酸反应制得的不饱和聚酯，用氨基树脂和或封闭多异氰酸酯固化，可得到耐热性、绝缘性极高的热固性涂料。

6.1.2.2 水性聚酯涂料

由于环保法规的强化和有机溶剂价格上涨，开发水性涂料已是涂料工业新的发展方向之一。有些物品不耐溶剂，不宜用溶剂型涂料涂饰，所以发展水性涂料具有很大的现实意义。

一种由己二酸、新戊二醇、2-羟甲基丙烯酸胺及 6-叔丁基-4-甲基苯酚等物质合成的聚酯，在二甲基乙醇胺存在下形成的柔韧性好、光泽高及储存稳定的聚酯水分散型涂料已经应用。

用 5-磺基间苯二甲酸钠、多元酸及多元醇可制成分子量为 2000～3000 的、具有优良稳定性的聚酯水分散型涂料。或用 N-(烷氧基甲基)丙烯酰胺接枝于饱和 5-磺基间苯二甲酸盐聚酯上制得储存稳定自固化聚酯水性涂料。

有些塑料制品不耐有机溶剂，而用 5-磺基间苯二甲酸钠的聚酯，氨基树脂水溶性有机化合物及增塑剂可制的耐水耐溶剂的水性聚酯涂料。

用 α、β-不饱和酸式酸酐、含羟基的烯丙醚和脂肪族聚酯制得紫外光固化、耐划伤的水分散型涂料，用于塑料、纸张及木器等表面涂装。

用含支链的磺化聚酯、氨基树脂制得耐湿性好、硬度高、有光泽的水溶性涂料和保护性装饰性极佳的高固含量、快干水性聚酯涂料，该涂料特别适用于纸张涂装。

此外，还有些特殊用途的水性涂料，如磁带、磁盘用磁性涂料；用聚酯、聚醚和多异氰酸酯制得的附着力、光泽及外观均好的水性聚酯闪光涂料；聚酯改性氨基-环氧树脂制成水性防腐涂料。

6.2 水性聚酯树脂合成

6.2.1 水性聚酯树脂简介

6.2.1.1 水性聚酯特点和应用

水性聚酯是一种新型水性聚合物，它是在分子链中引入离子型结构单元的一种离子型共聚酯。离子型基团的存在赋予聚酯水溶性的同时，也赋予了其优良的吸湿性能和离子电导特性。在化纤、纺织、涂料、黏合剂、电子、表面活性剂及油墨等领域有着广泛的应用前景。

水性聚酯具有光泽高、附着力强、丰满度高、耐冲击性良好及 VOC 排放量低等优点，既可以与水溶性氨基树脂配制成水性烤漆，也可以与亲水性多异氰酸酯配制成能常温固化的水性木器涂料。

在化纤应用领域，水溶性聚对苯二甲酸二甲酯（WSPET）可与聚对苯二甲酸二甲酯（PET）采用共混方式纺丝，通过溶离处理可制备多孔纤维，使纤维的吸湿性提高，体积电阻率降低，改善了聚酯纤维的抗静电性能，应用于高吸湿纤维。在涂料和胶黏剂领域，可以制备成氨基烘烤漆和双组分水性聚氨酯等。

6.2.1.2 水性聚酯树脂原料

为了制备具有水溶性的聚酯树脂，必须将反应控制在一个较高的酸值，或者把醇超量较大幅度地提高，也可取得水溶性的效果。在配方设计时，必须采用一元酸或用二元醇来调节分子结构，以避免胶凝并可改进漆膜的性能。

常用的二元酸，对漆膜的柔软性和硬度有如下不同的影响。在聚酯制备的配方设计中，调节芳香族二元酸和脂肪族二元酸的比例，或者加入部分的聚乙二或聚醚是获得柔软性好、附着力优良漆膜的关键。一般认为采用与六甲氧甲基三聚氰胺缩甲醛树脂、脲醛树脂及苯代三聚氰胺缩甲醛树脂并用的方法可达到降低固化温度和提高耐水性能的目的。

要使多元醇和多元酸缩聚成为热固性聚酯树脂。所用的多元醇与多元酸两者中必须有一个具有两个以上的活性官能团。以甘油与苯酐反应为例，在按当量反应的情况下，第一阶段反应，生成酸性单酯和双酯。酸性的双甘油酯进一步缩合，形成网状结构的聚合物。

6.2.1.3 聚酯的水性化技术

聚酯的水性化技术是在聚酯分子链中引入离子型基团使其具备亲水性。目前国内外对水性聚酯分散体的研究报道主要集中在以偏苯三酸酐为亲水单体的水性聚酯。该水性聚酯是先合成端羟基聚酯，再引入亲水性单体偏苯三酸酐，经胺中和成盐后分散于水中，聚酯的酸值可通过控制偏苯三酸酐的加入量来控制。但是用偏苯三酸酐合成的水性聚酯稳定性较差，不仅要考虑聚酯主链的耐水解性，还要考虑接枝自乳化官能团形成酯键的耐水解性，同时该聚酯还存在脱羧的问题。

为了避免接枝自乳化官能团形成酯键的不稳定性和脱羧反应对水性聚酯稳定性的影响，采用其他亲水性的单体或工艺是人们非常关注的研究课题。

（1）含二羟甲基丙酸的水性聚酯　二羟甲基丙酸（DMPA）的 2 个羟甲基可以在酯化过程中参与反应形成链状结构，其羧酸基由于在叔碳位置上有高度位阻，几乎不参与反应，提供侧链羧基与胺中和而使树脂溶于水中。含二羟甲基丙酸水性聚酯的合成反应原理如下：

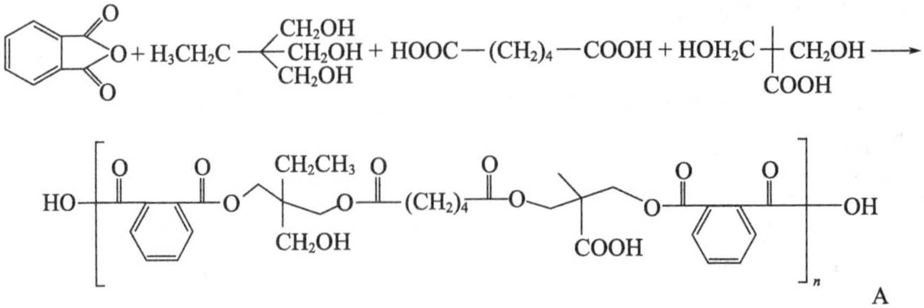

$$A + (C_2H_5)_2N \longrightarrow 水性聚酯$$

(2) UV 固化的水性超支化聚酯 利用酸酐与羟基，环氧基与羧基的交替开环聚合（严格控制反应条件）形成超支化的聚酯大分子。所合成的超支化聚酯大分子末端富含羟基和羧基，与甲基丙烯酸缩水甘油酯反应后用三乙胺中和，即可得到 UV 固化的水性超支化聚酯。UV 固化水性超支化聚酯的反应原理如下：

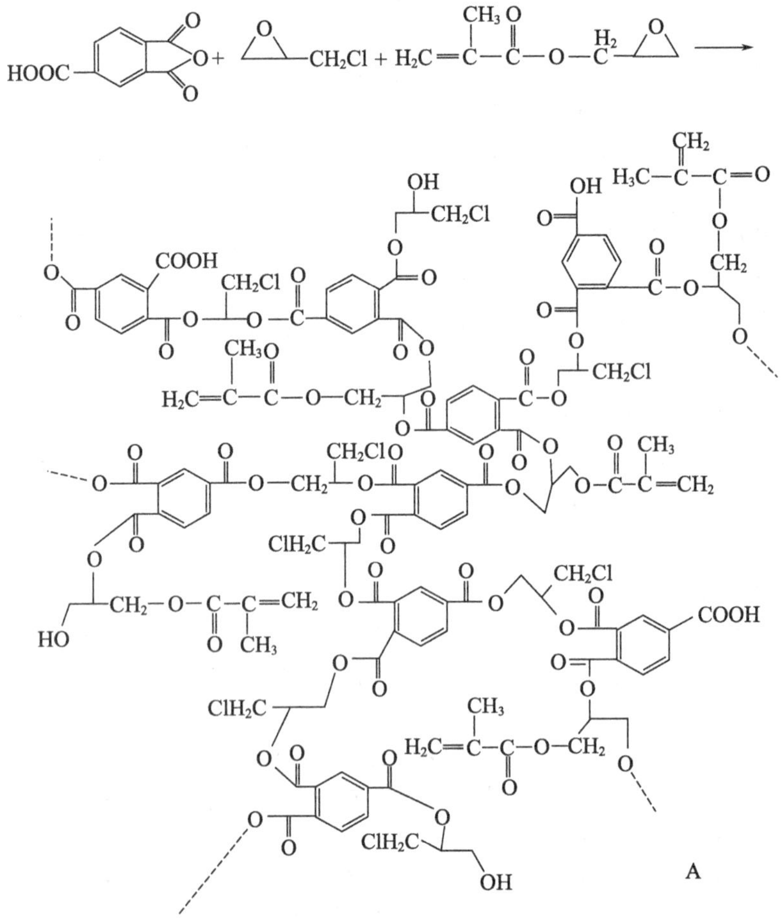

$$A + (C_2H_5)_3N \longrightarrow 水性超支化聚酯$$

（3）磺酸盐型水性聚酯　通过引入含有磺酸钠基团的亲水单体，能得到无需激烈搅拌和助溶剂存在，即可形成水性聚酯。该水性聚酯的黏度可以通过亲水单体的含量来调节，避免了使用毒性较大的胺类碱性中和剂以及有机助溶剂，从而降低了VOC 的排放量。同时，含有磺酸盐基团的水性聚酯酸值较低，减弱了聚酯的水解倾向，提高了聚酯的耐水解稳定性。

磺酸盐型水性聚酯按所引入磺酸盐基团及合成工艺的不同，主要分为以下4 种。

① 与间苯二甲酸-5-磺酸钠的反应　用间苯二甲酸-5-磺酸钠作为亲水单体时，采用直接酯化法来合成水性聚酯。其反应原理如下：

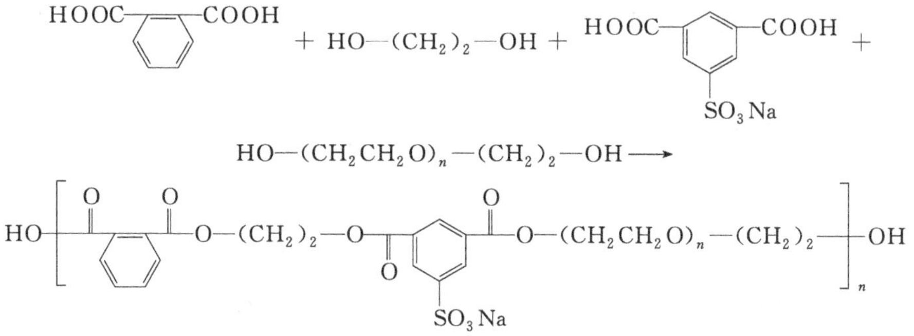

将间苯二甲酸-5-磺酸钠作为亲水单体，用直接酯化工艺合成了水性聚酯。其具体工艺是：将对苯二甲酸、乙二醇、间苯二甲酸-5-磺酸钠、己二酸及间苯二甲酸混合，在一定温度、大气压和通氮气保护的情况下进行直接酯化反应，当酯化率达到或超过 95％以后，卸压加入聚四氢呋喃、缩聚催化剂，逐步升温进行缩聚反应，最后将聚酯加水溶解即可得到水性聚酯。该聚酯具有较好的水溶性的同时还具有更好的结晶性能。

② 与丁二酸酐磺酸钠反应　采用长链烯烃取代的丁二酸酐或氢化的苯酐取代偏苯三酸酐，向聚酯链中引入磺酸钠亲水基团，控制一定的酸值，得到水性聚酯。该聚酯分子中由于不存在邻位羧基的催化作用，具有优良的耐皂化性能。其反应原理如下：

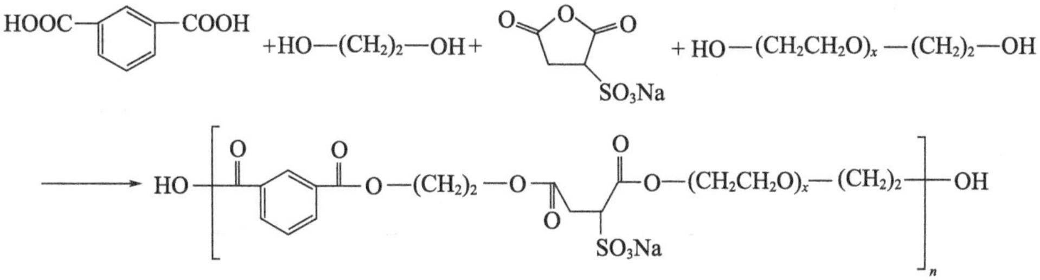

③ 与间苯二甲酸二甲酯-5-磺酸钠的反应　用间苯二甲酸二甲酯-5-磺酸钠作为亲水单体时需采用酯交换法。

a.酯交换　间苯二甲酸二甲酯-5-磺酸钠＋1,4-丁二醇。

b. 聚合 酯交换产物＋1,4-丁二醇＋己二酸。其具体反应原理如下：

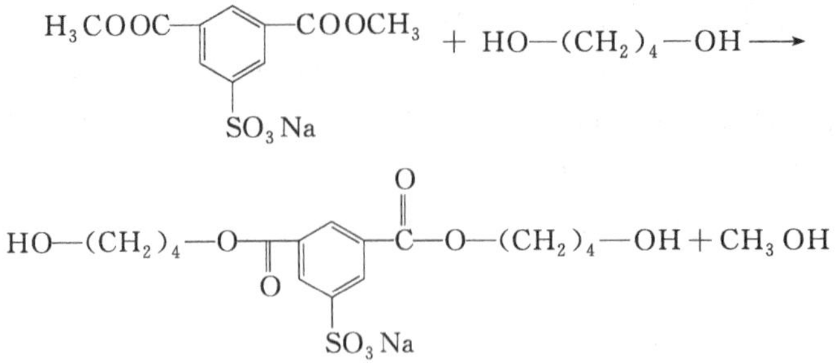

$$H_3COOC- \bigcirc -COOCH_3 + HO-(CH_2)_4-OH \longrightarrow$$

（带 SO_3Na）

$$HO-(CH_2)_4-O- \bigcirc -C-O-(CH_2)_4-OH + CH_3OH$$

（带 SO_3Na）

④ 不饱和聚酯的磺化 先合成不饱和聚酯，然后利用亚硫酸氢钠在相转移催化剂的作用下与不饱和聚酯的双键加成，向不饱和聚酯树脂分子中引入强亲水性的磺酸基。其反应原理如下：

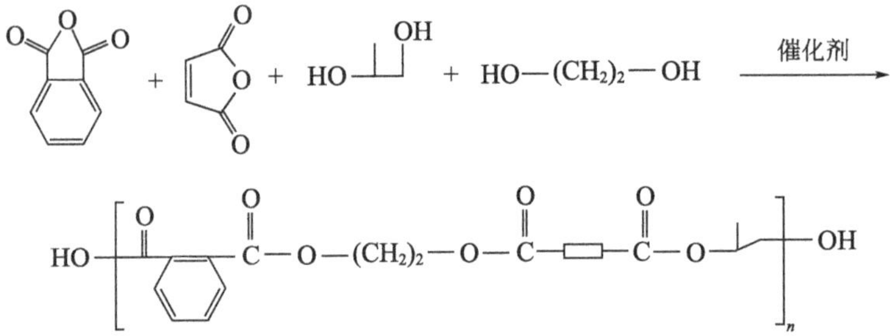

6.2.2 羧基型聚酯水分散体的合成

水性聚酯分散体的研究主要集中在以偏苯三酸酐为亲水单体的水性聚酯。为了避免接枝自乳化官能团形成酯键的不稳定性和脱羧反应对水性聚酯稳定性的影响，采用其他亲水性的单体或工艺已进行了大量合成研究。

(1) 主要原材料见表 6-1。

表 6-1 主要原材料、规格及产地

原料名称	规格	产地
间苯二甲酸(IPA)	工业品	日本
己二酸(AA)	工业品	德国
三羟甲基丙烷(TMP)	工业品	日本
2-乙基-2-丁基-1,3-丙二醇(BEPG)	工业品	日本
1,4-环己烷二甲醇(CHDM)	工业品	美国
新戊二醇(NPG)	工业品	韩国
偏苯三酸酐(TMA)	工业品	日本
三乙胺(TEA)	工业品	进口分装

(2) 合成工艺

① 树脂 A 的制备 在 1000mL 四口烧瓶中加入间苯二甲酸、三羟甲基丙烷、1,4-环己烷二甲醇、新戊二醇和抗氧剂，以甲基异丁基酮作为回流溶剂，通入氮气保护，升温至 140℃，物料熔化后开动搅拌，升温至 180℃，物料反应透明后缓慢

升温至 220～230℃，酸值控制在 5～10mgKOH/g，降温至 120℃加入偏苯三酸酐，165～175℃反应，酸值控制在 25～30mgKOH/g，真空抽去回流溶剂，用丙酮兑稀，即得到树脂 A。

②　树脂 B 的制备　在 1000mL 四口烧瓶中加入间苯二甲酸、三羟甲基丙烷、2-乙基-2-丁基-1,3-丙二醇、1,4-环己烷二甲醇、新戊二醇和抗氧剂以甲基异丁基酮作为回流溶剂，通入氮气保护。升温至 140℃，物料熔化后开动搅拌，升温至 180℃物料透明后降温至 140℃，投入己二酸，缓慢升温至 220～230℃，酸值控制在 50mgKOH/g 以下，降温至 120℃，加入偏苯三酸酐，165～175℃反应，酸值控制在 25～300mgKOH/g，真空抽去回流溶剂，用丙酮兑稀，即得到树脂 B。

将以上两种树脂按一定比例混合，加入三乙胺中和，加水分散，减压除去丙酮，即得半透明带蓝光的聚酯水分散体。其固含量 40%，pH 值 7.0～8.0，羟值约 100mgKOH/g。

(3) 配漆工艺　亲水改性的多异氰酸酯固化剂黏度较大，直接分散于聚酯水分散体中较为困难，一般用丙二醇甲醚醋酸酯将其稀释到 85% 使用。将 A 组分与 B 组分按 100 : 15 的比例混合，充分混合均匀后，加入 10%～20% 的水稀释即可。双组分水性聚氨酯涂料配方见表 6-2。

表 6-2　双组分水性聚氨酯涂料配方

组　　　　分	原料名称	用量/质量份
羟基组分(A)	聚酯水分散体	100.0
	流平剂	0.3
	消泡剂	0.3
	润湿剂	0.3
固化剂(B)	水性多异氰酸酯	85.0
	丙二醇甲醚醋酸酯	15.0

6.2.3 磺酸盐型水溶性聚酯浆料

(1) 主要材原料　对苯二甲酸（TPA），纤维级；间苯二甲酸（IPA），CP；乙二醇（EG）、二乙二醇（DEG），纤维级；聚乙二醇（PEG），工业级；醋酸锌、三氧化二锑、亚磷酸三苯酯等添加剂均为 CP；水溶性单体为工业品二元酸酯类。

(2) 合成步骤　采用一次加料法，将各种单体和添加剂计量加入小型聚酯反应釜中，通氮排氧，搅拌。各反应阶段工艺条件控制如下：

①　酯交换阶段　体系内温 190～220℃，馏出液柱温 60～70℃，以馏出液体量判定反应终点；

②　直接酯化阶段　体系内温 225～245℃，馏出液柱温 100～110℃，以体系达到"清晰点"和馏出液体量判定反应终点；

③　共缩聚阶段　体系内温 260～280℃，柱温 100～120℃，反应后期抽真空，

最后取样观察，以产物是否溶于水判定反应终点。

(3) 水溶性聚酯浆料的浆液和浆膜性能 所研制的水溶性聚酯浆料具有含固量高、水溶性好、黏度低、表面张力低、渗透性好、对聚酯纤维的黏附性极佳等性能，但其浆膜在强度及伸长率等方面不如 PVA。

(4) 最佳条件和性能 主要单体最佳用量为：w（水溶性单体）$= 15\%\sim$18%，分采用 TPA 和 IPA，中 w（IPA）$\leqslant 3\%$；组分采用 DEG 和 PEG600，中 w（PEG600）$= 5\%\sim 15\%$。该浆料具有较高的黏附性能（对聚酯纤维）、水溶性和生物可降解性，弥补了 PVA 的不足。

6.2.4 扩链法制备水性聚酯树脂

(1) 主要原材料 乙二醇，甘油，邻苯二甲酸酐，异戊酮，均苯四酐，乙二醇丁醚，三乙胺，去离子水等。

(2) 制备方法 在装有温度计、分水器及机械搅拌的三口烧瓶中，加入 16.3g的乙二醇，6.9g 甘油，37g 邻苯二甲酸酐；在通氮气条件下加热至 180℃反应 3h；然后逐步升温到 230～240℃，继续反应 4h，待酸值降到 8mgKOH/g 以下时，降温至 110℃，加入用 8mL 异戊酮溶解的 4.7g 的均苯四酐。反应 4h 后，在 $1.3\times10^3\sim 2.0\times 10^3$ Pa 下除去异戊酮。降温至 70℃，加入 20g 乙二醇丁醚和 4.53g 三乙胺，搅拌 5min，边搅拌，边加入 100mL 去离子水，得到固含量约为 35%的水性聚酯树脂。

(3) 该方法的优点 用均苯四酐作为扩链剂，在较低分子量聚酯树脂进行扩链反应的同时引入亲水性基团，反应所用聚酯分子量小，体系黏度小，反应容易控制，具有独特优势。该操作方法简便，产品性能优异，适合工业化生产。

6.3 改性水性聚酯及涂料

6.3.1 自乳化水性丙烯酸改性聚酯树脂

(1) 制备技术步骤

① 椰子油、甘油在催化剂 LiOH 作用下于 230～250℃醇解，生成以甘油一酸酯为主的醇解产物。

② 醇解产物、新戊二醇（NPG）与间苯二甲酸（IPA）、富马酸（FA）等酯化，得到含有一定不饱度的聚酯树脂（UPE）。

③ 含有一定量亲水基团的丙烯酸混合单体与 UPE 自由基共聚合，制得丙烯酸接枝聚酯树脂（ACPE），接枝位在 FA 单元的双键上。

(2) 树脂分散体的制备

① UPE 的制备

a.原料见表 6-3。

表 6-3　合成 UPE 用原料

原料名称	代号	规格	原料名称	代号	规格
椰子油		精制	富马酸	FA	AR
甘油	GL	CP	间苯二甲酸	IPA	CP
氢氧化锂	LiOH	AR	丙二醇单丁醚	PB	工业
新戊二醇	NPG	CP			

b.工艺　将椰子油、甘油、催化剂加入装有冷凝器、分水器、搅拌器和温控装置的玻璃反应瓶中，在 N$_2$ 保护下于 230～250℃ 醇解，醇解合格后降温到 210℃，加入 IPA、FA 和 NPG，200℃ 脱水反应 2h，230～240℃ 减压反应 3～6h 测酸值＜10mgKOH/g 为反应终点。降温，用丙二醇单丁醚稀释成 90% 固含量备用。

② 树脂的制备

a.原料见表 6-4。

表 6-4　合成 ACPE 树脂用原料

原料名称	代号	规格	原料名称	代号	规格
聚酯树脂溶液	UPE	90%(固含量)	甲基丙烯酸甲酯	MMA	CP
丙烯酸	AA	CP	过氧化苯甲酰	BPO	CP
丙烯酸羟丙酯	HPA	CP	二甲基乙醇胺	DMAE	CP
丙烯酸丁酯	BA	CP	去离子水		

b.工艺　将 UPE 树脂液计量加入反应瓶中，在 N$_2$ 保护下升温到 130～135℃，开始滴加预混均匀的丙烯酸、丙烯酸羟丙酯、丙烯酸丁酯、甲基丙烯酸甲酯及过氧化苯甲酰，滴加速度要均匀，约 3～4g/h。滴完后继续保温 3h；降温到 80℃，加入和去离子水即得到自乳化的水分散体。

③ 水性聚酯树脂的技术指标见表 6-5。

表 6-5　水性 ACPE 的技术指标

项　目	指　标	项　目	指　标
外观	半透明至透明微乳液	VOC 含量/(g/L)　≤	100
固含量/%	40±2	平均粒径/nm　≤	100
黏度(涂-4 杯)/s　≤	90	储存稳定性/月	12
pH 值	7.5～8.5		

(3) 涂料的制备

① 白色防腐底漆的配方见表 6-6。

② 工艺　将 ACPE（40%）、去离子水、BYK184、BYK020 预混，搅拌下用 DMAE 调节 pH 值至 8～9，加入粉料，搅匀，砂磨至细度合格后，加入 CYMEL325、CYCAT600，用 DEVCHEMWT-105A 调节至合适黏度，过滤即得成品。

表 6-6   白色防腐底漆的配方

原料名称	用量(质量分数)/%	原料名称	用量(质量分数)/%
ACPE(40%)	47.8	沉淀硫酸钡	11.5
去离子水	20.0	磷酸锌	3.0
BYK184	1.5	三聚磷酸铝(Ⅱ型)	1.0
BYK020	0.3	CYMEL325	4.8
DMAE	适量	DEUCHEM WT-105A	适量
二氧化钛	7.5	CYCAT600	微量

6.3.2 丙烯酸接枝不饱和聚酯水性杂化涂料

(1) 主要原材料   丙烯酸接枝不饱和聚酯水性杂化涂料的主要原材料名称、规格见表 6-7。

表 6-7   原材料名称、规格

原 材 料	规 格	原 材 料	规 格
不饱和聚酯树脂(UPR)	不含苯乙烯	甲基丙烯酸甲酯(MAA)	化学纯
丙烯酸(AA)	化学纯	过氧化苯甲酰(BPO)	化学纯
丙烯酸丁酯(BA)	化学纯	三乙胺	化学纯

(2) 清漆和色漆的配方   以丙烯酸接枝制得的水分散体样品 UP-1 为原料，按不同配比分别配制清漆（A 配方）与色漆（B 配方，白色），其配方见表 6-8。

表 6-8   清漆与色漆配方

A 清漆配方	用量	B 色漆配方	用量
UP-1	15g	UP-1	15g
成膜助剂	适量	成膜助剂	适量
去离子水	适量	去离子水	适量
催干剂	适量	钛白粉	15g
		催干剂	适量

(3) 漆膜的基本性能   以相同配方与未接枝的不饱和聚酯（UPR）的涂膜性能比较，清漆（A 配方）与色漆（B 配方，白色）。接枝前后漆膜基本性能比较见表 6-9。

表 6-9   接枝前后漆膜性能比较

性 能	UPR	A(清漆)	B(色漆)
表干时间/h	48	8	10
铅笔硬度	3H	5H	4H
附着力(划圈法)	2	0	0
柔韧性/mm	3	1	1
耐冲击性/kgf·cm	50	50	50

6.3.3 环氧-聚酯水性涂料

(1) 水性环氧-聚酯树脂制备

① 水性环氧-聚酯树脂配方见表 6-10。

表 6-10 水性环氧-聚酯树脂配方

原料名称	用量/kg	原料名称	用量/kg
多元醇	236.3	开环剂	66.2
多元酸	301.6	环氧树脂	149.9
二甲苯	15.4	去离子水	130.5
乙二醇醚	100.2		

② 水性环氧聚酯树脂合成工艺 将多元醇、多元酸和二甲苯加入反应釜内，升温、搅拌，在 150～220℃下进行酯化脱水，当酸值为 10～50mgKOH/g 时，加入环氧树脂、开环剂及乙二醇醚，进行改性反应，当反应物黏度为 15～25s（加氏管，25℃）时，出料、过滤及包装备用。

(2) 水性环氧-聚酯涂料

① 环氧聚酯水性涂料配方见表 6-11。

表 6-11 环氧-聚酯水性涂料配方

原料名称	用量/kg	原料名称	用量/kg
水性环氧树脂	35.8	混合颜料	7.0
触变剂	5.5	填料	4.3
氨基树脂	16.4	固化促进剂	2.4
溶纤剂	7.8	蒸馏水	20.8

② 环氧聚酯水性涂料制备工艺 将水性环氧聚酯、溶纤剂、蒸馏水、混合颜料、填料及固化促进剂依次加入调漆罐内，搅拌均匀；在搅拌下加入触变剂、氨基树脂；所有物料充分混合后经砂磨机研磨至细度不大于 30μm，过滤、包装。

③ 环氧-聚酯水性涂料技术指标见表 6-12。

表 6-12 环氧-聚酯水性涂料技术指标（按 GB 方法）

项 目	结 果	项 目	结 果
颜色	黑色	柔韧性/mm	1
固含量/%	45～55	一次膜厚/μm	15～40
密度/(g/cm³)	1.10～1.20	耐水性(48h)	无变化
pH(pHS-3A 酸度计)	6.80～7.0	耐盐雾性(240h)/级	9
闪点/℃	≥62	耐热循环/次	30
黏度(涂-4 杯,25℃)/s	18～60	耐 0.1molNaOH/L(48h)	无变化
细度/μm	≤30	耐 0.05mol/L 硫酸(24h)	滴酸处不破坏
固化条件	140,30min	耐 10# 变压器油(240)	无变化
铅笔硬度/H	≥2	耐 70# 汽油(240h)原漆	无变化
冲击强度/kgf·cm	50	储存期/d	180
附着力/级	≤	槽液稳定性(5～35℃)	静置不沉淀、不结块

6.3.4 高性能低 VOC 水性环氧聚酯浸涂漆

(1) 主要原材料

① 乳液　水分散型环氧聚酯乳液其技术指标见表 6-13。

表 6-13　水分散型环氧聚酯乳液技术指标

项　　目	技术指标	项　　目	技术指标
外观	乳白色均匀液体	pH 值	7.5～8.5
固含量/%	40±2	平均粒径/nm	132
黏度(涂-4 杯)/s	15～20	VOC/%	<5

② 颜填料　炭黑、铁黑、磷酸锌、碱式硅铬酸铅、铬酸锶、锌黄及滑石粉，均为工业级。

③ 助剂　BYK 公司、EFKA 公司及 Henkel 公司产品，均为工业级。

(2) 水性环氧聚酯浸涂漆

① 水性环氧聚酯浸涂漆配方见表 6-14。

表 6-14　水性环氧聚酯浸涂漆配方

原料名称	用量/质量份	原料名称	用量/质量份
水分散环氧聚酯乳液	100～150	铬酸锶	2～5
中和胺	0.3～0.5	滑石粉	5～10
分散剂	3～5	防沉剂	1.0～2.0
消泡剂	0.2～0.4	流平剂	0.2～0.4
炭黑	3～5	增稠剂	0.4～1.0
铁黑	10～20	水	适量

② 制备工艺　先将部分乳液与中和胺、分散剂、消泡剂、水预混，然后加入颜填料、防沉剂搅拌均匀，经砂磨机研磨分散至细度≤30μm，制得色浆。在搅拌状态下，在制得色浆中加入配方中剩余乳液、增稠剂及流平剂即可成产品。

③ 涂料的技术指标见表 6-15。

表 6-15　涂料技术指标

项　　目	技术指标	项　　目	技术指标
外观	黑色均匀液体	VOC/%	<5
固含量/%	50±2	稳定性	>6 个月
pH 值	7.5～8.5		

④ 涂层性能指标见表 6-16。

6.3.5 聚酯-氨基电泳漆

(1) 主要原材料　聚酯氨基电泳漆原材料见表 6-17。

(2) 水溶性聚酯树脂的合成

① 水溶性聚酯树脂配方见表 6-18。

表 6-16 涂层性能指标

项 目		技术指标
外观		黑色,光滑平整
干燥时间/min	表干(25℃,RH65%)	60
	烘干(120℃~150℃)	30~60
冲击强度/kgf·cm		≥50
柔韧性/mm		1
附着力/级		≤2
铅笔硬度		≥2H
耐水性(25℃)		168h 不起泡,不变色
耐 5%NaCl 溶液(25℃)		500h 一级
耐盐雾(5%NaC,35℃,RH95%)		500h 一级
耐湿热[(47±1)℃,RH(96±2)%]		300h 一级

表 6-17 聚酯氨基电泳漆原材料

原料名称	规 格	原料名称	规 格
三羟甲基丙烷	拜耳	去离子水	自制
新戊二醇	进口	DeuAdd AA-95 多功能中和剂	德谦
月桂酸	马来西亚	Deorheo WT-116 水性流变助剂	德谦
己二酸	进口	WE-D867 防缩孔流平剂	美国嘉智公司
苯甲酸	进口	427 氨基树脂	自制
苯酐	哈尔滨	水性消泡剂	Na1co65-769
CADURE E-10	进口	华蓝	上海
丁醇	工业级	TITANOX2160 金红石钛白粉	Nlchems
乙二醇单丁醚	江苏天音	润湿分散剂	BYK

表 6-18 水溶性聚酯树脂配方

原料名称	用量/kg	原料名称	用量/kg
三羟甲基丙烷	10~35	CADURE E-10	10~15
新戊二醇	8~20	丁醇	7~15
月桂酸	10~20	乙二醇单丁醚	5~10
苯甲酸	3~8	427 氨基树脂	10~20
苯酐	20~35	DeuAdd AA-95 多功能中和剂	适量
己二酸	3~8	去离子水	适量

② 水溶性聚酯树脂制备工艺

a. 按配方将三羟甲基丙烷、新戊二醇、己二酸、月桂酸及苯甲酸加入反应釜中,升温到一定温度,使之酸值达到 60~75mgKOH/g;

b. 再加入配方量的苯酐和 CADURE E-10,升温到一定温度,并保持 2.5~3.5h,使酸值达到 50~75mgKOH/g;

c. 降温到 80℃以下,加入配方量的乙二醇单丁醚、丁醇和 427 氨基树脂。升温到 70℃左右,醚化 30min,降温到 50℃。用 DeuAdd AA-95 多功能胺中和剂中和,充分搅拌后,用去离子水稀释,过滤,备用;

③ 树脂的技术指标,外观:米黄色透明黏稠液体;固含量:(70±2)%;pH

值：6.5～7；水溶性：无限稀释后无乳光。

(3) 浅天蓝聚酯电泳漆的制备

① 浅天蓝聚酯电泳漆配方见表 6-19。

表 6-19　浅天蓝聚酯电泳漆配方

原料名称	用量/kg	原料名称	用量/kg
70%水溶性聚酯树脂	60～75	Deorheo WT-116 水性流变助剂	0.05～0.1
DeuAdd AA-95 多功能中和剂	适量	WE-D867 防缩孔流平剂	0.05～0.3
TITANOX2160 金红石钛白粉	15～20	去离子水	1～2
华蓝	0.05～0.1	水性消泡剂	适量
润湿分散剂	0.5～1	乙二醇单丁醚	适量

② 制备工艺　将水溶性聚酯树脂、润湿分散剂、DeuAdd AA-95 多功能胺中和剂和颜料加入容器中，充分搅拌，然后用砂磨机研磨，直至细度达到 25μm 以下，制成漆浆，再将剩余树脂及助剂依次加入漆浆中，充分搅拌，黏度合格后，过滤、包装。

③ 聚酯电泳漆技术指标　a. pH 值：6.5～7；b. 固含量：(50±2)%；c. 烘烤温度：120℃，0.5min；150℃，10min；d. 盐基比不低于 1/5；e. 细度≤25μm。

(4) 聚酯电泳漆性能

① 力学性能（马口铁）　耐冲击性：50kgf·cm；弹性：1mm；附着力（划圈法）：1 级；铅笔硬度：3H。

② 三防性能（硅铝铸件）　耐湿热性能：21d 漆膜外观变化不大，附着力良好，人工湿热试验合格。防霉试验：根据部颁标准做悬挂法检验，经 28d 后，结果达 1 级，防霉合格。

③ 电泳漆膜其他性能见表 6-20。

表 6-20　电泳漆膜其他性能

项目	低碳钢	铝镁合金	铜件
耐盐雾性[①]	139h 无变化	400h 无变化	200h 无变化
耐盐水性[②]	24h 无变化	20d 无变化	24h 无变化
耐水性[③]	72h 无变化	10d 无变化	48 无变化
耐湿热性[④]	32 周期无变化	36 周期无变化	36 周期无变化
耐沸水[⑤]		5h 无变化	13h 无变化
耐高低温性[⑥]		4 周期无变化	4 周期无变化
耐人工老化[⑦]	80h 光泽由 100 降为 80；398h 降为 25	148h 光泽由 95 降为 65；350h 降为 25	

① %—3%盐水 40℃。②%—3%盐水 40℃。③—蒸馏水。④—45℃，相对湿度 95%，10h 恢复，14h 为一周期。⑤—自来水。⑥—60℃，4h 恢复 2h+80℃4h。⑦—45℃。

6.3.6 水性聚酯树脂绝缘漆

(1) 原材料及配方　水溶性聚酯树脂原材料及配方见表 6-21。

表 6-21 水溶性聚酯树脂原材料及配方

原料名称	用量/kg	原料名称	用量/kg
对苯二甲酸二甲酯	14.55	失水偏苯三甲酸	2.29
乙二醇	3.96	均苯四甲酸二酐	3.51
一缩乙二醇	6.67	环己酮	5250mL
甘油	2.67	三乙醇胺	适量
醋酸锌	0.018		

(2) 操作工艺 将对苯二甲酸二甲酯、乙二醇、一缩乙二醇、甘油及醋酸锌加入反应釜内，升温到170℃反应2h，升温到210℃后保温2h，当甲醇分出量达85%～92%（按计算量）时，降温到150℃，加入失水偏苯三酸酐，加完后升温到170℃保温1h后，加入均苯四甲酸二酐，然后在170℃（保温，每隔半小时取样测酸值，待酸值降到40～50mgKOH/g时立即降温，降温到130℃以下加入环己酮，在60℃以下加入三乙醇胺中和到pH值7左右。用水稀释得轻微乳光的水溶液，通常加水稀释到不挥发分为40%即可，用于电动机作绝缘漆。

(3) 技术指标 ①外观：浅黄色透明黏稠液；②pH值：6.5～7.0（水溶液）；③水稀释性：加水稀释透明；④漆膜击穿电压：4～5kV之间。

6.3.7 水性纳米复合聚酯氨基树脂涂层材料

(1) 水性纳米复合聚酯树脂涂层材料性能 该发明的目的是提供一种高硬度、低VOC、高性能、环保及安全的水性纳米复合聚酯树脂涂层材料。

该发明的水性纳米复合聚酯树脂涂层材料稳定、透明性好及硬度高，制备的水性纳米复合聚酯聚氨酯涂层，与未加纳米粒子的涂层相比，光泽度高，60°光泽大于90%；硬度大，可提高30%～150%，达到H～4H；耐磨性好，提高20%～70%；用途广泛，可用于木器涂层材料，金属涂层材料，塑料涂层材料。而且具有极佳的施工性能。

(2) 制备原材料及工艺条件 在装有温度计、冷凝器及搅拌器的四口烧瓶中，加入100g纳米氧化铝、0.5mol、平均分子量400的聚乙二醇（200g），在1000r/min转速下，搅拌混合20min，采用声化学合成60min，反应中控制超声频率500kHz，反应温度80℃，加入0.6mol十一碳二元酸（112.8g）、0.4mol 4-环己烷二甲酸（68.8g）、0.5mol一缩二乙二醇（53g）、0.2mol 2-乙基-2-丙基-1，3-丙二醇（29.2g）、0.1mol三羟甲基丙烷（13.4g）、0.3mol二羟甲基丁酸（44.4g），加入0.01g的乙二醇钛，升温至110～120℃反应3h，再升温至130～150℃反应3h，继续升温至170～190℃反应3h，得到纳米复合聚酯树脂。将纳米复合聚酯树脂缓慢冷却至80℃，倒入分散釜中，加入3-氨基-1-丙醇，中和树脂中的酸，使中和度为100%，加入计量好的去离子水，是树脂的固含量为39wt%，在3500r/min转速下高速搅拌50min，即可制的高硬度水性纳米复合聚酯树脂。

6.3.8 水性聚酯树脂合成氨基烘漆

以水性功能单体、新戊二醇、三羟甲基丙烷、邻苯二甲酸酐、己二酸及间苯二甲酸为主要原料，合成了水性聚酯树脂。

(1) 主要原材料及配方　水性聚酯树脂主要原材料及配方见表 6-22。

表 6-22　水性聚酯树脂配方

原料名称	规　格	用量/质量份	原料名称	规　格	用量/质量份
水性功能单体	进口	15～20	甲苯二甲酸	工业品一级	10～15
新戊二醇	化学纯	25～30	乙二醇单丁醚	化学纯	25～30
三羟甲基丙烷	化学纯	8～10	去离子水	—	90～100
邻苯二甲酸	工业品一级	30～35	二甲基乙醇胺	化学纯	15～250
己二酸	化学纯	6～10	抗氧剂	进口	适量

(2) 合成工艺　在 500mL 的四口反应瓶中，按配方量加入水性功能单体、NPG、TMP、IPA、AD 和抗氧剂；在分水器中加满二甲苯，同时在反应瓶中加入总质量 5% 的回流二甲苯，并通氮气保护。升温至 140℃，使大部分固体物质融化，开动搅拌，升温至 160℃，恒温 0.5h 升温到 180℃，反应 1～2h 至出水量达到理论量的 80%；然后逐渐升温到 230～240℃，保温 2～3h，取样测酸值；当酸值为 40mgKOH/g 时，迅速冷却至 100℃以下，加入乙二醇丁醚（固含量为 80%）；降温至 70℃，加入二甲基乙醇胺中和反应 0.5h，加入去离子水（调整固含量为 50%），搅拌，即得水性聚酯分散体。

(3) 技术指标　所得的水溶性聚酯树脂的技术指标见表 6-23。

表 6-23　水溶性聚酯树脂的技术指标

检测项目	技术指标	检测项目	技术指标
外观	黄色透明液体，无肉眼可见杂质	pH 值	7～8
黏度(涂-4 杯)/s	70～100	水溶性	10 倍水透明；无限稀释轻微乳化
固含量/%	50		

(4) 水溶性聚酯-氨基烘漆的配制

① 配方　以水溶性聚酯树脂和六甲醇醚化改性氨基树脂配制水溶性氨基烘漆，其配方见表 6-24。

表 6-24　水溶性氨基烘漆配方（白色漆）

原料名称	规　格	用量/g
水溶性聚酯树脂	见表 6-23	48～52
六甲醇醚化氨基树脂	100%固含量,进口	10～15
钛白粉	金红石型,进口	20～25
蒸馏水		10～15
流平剂	BYK390	适量
消泡剂	BKY037	适量
分散剂	Henkel5040	适量

② 配制工艺　在烧杯中，按表 6-24 配方加入水，搅拌下加入分散剂、颜料及树脂组分；搅拌均匀，锥形磨研磨至细度＜20μm，加入其余助剂调匀，100 目筛网过滤，制得水性聚酯-氨基烘漆。

③ 技术指标　按照标准测试方法，对各项性能指标进行检测，并与溶剂型氨基烘漆进行比较，结果见表 6-25。

表 6-25　水溶性氨基烘漆性能测试结果

检测项目	检测结果	溶剂型氨烘漆指标
外观	平整,光滑,高光泽	平整,光滑
细度/μm	≤20	≤20
黏度(涂-4 杯)/s	＞50	≥40
固化条件	140℃,0.5h	150℃,0.5h
硬度	0.65	≥0.40
柔韧性/mm	1	1
耐冲击性/kgf·cm	50	50
附着力/级	2	≤2
耐水性(60h)	不起泡,无变化	不起泡,允许轻微变化,能于 3h 内回复
耐汽油性(48h)	不起泡,无变化	不起泡,不脱落,允许轻微变暗

该水性聚酯氨基烘漆与同类溶剂型产品相比，性能接近，具有安全、毒害低、污染小及设备清洗容易等特点，经济效益和社会效益好。

6.3.9　水性不饱和聚酯腻子

(1) 主要原材料　含水不饱和聚酯树脂；polycolaqua 树脂；抗收缩剂 1；促进剂；抗收缩剂 2；润湿分散剂；防结皮剂；防霉剂、防沉剂、触变剂；滑石粉、硫酸钡。

(2) 制备工艺　按质量比将含水不饱和聚酯树脂投入反应釜中，在转速为 300～500r/min，分别投入去离子水、抗收缩剂、促进剂、触变剂、润湿分散剂、防结皮剂、防沉剂及防霉剂，搅拌 5～30min；最后投入滑石粉、硫酸钡、滑石粉，在转速为 300～800r/min，搅拌 5～30min，即可出料。基础配方见表 6-26。

表 6-26　水性不饱和聚酯腻子配方

原料名称	用量(质量分数)/%	原料名称	用量(质量分数)/%
含水不饱和聚酯树脂	38～42	防结皮剂	0.001～0.003
去离子水	0～10	防尘剂	1
抗收缩剂	0.2～0.4	防霉剂	0.1～0.8
促进剂	0.1～0.3	二氧化钛	4～5
触变剂	1～3	硫酸钡	5～10
润湿分散剂	1～2	滑石粉	30～50

6.3.10　水性聚酯树脂卷材涂料

(1) 主要原材料　新戊二醇、甲基丙二醇、月桂酸、己二酸、二甲酸、六氢苯酐、CADURE-10、苯甲酸、1，6-己二醇、水性消泡剂、湿润分散剂、流变助剂、DMAE 胺（N,N-二甲基乙醇胺）中和剂、流平剂、促进剂及钛白粉，以上原料均为进口。苯酐、427 水性氨基树脂（自制）、丁醇、乙二醇单丁醚、去离子水（自制）。

（2）水性聚酯卷材涂料

① 水性聚酯树脂的合成　将新戊二醇、甲基丙二醇、月桂酸、己二酸、二甲酸、六氢苯酐、CADURE-10、苯甲酸、1,6-己二醇等多元酸和多元醇依次按配方量加入带有温度计、搅拌器和冷凝器装置的反应釜中，缓慢升温至物料融化，开始搅拌，控制物料升温速率，使反应缓慢进行，最终温度控制在（230±5）℃，保温至酸值达 50～70mgKOH/g；降温至 80℃以下，加入配方量的乙二醇单丁醚、丁醇；降温至 50℃以下，用 DMAE 胺中和剂中和，充分搅拌后，用去离子水稀释，过滤，备用。

② 水性聚酯卷材涂料的制备　水性聚酯卷材涂料的配方见表 6-27。

表 6-27　水性聚酯卷材涂料的配方

原料名称	投料量（质量分数）/%	原料名称	投料量（质量分数）/%
水性聚酯树脂	55～65	流平剂	0.2
427 水性氨基树脂	8～12	流变助剂	0.2
钛白粉	25～35	丁醇	适量
塑料紫	0.015～0.03	乙二醇单丁醚	适量
润湿分散剂	0.3	去离子水	适量
水性消泡剂	0.5	合计	100.00
DMAE 胺中和剂	适量		

将配方量的钛白粉、湿润分散剂等原料加入一容器内，充分搅拌，然后通过砂磨机研磨至细度达到 10μm 以下，制成漆浆，再将剩余树脂及助剂等依次加入漆浆中，充分搅拌，黏度合格后，过滤、包装。

（3）性能指标

① 树脂的技术指标　外观：水白色透明黏稠液；固含量：（50±2）%；pH 值：6.5～7；水溶性：无限稀释后不乳光。

② 色漆的技术指标　漆膜外观：平整光滑；固含量：（50±2）%；烘烤条件：180℃，10min；细度：≤10μm；光泽：≥90%；硬度：2H；T 弯曲：0；耐蒸煮（140℃，0.5h）：通过；耐溶剂（MEK）：＞110 次；耐摩擦（500g）：425 次；重涂性：通过。

第 7 章
水性丙烯酸树脂

Chapter 7

7.1 丙烯酸树脂概述

7.1.1 丙烯酸树脂简介

7.1.1.1 丙烯酸树脂的概念

所谓丙烯酸树脂是由丙烯酸酯类、甲基丙烯酸酯类、其他含双键的烯类单体以及含少量（甲基）丙烯酸进行共聚而合成的聚合物。既包括玻璃化温度较高的丙酸树脂，也包括玻璃化温度较低的弹性体（乳胶类）。通过选用不同的树脂结构、不同的配方、生产工艺及介质（溶剂）组成，可合成不同类型、不同性能和不同应用领域的丙烯酸树脂。丙烯酸树脂根据结构和成膜机理的差异又可分为热塑性丙烯酸树脂和热固性丙烯酸树脂。

7.1.1.2 丙烯酸树脂常用单体及性能

丙烯酸酯或甲基丙烯酸酯有一大类单体，不仅能均聚，而且它们互相之间和其他乙烯类单体容易共聚，能制造具有各种性能的聚合物。

制造丙烯酸酯树脂所用的丙烯酸酯类单体包括丙烯酸甲（乙、丁、异辛、β-羟乙基、β-羟丙基、缩水甘油）酯；甲基丙烯酸酯类单体包括甲基丙烯酸（乙、丁、异辛、月桂、β-羟乙基、β-羟丙基、缩水甘油）酯；另外还有丙烯酸、甲基丙烯酸、（甲基）丙烯酰胺、丙烯腈以及含活性基团的乙烯基单体。其中，功能单体，包括交联或自交联单体，在聚合配方中，虽然用量很少，但对涂膜性质的影响却起着举足轻重的作用。常用（甲基）丙烯酸酯类及共聚单体主要性能见表 7-1。

表 7-1   常用丙烯酸酯类及共聚单体性能

单　　体	常用代号	分子量	水溶性/(mmol/L)	均聚物 T_g/℃
丙烯酸异辛酯	OA	184.3	0.34	$-70\sim-72$
苯乙烯	St	104	3.5	100
丙烯酸正丁酯	BA	128.2	11	$-54\sim-55$
丁二烯	BD	54	15	-108
丙烯酸乙酯	EA	101	150	$-22\sim-27$
甲基丙烯酸甲酯	MMA	101	150	105
氯乙烯	VC	62.5	170	81
丁二烯	BD	54	15	-108
醋酸乙烯酯	VAc	86	240	$28\sim30$
丙烯酸甲酯	MA	86	650	8
乙烯	E	28	600	-125
丙烯腈	AN	53	1600	104
丙烯酸	AA	72	∞	106
甲基丙烯酸	AAM	86	∞	130
β-丙烯酸羟乙酯	β-HEA	116	∞	-7
β-甲基丙烯酸羟乙酯	β-HEAM	130	∞	55
N-羟甲基丙烯酰胺	NMA	101.1	∞	160

在同一种酯类的单体中，丙烯酸酯比甲基丙烯酸酯均聚物玻璃化温度（T_g）低；高级酯类比低级酯类 T_g 低；玻璃化温度（T_g）高于 0℃的单体通常称为"硬单体"，而玻璃化温度低于 0℃的单体成为"软单体"；为了制的所需一定玻璃化温度的聚合物，常常将具有不同玻璃化温度均聚物的单体进行共聚；为了改善聚合物的性能，在（甲基）丙烯酸酯类单体中，又常加入其他乙烯类单体共聚，如醋酸乙烯、苯乙烯等。共聚物的结构、含量由共聚单体的竞聚率、配比、加料顺序以及其他工艺条件等决定。

（甲基）丙烯酸酯类单体很容易发生聚合，为了便于储存和运输，一般都加有阻聚剂。不加阻聚剂的（甲基）丙烯酸酯单体类，在避光和低温下（＜5℃）时，只能短时间储存。（甲基）丙烯酸酯单体类最常用的阻聚剂为对苯二酚，对甲（乙）氧基苯酚，后者阻聚效果较好，用量只是前者 1/4，而且在聚合时不必除去，仅多加一些引发剂即可，而对苯二酚遇碱会产生黄色化合物。另外，还有对羟基苯二胺与吩噻嗪等。除去阻聚剂的方法有减压低温蒸馏法，要防止单体聚合；碱洗法，例如，用 20 份 5％的氢氧化钠和 20％氯化钠水溶液洗涤 100 份丙烯酸甲酯，可减少单体的损失。

7.1.2 丙烯酸树脂制备

涂料用丙烯酸酯树脂的制备方法像其他乙烯类单体的自由基加成聚合一样，有本体聚合、溶液聚合、悬浮聚合和乳液聚合等。这些聚合方法在各类高分子化学书籍中都有介绍，这里仅介绍作为制备涂料、胶黏剂及涂饰剂等树脂时的注意要点。

7.1.2.1 本体聚合

本体聚合不用溶剂或其他分散介质，一般是在用少量引发剂或不用引发剂的情况下，利用光或热使单体发生自由基聚合。这种聚合方法生成的聚合物分子量较大，除了特殊用途需配制高黏度或高浓度聚合物溶液外，在一般涂料工业中很少采用。

7.1.2.2 溶液聚合

这是制备溶剂型（甲基）丙烯酸酯类聚合物最常用的聚合方法。因为溶剂型树脂在使用时总是要加入溶剂的。在进行树脂制备时，直接在溶剂中进行聚合，聚合反应结束后，就得到了树脂的溶液，可以直接用于配制所需产品，省去了干燥、粉碎及溶解等很多工序。同时溶液聚合方法容易制得分子量较低的、适合于涂料与涂层剂等应用的树脂。所以制造溶剂型产品就常用溶液聚合。溶液聚合工艺比较简单，产物所控制的主要有转化率、分子量、黏度及固含量等。其影响因素主要为溶剂、引发剂、温度氧气及链转移剂等。但是大多数有机溶剂有毒，从环保角度考虑，选用溶剂时，要慎重考虑。

(1) 溶剂

① 链转移常数　在聚合反应的链增长过程中，自由基会和溶剂分子发生链转

移反应，使分子量降低。不同溶剂有不同的链转移常数，链转移常数越大的溶剂，使聚合物分子量越低；链转移常数越小的溶剂，使聚合物分子量越高。不同溶剂对聚合物转化率及黏度的影响，见表7-2。

表7-2　溶剂对聚合物转化率及黏度的影响

溶　剂	转化率/%		聚合物的黏度^①/s	
	丙烯酸甲酯	甲基丙烯酸乙酯	丙烯酸甲酯	甲基丙烯酸乙酯
苯	90	91	220.2	2.7
醋酸乙酯	88	88	122.0	2.0
二氯乙烷	88	99	90.0	2.2
醋酸丁酯	86	96	1.4	1.2
甲基异丁基酮	84	98	1.0	1.1
甲苯	82	93	1.0	1.0

① 在醋酸乙酯中测定。

② 溶解力　不同溶剂对同一聚合物的溶解力有较大差别，表现在对同一浓度（固含量）的合物，其黏度相差较大。如各种溶剂对相同浓度的聚甲基丙烯酸甲酯的黏度的影响，见表7-3。

表7-3　溶剂对聚甲基丙烯酸甲酯的黏度的影响

溶　剂	黏度/s	溶　剂	黏度/s
二氯乙烷	8.6	甲苯	0.88
醋酸丁酯	1.2	甲基异丁基酮	0.68
醋酸乙酯	1.1	丙酮	0.10
苯	1.0		

③ 单体的浓度　也就是溶剂和单体的比例，对分子量也有很大的影响。单体聚合的反应速率，因其浓度的增大而增大，这种加速会使分子量增大。同时，溶剂浓度小时，链转移活性也越小，也会增大分子量。通过调节溶剂对单体的浓度也是控制分子量的有效方法。

(2) 引发剂　（甲基）丙烯酸酯类溶液聚合常用引发剂为有机过氧化物和偶氮类，品种繁多，其品种、用量及加入方式等因素对聚合反应速率、转化率、分子量及聚合物的性能都有一定影响。选择引发剂品种时，首先要考虑反应温度和速率，这与引发剂的特性指标"半衰期"有密切的关系，半衰期是指在一定温度下，分解引发剂一半量所需的时间。半衰期短的分解快，半衰期长的分解慢。一些引发剂半衰期为10h的温度及常用的反应温度，见表7-4。

表7-4　常用引发剂半衰期及常用的反应温度

引　发　剂	半衰期为10h的温度/℃	选用温度/℃	引　发　剂	半衰期为10h的温度/℃	选用温度/℃
偶氮二异丁腈	64	50～80	叔丁基过氧化氢	121	120～140
过氧化二苯甲酰	72	80～100	过氧化二叔丁基	126	120～140
过氧化二异丙苯	117	120～140	异丙苯过氧化氢	158	130～160

引发剂的用量既影响聚合物的分子量，又影响聚合反应速率和转化率。引发剂用量少，分子量大，但反应速率慢，为了解决这个矛盾，常采用分批加入引发剂的方法。先加入一部分引发剂，反应一定时间后，再加入一部分，这样既保证了初期单体浓度高、引发剂量少时的高分子量和快的反应速率，又保证了后期的反应速率和高的转化率。引发剂用量对转化率及分子量（以黏度表示）的影响，见表7-5。

表 7-5　引发剂用量对转化率及分子量影响

过氧化二苯甲酰 /%	转化率/%		聚合物黏度[①]/s	
	丙烯酸甲酯	甲基丙烯酸乙酯	丙烯酸甲酯	甲基丙烯酸乙酯
0.01	83.5	87.8	180.0	1500
0.03	—	—	104.0	250
0.06	89.0	—	40.0	65
0.09	90.0	95.1	23.0	17
0.12	—	—	7.2	16
0.50	100.0	—	1.4	2
1.00	—	100.0	1.2	2
2.00	—	—	1.0	1

① 在醋酸乙酯中测定。

不同种类的引发剂，在聚合物两端会连接上该引发剂自由基的基础组分（引发剂碎片），该端基的稳定性将会影响聚合物的稳定性。如过氧化二苯甲酰的端基，遇光或热分解出新自由基，会使聚合物降解，而偶氮二异丁腈就可提高聚合物的稳定性。

(3) 温度及氧气　聚合反应温度越高，引发剂分解越快，自由基浓度增大，加快反应速率，但也加快链转移、链终止速率，使分子量降低，反之亦然。由于聚合反应是放热反应，常采用逐步滴加单体和回流温度下聚合，以便控制反应速率和排除热量，同时溶剂的蒸气也可以起到像惰性气体一样隔绝空气的作用。否则需用惰性气体保护反应顺利进行，并保证分子量不致降低。因为氧气会延长聚合反应的诱导期，并降低分子量。另外也常加入链转移剂，如十二烷硫醇、β-萘硫酚、四氯化碳及异丙苯等，来调节分子量。

7.1.2.3 乳液聚合和悬浮聚合

丙烯酸酯及乙烯基单体的自由基聚合方法，还有乳液聚合和悬浮聚合，这两种聚合方法都是以水为分散介质，属于绿色化工技术。乳液聚合是制备绿色涂料-乳胶漆的主要方法，其详细工艺技术可参阅《乳液聚合新技术及应用》一书。悬浮聚合是生产粉状树脂的主要方法，反应原理和本体聚合类似，制备的聚合物分子量较高。影响聚合反应的各种因素除了引发剂、温度、氧阻聚及链转移剂等与溶液聚合相似外，还有悬浮剂的品种、用量、水相和本体相比例、搅拌方式和速率等。

7.1.2.4 丙烯酸酯共聚树脂

为了提高丙烯酸树脂的各种性能，常用多种不同性质的单体共聚合制得共聚树脂。丙烯酸树脂分为热塑性和热固性两大类，热塑性是可溶可熔的线型分子，热固性在固化前是线型，但在侧链上带有活性基团，经加热可以自身交联，叫"自交联"型；或与其他交联单体、树脂发生交联，形成网状树脂，叫"外交联"型，即具有体型树脂的不溶不熔的性能。

不同性质的单体对涂膜的性能有较大的影响，如涂膜的软、硬度，强度，韧性，附着力，耐水性，耐化学品，耐候性及保光性等，通过不同单体的共聚合可以调节涂膜的上述性能。（甲基）丙烯酸酯系列主要均聚物的物理性质见表7-6。

表7-6　（甲基）丙烯酸酯系列主要均聚物的物理性质

均聚物	拉伸强度/0.1MPa	延伸率/%	脆化点/℃	黏性	硬度	吸水性
PMMA	633	4	91	不黏	硬	微
PEMA	352	7	49	不黏	较硬	微
PBMA	70.3	230	16	不黏	中等	很微
PMA	70.6	750	4	基本不黏	软	较高
PEA	2.5	1800	−24	黏	很软	微
PBA	—	2000	−44	很黏	极软	很微

PMMA、PMA-聚（甲基）丙烯酸甲酯；PEMA、PEA-聚（甲基）丙烯酸乙酯；PBMA、PBA-聚（甲基）丙烯酸丁酯。

另外，用活性功能单体共聚，使聚合物侧链带上可反应的基团：羧基、羟基、环氧基、氨基及酰氨基等；可作为自交联基团的有缩水甘油基、羟甲基氨基、烷氧基甲基氨基、亚乙基脲基及氨基甲酸酯基等。

7.1.3 丙烯酸树脂性能及应用

丙烯酸酯共聚树脂用于涂料具有色浅、保光、保色、耐热、耐紫外线、耐候、耐腐蚀以及优异的耐光性及户外耐老化性能等特性。丙烯酸酯共聚树脂种类多，可变性大，性能好，适应性广，用途非常广泛。特别在要求高光泽、耐候、保光及保色性特好的汽车工业中，应用量与日俱增。

热塑性丙烯酸树脂在成膜过程中不发生进一步交联，因此它的相对分子量较大，具有良好的保光保色性、耐水耐化学性、干燥快、施工方便，易于施工重涂和返工，制备铝粉漆时铝粉的白度、定位性好。热塑性丙烯酸树脂可用于制备热塑性树脂涂料、胶黏剂等方面，其涂料主要用于木器、金属、织物、皮革、航空、汽车、电器、机械及建筑等领域。

热固性丙烯酸树脂是指在结构中带有一定的官能团，在制漆时通过与加入的氨基树脂、环氧树脂及聚氨酯等中的官能团反应形成网状结构。热固性树脂一般相对分子量较低。热固性丙烯酸涂料有优异的丰满度、光泽、硬度、耐溶剂性、耐候性且在高温烘烤时不变色、不泛黄。最重要的应用是与氨基树脂配合制成氨基-丙烯酸烤漆。热固性丙烯酸树脂类可用于制造涂料、胶黏剂及涂层剂等诸多方面，而热固性树脂漆主要用于高装饰性，不泛黄，耐玷污及耐腐蚀的轻工产品上，例如汽车、摩托车、自行车、缝纫机、洗衣机、电冰箱、仪表及卷钢等高档产品。

7.2 水性丙烯酸树脂制备

7.2.1 水性丙烯酸树脂简介

7.2.1.1 水性丙烯酸树脂的类型

水性丙烯酸树脂的类型，包括水乳型丙烯酸树脂、水分散型丙烯酸树脂和水溶性丙烯酸树脂。丙烯酸树脂类的单体含有双键，因而水溶性丙烯酸树脂的制备则是用含有较多亲水性单体，采用溶液聚合的方法。合成聚合物后，再除去溶剂，加入成盐剂成盐，再溶于水制得水溶性树脂。而其他大多数水性树脂（如酚醛、环氧、氨基及聚氨酯树脂）的单体不含双键，而是带有极性官能基团的化合物，合成时加入一定量带亲水基团的单体，采用缩合聚合或逐步加聚（如聚氨酯）的方法，欲得到水性树脂，需进一步采用水性化技术。

水乳型或水分散型丙烯酸树脂，通过外加乳化剂（通过乳液聚合制得）或含有亲水基团的单体，直接用自由基乳液聚合方法，制得水乳型丙烯酸聚合物（树脂）。是依靠聚合物粒子上吸附的乳化剂或键合的亲水基团成盐后分散于水中。因此，它们与其他树脂和助剂配合使用时，要特别注意机械力、冻融及化学稳定性。

水溶性丙烯酸树脂，因为在分子链上含有较多极性基团，如：羟基，羧基，磺酸基，氨基，酰氨基、羟甲基及氧化乙烯基等。因此，水分散体和水溶性树脂具有一定的高分子表面活性。根据亲水基团和疏水基团的比例和分配不同，而表面活性有所不同，如：润湿、分散、乳化、渗透及吸附等均不相同。根据这些水溶性树脂的结构、性能去选择助剂和配合条件，可以使它们在涂料、胶黏剂、纺织和皮革助剂上找到理想的应用。水溶性树脂使用温度宽，经得起冻融和耐热的考验，可以获得比水乳性更好的性能和更大的应用领域。

7.2.1.2 丙烯酸酯树脂的水溶性

(1) 丙烯酸酯树脂水溶性的途径　使丙烯酸酯树脂水溶性的途径主要有两条。其一是向共聚物分子链中引入带极性的官能性单体，如丙烯酸、甲基丙烯酸、亚甲基丁二酸（衣康酸）、丙烯酸-β-羟乙酯、丙烯酸-β-羟丙酯、丙烯酰胺、甲基丙烯酰胺及丙烯酸缩水甘油酯等。其二是使丙烯酸酯共聚物在碱性介质下部分水解。前者具有较多的实用价值，而后者仅具有理论意义。

丙烯酸树脂共聚物单体选择十分重要。还需要注意单体彼此间的共聚和均聚能力的大小（即竞聚率的大小）。

常用的水溶性丙烯酸树脂的制备方法是，首先将带有极性基团的丙烯酸酯类单体与其他单体进行溶液共聚合，然后用中和剂中和成盐再分散溶于水中。这是因为用此法制得的共聚物分子量比乳液、本体和悬浮聚合法制得的低，极性溶剂在反应过成中有时可起链转移剂的作用，达到调节分子量的目的，同时反应结束后留于共聚物体系中可作助溶剂使用。

(2) 水溶性丙烯酸树脂热固化技术路线

① 带羧基、羟基、氨基或环氧基的功能性基团于高温下，可彼此反应而交联固化，但固化温度较高（160～180℃）。

② 在水溶性丙烯酸树脂中添加水溶性交联剂如六甲氧甲基三聚氰胺（HMMM）、水溶性酚醛树脂等，它们在加热时彼此反应交联。可于中温（140℃左右）固化完全。

7.2.2 水溶性丙烯酸树脂

7.2.2.1 水溶性丙烯酸树脂的制备

(1) 主要原材料　甲基丙烯酸甲酯，分析纯；丙烯酸丁酯，分析纯；丙烯酸羟乙酯，化学纯；丙烯酸，分析纯；正丁醇，分析纯；过氧化苯甲酰，分析纯；29%氨水，化学纯；氯化亚铜，化学纯；无水硫酸钠，化学纯；氢氧化钠，化学纯；乙醚，分析纯；醇胺，化学纯。

(2) 单体的提纯　甲基丙烯酸甲酯的提纯：在分液漏斗中加入甲基丙烯酸甲酯20mL，然后加入等量的10%的NaOH溶液，按常规方法洗涤至液体无色为止。然后用去离子水洗至中性。加入适量无水硫酸钠及水静置后，过滤。将洗净的单体置于三口瓶中，加入氯化亚铜0.1g。开泵抽真空，加热搅拌，收集40～41℃的馏分得到纯净的甲基丙烯酸甲酯。

丙烯酸羟乙酯的提纯：用上述方法减压蒸馏得纯净的丙烯酸羟乙酯。

丙烯酸丁酯的提纯：用10%的NaOH清洗获得纯净的丙烯酸丁酯。

丙烯酸的提纯：减压蒸馏得纯净的丙烯酸。

(3) 聚合过程　将经提纯的适量甲基丙烯酸甲酯、丙烯酸羟乙酯、丙烯酸丁酯和丙烯酸混合，加入少量过氧化苯甲酰，搅拌均匀得到组分1，装入滴液漏斗；将正丁醇加入三口瓶中，搅拌，加热，升温至大约108℃时，溶剂开始回流，保持恒温110℃左右，开始缓慢滴加组分1，在3h均匀滴加完毕。滴加完毕后，在回流温度下继续反应3h后，降温到75℃左右，进行减压蒸馏，脱除回收部分溶剂和未反应的单体。使共聚组成单体含量＞80%，得到黏稠状液体。保温70～80℃加入适量蒸馏水稀释，用29%的氨水调节pH=7～7.5。补充适量蒸馏水，得到透明的水性丙烯酸树脂。

7.2.2.2 水溶性丙烯酸树脂的合成

(1) 主要原材料　甲基丙烯酸甲酯（MMA）、丙烯酸丁酯（BA）和丙烯酸（AA）；CP；过氧化二苯甲酰（BPO）、偶氮二异丁腈（AIBN）；AR；异丙醇、无水乙醇和氨水；CP；工业乙醇。

(2) 合成步骤 在带有回流冷凝管、恒压滴液漏斗、机械搅拌器和温度计的 250mL 四颈瓶中，依次加入一定量的异丙醇和 1/3 的单体混合物（AA/MMA/BA），混合搅拌均匀：开动水浴加热和机械搅拌，待温度升至溶剂异丙醇的回流温度（约 82.5℃），观察到反应体系中出现溶剂稳定回流后，加入 1/4 的引发剂量，稳定温度在 85℃。约过 15min 后，开始滴加单体和引发剂的混合物，滴加大约 3h。滴加完毕，30min 后，将剩余的溶剂以及引发剂加入反应体系，升温至 88℃，保温 3.5h。然后，降温至 60℃，在不停止搅拌的同时开始滴加氨水，并随时测定产物的水溶性。在产物达到完全水溶的时候，继续滴加氨水至体系 pH 值在 8~9，然后保温搅拌 30min，出料。

7.2.2.3 水溶性丙烯酸树脂涂料

(1) 主要原材料 甲基丙烯酸（MAA）、丙烯酸丁酯（B）、甲基丙烯酸甲酯（MMA）、丙烯酸羟丙酯（HPA）均为工业聚合级。引发剂为过氧化苯甲酰、溶剂正丁醇、中和剂氨水均为 AR。

(2) 水溶性丙烯酸投料配比 水溶性丙烯酸树脂合成配方 MAA：HPA：BA：MMA＝15：10：38：27，过氧化苯甲酰为单体量的 2%，丁醇量为按固含量达 50% 计算。

(3) 制备步骤及条件 在装有搅拌器、回流冷凝器、温度计和滴液漏斗的 250mL 四颈烧瓶中加入一定量的正丁醇。引发剂溶于混合单体中装入溶液漏斗，搅拌下加热升温烧瓶中的正丁醇至回流。慢慢滴加混合单体（3h 左右），滴完后继续反应 1h。降温至 50~60℃，搅拌下加氨水中和至 pH＝9~10。

(4) 应用效果 按上述条件制备的水溶性丙烯酸树脂进行制漆，配方如下：钛白 27.5，丙烯酸树脂（50%）50，六甲氧甲基三聚氰胺 4.2，水 18.3。

以此树脂涂布于白铁皮表面，于 140℃ 交联固化。其漆膜性能如下：硬度＞0.6，耐冲击性＞50kgf·cm，弹性 1mm，附着力 1 级。

7.2.3 含羟基水溶性丙烯酸树脂

7.2.3.1 含羟基水溶性丙烯酸树脂的制备

(1) 主要原材料及其规格 丙烯酸丁酯（BA）、甲基丙烯酸甲酯（MMA）、甲基丙烯酸-2-羟乙酯（HEMA）、丙烯酸（AA）、过氧化苯甲酰（BPO，引发剂）、醋酸丁酯均为 AR 试剂；十二烷基硫醇（$C_{12}SH$，链转移剂）、二甲基乙醇胺（DMEA，中和剂）为 CP 试剂。以上单体中 BA、MMA 使用前减压重蒸馏，其他试剂直接使用。

(2) 溶剂型丙烯酸树脂的合成 在装有温度计、回流冷凝管、电动搅拌器及滴液漏斗的四口烧瓶中，先加入部分醋酸丁酯，加热至回流温度，将混合单体、$C_{12}SH$ 和 BPO 的混合液在 2h 内滴入，滴完后，分两次补加 BPO 的醋酸丁酯溶液，保持 2h，测定转化率合格后，降温，得到固含量 50%（理论）的树脂。

（3）水溶性丙烯酸树脂的制备　水溶性丙烯酸树脂按如下 3 种方法制备：A 法：丙烯酸树脂加热真空脱除溶剂后降温，中和后再加蒸馏水调整黏度至一定范围；B 法：将丙烯酸树脂滴加到热的蒸馏水和中和剂的混合物中；C 法：丙烯酸树脂加热后加入中和剂和蒸馏水，加热脱除溶剂和蒸馏水的共沸物，再加蒸馏水调整黏度。

（4）水溶性规律　含羟基丙烯酸树脂用水溶解时，具有与不含羟基丙烯酸树脂有不同的溶解行为，不存在初始的黏度下降过程，继续溶解时出现黏度峰值后，黏度急剧下降；而用丁醇和水溶解时，不出现黏度峰值。最佳的溶解工艺是将丙烯酸树脂加热后加入中和剂和水，通过加热脱除溶剂和水的共沸物，再加水调整黏度。

含羟基丙烯酸树脂的水溶性规律为：羧酸单体用量增加，水溶性增加，最低羧酸单体质量分数为 6.5%；羟基单体用量增加，水溶性增加；中和度越大，水溶性越好。羟基单体用量对水溶性的影响比羧酸单体的影响小。该规律对于合成用于水性丙烯酸氨基漆和水性双组分聚氨酯涂料所使用的水性丙烯酸树脂具有指导意义。

7.2.3.2 羟基丙烯酸树脂及电泳漆

用水溶性羟基丙烯酸树脂，可以配制高质量的丙烯酸电泳漆和水溶性丙烯酸氨基烘漆两大品种。酸值低于 60mgKOH/g 时，树脂水溶性不佳；酸值过高，则会影响干燥后漆膜的耐水性和防腐性。两种树脂用氨中和后，在加水稀释过程中其黏度会发生变化。与普通溶剂型漆不同，稀释初期，随着加入水量的增加，体系黏度逐渐增大至最大值，继续稀释则黏度急剧下降。对电泳漆而言，树脂分子量越大，返稠点愈高，沉积电压升高，漆膜耐盐雾性能也随之提高。

（1）羟基水溶性丙烯酸树脂的制备

① 主要组分的配比　甲基丙烯酸甲酯 15%；丙烯酸丁酯 24%；丙烯酸羟乙酯 14%；甲基丙烯酸 9%；引发剂 2%；链调节剂 1%；丁醇 20%；乙二醇丁醚 15%。

② 制备工艺流程　将丁醇、乙二醇丁醚加入反应器，升温至回流，同步滴加混合单体、引发剂、链调节剂保温至转化率、黏度合格，降温。

（2）丙烯酸电泳漆的配制　白色丙烯酸阳极电泳漆的装槽料和补槽料的配方见表 7-7。

表 7-7　白丙烯酸阳极电泳漆的装槽料和补槽料配方

原料名称	装料槽/kg	补料槽/kg	原料名称	装料槽/kg	补料槽/kg
丙烯酸树脂	66.7	61.5	钛白粉	37.5	46.0
HMMM 树脂	12.5	9.0	去离子水	79.0	—
二异丙醇胺	4.3	2.3	槽液	—	81.2

7.2.4 水溶性丙烯酸共聚物及应用

7.2.4.1 涂料用水溶性丙烯酸树脂

（1） 主要单体配方见表 7-8。

表 7-8　水溶性丙烯酸树脂的单体组成

单　　体	用量(质量分数)/%	单　　体	用量(质量分数)/%
甲基丙烯酸甲酯(MMA)	23.0~29.0	丙烯酸(AA)	4.0~8.0
丙烯酸丁酯(BA)	43.0~47.0	丙烯酸羟乙酯(HEA)	7.5~15
苯乙烯(St)	10.0		

(2) 制备操作步骤　在装有搅拌器，回流冷凝管，温度计和滴液漏斗的四口烧瓶中，加入助溶剂和部分引发剂，开动搅拌并加热；待温度升至 100℃时开始滴加单体，分子量调节剂和剩余的引发剂，2.5h 滴完；单体滴加完毕后于 100~110℃保温 4h，之后降温至 40℃以下，在充分搅拌下用氨水（除说明外）中和至 pH＝7.5~8.5，用水稀释得产品。

7.2.4.2 超支化水溶性聚氨酯丙烯酸酯

(1) 主要原材料　新戊二醇（NPG）、2,2-二羟甲基丙酸（Bis-MPA）、对甲基苯磺酸（P-TSA）、甲苯-2,4-二异氰酸酯（2,4-TDI）、丁二酸酐（SA）、三乙胺，化学纯；丙烯酸羟丙酯（HPA），工业纯；二月桂酸二丁基锡（DBTDL），化学纯。HPA 加 5A 分子筛处理 2 周后待用，其他试剂均未经纯化而直接使用。

(2) 水性超支化聚氨酯丙烯酸酯的合成

① 超支化聚酯的合成方法　在装有搅拌棒、温度计及回流冷凝管的四口烧瓶中加入摩尔比 1∶14 的 NPG 和 Bis-MPA 及质量分数 0.1%的 P-TSA，搅拌下将温度升至 140℃反应 3h，然后减压蒸馏下反应至酸值为 10mgKOH/g 左右停止，降温到 50℃后加入一定量的丙酮溶解，再经环己烷沉淀、真空干燥后得理论含 16 羟基的第三代超支化聚酯（HBPA，理论分子量为 1782g/mol）。

② 水性超支化聚氨酯丙烯酸酯的合成步骤　首先将 6.96g（0.04mol）、15mL丙酮、5.2g（0.04mol）及质量分数 0.15%的对苯二酚和 DBTDL 加入洁净干燥的四口烧瓶，测量初始 NCO 值，将烧瓶置于 25℃的恒温水浴中，搅拌下反应 3h，然后升温至 50℃下继续反应，至 NCO 值为初始值一半时停止，得到 TDI·HPA单体；然后加入 HBPE 8.64g（羟基摩尔数为 0.08mol）的丙酮溶液，于 50℃反应，将部分羟基改性为端烯基的超支化预聚物，再向该预聚物中加入 4g 丁二酸酐（0.04mol），以二氧六环为反应溶剂于 100℃下反应至酸酐的红外特征峰消失后，减压除去溶剂，降温至 40℃，加入 4.04g 三乙胺（0.04mol）进行中和成盐，得到水溶性的超支化聚氨酯丙烯酸酯。改变 TDI·HPA 和丁二酸酐的加入量，可得到不同改性比例的水性超支化聚氨酯丙烯酸酯。

7.3 水性丙烯酸树脂改性与应用

7.3.1 水乳型丙烯酸树脂改性方法

水性丙烯酸树脂有水溶性和水乳型两种，聚丙烯酸酯乳液是最早的水性树脂品种。水乳型丙烯酸树脂的制备方法，不同于其他带官能团单体通过逐步聚合制得的水性树脂。聚丙烯酸酯乳液主要通过以水为介质，由各类（甲基）丙烯酸酯单体和其他乙烯基单体，通过自由基乳液共聚合而得。水性丙烯酸酯树脂也同样具有耐候性佳、保光保色性好等优点，常用于织物涂层、皮革涂饰、纸品上光及涂料等很多领域，如内外墙涂料、水性木器底漆、中低档木器面漆以及桥梁、管道、集装箱、工业厂房和公共设施的钢结构等。一般的丙烯酸树脂在应用中也存在硬度和室温成膜的矛盾、耐溶剂性能差和"热黏冷脆"等问题。为了解决以上矛盾，获得高性能、好施工性的水性丙烯酸酯乳液，其一可通过粒子设计，进行聚合工艺改性，如核/壳和梯度乳液聚合、微乳液聚合及细乳液聚合等对乳液聚合的技术，控制粒子的内部结构和粒子形态；其二是化学改性，即从聚合物分子设计观点出发，在大分子链上引入交联基团，通过交联改性等获得相应的高性能化丙烯酸酯乳液。另外，引入功能性单体和交联剂等，增加成膜的交联度也可以提高聚合物漆膜的玻璃化温度（T_g）。目前，应用比较多的有环氧树脂改性水性丙烯酸酯、聚氨酯改性水性丙烯酸酯和有机硅和有机氟改性丙烯酸酯等。

7.3.1.1 核壳乳液聚合与核壳乳液

该种聚合是在种子乳液聚合基础上发展起来的新技术，通过控制反应条件（如加料方式、加料时间等），用分阶段乳液聚合法，可制备得到具有不同组成和形态的非均相结构的复合乳液。在某种程度上，乳胶粒的结构会影响乳液（或涂料）的某些性能。要想获得高硬度、耐沾污性佳的涂膜等，需要提高乳液聚合物的 T_g；但是，单纯通过提高聚合物乳液的 T_g 来改善涂料的耐沾污性会使涂料的成膜性能降低，这也是普通丙烯酸酯乳胶涂料普遍存在的问题。采用核壳乳液聚合，可以在一定程度上解决这一矛盾，核壳结构乳胶粒子中的软相提供乳液成膜的变形能力，硬相则提供涂膜的硬度、耐水性和抗高温回黏性的能力。

7.3.1.2 递变加料乳液聚合

递变加料乳液聚合是一种特殊的核壳乳液聚合，聚合物的组成由乳胶粒中心到其外壳表面按照一定的函数关系呈梯度的逐渐变化，这样可以赋予所制成的乳胶粒更优异的性能。

递变加料乳液聚合可制得均相结构的乳胶粒，而普通的核壳聚合只能形成非均相结构，解决了普通核壳结构涂料在成膜过程中发生的微相分离问题，从而核壳乳液聚合反应中成膜不均、涂膜质量差等问题得到解决，同时也拓宽了聚合物的 T_g 范围。

此外，可以选用适量的反应型乳化剂（即具有可聚合基团的表面活性单体），通过自由基聚合机理与聚合物基体发生反应，表面活性单体与聚合物基体之间形成共价键不发生迁移，可以提高乳液的机械稳定性；同时，在涂膜干燥过程中，水相无残留，避免产生泡沫，不污染环境，加速成膜，且涂膜的耐水性、光泽及力学性能等得以改善。

7.3.1.3 微乳液聚合

微乳液（液滴的大小在胶束范围，即 10～50nm）聚合，与传统乳液聚合的最大不同之处是在体系中引入了稳定剂，最大的特点是单体微液滴成核机理，每个微小的液滴可视为各自独立的"纳米反应器"，避免了单体及相对分子质量控制剂等从最初的单体液滴向聚合场所（乳胶粒）扩散，尤其适合某些疏水性单体（如含氟单体、有机硅单体）和水敏性单体的聚合。同时，一些大分子单体、聚合物杂混体系等在常规乳液聚合中无法实现，但在微乳液中却可以很好地聚合，这也成为微乳液聚合的一大专长。此外，微乳液聚合制备的聚合物乳液相对分子质量分布窄、稳定性好且纯度高。

微乳液产品光泽高、涂膜致密性强，可作金属等材料表面透明保护清漆和抛光材料，同时也有渗透性、润湿性好的优点，尤其是用于几何形状复杂的加工面，以及木材、石料、纸张及布等吸收性好的基体材料。

7.3.1.4 细乳液聚合与杂合材料

细乳液是以亚微米（50～500nm）液滴构成的稳定的液/液分散体，以相应的亚微液滴成核的聚合称为细乳液聚合，亚微液滴成核是它的主要成核机理。细乳液较常规乳液体系具有稳定性高、粒径和聚合速率易控制等特点。

丙烯酸酯的细乳液聚合可应用于制备杂化树脂体系，如醇酸树脂-丙烯酸树脂杂化体、聚酯-丙烯酸酯杂化体、聚氨酯-丙烯酸酯杂化体和环氧树脂-丙烯酸酯杂化体，在水性工业涂料领域具有广阔的发展空间。

7.3.1.5 交联改性

在水性树脂合成过程中，引入可交联的基团如氨基、乙酸乙氧基、酰氨基和双丙酮基等，使在乳液成膜过程中依靠基团间的反应成膜，得到具有交联结构的涂膜。通过自交联提高了涂膜的耐化学性能，改善了聚合物的形态。自交联有酮肼交联和金属离子自交联等，其中前者应用得比较多。它在存放期间，乳液维持微碱性，交联反应不发生；施工后，由于可挥发性碱的挥发，体系转化为酸性，羰基和酰肼基在室温下缩合产生交联，显著提高涂膜的致密性、抗拉强度、耐水性、耐溶剂性及抗黏性，可广泛应用于建筑涂料、木器涂料、防水涂料、油墨及皮革等领域。

7.3.2 环氧改性水性丙烯酸树脂

7.3.2.1 水性环氧树脂-聚丙烯酸酯互穿聚合物网络

(1) 主要原材料　环氧树脂（E-51）：工业级；水性环氧固化剂：工业级，自制；三氟化硼乙醚：化学纯；甲基丙烯酸甲酯（MMA）、苯乙烯（St）、丙烯酸丁酯（BA）、丙二醇甲醚：工业品；过氧化苯甲酰（BPO）：分析纯。

(2) 环氧树脂/聚丙烯酸酯的制备　将一定量的环氧树脂、丙二醇甲醚溶剂加入到装有温度计、冷凝器和搅拌器的四口烧瓶中，在 N_2 保护下加热并搅拌升温至 90℃左右，以一定的速率滴加甲基丙烯酸甲酯、苯乙烯、丙烯酸丁酯和过氧化苯甲酰的混合溶液，滴加完后，在 100℃下保温反应 4h，制得环氧树脂/聚丙烯酸酯聚合物。

(3) 共混型环氧树脂/聚丙烯酸酯的制备 反应装置为装有温度计、冷凝器和搅拌器的四口烧瓶，将一定量的丙二醇甲醚溶剂加入四口烧瓶中，在 N_2 保护下加热并搅拌升温至 90℃左右，以一定的速率滴加甲基丙烯酸甲酯、苯乙烯、丙烯酸丁酯和过氧化苯甲酰的混合溶液，滴加完后，在 100℃下保温反应 4h，制得丙烯酸酯聚合物，然后按一定的比例将其与环氧树脂混合，采用高速分散机分散 30min，制得共混型环氧树脂/聚丙烯酸酯树脂。

(4) 环氧树脂/丙烯酸酯聚合物乳液的制备 向制得的树脂中加入适量的水性环氧固化剂，混合均匀后再加入适量的去离子水，制得环氧树脂/聚丙烯酸酯聚合物乳液，将其倒入模具中固化成膜。

7.3.2.2 环氧树脂/丙烯酸酯接枝电泳涂料

(1) 主要原材材料 环氧树脂 SM6101；甲基丙烯酸甲酯、丙烯酸丁酯、苯乙烯、丙烯酰胺、功能单体、丙二醇甲醚、正丁醇等均为市售工业级；二乙醇胺、乙酸，化学纯；过氧化苯甲酰（BPO），分析纯。

(2) 环氧-丙烯酸酯树脂的合成

① 基本配方 合成环氧-丙烯酸酯树脂的基本配方如下（以质量分数表示）：环氧树脂 SM6101 65%～90%；甲基丙烯酸甲酯（MMA）3.5%～12.3%；丙烯酸丁酯（BA）2.0%～7.0%；苯乙烯（St）1.7%～5.8%；丙烯酰胺（AM）0.85%～2.90%；功能单体（MX）2.0%～7.0%；过氧化苯甲酰（BPO）1.5%～1.8%；正丁醇和丙二醇甲醚（助溶剂）45%。

其中过氧化二苯甲酰、正丁醇和丙二醇甲醚（助溶剂）的用量指其占环氧树脂与共聚单体质量之和的百分比。

② 合成工艺 在一个装有冷凝回流管、搅拌器、恒压漏斗、油浴控温加热装置的 1000mL 四口圆底烧瓶中，加入环氧树脂和混合溶剂，搅拌，升温至 110℃。在氮气保护下，将溶解了过氧化苯甲酰的共聚单体缓慢滴加至反应体系中，在 2h 内滴加完，然后补加含引发剂的正丁醇溶液。升温到 110～115℃，保温约 4h，制得接枝共聚物环氧-丙烯酸酯树脂。将树脂溶液降温至 90℃，滴加二乙醇胺（在 0.5h 内滴加完），升温至 100℃，反应 2h；降温至 80℃，加入乙酸中和，反应 0.5h 至 pH＝5.8～6.6，加入去离子水稀释，制得环氧-丙烯酸酯阳离子树脂水分散乳液。

(3) 环氧-丙烯酸酯树脂性能 制得的环氧-丙烯酸酯树脂的外观、水溶性及其涂料的稳定性较好，漆膜的外观致密、平整，弯曲试验＜2mm，硬度达 4H，附着力 0 级，冲击强度为 50kgf·cm，耐盐雾性能测试时间＞600h，QUV 耐老化性能测试时间＞480h。实验证明，与环氧-胺/HMMM 阴极电泳涂料相比，环氧-丙烯酸酯涂料漆膜的外观、弯曲性能、抗冲击强度和耐候性有显著的提高，耐腐蚀性能优良，是一种综合性能优良的汽车阴极电泳涂料。

7.3.2.3 水性环氧改性丙烯酸涂料

(1) 主要原材料　双酚 A 环氧树脂，一乙醇胺，NaCl，蒸馏水，丙烯酸，苯丙乳液，铁红颜料。

(2) 乳液合成配方　该乳液属于高分子水性防腐涂料，为白色水乳胶状液体。其配方见表 7-9 所示。

表 7-9　乳液合成配方

原材料	用量/g	原材料	用量/g
苯乙烯	56.5	甲基丙烯酸羟丁酯	5.0
丙烯酸乙酯	17.1	引发剂	0.2
丙烯酸	1.7	乳化剂	1.5

(3) 制备方法

① 250mL 四口瓶（A）中加入乳化剂、水、单体混合物，搅拌升温至 60℃。

② 250mL 四口瓶（B）中加入乳化剂、水、搅拌升温至 65℃，加入引发剂，然后将四口瓶（A）中 10% 的乳液移入滴液漏斗，向四口瓶（B）中缓慢滴加，约 10min 滴完，反应 30min。

③ 四口瓶（A）中加入引发剂，然后用滴液漏斗滴入四口瓶（B）中，维持反应温度 70℃，然后反应 30min，升温至 90℃，乳化 30min，得白色乳状液即为苯丙乳液。

(4) 涂料的改性　控制温度在 65℃ 下向涂料中加入环氧树脂：涂料/环氧树脂＝1∶7，搅拌均匀 40min。升温至 85℃ 搅拌 40min 后停止搅拌，加入一乙醇胺。调节 pH 为 7.5～8.0，再加适量水调节黏度为 18～22s。

(5) 水性涂料性能　改性的环氧树脂-丙烯酸乳液的耐盐雾性＞106h（原苯丙乳液＜72h）。黏度、附着力等性能也有明显的改善，漆膜的外观表面平整。

7.3.3 聚氨酯改性水性丙烯酸树脂

7.3.3.1 聚氨酯改性聚丙烯酸酯复合乳液

(1) 主要原材料　甲苯二异氰酸酯（TDI-80）；二羟甲基丙酸（DMPA）；聚丙二醇 PPG-2000、一缩二乙二醇（DEG）、三羟甲基丙烷（TMP）、二月桂酸二丁基锡（DBTDL）、二乙烯三胺（DTA）、三乙胺（TEA）、苯乙烯（ST）、甲基丙烯酸甲酯（MMA）、丙烯酸丁酯（BA）、丙烯酸（AA）、过硫酸铵（APS）、偶氮二异丁腈（AIBN）；丙酮、N,N-二甲基甲酰胺（DMF），使用前干燥除水；乳化剂：聚氧乙烯-4-酚基醚硫酸铵（CO436）、1-丙烯基-2-羟基烷磺酸钠（COPS-I）。

(2) 乳液的制备

① 丙烯酸酯乳液的合成　首先配制好预乳化液；然后将部分 APS、乳化剂、缓冲剂加入装有温度计、搅拌器及回流冷凝管的四口烧瓶中，升温至 80～82℃，

滴加 10％的预乳化液；15min 滴加完毕，保温 30min，得到蓝光的种子乳液。继续滴加剩下的预乳化液和引发剂，3～4h 内滴加完毕。补温 30min，再加入少量 APS 和硫代硫酸钠，反应 1h 出料，得到丙烯酸酯乳液。

② 水性聚氨酯的合成　在装有温度计、搅拌器、回流冷凝管的四口烧瓶中加入 PPG、DMPA、DMF、丙酮，升温至 85℃。待 DMPA 完全溶解后加入 TDI 和催化剂 DBTDL，反应 2h。降温至 70℃，加入 DEG、TMP 丙酮溶液进行扩链，反应 3h，适当加入丙酮降低黏度。降温至 60℃，加入 TEA 中和反应 30min。降温至 30℃左右加水高速分散，二乙烯三胺扩链，得到水性聚氨酯分散液。

③ 原位乳液聚合法 PUA 乳液的合成　采用原位乳液聚合法合成 PUA 复合乳液（按 70％丙烯酸酯乳液、30％聚氨酯）。用 TEA 中和聚氨酯预聚体时加入丙烯酸酯单体代替部分丙酮作溶剂降低黏度，合成水性聚氨酯分散液，滴加 AIBN（单体量的 1％）的丙酮溶液，反应温度 70～75℃，在 3h 滴加完毕。保温 30min，再升温至 85℃反应 30min，使反应完全。降温得到产品，得到 PUA 复合乳液。

④ 物理共混 PU/PA 乳液的制备　按 70％PA 乳液、30％水性 PU 分散液进行高速分散共混，得到 PU/PA 物理共混物，采用原位乳液聚合法得到的 PUA 乳液比物理共混得到的 PU/PA 乳液相容性更好。PU 改善了 PA 成膜性能，PUA 比 PU/PA 共混膜表面更光滑，成膜性能更优越，涂膜性能更佳。

7.3.3.2　多重交联水性聚氨酯丙烯酸酯

(1) 主要原材料　异佛尔酮二异氰酸酯（IPDI），工业级；聚醚二元醇（N220），工业级；丙酮（AT）；1,4-丁二醇（BDO），工业级；二羟甲基丙酸（DMPA），工业级；乙二胺（EDA），分析纯；三乙胺（TEA），分析纯；甲基吡咯烷酮（NMP），化学纯；甲基丙烯酸甲酯（MMA），工业级；蒸馏水（自制）；二月桂酸二丁基锡（DBTDL），分析纯；偶氮二异丁腈（AIBN），分析纯；环氧树脂（E-20），工业级；三羟甲基丙烷（TMP），试剂级；蓖麻油，分析纯。

(2) 聚氨酯（PU）预聚体的制备　在装有搅拌器、温度计、冷凝管的四口烧瓶中，加入一定量的 IPDI 和 N220，使起始 $n(NCO)：n(OH) = 15：1$，按预聚体质量的 0.05％滴入二月桂酸二丁基锡催化剂，70℃反应 1.0h，用二正丁胺法测定-NCO 基团达到规定值后，升高温度加入扩链剂 BDO 扩链，使总 $n(NCO)：n(OH) = 1.4：1$，随后加入交联剂（蓖麻油/E-20 /TMP）进行改性，至-NCO 达到规定值后加入预聚体质量 7.5％的亲水扩链剂 DMPA（用 NMP 调成糊状），80℃保温至-NCO 达到理论值。冷却后按预聚体质量的 20％加入丙烯酸单体，在高速搅拌下加入 TEA 中和及乳化，中和度为 98％，然后按异氰酸酯质量的 1％加入 EDA 扩链，制备得到改性的水性聚氨酯预聚体。

(3) 聚氨酯-丙烯酸酯复合乳液的制备　将制备得到的预聚体乳液加入到带有搅拌器、温度计、冷凝管的四口烧瓶中，升高温度至 70～80℃，3h 均匀滴加偶氮二异丁腈的丙酮溶液，引发剂用量为丙烯酸单体的 2.5％，保温至 MMA 转化率不变，降温过滤，得到改性后的聚氨酯-丙烯酸酯复合乳液。

(4) 性能　使用蓖麻油、环氧树脂和 TMP 对聚氨酯丙烯酸酯复合乳液进行了三重交联改性，有效提高了涂膜的耐水耐介质性、低温柔韧性、硬度及力学性能。

7.3.3.3　A-U-g-A 型核壳聚氨酯-丙烯酸酯复合乳液

(1) 主要原材料　异佛尔酮二异氰酸酯（IPDI）；聚醚二元醇（Diol-1000）；二羟甲基丙酸（DMPA）；三乙胺（TEA）；乙二胺（EDA）；甲基丙烯酸甲酯（MMA）；以上均为工业级试剂。甲基丙烯酸-β-羟乙酯（HEMA）、丙烯酸（AA）；苯乙烯（St）；丙烯酸丁酯（BA）；以上都是分析纯。链转移剂：化学纯。

(2) 制备步骤　将干净干燥并装有搅拌装置、回流冷凝管和温度计的四口烧瓶置于水浴锅中，加入 IPDI 和 Diol-1000，90℃ 左右反应 1h。然后降温至 75℃，加入 DMPA 亲水扩链反应 2.5h，再降温至 70℃，加入 HEMA。封端反应 30min，得到含乙烯基的聚氨酯预聚体。升温 75℃，加入苯乙烯、丙烯酸丁酯以及丙烯酸、引发剂 AIBN 和链转移剂 2-巯基乙醇的混合物，与含乙烯基聚氨酯预聚体自由基聚合反应 4h。降温至 40℃ 以下，加入丙烯酸酯系列单体降黏，然后加入 TEA 中和 99%（摩尔分数）羧基。搅拌得到亲水性预聚体和丙烯酸酯类单体的混合物（PUA/A）。将 PUA/A 置于高速分散机下，缓慢加入去离子水分散，然后加入 EDA 扩链，得到 PUA/A 分散液。再将 PUA/A 分散液置于水浴锅内，搅拌下升温至 73℃ 左右，3h 内均匀滴加 AIBN 的丙酮乳液，然后升温到 78℃ 反应，直至转化率基本不变，降至室温，过滤出料，即得到 PUA 为壳、PA 为核的核壳结构 PUA 复合乳液。

7.3.4　有机硅改性水溶性丙烯酸树脂

(1) 主要原材料及配方　甲基丙烯酸（CP）、甲基丙烯酸甲酯（CP）、丙烯酸丁酯（CP）、丙烯腈（CP）、丙二醇甲醚（CP）、乙醇胺（CP）及功能单体 A（CP），用前经减压蒸馏，馏分于 -5℃ 储存备用；复合引发剂（CP），端烯基硅氧烷预聚体（自制，纯度为 99.7%），氨基固化剂（纯度为 98%），二次蒸馏水。原料及配比见表 7-10 所示。

表 7-10　水溶性硅丙树脂和水溶性丙烯酸树脂原料及配方

原料名称	规格	投料量(质量分数)/%	
		水溶性硅丙树脂	水溶性丙烯酸树脂
甲基丙烯酸	工业级	10	10
甲基丙烯酸甲酯	工业级	28	28
丙烯酸丁酯	工业级	37	37
丙烯腈	工业级	3	3
功能单体 A	工业级	22	22
端烯基聚硅氧烷 B	合成	占单体质量 2~3	
丙二醇甲醚	工业级	占单体质量 50	占单体质量 50
复合引发剂	工业级	占单体质量 1.5	占单体质量 1.5
三乙醇胺	工业级	占单体质量 20	占单体质量 20

(2) 有机硅改性丙烯酸共聚物合成 按配方将占丙烯酸（酯）单体总质量3%的端烯基硅氧烷预聚体和80%的丙二醇甲醚装入有温度计、搅拌器、回流冷凝管及 N_2 气保护的 500mL 四口烧瓶中，将丙烯酸（酯）单体（其中，甲基丙烯酸 12%、甲基丙烯酸甲酯 25%、丙烯酸丁酯 28%、丙烯腈 11%、功能单体 A 24%）与复合引发剂［占丙烯酸(酯)单体总质量0.8%］装于烧杯中搅拌混合，直到复合引发剂全部溶解后，再倒入滴液漏斗。开动四口烧瓶的搅拌，同时用水浴加热，加热至 (100±2)℃。在氮气保护下，开始从滴液漏斗滴加反应单体和复合引发剂混合物，滴加速率控制反应温度在 (100±2)℃，反应单体和复合引发剂混合物在 3～4h 之内滴完。然后，恒温 (100±2)℃搅拌 4～5h，定时取样测定酸值，当酸值达到 73.0mgKOH/g 时，终止反应，减压脱除反应介质，产物经水洗、过滤、干燥及研磨得白色透明粉末状共聚物。

(3) 水溶性绝缘漆配制 取二次蒸馏水 272.8g 和三乙醇胺 20.0g 装于烧瓶中搅拌均匀，一边搅拌一边加入粉末状共聚物 100.0g，使其溶解成透明的树脂液；将氨基固化剂 36.0g 用丙二醇甲醚 20.0g 调匀后加入树脂液中，再加入水性流平剂 1.3g 和水性消泡剂 0.9g，搅拌均匀配制得到水溶性硅丙树脂绝缘漆。

(4) 漆液质量指标 水溶性有机硅改性丙烯酸树脂绝缘漆质量指标见表 7-11 所示。

表 7-11 水溶性有机硅改性丙烯酸树脂绝缘漆质量指标

指标名称	指标值	指标名称	指标值
外观	淡黄色透明液体	固含量/%	25
黏度(涂 4 杯,25℃)/s	35	pH 值	8.5

7.4 水性丙烯酸树脂涂料

7.4.1 含氟核壳乳液耐沾污外墙涂料

(1) 主要原材料 甲基丙烯酸甲酯（MMA）、丙烯酸丁酯（BA）均为分析纯；含氟单体是甲基丙烯酸十二氟庚酯；引发剂过硫酸钾（KPS）、乳化剂 OP-10 和十二烷基硫酸钠（SDS）、碳酸氢钠等均为市售化学纯试剂。

(2) 核壳乳液的制备

① 核壳乳液的基本配方与聚合工艺 丙烯酸酯核壳乳液的基本配方见表 7-12。该核壳乳液为内软外硬型，核壳层的玻璃化温度 T_g 分别为 −41℃和 57.1℃。聚合工艺采用两步种子乳液聚合法，加料方式为饥饿态半连续加料法。

表 7-12 丙烯酸酯核壳乳液聚合的基本配方

组分		用量/g	组分	用量/g
核单体	MMA	8	引发剂 KPS	0.5
	BA	52	缓冲剂 NaHCO₃	0.3
壳单体	MMA	8	去离子水	90
	BA	32		
乳化剂	SDS	2		
	OP-10	1		

② 丙烯酸酯核壳乳液的制备 先将核、壳单体分别加入到设计量 1/3 的复合乳化剂溶液中预乳化 1h,制得预乳化液。在装有搅拌器、冷凝管、氮气导入装置和滴液漏斗的 500mL 四口烧瓶中,通入氮气排除氧气,边搅拌边依次加入剩余 1/3 乳化剂水溶液、缓冲剂溶液、1/2 核单体预乳化液、1/3 引发剂水溶液。混和均匀后,升温至 70℃ 左右使之聚合,当出现蓝色荧光后,用两个滴液漏斗分别同步、缓慢滴入剩余的核单体预乳化液及 1/3 引发剂水溶液,滴加完毕后升温到 80℃ 并保温 0.5h,即得到种子乳液。在种子乳液中,控温 80℃ 左右,通过两个滴液漏斗分别同步、缓慢滴加入壳单体预乳化液及剩余 1/3 引发剂水溶液,大约 2.5～3.0h 滴加完毕,升温至 85～90℃ 继续反应 1h 使残余单体反应完全。反应结束后自然降温至 40℃ 以下,用氨水调节 pH 值至 7～8,过滤,出料。

③ 壳层含氟核壳乳液的制备 在壳层单体中加入甲基丙烯酸十二氟庚酯单体制备壳层含氟的丙烯酸酯核壳乳液,聚合工艺同上。

(3) 产品性能

① 制备的核壳结构丙烯酸酯乳胶粒子,粒径分布集中在 100nm 左右。与同样单体组成条件下的常规共聚乳液相比,内软/外硬型乳胶粒子可大幅度提高漆膜的表面硬度和抗沾污能力,尤其在外界环境温度较高的条件下核壳乳液的优势更加明显。

② 在壳层聚合时加入适量功能性氟单体,乳胶粒子表面疏水性大幅度提高,吸水率明显降低,从而提高了漆膜的抗沾污能力。与常规共聚法相比,核壳聚合法能够在低氟组分用量下显著改善漆膜的表面性能,因此具有优良的技术经济性。

7.4.2 纳米碳酸钙改性水性丙烯酸酯涂料

(1) 纳米碳酸钙纯丙乳胶涂料

① 纳米碳酸钙生产流程 先将石灰石煅烧,加水进行消化,然后在石灰乳中加入添加剂并通入 CO₂ 进行碳化,搅匀后将所得碳酸钙水浆再加入表面处理剂,进行压滤干燥、粉碎、分级,取其纳米级范围即得。

② 纳米碳酸钙配方及工艺控制指标 纳米碳酸钙配方及工艺控制指标见表 7-13。

表 7-13　配方及工艺控制指标

名　称	技术指标	名　称	技术指标
石灰乳 Ca(OH)$_2$/%	7～10	碳化终点控制 pH	7～8
CO$_2$ 气体浓度/%	30	表面处理	搅拌器的处理池(控温)
添加剂用量	0.3～1	表面处理剂用量/%	2～4
碳化方式	碳化塔(控制温度)		

(2) 纳米碳酸钙纯丙乳胶涂料的配方　纳米碳酸钙纯丙乳胶涂料的配见表 7-14。

表 7-14　纳米碳酸钙纯丙乳胶涂料的配方

原　料	牌　号	规　格	质量份
纯丙乳液	AC261	固含 50%	25～30
钛白粉	R902	金红石	12～18
纳米碳酸钙	AC	40～80nm	10～12
立德粉	B301		1～5
增稠剂	250HBR	羟乙基纤维素	0.1～0.4
流变调节剂	SN-619	缔合型	0.2～0.6
分散剂	SNS040	固含 40%	0.2～0.4
成膜助剂	Texanol		0.8～1.5
消泡剂	681F		0.2～0.5
防冻剂	丙二醇		1.5～2.5
防霉杀菌剂	N54D		0.2～0.6
多功能调节剂	Amp-95		0.05～1.5

(3) 纳米碳酸钙纯丙乳胶涂料性能见表 7-15。

表 7-15　纳米碳酸钙纯丙乳胶涂料性能

项　目	国标	检测性能	项　目	国标	检测性能
施工性能	涂刷二道无障碍	符合	耐洗刷性/次	≥2000	≥5000 次
耐温变性	5 次循环	无异常	耐水性/h	96	无异常
干燥时间/h	≤2	符合	耐碱性/h	48h	无异常
对比率	≥0.93	符合	耐人工老化/h	600	不起泡,不剥落,无裂纹

7.4.3 特殊性能水性丙烯酸树脂涂料

7.4.3.1 核-壳结构丙烯酸酯乳胶涂料

(1) 无皂复合乳液的合成

① 种子乳液聚合（核聚合）在反应器中加入 MMA、AA、去离子水，用水浴加热并搅拌。温度达到 65℃时，将配制好的 2.5% 的引发剂 KPS 溶液缓慢滴加到反应器中，滴加速率为 1mL/min。加热聚合过程中要求氮气保护，流速为 0.04～0.08m^3/h。控制反应温度在 70～72℃，待乳液出现蓝色荧光后，开始计时，熟化 1h 后，即得种子乳液。

② 复合乳液聚合（壳聚合）在上述种子乳液中加入 n-BA，AA，PS，反应 3h

后，加入氨水调节 pH 在 7～8 之间。加入少量邻苯二甲酸二丁酯，反应 0.5h，即可得到核-壳结构的丙烯酸酯共聚物乳液。

(2) 乳胶涂料配方见表 7-16。

表 7-16　乳胶涂料的配方

物料名称	用量份	物料名称	用量份
丙烯酸酯共聚乳液	100	油酸钠/焦磷酸钠	15/15
钛白(金红石)/碳酸钙	100/60	十二烷基苯磺酸钠	10
甲基纤维素(10%)	60	乙二醇/丙二醇	10/10
磷酸三丁酯(mL)	40	水	200

(3) 乳胶涂料性能见表 7-17。

表 7-17　乳胶涂料性能（按 GB 方法）

项　目	性能	项　目	性能
外观	乳白色	附着力	2 级
最低成膜温度/℃	5.5～6	耐水性(96h)	(20±5)℃,24h 不起皱,不失光
耐冲击性/kgf·cm	50	耐碱性(48h)	24h 微起皱
硬度	2H		

7.4.3.2 高耐候性丙烯酸系外墙乳胶涂料

(1) 主要原材料　丙烯酸系列乳液；R-706 钛白粉；分散助剂 5040、5027；CR2 增稠剂，Allied Colloids；QP4400、Byk034、Byk037；2-氨基 2-2 甲基-1-丙醇（AMP），Eastman；Texonal 酯醇；迪古里拉通用色浆。

(2) 涂料基础配方见表 7-18 所示。

表 7-18　高耐候性外墙涂料基础配方

物料名称	质量/g	说　明	物料名称	质量/g	说　明
水	130	自来水	杀菌剂	3	
纤维素 ER30	0.5～3	提供一定的黏度	防霉剂	3	
AMP-95	2	调剂 pH 及润湿分散	钛白颜料	180	金红石型
5040	4～7	分散剂	高岭土	80	
5027	5～7	分散剂	高分子乳液	300～400	按颜基比而定
成膜助剂	20	工业级	增稠剂	调节黏度至所需	
消泡剂	2～6	有机硅类			

(3) 配制方法

① 加料　按研磨配方准确称取各种物料，按顺序加入；

② 预混　在高速搅拌机内低速进行（100～50r/min），将各物料搅拌在一起；

③ 润湿分散　在高速搅拌机中高速进行（600～700r/min），颜填料粒子表面被润湿剂覆盖，分散成原级粒子，并在分散剂的作用下达到动力学稳定状态；

④ 调稀　当颜料浆的细度达到所需要的细度后加入基料调稀。此过程在调稀罐中低速进行（100～150r/min）；

⑤ 包装　根据要求将涂料装至涂料罐中密封，即为成品。

（4）乳胶涂料性能见表 7-19。

表 7-19 产品性能指标

项　　目	性能国家指标（优等品）	性能检测结果
干燥时间	＜2	＜2
对比率	≥0.95	≥0.94
耐洗刷性	＞1000 次	＞3000 次
耐水性（96h）	96h，无异常	300h，无异常
耐碱性（48h）	48h，无异常	100h，无异常
涂膜老化（人工加速）	600h 不起泡，不剥落，无裂纹，粉化≤1 级，变色≤1	1000h 不起泡，不剥落，无裂纹，粉化≤1 级，变色≤1

7.4.4 水性丙烯酸树脂电泳涂料

7.4.4.1 接枝型自交联丙烯酸阴极电泳涂料树脂

（1）主要原材料　异佛尔酮二异氰酸酯（IPDI）三聚体、甲乙酮肟（ME-KO）、丙烯酸丁酯（BA）、甲基丙烯酸甲酯（MMA）、甲基丙烯酸-β-羟乙酯（2-HEMA）、甲基丙烯酸二甲氨基乙酯（FM1）、甲基丙烯酸异冰片酯（IBOMA）、丙二醇甲醚醋酸酯（PMA），均为工业级；正丁醇、异辛醇、甲戊酮肟、醋酸丁酯、正十二硫醇（DDM）、冰醋酸、丙酮、无水乙醇，均为化学纯；二月桂酸二丁基锡、偶氮二异丁腈（AIBN）、过氧化苯甲酸叔戊酯（TAPB）、二正丁胺、盐酸、溴甲酚绿指示剂，均为分析纯；去离子水：电导率小于 10μS/cm。

（2）阳离子型丙烯酸羟基树脂的合成　在反应瓶中加入溶剂 PMA，加热、搅拌升温，80～85℃时按配方在 2～3h 内匀速滴完单体和引发剂的混合液，升温到 90℃，补加少量引发剂，保温 1～2h，至单体转化率大于 99％后降温，出料，过滤，备用。产品为淡黄色透明液体，固含量约 65％，黏度（涂-4 杯）120～160s。阳离子型丙烯酸羟基树脂的合成配方见表 7-20。

表 7-20 阳离子型丙烯酸羟基树脂基本配方

主要原料	用量/g	主要原料	用量/g
EMA	100	BOMA	3～6
BA	70～75	AIBN	0.7～1.5
MMA	10～15	TAPB	0.3～0.7
RMI	20～25	DDM	1～3
2-HEMA	30～35		

（3）半封闭异氰酸酯固化剂的制备　在反应瓶中加入溶剂醋酸丁酯和固体 IP-DI 三聚体固化剂主体，加热、搅拌升温到 60～65℃，待完全溶解后在 30～40min 内滴入封闭剂，继续反应 30 min 后升温到 70～75℃，保温 1～2h，测定—NCO 含量达到理论值后降温出料，密封备用。若加入催化剂，则在三聚体完全溶解后加入，且封闭剂的滴加速率可适当加快。反应容器和原料无水要求很高，应引起重视。采用不同封闭剂的半封闭固化剂产品外观基本相同，为无色透明液体，固含量

约 65%，黏度（涂-4 杯）180～240s。

(4) 半封闭固化剂接枝阳离子型丙烯酸羟基树脂　在装置同上的反应瓶中加入制备好的丙烯酸树脂，加热、搅拌升温到 60～65℃，用适量丙酮稀释制备好的半封闭固化剂后，在 1～2h 内将其滴加完毕，升温到 70～75℃保温 1～2h，蒸馏出丙酮等溶剂之后降温到 50℃，慢慢滴加冰醋酸中和（中和度 80%～90%），搅拌30～40min 后降温出料，即得单组分接枝自交联型丙烯酸阴极电泳清漆，其外观与接枝前的丙烯酸树脂基本相同，涂装时加适量去离子水充分分散即可。同样，反应容器和原料对避免水分的要求较高。丙烯酸树脂与固化剂的用量按照 $n(—OH)$：$n(—NCO)=3:1$ 计算，也可用封闭前的 —NCO 含量计算，此时的物质的量比应控制在 1:1。适当加大固化剂的用量，可以提高固化性能。

7.4.4.2 高硬度丙烯酸树脂阴极电泳涂料

(1) 主要原材料　甲基丙烯酸二甲胺乙酯（DMAEMA）、甲基丙烯酸羟乙酯（HEMA）、N-羟甲基丙烯酰胺（NMA）、甲基丙烯酸甲酯（MMA）、甲基丙烯酸异冰片酯（IBOMA）、苯乙烯（St）均为工业级；甲基丙烯酸丁酯（BMA）、丙烯酸（AA）、1,2-丙二醇甲醚（PM）均为化学纯；偶氮二异丁腈（AIBN）、过氧化苯甲酰（BPO）、冰醋酸（AC）为分析纯；封闭型异氰酸酯固化剂（自制）。

(2) 丙烯酸阳离子树脂的配方　见表 7-21。

表 7-21　丙烯酸阳离子树脂的配方

原料名称	用量(质量分数)/%	原料名称	用量(质量分数)/%
甲基丙烯酸二甲胺乙酯	15～18	丙烯酸	1
基丙烯酸羟乙酯	15	甲基丙烯酸丁酯	30
N-羟甲基丙烯酰胺	3	甲基丙烯酸甲酯	16
甲基丙烯酸异冰片酯	3～4	苯乙烯	15

(3) 丙烯酸阳离子树脂的制备工艺　在反应瓶中加入质量为单体总质量的60%～70%的溶剂 1,2-丙二醇甲醚，升温到 85～90℃，将按上述配方配制的 100g单体和适量引发剂的混合液在 2.5～3h 内滴加到烧瓶中，保温 2～3h（视情况补加引发剂）。然后，添加固化剂，保温 1h，降温至 60℃后，加中和剂中和 0.5h 即得丙烯酸阳离子树脂。

(4) 丙烯酸阴极电泳清漆的制备和涂装工艺　用适量蒸馏水将树脂配制成固含量为 15%（质量分数）的清漆，用预处理过的铝片在 180～200 V 左右电压下电沉积至电流恒定。取出铝片，用清水冲洗浮漆并放到通风处晾干水分，于 160℃温度下烘烤 15～20min。

7.4.5 水性丙烯酸氨基树脂漆

7.4.5.1 改性水性丙烯酸氨基涂料

(1) 主要原材料　水性羟基丙烯酸树脂乳液（固含量 44%）；水稀释型羟基树

脂（固含量 55%）；部分甲醚化三聚氰胺树脂（固含量 83%）；高度甲醚化三聚氰胺树脂（固含量 98%）；二氧化钛；消泡剂；增稠剂；流平剂；二乙二醇单丁醚。

(2) 涂料基本配方见表 7-22。

表 7-22　水性丙烯酸氨基涂料配方

原料名称	用量(质量分数)/%	原料名称	用量(质量分数)/%
水性羟基丙烯酸树脂乳液	45～50	消泡剂	0.2
水稀释型羟基树脂	4～9	增稠剂	0.5～1
甲醚化三聚氰胺树脂	7～12	流平剂	0.2
二氧化钛	26～28	二乙二醇单丁醚	2～4
胺调节剂	0.1	水	补足至 100
防闪锈剂	0.1		

(3) 涂料的制备　将部分水性羟基丙烯酸乳液、胺调节剂、防闪锈剂及二氧化钛加入容器内，高速分散至细度≤30μm，制成浆料，再将剩余的水性羟基丙烯酸乳液、水稀释性羟基树脂、甲醚化三聚氰胺树脂、水、助溶剂及助剂加入浆料中，充分搅拌，最后调节黏度，即得产品。

(4) 最佳条件与性能

① 羟基树脂改性剂的加入，提高了漆膜的光泽、硬度、耐乙醇性和耐水性，获得的水性丙烯酸氨基涂料具有优异的综合性能。

② 固化剂与成膜树脂的质量比为 1:4，改性剂占成膜树脂总量的 16.7%，颜料体积浓度为 18%，配合适量的助剂，漆膜的硬度为 2，耐冲击性为 50kgf·cm，60°光泽＞90%，耐乙醇性、耐水性好，并具有一定的防腐蚀性能。

7.4.5.2　水性丙烯酸氨基烘漆

(1) 主要原材料　水性羟基丙烯酸乳液 A（固含 44%），水性羟基丙烯酸乳液 B（固含 45%），水性羟基丙烯酸乳液 C（固含 40%），水性羟基丙烯酸乳液 D（固含 48%），羟基树脂 A（固含 55%），羟基树脂 B（固含 55%），羟基树脂 C（固含 55%），羟基树脂 D（固含 50%），低甲醚化氨基树脂 A（固含 83%），低甲醚化氨基树脂 B（固含 74%），钛白 T1，钛白 T2，消泡剂，增稠剂，流平剂，二乙二醇单丁醚。

(2) 涂料基本配方见表 7-23。

表 7-23　水性丙烯酸氨基烘漆配方

原料名称	用量(质量分数)/%	原料名称	用量(质量分数)/%
水性羟基丙烯酸乳液	45～50	消泡剂	0.2
羟基树脂	4～9	增稠剂	0.5～1
低甲醚化氨基树脂	7～12	流平剂	0.2
钛白粉	26～28	二乙二醇单甲醚	2～4
胺调节剂	0.1	水	补足 100
防闪锈剂	0.1		

（3）涂料的制备　将部分水性羟基丙烯酸乳液、胺调节剂、防闪锈剂及钛白加入容器内，高速分散至细度达到 $30\mu m$ 以下，制成浆料，再将剩余的水性羟基丙烯酸乳液、水稀释型羟基树脂、甲醚化三聚氰胺树脂、水、助溶剂及助剂加入浆料中，充分搅拌，最后调节黏度，即得产品。

该涂料漆膜具有合适的光泽和较好的遮盖力、硬度、耐乙醇性和耐水性，获得的水性丙烯酸氨基涂料具有优异的综合性能。

7.4.6 其他水性丙烯酸树脂涂料

7.4.6.1 TRC 丙烯酸酯弹性外墙乳胶漆

（1）弹性乳液的选择及改性　生产外墙弹性乳胶漆的关键是弹性乳液的选择。只有乳液具有弹性，乳胶漆成膜后，才富有延伸率及回弹性。通常情况，乳液的玻璃温度 T_g 值越低，弹性越好，延伸率越高。但 T_g 值过低，漆膜在较高温度下，会出现回黏现象，导致漆膜耐热、耐水性差。为此，本产品选用 T_g 值 $-20\sim$ $-15℃$ 的 TRC 弹性丙烯酸乳液。该乳液具有优异的柔韧弹性、抗裂性、耐水、耐碱性、Ca^{2+} 离子稳定性及水泥兼容性。为了降低生产成本，提高弹性乳液的黏结强度及漆膜的耐温性，采用烷基化三聚氰胺甲醛树脂与 TRC 弹性乳液进行互溶交联，作为外墙弹性乳胶漆的主体成膜弹性乳液。

（2）外墙弹性乳胶漆配方见表 7-24。

表 7-24　外墙弹性乳胶漆配方

原料名称	用　途	用量（质量分数）/%	
		弹性中涂	弹性面涂
TRC 纯丙乳液	弹性成膜物	40～45	35～40
三聚氰胺树脂	改性成膜物	5～10	10～15
去离子水	分散介质	8～12	10～15
氨水	pH 调节剂	0.5～1.0	0.5～1.0
SJA-1	颜料分散剂	0.5～1.0	0.5～1.0
278 增稠流平剂	增稠流平	1.5～2.0	1.5～2.0
SJC-1	消泡剂	0.3～0.5	0.3～0.5
981 防霉剂	杀菌防腐	0.1～0.2	0.1～0.2
Texanol 酯醇	成膜助剂	0.8～1.0	0.8～1.0
乙二醇	冻融稳定剂	1	1
钛白粉	颜料	2～3	2～3
高岭土	颜料	5～10	5～10
硅灰粉	填料	10～15	10～15
重钙粉	填料	15～20	10～15

（3）生产工艺　先将 TRC 弹性丙烯酸乳液与三聚氰胺甲醛树脂按配比互溶交联成网状弹性乳液后，按以下工艺生产外墙弹性乳胶漆。将水、各种助剂、颜料及填料放于制浆罐中制浆，然后研磨分散，加入弹性乳液和 pH 调节剂，配制成漆料，调整黏度后，再加入增稠流平剂即可为成品涂料。

工艺要点：①研磨应采用超细、高速分散工艺设备；②消泡剂、增稠流平剂应稀释后缓慢加入，用色浆调配涂料色度，应严格控制搅拌速率，以减少气泡产生及局部过稠凝结现象。

(4) 主要性能指标 本产品参照 GB/T 9757—1995 标准，在玻璃板涂膜 1.22mm 厚度，进行耐人工老化 500h 后，检测主要性能如下：① 耐水性/ (0.2MPa，30min) 不透水；②耐擦洗性（次）/≥2000；③断裂伸长率（%）/≥ 250；④拉伸强度（MPa）/≥1.5；⑤耐碱性（5%NaOH 液，120h)/无异常；⑥ 耐酸性（1% H_2SO_4 液，120h）/无异常；⑦低温柔性（−15℃，6h）/绕 10mm 轴棒，柔韧无裂纹；⑧涂料在容器中状态/呈均匀黏稠液，无絮凝结块现象；⑨涂料储存稳定性在 80℃存放/240h，无凝聚，无发霉。在 0℃存放 240h，无结块，无絮凝。

(5) 施工工艺

① 要求基面平整、坚实、净洁、含水率不高于 10%，pH 值小于 9。消除表面疏松、空鼓、蜂窝及附着物，并修整完善。当裂缝大时，应用弹性腻子批嵌；

② 底涂封闭乳液应具有良好的渗透性、封闭性、黏结附着力、突出的抗碱性，以封闭混凝土、砂浆泛碱及泛盐通道。用 TR-1 封闭乳液进行底涂两遍，涂布 15～ 0.15kg/m²，干燥 4h 后，进行弹性中涂；

③ 弹性中涂 因中涂的乳胶漆黏度高，不易刷涂，最好采用刮涂或无气喷涂枪喷涂。涂布量 1～1.5kg/m²，干燥 24h 后，膜层度为 0.8～1mm 为宜；

④ 弹性面涂 辊涂、喷涂均可，涂一次涂布量 0.2～0.3kg/m²，干燥 12h 后，进行防污罩面；

⑤ 高光纯丙乳液罩面 为确保外墙乳胶漆的绚丽色彩，选用 THA 高光、耐候、耐污染及耐水冲刷性优良的 THA 纯丙高光乳液进行罩面，涂布量 0.15kg/m²；

⑥ 雨雪天及室外温度低于 10℃以下，不宜涂装施工。

7.4.6.2 丙烯酸酯低 VOC 纳米抗菌乳胶漆

(1) 主要原材料 各类丙烯酸酯乳液，去离子水，颜填料，分散剂，消泡剂，增稠剂，流平剂和各类纳米材料等。

(2) 丙烯酸酯低 VOC 纳米抗菌乳胶漆基本配方 丙烯酸酯低 VOC 纳米抗菌乳胶漆基本配方见表 7-25。

表 7-25 纳米抗菌乳胶漆基本配方

原料名称	用量（质量分数）/%	原料名称	用量（质量分数）/%
水	18～24	填料	25～35
润湿分散剂	0.4～1.0	消泡剂	0.1～0.2
复合纳米材料	0.1～0.3	丙烯酸酯乳液	25～35
纳米硅基氧化物	1.0～3.0	增稠剂	0.3～0.4
二氧化钛	10～20	流平剂	0.2～0.3

（3）制备工艺　将水、分散剂、纳米材料、二氧化钛、填料、消泡剂搅拌均匀后，经砂磨研磨至细度小于 $50\mu m$ 后，加入乳液，搅拌均匀后再加入增稠剂和流平剂，调整黏度后过滤出料。

（4）纳米改性内墙涂料与常规内墙乳胶漆的性能比较　将纳米改性抗菌内墙乳胶漆与市售的常规内墙乳胶漆进行了性能比较，结果见表 7-26。

表 7-26　纳米改性抗菌内墙乳胶漆与常规乳胶漆的性能比较

检验项目	纳米改性抗菌内墙涂料	常规内墙乳涂料
开罐效果	无水分、无沉淀	轻微水分、无沉淀
耐沾污性(白度下降)/%	6.7	13.6
对比率	0.96	0.93
耐洗刷性/次	＞5000	1000
抗菌率/%		
大肠埃希氏菌	99.99	99.99
金黄色葡萄球菌	99.94	99.98
肺炎克雷伯氏菌	99.88	99.96
防霉性/级	0	0
防腐性	有效抑杀细菌	有效抑杀细菌
甲醛去除率(72h)/%	90.6	32.4
甲苯去除率(72h)/%	85.2	25.3
VOC 含量/(g/L)	未检出	58

7.5 水性丙烯酸树脂黏合剂

7.5.1 高固含量乳液丙烯酸酯压敏胶

（1）主要原材料　丙烯酸丁酯（BA），丙烯酸（AA），醋酸乙烯酯（VAc），丙烯腈（AN），甲基丙烯酸甲酯（MAA），丙烯酸羟乙酯，十二烷基硫酸钠（SDS），OP-10，过硫酸铵（APS）。

（2）聚合物乳液的制备　用半连续滴加法合成。将一定量的蒸馏水、乳化剂水溶液、部分混合单体倒入四口烧瓶中，在 $55\sim60℃$ 乳化 $0.5\sim1h$ 后，通入氮气，加入部分引发剂水溶液并缓慢升温到 $80℃$，待回流减少后，开始滴加混合单体和引发剂溶液，$3\sim4h$ 内滴完，保温 $1h$ 后降温，调节 pH 值，出料。

（3）最佳配比和性能　软、硬单体的比例，T_g 在 $-40\sim-30℃$ 为好；丙烯酸的用量占单体总量 5% 左右；引发剂占单体用量 $0.2\%\sim0.8\%$；乳化剂占单体用量 $2\%\sim8\%$。温度为 $(80\pm2)℃$，保温时间约 $1h$。功能单体在反应后期随主单体滴加。

制备固含量 $\geqslant60\%$ 的丙烯酸酯共聚物乳液胶黏剂，乳液稳定性、粘接强度、耐水性较好，用此乳液制备的压敏胶各项性能也较好。

7.5.2 微乳液共聚自交联印花黏合剂

(1) 主要原材料 主要单体：甲基丙烯酸甲酯（MMA）、丙烯酸丁酯（BA）、丙烯腈（AN）；功能性单体：丙烯酸（AA）、丙烯酰胺（AM）、N-羟甲基丙烯酰胺（NMA）；过硫酸铵（APS）和 N,N,N',N'-四甲基乙二胺（TMEDA）为氧化还原体系引发剂；乳化剂：十二烷基硫酸钠（SDS）、十二烷基醇聚氧乙烯醚（AEO-9）、壬基酚聚氧乙烯醚（OP-10）和助乳化剂 1-戊醇。

(2) 两组混合单体用量

1 号：17.0g BA、12.0g MMA 和 1.5g AN 组成；

2 号：0.5gAM、1.0g NMA、0 7gAA 和 25.0g 去离子水组成，并用氨水（26%）中和至 pH 值为 7.0。

(3) 操作工艺 采用半连续微乳液聚合方法进行共聚，在反应器中先加入 0.5g SDS、1.0g AEO-9、30.0g 水，以及 1/4 的混合单体 1 号和 2 号。在 25℃搅拌乳化 10min，先后加入含有 0.0232g TMEDA 的水溶液（5mL）和含有 0.0456g APS 的水溶液（5mL）引发反应。体系由开始的完全透明变为半透明且带明显的蓝光。在 2～3h 内同时滴完混合单体 1 号和 2 号，反应温度为（25±1）℃，保温反应 2～3h，得微蓝色的透明或半透明微胶乳。

(4) 性能 含固量 44.0%、总乳化剂质量分数小于 2.0%、平均粒径小于 50nm 的微胶乳，该微乳液较之常规乳液具有粒径小且分布均匀，成膜透明光洁和储存稳定等优点；用作涂料印花的黏合剂，摩擦牢度高、手感柔软且得色好。

7.5.3 柔软型聚丙烯酸酯静电植绒黏合剂

(1) 主要原材料 软单体：丙烯酸丁酯，丙烯酸乙酯；硬单体：甲基丙烯酸甲酯，苯乙烯；活性单体：丙烯酸，N-羟甲基丙烯酰胺；乳化剂：十二烷基硫酸钠，平平加 O；引发剂：过硫酸铵。

(2) 聚合工艺 将一定量的软单体、硬单体、乳化剂、水一起投入反应瓶中，快速搅拌 0.5h，制成预乳液。然后，将取预乳液的 1/3 加入四颈瓶中，升温至 80℃，缓慢滴加引发剂，待瓶中乳液由乳白色变为淡蓝色后 5min，同时滴加余下的预乳液、引发剂、活性单体，控制滴加时间为 1.5h，滴加完毕后，追加剩余引发剂，升温至 85℃，保温 1.5h，降温至 30～40℃，即得产品。

(3) 黏合剂质量指标和性能 外观：淡蓝色乳状液；固含量：（39±1）%；pH值：4～5；黏度：260mPa·s；离心稳定性：3000r/min，30min 不分层。

(4) 最佳的聚合工艺条件及性能 单体配比为软单体 32%（以下均为占单体总量的质量分数），硬单体 3%，自交联单体 1%，丙烯酸 2%；阴/非离子乳化剂质量比为 1:1.5，用量为 4%；引发剂用量为 0.3%；反应温度 80～82℃，时间 3.5h；搅拌速率为 150r/min。该柔软型静电植绒黏合剂与市场上普遍使用的黏合剂相比，手感方面有明显优势。

7.5.4 丙烯酸酯乳液纸塑覆膜胶

(1) 主要原材料及配比 丙烯酸丁酯，丙烯酸乙酯，丙烯酸，乳化剂 OS，过硫酸铵。共聚单体的比例：AA10.5％、BA58.75％、EA31.25％。

(2) 制备工艺

① 预乳化 在反应釜中，加入部分水、乳化剂和丙烯酸及酯类单体，高速搅拌进行乳化，即得乳化液。

② 聚合反应 采用了半连续的聚合工艺，即首先把剩余的水和 1/3 的引发剂溶液加入聚合釜，升温至 40℃，加入 1/10 的乳化液，继续升温至 65℃，釜内乳液变蓝并出现回流。至回流停止后，开始滴加余下的乳化液，并隔每半小时补加一次引发剂溶液（剩余量的 1/10），4h 内滴完余下的乳化液。然后升温至 85℃，保温 1h，降温，调 pH 值 5～6。

(3) 覆膜胶性能 外观：白色均匀乳液，微带蓝光；固含量：(45 ±1)％；黏度：150～300mPa·s；pH 值：5～6；储存期：1～2 年；胶膜性质：无色透明，柔软而有弹性。该覆膜胶的最大优点是固含量高，黏度低，使用过程中不拉丝，不黏辊且成膜快。

7.5.5 食用菌栽培包装袋用无纺布胶黏剂

(1) 主要原材料 丙烯酸丁酯（BA）、甲基丙烯酸甲酯（MMA）、苯乙烯（ST）、丙烯酰胺（AM），保护胶体 PMA，改性单体 A，改性单体 B，乳化剂 I，乳化剂 II，引发剂，消泡剂；$NaHCO_3$，去离子水，氨水。

(2) 预乳化液的制备 将部分去离子水和丙烯酸丁酯（BA），甲基丙烯酸甲酯（MMA），苯乙烯（ST），丙烯酰胺（AM），改性单体 A，改性单体 B，乳化剂 I，乳化剂 II，引发剂，$NaHCO_3$ 分别依次加入反应锅中，在室温下乳化 30～40min。此时乳化液已由无色透明转为乳白色，并且混合均匀，无分层。

(3) 共聚乳液的合成 将余下的去离子水，保护胶体 PMA，引发剂和部分的预乳化液加入到反应锅内，并开始水浴加热升温，在温度达到 73℃时开始滴加预乳化液，滴加反应温度控制在 75～81℃，滴加时间为 4.5～5h，滴加完毕后，继续保温 1h，降温至 45℃，用氨水调 pH 值 7～8 料。

(4) 产品指标及应用效果

① 产品指标 外观：乳白色液体，无可见粗粒子；黏度：300～1000mPa·s；pH 值：7～8；不挥发物：(50 ±2)％。

② 应用效果 改性单体在苯-丙共聚反应中的交联作用，提高了乳液的黏结力，增强了无纺布的剪切强度，满足了作为食用菌包装袋耐水、耐高温及高强度的材质要求。无纺布本身所固有的透气性能，满足了菌丝对氧气的需要，缩短了菌料的培养时间，提高了栽培食用菌的经济效益。

7.5.6 改性聚醋酸乙烯酯喷棉胶

(1) 主要原材料 醋酸乙烯酯（VAc），丙烯酸（AA），N-羟甲基丙烯酰胺（NMA），甲基丙烯酸甲酯（MMA），丙烯酸丁酯（BA），十二烷基硫酸钠（SDS），十二烷基苯磺酸钠（SDBS），OS-15，亚硫酸氢钠（$NaHSO_3$），过硫酸铵（APS）。

采用核/壳乳液聚合工艺和氧化还原催化体系，加入少量耐水和交联单体，并通过调节单体的加入次序，改善喷胶棉黏合剂的耐水性和弹性等性能。

(2) 合成过程 将去离子水、OS-15 及部分 $NaHSO_3$ 和 APS 的溶液，1/4 的 VAc 及其他单体的混合液，投入反应器中，加入适量磷酸氢二钠调节 pH＝6 左右，缓慢升温到 65℃，保温，反应一段时间，使形成核体，然后开始滴加剩余的 3/4 混合单体，并连续滴加 $NaHSO_3$ 和 APS 溶液，在 2～3h 同步加完单体及 $NaHSO_3$ 和 APS 溶液，然后升温到 75℃，保温反应 1h，再升温到 80℃，保温 30min，然后降温到 50℃以下，调 pH＝6～7 即可。

(3) 最佳配方（质量份） VAc：30；AA：0.9；NMA：1.1；MMA：6；BA：2；SDS：0.15～0.25；SDBS，OS-15：0.5；OP-10，APS：0.2；$NaHSO_3$：0.1；H_2O：60。

该工艺聚合过程顺利，回流很少，反应转化率 95％～97％；实测固含量 40％的黏合剂，黏度 6mPa·s 左右，适合于喷胶棉使用。对改善喷胶棉的吸水性、弹性及手感等综合性能都有很好的效果。

7.5.7 水性丙烯酸树脂密封胶

(1) 主要原材料 丙烯酸甲酯（MA）、丙烯酸丁酯（BA）、醋酸乙烯酯（VAc）、丙烯酸异辛酯（2-EHA）、丙烯酸（AA）、丙烯腈（AN）、N-羟甲基丙烯酰胺（N-AM）、过硫酸钾、$NaHCO_3$、氨水。

(2) 制备工艺 在反应器中加入 80mL 水和已配好的 $NaHCO_3$ 溶液（5％）3.3mL、过硫酸钾溶液（10％）6.0mL，温度升至 75℃时，在 0.5h 内滴加 15％单体混合物[MA、BA、VAc、2-EHA、AN、AA(1/2)]预混合，使体系温度自动升温为 81℃（如果没有达到这个温度可升温）。待无明显回流，将其余混合单体在 4～4.5h 内加完。2h 后滴加剩余 $NaHCO_3$、引发剂、N-AM。2.5h 后在单体中混入剩余的 AA（1/2）。单体滴加完后，保温 30min 后降到 60℃，搅匀，45℃时出料，调胶。

(3) 产品质量指标 外观：目测，胶液中无结块、凝胶、结皮及不宜迅速分布的析出物。颜色乳白色，微呈蓝光；黏度：中和前，XND-4 型度计，18～20s；pH 值：中和前，3.8～4.6；中和后，8～9；使用期：不小于 3h；固含量：（54 ± 2）％；干时间：6～8h；初期耐水性：良好（未见混浊液）；储存期：＞6 个月。

7.6 混凝土聚羧酸减水剂

7.6.1 混凝土减水剂简介

混凝土技术正向着高工艺性能、高强度及高耐久性的方向发展，这主要依赖于外加剂的使用。随着混凝土的耐久性指标不断提高，使高强、超高强流动性混凝土的用量也不断地增多。因此，对混凝土外加剂提出了更高、更新的要求。混凝土外加剂中最主要的也是使用最多的是减水剂，它可显著降低混凝土的水灰比，改善混凝土的性能。减水剂的技术水平基本上代表了整个外加剂的使用水平。

混凝土减水剂本质是一种表面活性剂，又称高性能外加剂、分散剂、超塑化剂。加入混凝土中能对水泥颗粒起吸附、分散作用，把水泥凝聚体中所包含的水分释放出来，使水泥质点间的润滑作用增强、水化速率改变，从而提高混凝土强度和密实性。

高性能减水剂是获取高性能混凝土的一种关键材料，除要具有更高的减水效果外，还要求能控制混凝土的坍落度损失，能更好地解决混凝土的引气、缓凝及泌水等问题。

高效减水剂又称超塑化剂，是混凝土拌制过程中主要的外加剂之一，其掺入量不大于水泥质量的 5%，主要起 3 个不同作用。

① 提高混凝土的浇筑性，改善混凝土的工作性；

② 在给定工作条件下，减少水灰比，提高混凝土的强度和耐久性；

③ 在保证混凝土浇筑性能和强度不变的情况下，减少水和水泥的用量，减少干缩、水泥水化热等引起混凝土初始缺陷的因素。

国内外将减水剂分为标准型、引气型、缓凝型及早强型等。从减水剂的发展来看，有的将其分为普通型和高效型。有的将其分为第一代木质素磺酸盐类；第二代萘磺酸甲醛缩合物类和三聚氰胺树脂类；第三代聚羧酸类高性能型减水剂。国内开发研究的减水剂主要类型有木质素磺酸盐类、萘磺酸甲醛缩合物类、三聚氰胺树脂类、氨基磺酸盐类，脂肪族羟基磺酸盐类，聚苯乙烯磺酸盐类和聚羧酸类等。其中综合性能较好的、最具发展前途的当属聚羧酸类减水剂。

7.6.2 聚羧酸减水剂类型与性能

聚羧酸类减水剂主要通过带有活性基团的侧链，接枝到聚合物的主链，形成梳形分子结构。特点是在脂肪族主链上带多个活性基团，并且极性很强，侧链带有亲水性的聚醚链段，并且链较长、数量多，疏水基的分子链段较短，数量也少。

总体上可将聚羧酸类减水剂分为两大类，一类是以马来酸酐为主链接枝不同的聚氧乙烯基（EO）或聚氧丙烯基（PO）支链；另一类以甲基丙烯酸为主链接枝

EO 或 PO 支链。此外，也有烯丙醇类为主链接枝 EO 或 PO 支链。

梳形结构连着阴离子、非离子，是一种混合型表面活性物质，在同一个分子里，因存在有不同亲水基的支链而有不同吸附类型，故在同一分子里会实现高减水率、缓凝、保坍及引气、分散、润湿、增溶、增稳、控制坍落度损失等多种功能。

聚羧酸类减水剂基本单元结构如下：

$$\left[\left(\underset{\underset{SO_3M_1}{X}}{\overset{\overset{CH_3}{|}}{\underset{|}{C}}}-CH_2\right)_a\left(\underset{\underset{OM_2}{C=O}}{\overset{\overset{CH_3}{|}}{\underset{|}{C}}}-CH_2\right)_b\left(\underset{\underset{OCH_3}{C=O}}{\overset{\overset{H}{|}}{\underset{|}{C}}}-CH_2\right)_c\left(\underset{\underset{O(CH_2CH_2O)-R}{Y}}{\overset{\overset{R}{|}}{\underset{|}{C}}}-CH_2\right)_d\left(\underset{\underset{COOM_3}{}}{\overset{\overset{R}{|}}{\underset{|}{C}}}-CH_2\right)_e\right]_n$$

其中

$$X=CH_2 \quad CH_2O-\bigcirc ; Y=CH_2 \quad C=O; R=H : CH_3 : CH_2 : CH_3$$

在聚羧酸类减水剂分子结构中，即使具备了分子结构中的各种基团，并不意味着拥有了这类减水剂的高性能。一般来讲，具有长侧链、短主链及高密度磺酸基等结构的聚羧酸类减水剂分散性好。从国内外的研究结果来看，在减水剂分子结构中，羧基（—COOM）含量的增加有利于提高减水剂的减水率和保坍性能，但过高，减水剂的合成难以控制，分散性也明显下降；而磺酸基（—SO₃M）的增加，亦有利于提高其减水率，但由于主链接枝能力有限，磺酸基的含量趋于饱和，减水剂的分散性能也将达到最大值，同时由于含磺酸基的有机原料价格较高，因此会相应增加减水剂的生产成本；酯基（—COO—）含量的增加虽然有利于减水剂保坍性能，但随着酯基用量的提高，减水剂的引气将急剧增加，气泡体积迅速增大，反而不利于其保坍作用；聚氧乙烯链（—OC₂H₄—）的长度对减水剂的保坍性能起着至关重要的作用，随着减水剂分子的侧链长度增加，水泥浆体和混凝土的黏聚性增加，减水剂的保坍性能迅速提高，但链长超过一定值（聚乙二醇的聚合度为 45）时，单位质量的减水剂分子中其他具有高效减水功能的基团的含量相应降低，其减水性能将减弱。

所以欲制得各项性能都较好的聚羧酸减水剂，必须设计、采用特殊工艺条件合成上述各种基团含量、链段长短均衡的聚羧酸分子结构体。

7.6.3 聚羧酸减水剂的制备

7.6.3.1 聚羧酸系减水剂的合成

(1) 主要原材料 丙烯酸（AA）、甲基丙烯酸（MAA）、甲基丙烯酸甲酯、甲氧基聚乙二醇（MPEG）、聚乙二醇（PEG）、甲基丙烯磺酸钠（SMAS）、对甲苯磺酸、对苯二酚、过硫酸铵等均为分析纯。

(2) 丙烯酸甲氧基聚乙二醇酯（MPA）的制备 将一定量的甲氧基聚乙二醇、对甲苯磺酸、对苯二酚、苯一次加入到 500mL 的四口烧瓶中，再将一定量的丙烯酸加入到 60mL 的滴液漏斗中。开始搅拌、加热至温度达到 80℃，并在此时开始滴加丙烯酸，1h 左右滴加完毕。然后升温至 100℃ 恒温反应 6h。反应结束后将溶液转移至 250mL 的三口烧瓶中，水浴加热进行减压蒸馏，在真空度 0.08～0.09 MPa，收集 38～40℃ 的馏分。剩余溶液为丙烯酸甲氧基聚乙二醇酯（MPA）。

(3) 聚羧酸系高效减水剂的合成　先将丙烯酸（AA）和酯化大单体 MPA 配成质量分数 60% 的水溶液，一定量蒸馏水将甲基丙烯磺酸钠（SMAS）溶解，将 3 种溶液混合均匀后加入到滴液漏斗，再将引发剂配成质量分数 10% 的水溶液加入到另一滴液漏斗中，待升温到 75℃ 时，加入少量的单体和引发剂溶液，在 45min 左右滴加完剩余单体混合溶液和引发剂溶液，然后升温至 80℃，保温 2h，反应后自然冷却至室温，加入质量分数 30% 的 NaOH 溶液，将减水剂 pH 值调至 6～7 左右，得到聚羧酸高性能减水剂。

(4) 最佳条件及性能　合成减水剂的物质的量比为 n（MPA）∶n（AA）∶n（SMAS）=1.0∶4.5∶0.4，引发剂的用量为酯化大单体的 3%～5% 左右。该聚羧酸减水剂对水泥粒子具有较好的分散作用，当掺量为水泥质量的 1.0% ，水泥净浆流动度达到 292mm，混凝土减水率分别达到 27.3% ，超过了某些市售同类产品的 25.2% 减水率。

7.6.3.2　高效聚羧酸减水剂的制备

(1) 主要原材料　甲基丙烯酸（MAA），化学纯；聚乙二醇单甲醚甲基丙烯酸酯（MPEGMA）；甲基丙烯酰基磺酸钠（SMAS），化学纯；过硫酸铵，化学纯；去离子水。

(2) 聚合反应工艺　采用水溶液聚合法，先将 MAA 和酯化大单体 MPEGMA 配成一定浓度的水溶液，再将引发剂配成一定浓度的水溶液，然后将 SMAS 用一定量的蒸馏水溶解后加入四口烧瓶中，通入氮气，开动搅拌器，溶液温度升至 85℃ 后，分别滴加单体混合水溶液与引发剂水溶液，以匀速在 2～3h 内滴加完毕。接着在恒温下，每隔 1h 测试体系中的未反应双键含量，直至未反应双键含量变化不大时，结束反应。将反应物冷却至室温，用一定浓度的 NaOH 溶液将其 pH 值调节至 7 左右，即得到最终的聚羧酸系减水剂。

(3) 最佳条件及性能

① 采用水溶液聚合法，将自制的酯化大单体 MPEGMA 与市售的 MAA 和 SMAS 共聚合成聚羧酸系减水剂，聚合溶液的反应浓度以 40% 为佳，加料方式为引发剂溶液与共聚单体溶液分别滴加，且共聚单体溶液先于引发剂溶液滴加完毕。

② 聚羧酸系减水剂的最佳聚合条件为 MAA 与 MPEGMA 的摩尔比为 3.0，SMAS 与 MPEGMA 的摩尔比为 1.0，引发剂用量为 2%，聚合温度为 85℃，聚合反应时间为 5h。

③ 所合成的聚羧酸系减水剂在掺量仅为 0.15% 时，就具有良好的分散性和保塑性，此时水泥净浆初始流动度为 308mm，2h 后仍保持在 298mm。

7.6.4 聚羧酸减水剂发展方向

高性能减水剂的研究已成为混凝土材料科学中的一个重要分支，并推动着整个混凝土材料从低技术向高技术发展。一种性能优异的混凝土减水剂必须满足以下要求：水泥粒子分散和流动性要好，即减水率高；坍落度经时变化小；不能过多的引气；必须经济。从目前的研究结果来看，能同时满足这几个条件的只能是羧酸系聚合物，而且可以利用分子设计的研究成果，在聚合物链上引入一定比例的官能团，来提供对水泥颗粒的高分散性和高流动性，如羧基（—COOH）、羟基（—OH）、磺酸基（—SO$_3$H）以及聚氧烷基烯类基团[—(CH$_2$CH$_2$O)m-R]等。

为了缩小与国外的差距，在吸取国外先进技术经验的同时，必须加强聚羧酸系减水剂的基础研究，努力提高国内自身的研究开发水平。从目前的情况来看，必须从以下几个方面进行研究。

① 深入研究梳形聚合物的支链长度（EO 或 PO 链节数）和支链上的封端基团以及主链链长和官能团对减水、引气、缓凝的影响。

② 重要的是大单体的合成，能工业生产出一系列具有聚合活性的、不同聚氧乙烯（PEO）链长的聚羧酸类高效减水剂所需要的大单体。

③ 聚合工艺的优化（生产成本、环保两方面）研究，最重要的是将实验室的研究结果进行扩大试验，开发出聚合工艺成熟、工业生产稳定能、经济上可行、能满足实际应用、适应不同用途混凝土性能的系列合格产品。

④ 开展聚羧酸类高效减水剂与传统减水剂的协同效应研究，得到成本低、性能好的系列复配产品。

⑤ 加强聚羧酸类高效减水剂应用技术的研究，特别是高强、高性能混凝土、自密实混凝土、大体积混凝土及高耐久性混凝土方面的应用研究。

7.7 水性丙烯酸树脂其他应用

7.7.1 丙烯酸树脂乳液水性油墨

(1) 主要原材料 丙烯酸丁酯、甲基丙烯酸甲酯、丙烯酸、甲基丙烯酸、苯乙烯，均为无色透明液体，纯度≥99.5%；过硫酸铵、焦磷酸钠、碳酸氢钠均为白色粉末，纯度≥99.0%；复合乳化剂；去离子水；氨水。

(2) 预乳化液的制备 向反应器中加入计量的混合单体（丙烯酸丁酯、苯乙烯、甲基丙烯酸甲酯、丙烯酸、甲基丙烯酸）1000g、去离子水700g、复合乳化剂50g、碳酸氢钠 3.0g、过硫酸铵与焦磷酸钠混合引发剂4.0g。在室温下高速分散乳化 60min，制成预乳化液备用。

(3) 丙烯酸树脂乳液的制备 向反应器中加入300g去离子水，2.0g 混合引发剂，170g 预乳化液。升温至 75℃时，有少量液体回流，减慢加热速率，缓慢升温至 85℃时停止加热并保温，此时体系大量放热。待无回流时，开始向反应液中滴加预乳化液，控制滴加速率保持匀速滴加，3～4h 滴加完毕。之后，升温到 90℃，并在（90 ±2）℃下保温，继续反应 90min。随后将温度降至 40℃，停止降温，并向乳液中加入少量消泡剂，搅拌均匀后，用氨水调节乳液 pH 值为 7.5～8.0。停止搅拌，出料。乳液以 100 目筛过滤后即可。

(4) 遮盖性丙烯酸树脂乳液　该乳液为硬质不成膜乳液，提供干净的色相，对棕色牛皮纸有极佳的遮盖性。根据需要玻璃化温度设计为：T_g 在 90～105℃之间，其单体组成和配比见表 7-27。

表 7-27　遮盖性丙烯酸树脂乳液单体组成和配比

单　　体	用量(质量分数)/%	单　　体	用量(质量分数)/%
苯乙烯	60	丙烯酸(或甲基丙烯酸)	10
甲基丙烯酸甲酯	30		

(5) 成膜性丙烯酸树脂乳液　成膜性丙烯酸树脂乳液的玻璃化温度 T_g 为 −30～−20℃，该丙烯酸树脂乳液，制备了既有较好的成膜效果，又有较强附着力。

① 单体组成与配比见表 7-28。

表 7-28　成膜性丙烯酸树脂乳液单体组成和比例

单　　体	用量(质量分数)/%	单　　体	用量(质量分数)/%
丙烯酸丁酯	40	苯乙烯	10
丙烯酸 2-乙基己酯	20	丙烯酸(或甲基丙烯酸)	10
甲基丙烯酸甲酯	20		

② 最佳反应条件　遮盖性丙烯酸树脂乳液单体配比为苯乙烯 60%，甲基丙烯酸甲酯 30%，丙烯酸或甲基丙烯酸 10%；成膜性丙烯酸树脂乳液单体配比为丙烯酸丁酯 40%、丙烯酸 2-乙基己酯 20%、甲基丙烯酸甲酯 20%、苯乙烯 10%、丙烯酸和丙烯酸羟丙酯 10%；引发剂用过硫酸铵-焦磷酸钠氧化还原引发体系，其用量为单体总量的 0.4%～0.5%。复合乳化剂用非离子表面活性剂（TX-10）和混合阴离子表面活性剂复配的复合乳化剂，其最佳用量为单体总量的 4.0%～5.0%。反应温度为 85～90℃。单体预乳化液滴加时间为 3h 左右。制得的遮盖性和成膜性丙烯酸树脂乳液与进口产品性能相当，能满足水性油墨生产要求。

7.7.2　水性丙烯酸纸张水性上光剂

(1) 主要原材料　丙烯酸酯类单体为丙烯酸正丁酯（BA），丙烯酸 2-乙基己酯（2-EHA），1,4-丁二醇二丙烯酸酯（BDDA）；其他乙烯类单体为苯乙烯（St）、甲基丙烯酸甲酯（MMA）；引发剂为过硫酸钾；乳化剂为十二烷基硫酸钠；调节剂为十二烷基硫醇。

（2）**主剂的合成** 在装有搅拌、温度计、回流冷凝管，滴加漏斗的四口瓶中，加入定量的去离子水和乳化剂，通入氮气，搅拌、升温至 80℃，加入第 1 部分单体引发剂和调节剂进行反应，反应时间 1.5h，完成种子阶段聚合。然后再补加一定量的引发剂和第 2 部分单体进行反应 2h，制得核-壳型丙烯酸酯共聚物乳液。

（3）**复配** 水性上光剂主要由主剂、辅助剂和溶剂（水）所组成。辅助剂的作用是为了改善水性上光剂的物化性能和加工性能，其中表面活性剂用以降低乳液的表面张力，提高上光剂的流平性；消泡剂用以控制加工过程中的起泡，避免产生鱼眼与针孔等质量问题；增强剂用以加强主剂的成膜性能，增加与纸张的黏附性能，其他还有分散剂、增光剂及增塑剂等助剂，根据使用情况和要求添加。

（4）**上光剂性能**

① 核-壳型丙烯酸酯共聚物乳液体系其性能明显优于共混物和无规共聚物乳液，具有良好的强度和致密度，成膜性好，光泽度高；

② 树脂含量对纸张的光泽度影响较大，含量高则光泽度高，但应根据具体情况避免产生拉丝现象；

③ 水性上光剂具有无毒、无味的特点，在使用、运输和储存中方便、安全，有利于环境保护和改善劳动条件。

7.7.3 水性丙烯酸树脂涂层剂

7.7.3.1 聚丙烯酸酯乳液涂层剂

（1）改性丙烯酸酯类共聚乳液涂层剂配方见表 7-29。

表 7-29 改性丙烯酸酯类共聚乳液涂层剂制备配方

组分和条件	代号	用量/%	备　注
丙烯酸丁酯	BA	50～78	部分单体种子
甲基丙烯酸甲酯	MMA	5～10	
苯乙烯	St	5～10	滴加单体
丙烯腈	AN	10～12	
丙烯酸	AA	2～4	
N-羟甲基丙烯酰胺	NMA	0～3	
混合乳化剂	SDBS 和 OP	2	
引发剂(2%)	KPS	20	
去离子水	H_2O	100	

国内以乳液聚合法合成聚丙烯酸酯超微乳液，其平均粒径小于 50nm，外观为半透明胶体黏液，选择 2D 树脂作为外交联剂，用含氟树脂进行后拒水整理，可使涂层织物获得更高的耐水压值和拒水性。

（2）**自交联丙烯酸酯织物涂层剂** 织物涂层剂制备配方和条件见表 7-30。

该聚合物乳液胶膜拉伸强度可达 2.21MPa，用作尼龙丝织物涂层剂，140℃交联，涂层织物抗静水压可达 5.1kPa。

表 7-30 丙烯酸酯织物涂层剂制备配方和条件

组分和条件	代　号	用量/%	备　注
丙烯酸丁酯	BA	70	部分单体种子
甲基丙烯酸甲酯	MMA	12	
丙烯酸乙酯	EA	10	
丙烯腈	AN	8	滴加单体
丙烯酸	AA	2.5	
N-羟甲基丙烯酰胺	NMA	3.5	
乳化剂	SDBS 和 OP	4	
引发剂	KPS	0.3	
反应温度	T	80～85℃	种子两步法
反应时间	t	3～6h	

7.7.3.2 聚硅氧烷改性聚丙烯酸酯乳液涂层剂

(1) 主要原材料　丙烯酸丁酯（BA）、丙烯酸乙酯（EA）、含氢聚甲基硅氧烷（PHMS）、甲基丙烯酸甲酯（MMA）、丙烯腈（AN）为主单体，丙烯酸（AA）等为功能单体，N-羟甲基丙烯酰胺（NMA）等为交联剂，采用种子乳液共聚法制备了自交联织物涂层剂。

(2) 最佳配方见表 7-31。

表 7-31 最佳配方

组分和条件	代　号	用量/%	备　注
丙烯酸丁酯	BA	68	
丙烯酸乙酯	EA	5	
含氢硅油	PHMS	7	
甲基丙烯酸甲酯	MMA	12	
丙烯腈	AN	8	
丙烯酸	AA	3	
N-羟甲基丙烯酰胺	NMA	4	
乳化剂	SDBS＋Tx-30	4	
引发剂		0.3	
反应温度	T	78～80℃	种子两步法
反应时间	t	4～6h	

(3) 反应条件和应用结果　种子和外壳的反应温度分别为 78℃ 和 82℃，反应时间分别为 4h 和 6h。应用结果，乳液胶膜拉伸强度可达 2.13MPa，涂层织物抗静水压可达 6.85kPa，透湿量（24h）达 5615g/m^2。

7.7.3.3 羟基硅油改性丙烯酸树脂涂饰剂

(1) 主要原材料　丙烯酸丁酯（BA），丙烯酸甲酯（MA），羟基硅油黏度（20℃）≤25mm^2/s，羟基质量分数≥8%，γ-（甲基丙烯酰氧）丙基三甲氧基硅烷

（KH-570），十二烷基苯磺酸钠（SDBS），聚氧乙烯烷基醚（AEO），过硫酸铵（APS）。

(2) 聚硅氧烷改性丙烯酸酯乳液的制备　在反应器中，加入水、0.1%（按单体量计）过硫酸铵和复合乳化剂（已经超声波充分乳化）。将单体（含丙烯酸、硅烷偶联剂、丙烯酸甲酯、丙烯酸丁酯和羟基硅油等）60g，按一定的比例混合均匀倒入加料漏斗；将1%（按单体量计）过硫酸铵配成水溶液加入另一加料漏斗中。升温至75～80℃后，缓慢单体和引发剂，当出现明显蓝光时，稍微加快单体的滴加速率，控制滴加速度约在1.5h内加完。80℃保温反应一定时间，调pH值成中性，降温，出料。

(3) 产物性能　羟基硅油的引入，使涂层的滑爽性、耐水性及耐干湿摩擦性能都得到了较大的提高。明显地改善了丙烯酸树脂作为皮革涂饰剂的"热黏冷脆"的缺陷。

7.7.4 水性丙烯酸系缔合型增稠剂

(1) 主要原材料见表7-32。

表7-32　主要原材料名称、规格

原料名称	规格	原料名称	规格
丙烯酸	工业纯	3-丙烯酰氨基-2-甲基-丙基磺酸钠	工业纯
十二醇	分析纯	壬基酚系列乳化剂 NP40	工业纯
丙烯酸丁酯	分析纯	阴离子乳化剂 CO-458	工业纯
甲基丙烯酸甲酯	分析纯	N,N'-二环己基碳二亚胺 DCC	化学纯
过硫酸铵	分析纯	对甲苯磺酸	化学纯
碳酸氢钠	分析纯		

(2) 丙烯酸十二酯的合成　不采用苯、甲苯等带水剂，而用 N,N'-二环己基碳二亚胺的新型环保工艺制备丙烯酸十二酯。

在装有温度计、搅拌器、分水器和回流冷凝管的三口瓶中加入36g（0.5mol）丙烯酸，111.6g（0.6mol）十二醇，8.8g（6%，占醇酸的质量分数，以下同），对甲苯磺酸，1.48g（1%）DCC，2.96g（2%）阻聚剂，在80～90℃保温3h后，用水泵减压抽提反应体系内生成的水，继续反应5h，其间不断将反应体系内生成的水移出。

将产物先经水洗，再用8%的氢氧化钠溶液洗涤，再次水洗至中性后用无水硫酸钠干燥后即得到丙烯酸十二酯。

(3) 增稠剂的合成　将一定质量的丙烯酸、丙烯酸丁酯、甲基丙烯酸甲酯和丙烯酸十二酯混合，加入单体总质量0.5%的乳化剂 AMPS、CO-458、NP-40，并加入一定质量的水，混合后配制成预乳化液。

在装有电动搅拌器、回流冷凝器、温度计及滴液漏斗的250mL四口烧瓶中，依次加入去离子水、CO-458、NaHCO₃，开动搅拌，升温至85℃，分别同时滴加引发剂过硫酸铵和预乳化液。控制温度于 80~85℃，滴加 2h，升温至 90℃继续反应 1h，降温至 45℃，过滤出料。

(4) 产品主要技术指标　外观为带蓝色荧光的白色乳液；固含量为 40%；黏度为 0.02~0.05Pa·s（25℃）；pH 为 4~5；储存半年无沉淀、不分层。由于这类增稠剂具有自身黏度低、增稠能力强、稳定性好及不易长霉等特点，该共聚物乳液是一类高效增稠剂。

第 8 章

水性环氧树脂

8.1 环氧树脂概述

8.1.1 环氧树脂简介

环氧树脂是泛指一个分子中含有两个或两个以上环氧基，并在适当的化学试剂存在下形成三维交联网络状固化物的化合物总称。环氧树脂种类很多，其分子量属低聚物（oligomer）范围，为区别于固化后的环氧树脂，有时也把它称为环氧低聚物。它属于热塑性树脂，最常用的是双酚 A 环氧树脂。分子量约在 $350\sim4000$ 之间。其分子主链是由碳-碳键、醚键和双酚基构成，一般分子两端均有环氧基。由于分子中带有多种基团，羟基和环氧基是活性基团，可以和其他许多合成树脂或化合物发生反应。碳链具有柔软性，醚键具有耐化学品性，甲基具有强韧性，苯环具有耐热性，另外羟基还具有黏附性，所以环氧树脂具有许多优良的性能。

8.1.2 环氧树脂的类型及规格

8.1.2.1 环氧树脂的类型

环氧树脂可以按化学结构、状态及制造方法分类。但是最常用的还是按化学结构分类，环氧树脂按化学结构可大致分为以下几类。

(1) 缩水甘油醚类　其中的双酚 A 缩水甘油醚树脂简称为双酚 A 型环氧树脂，是应用最广泛的环氧树脂，结构式如下：

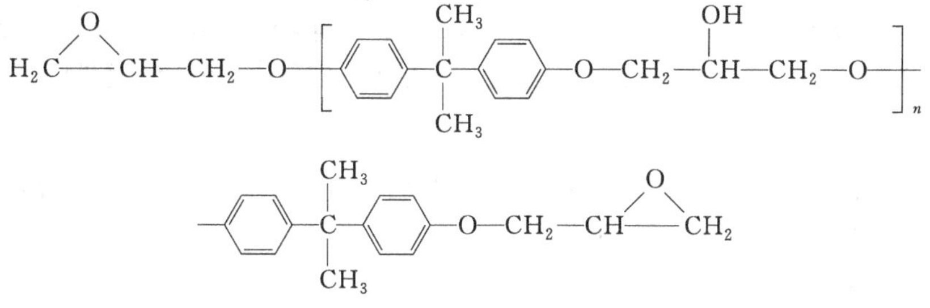

另外还有改性的双酚 F 型环氧树脂；双酚 S 型环氧树脂；氢化双酚 A 型环氧树脂；酚醛型环氧树脂；脂肪族缩水甘油醚树脂；溴代环氧树脂等。

(2) 缩水甘油酯类　结构式为：

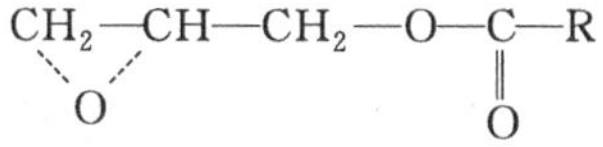

如邻苯二甲酸二缩水甘油酯等。

(3) 缩水甘油胺类　结构式为：

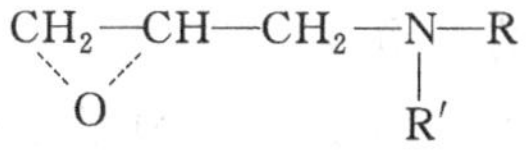

如四缩水甘油二氨基二苯甲烷。

(4) 脂环族环氧树脂　结构式为：

$$R-CH-CH-R'-CH-CH-R$$

（此处为结构式，两个环氧基上标有 O）

（5）环氧化烯烃类 结构式为：

（环氧化烯烃类结构式，含 CH、O、R、CH 等基团）

（6）新型环氧树脂 有一些新型环氧树脂，如海因环氧树脂，酰亚胺环氧树脂，TDE-85 环氧树脂，AFG-90 环氧树脂等。

另外还有混合型环氧树脂，含无机元素等的环氧树脂，如有机硅环氧树脂，以及具有特殊性能的阻燃性环氧树脂与水性环氧树脂等。

8.1.2.2 我国环氧树脂的规格和代号

（1）类型和代号 环氧树脂按其主要组成不同而分类，并分别给以代号，见表 8-1 所列。

表 8-1 环氧树脂类型和代号

代号	环氧树脂类别	代号	环氧树脂类别
E	二酚基丙烷环氧树脂	N	酚酞环氧树脂
ET	有机钛改性二酚基丙烷环氧树脂	S	四酚基环氧树脂
EG	有机硅改性二酚基丙烷环氧树脂	J	间苯二酚环氧树脂
EX	溴改性二酚基丙烷环氧树脂	A	三聚氰酸环氧树脂
EL	氯改性二酚基丙烷环氧树脂	R	二氧化双环戊二烯环氧树脂
F	酚醛多缩水甘油醚	Y	二氧化乙烯基环己烯环氧树脂
B	丙三醇环氧树脂	D	聚丁二烯环氧树脂
L	有机磷环氧树脂	H	3,4 环氧基-6 甲基环己酸 3,4 环氧基-6 甲基环己甲酯
G	硅环氧树脂	YJ	二甲基代二氧化乙烯基环己烯环氧树脂

（2）命名原则

① 环氧树脂的基本名称，仍采用我国已有的"环氧树脂"为基本名称。

② 在这基本名称之前，加上型号。

（3）型号

① 环氧树脂以一个或二个汉语拼音字母与两位阿拉伯数字作为型号，以表示类别和品种。

② 型号的第一位用主要组成物质名称。取其主要组成物质，汉语拼音的第一字母，若遇相同取其第二字母，以此类推。

③ 第二位是组成中若有改性物质，则也是用汉语拼音字母，若不是改性，则划"一"横。

④ 第三和第四位是标志出该产品的主要性能环氧值的平均数。

举例，某一牌号环氧树脂，以二酚基丙烷为主要组成物质，其环氧值指标为 $0.48 \sim 0.54$ 当量/100g，则其平均值为 0.51，该树脂的全称为"E-51 环氧树脂"。

8.1.3 环氧树脂的合成反应

以双酚 A 型环氧树脂为例，在氢氧化钠存在下，双酚 A 和环氧氯丙烷，不断进行开环加成和闭环加成。综合反应式如下：

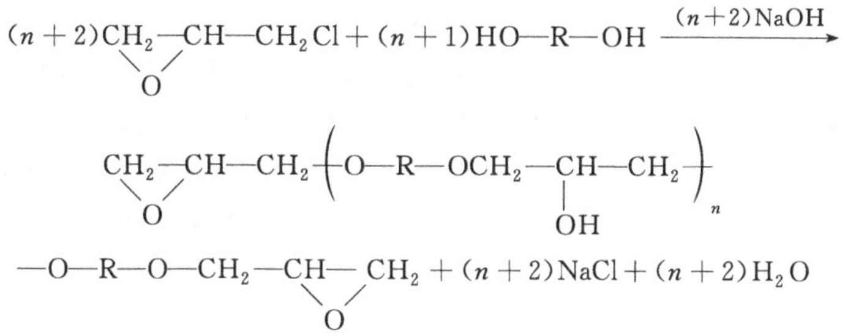

$$(n+2)CH_2-CH-CH_2Cl+(n+1)HO-R-OH \xrightarrow{(n+2)NaOH}$$

$$CH_2-CH-CH_2 \left(O-R-OCH_2-CH-CH_2 \right)_n$$

$$-O-R-O-CH_2-CH-CH_2+(n+2)NaCl+(n+2)H_2O$$

其中 HO—R—OH 代表

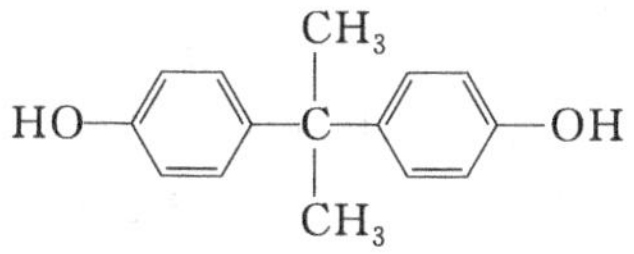

当环氧氯丙烷过量时，则得到双酚 A 环氧树脂。聚合度 n 值或分子量取决于 ECH/BPA（环氧氯丙烷/双酚 A）的摩尔比。当 ECH 大大过量时，n 趋于 0，通常将 $n=0.11\sim0.15$ 的低分子量环氧树脂称为标准液态环氧树脂、分子量小于 500。随 ECH/BPA 摩尔比减小，甚至接近 1:1，环氧树脂的分子量和 n 值增大。

8.1.4 环氧树脂的特性

8.1.4.1 物理性质

(1) 外观 环氧树脂按照分子量大小的不同，常温下可为淡黄色的黏稠液体或固体。

(2) 溶解性 环氧树脂的溶解性随分子量的增加而降低，分子量高的可用酮类、酯类、醚醇类或氯烃类溶解；中等分子量的树脂可用芳烃和醇的混合物作溶剂；低分子量的树脂可溶于芳烃中。但酮类和酯类溶剂能与胺类发生反应，用时要注意。

(3) 混溶性 环氧树脂与其他合成树脂的混溶性，随分子量的增加而降低。环氧树脂与芳香族聚合物混溶性好，而与脂肪族聚合物不混溶。如环氧树脂可与煤焦沥青、木沥青、脲醛树脂及对苯基苯酚树脂混溶性好；而与石油沥青、三聚氰胺甲醛树脂、氯乙烯-醋酸乙烯共聚树脂不混溶。

(4) 储存稳定性 在一般储存过程中，环氧树脂较稳定。

8.1.4.2 化学反应

(1) 环氧基的反应活性 环氧基是由两个碳原子和一个氧原子组成的，环氧环反应性相当活泼。氧的电负性比碳大，导致静电极化作用，使氧原子周围电子云密度增加。当亲电子试剂靠近时就攻击氧原子，而当亲核试剂靠近时则攻击碳原子，并迅速发生反应，引起键的断裂，使环氧基开环。

环氧树脂 R-CH$_2$OCH$_2$ 中，R 为推电子基团时，会增加环氧基与亲电试剂（如路易斯酸等）的反应速率，而会降低环氧基与亲核试剂（如路易斯碱等）的反应速率。当 R 为吸电子基团时，则恰恰相反。

（2）环氧基的均聚反应　环氧基虽然有极高的反应活性，但是如果没有固化剂、催化剂或其他有害杂质，其本身是很稳定的。例如纯的双酚 A 型环氧树脂即使加热到 200℃也不会开环聚合。所以环氧树脂的存放期很长。可是环氧树脂在叔胺等路易斯碱或 BF$_3$ 等路易斯酸的催化作用下，环氧基会按离子型聚合反应的历程开环均聚。

在叔胺作用下，环氧基按阴离子逐步聚合反应历程开环均聚。

BF$_3$ 是环氧树脂的阳离子型催化剂。BF$_3$-胺络合物能引发环氧基按阳离子聚合反应历程开环均聚。络合胺类的碱性不同则离解温度也不同。低于某温度时，即使与环氧树脂共存，体系也是很稳定的，因此可作为潜伏型固化剂。

无机碱也是环氧基聚合的催化剂。因此，环氧树脂中残留的微量碱会显著改变树脂固化体系的正常固化速率及树脂的存放期，应予以重视。

（3）环氧基与活泼 H 原子的反应　按照化学性质可把含活泼氢化合物分成碱性化合物（如伯胺、仲胺、酰胺等）和酸性化合物（如羧酸、酚、醇等）。它们的活泼氢原子与环氧基会产生加成反应。

一般碱性大的活性大，如脂肪胺＞芳香胺。酸性化合物按亲电机理与环氧基反应，一般酸性大的活性大，如羧酸＞酚＞醇。

脂肪族伯胺与端环氧基的反应在室温下就能进行，无需促进剂。但是一系列质子给予体物质（如醇类、酚类、羧酸、磺酸和水等）对此反应有促进作用。而质子接受体物质（如酯类、醚类、酮类和腈类等）对它起抑制作用。促进效果的顺序为：酸≥酚≥水＞醇＞腈＞芳烃（苯、甲苯等）＞二氧杂环己烷＞二异丙基醚。

芳香胺比脂肪胺的活性小，与环氧基的反应速率慢。室温下只有 30%左右的树脂参加了反应。这是由于芳香胺氮原子上的不对称电子被苯环部分地分散了（苯核的 E 效应），造成碱性降低，以及苯环的立体位阻效应所致。

酰氨基上氢原子的活性就更小了，室温下与环氧基很难发生反应。需在 KOH、NaOH 或苯二甲酸钠等强碱性促进剂存在下，或在 150℃以上的高温下才能产生开环加成反应。此反应可用于环氧树脂的改性。

醇类化合物是作为亲电试剂与环氧基反应的。但因其酸性极弱，即亲电性小，所以若无促进剂存在则需要在 200℃以上才能反应。醇类与环氧基的反应活性顺序为：伯醇＞仲醇＞叔醇。叔胺等碱性化合物能促进羟基与环氧基在较低温度（100℃左右）下快速反应。

酚比醇的酸性大，所以酚羟基与环氧基的反应速率比醇羟基快。在近 200℃时就开始反应；在 KOH 等碱性促进剂作用下，此反应能在 100℃时进行。

羧基与环氧基的反应比胺类慢，一般在室温下不能生成高交联度结构。需在 100℃以上长时间加热才能固化。叔胺、季铵盐等碱性化合物能促进此反应。用于环氧树脂的增韧、固化及乙烯基酯树脂的合成等。

在碱性促进剂作用下，醇、酚和羧酸等含羟基化合物与缩水甘油醚反应活性的顺序为醇＞酚＞羧酸。这和它们的阴离子的碱性大小顺序是一致的。

巯基（硫醇基）类似于羟基能与环氧基反应，生成含仲羟基和硫醚键的产物。叔胺和其他胺类化合物对此反应有较强的促进作用。其反应速率比胺与环氧基的反应快得多，尤其在低温，即使在 0℃也能反应，增加胺类促进剂的碱性能增快反应速率。此反应用于环氧树脂的增韧和固化。

（4）环氧基与其他官能团的反应

① 环氧基能与 HCl、HBr 中的卤素原子反应，用于环氧当量的测定和聚氯乙烯等氯化聚合物的稳定剂。

② 环氧基能与聚氯丁二烯中 1,2 结合的烯丙基位的氯原子反应而交联。

③ 环氧基与氯磺酸基的反应，用于氯磺化聚乙烯与环氧树脂的硫化。促进剂有二硫化二苯并噻唑、秋兰姆及二邻甲苯基胍等。

④ 环氧基与异氰酸基—NCO 的反应。异氰酸酯是亲电子试剂，易被亲核试剂所攻击。因此易与各种活泼氢化合物发生反应。季铵盐等是其高效促进剂，最后生成　唑烷酮。

用 $MgCl_2$ 和六甲基磷酰三胺二聚物作促进剂合成出　唑弹性体。用溴化四乙基胺、溴化锂等作促进剂用于胶黏剂，在 150～200℃下固化。用溴化锂和三烃基膦化氧的络合物作促进剂可在 80℃反应，用于胶黏剂。

⑤ 环氧基与氨基甲酸酯的反应。此反应经由 β-羟乙基氨基甲酸酯，生成　唑烷酮。叔胺（如三乙胺）和季铵盐是该反应的有效促进剂。

⑥ 环氧基与脲类在高温下可发生一系列反应。

（5）仲羟基与其他官能团的反应　相对分子质量较高的双酚 A 型等环氧树脂中还含有仲羟基。可以和多种化合物反应，其环氧树脂的固化和改性原理就是依据这些反应。羟基和羧基反应，用于制备环氧酯涂料；羟基和羟甲基反应，如酚醛树脂和氨基树脂的羟甲基与之发生反应，用于制备烘干漆；羟基和有机硅、有机钛等反应，可提高耐热、耐水性。它与某些官能团的反应如下。

① 仲羟基与羟甲基的醚化反应。用于酚醛树脂的改性和固化。

② 仲羟基与氨基的反应。用于羧基橡胶的改性及硫化，环氧树脂的增韧及固化等。

③ 仲羟基与异氰酸基的反应。促进剂有叔胺、有机金属化合物等。用于异氰酸酯的扩链及交联等。

④ 钛、锆及铝的醇盐能通过螯合反应使带有羧基的聚合物交联。

8.1.4.3 环氧树脂的特性和指标

（1）环氧值（E）和环氧当量（Q）　环氧值（E）是指每 100g 环氧树脂中含

有环氧基的物质的量（mol），称为环氧值。环氧当量（Q）是指含有1mol环氧基的树脂的质量（g），单位为g/mol，称为环氧当量。两者的关系为$Q=100/E$，都表示环氧树脂中含有环氧基的多少，且随着树脂分子量的不同而不同。环氧树脂分子量高时，环氧值E小，环氧当量Q大；分子量低时，E值大，Q值小。环氧值是环氧树脂的重要质量技术指标，在生产和使用时进行测定，用以确定树脂性质或计算固化剂用量。

（2）羟基值H和羟基当量Q_H 羟基值H是指每100g环氧树脂中含有羟基的物质的量（mol），称为羟基值。羟基当量Q_H是指含有1mol羟基的树脂的质量（g），称为羟基当量，单位为g/mol。两者的关系为$Q_H=100/H$。都表示环氧树脂中含有羟基的多少，用以计算与羟基反应的试剂的用量。

（3）酯化当量（E_g） 是指酯化1mol单羧酸（如60g醋酸或280gC_{18}脂肪酸）所需环氧树脂的质量（g），称酯化当量，单位为g/mol。环氧树脂中羟基和环氧基都能与羧酸进行酯化反应，并且酯化反应时1个环氧基相当于2个羟基。酯化当量可表示环氧树脂中羟基和环氧基的总量，在计算酯化型环氧漆的配料时要用到酯化当量。酯化当量E_g和E及H的关系如下：$E_g=100/(2E+H)$，因此，通过羟基值和环氧值可计算出酯化当量的近似值。

（4）软化点 在规定的温度下，测得环氧树脂的软化温度。它可表示树脂分子量的大小，软化点高的分子量大，软化点低的分子量小。

（5）氯值 是指100g环氧树脂中含氯的摩尔数。微量氯会干扰树脂的固化反应，影响树脂的电性能。

常用环氧树脂的特性指标见表8-2。

表8-2　常用环氧树脂的特性指标

树脂型号	分子量	软化点	环氧值	羟基值	酯化当量
E-51	370	液体	0.45~0.54	0.06	85
E-42	470	21~27	0.35~0.45	0.16	108
E-20	900	64~76	0.18~0.22	0.26	150
E-12	1400	85~95	0.09~0.14	0.33	180
E-06	2900	110~135	0.04~0.07	0.37	200
E-03	3750	135~155	0.02~0.045	0.39	220

8.1.5 环氧树脂固化剂

8.1.5.1 环氧树脂固化剂的分类

（1）固化剂的类型 环氧树脂本身是线型结构的热塑性树脂，只有与固化剂交联后，变成体型结构的不溶不熔的聚合物材料，才显示特殊的使用性能。因此，环氧树脂的固化反应和固化剂是环氧树脂制备不同涂料及其他用途的重要部分。固化剂的种类有显在型固化剂，如胺类、酸酐类、合成树脂类和潜伏型固化剂等类型。

显在型固化剂为普通使用的固化剂，而潜伏型固化剂则指的是这类固化剂与环氧树脂混合后，在室温条件下相对长期稳定（一般要求在 3 个月以上，才具有较大实用价值，最理想的则要求半年或者 1 年以上），而只需暴露在热、光、湿气等条件下，即开始固化反应。这类固化剂基本上是用物理和化学方法封闭固化剂活性的。在显在型固化剂中，双氰胺、己二酸二酰肼这类品种，在室温下不溶于环氧树脂，而在高温下溶解后开始固化反应，因而也呈现出一种潜伏状态。所以，在有的书上也把这些品种划为潜伏型固化剂。实际上可称之为功能性潜伏型固化剂。因为潜伏型固化剂可与环氧树脂混合制成一液型配合物，简化环氧树脂应用的配合手续，其应用范围从单包装胶黏剂向涂料、浸渍漆、灌封料及粉末涂料等方面发展。

显在型固化剂（以下称固化剂）可分为加成聚合型和催化型。所谓加成聚合型即打开环氧基的环进行加成聚合反应，固化剂本身参加到三维网状结构中去。这类固化剂，如加入量过少，则固化产物连接着未反应的环氧基。因此，对这类固化剂来讲，存在着一个合适的用量。而催化型固化剂则以阳离子方式，或者阴离子方式使环氧基开环加成聚合，最终，固化剂不参加到网状结构中去，所以不存在等当量反应的合适用量；不过，增加用量会使固化速率加快。

加成聚合型固化剂有多元胺、酸酐、多元酚及聚硫醇等。其中最重要、最广泛的是多元胺和酸酐，多元胺占全部固化剂的 71％，酸酐类占 23％。从应用角度出发，多元胺多数经过改性，而酸酐则多以原来的状态，或者两种、低温共融混合使用。

(2) 固化剂的固化温度与固化物的耐热性　各种固化剂的固化温度各不相同，固化物的耐热性也有很大不同。一般地说，使用固化温度高的固化剂可以得到耐热优良的固化物。

对于加成聚合型固化剂，固化温度和耐热性按下列顺序提高：脂肪族多胺＜脂环族多胺＜芳香族多胺≈酚醛＜酸酐。

催化加聚型固化剂的耐热性大体处于芳香多胺水平。阴离子聚合型（叔胺和咪唑化合物）、阳离子聚合型（BF_3 络合物）的耐热性基本上相同，这主要是虽然起始的反应机理不同，但最终都形成醚键结合的网状结构。

固化反应受固化温度影响很大，温度增高，反应速率加快，凝胶时间变短；但固化温度过高，常使固化物性能下降，所以存在固化温度的上限；必须选择使固化速率和固化物性能折中的温度，作为合适的固化温度。按固化温度可把固化剂分为 4 类：低温固化剂的固化温度在室温以下；室温固化剂的固化温度为室温至 50℃；中温固化剂的固化温度为 50～100℃；高温固化剂的固化温度在 100℃ 以上。

属于低温固化型的固化剂品种很少，有聚硫醇型与多异氰酸酯型等；近年来国内研制投产的 T-31 改性胺、YH-82 改性胺均可在 0℃ 以下固化。

属于室温固化型的种类很多：脂肪族多胺、脂环族多胺、低分子聚酰胺以及改性芳胺等。

属于中温固化型的有一部分脂环族多胺、叔胺、咪唑类以及三氟化硼络合物等。

属于高温型固化剂的有芳香族多胺、酸酐、甲阶酚醛树脂、氨基树脂、双氰胺以及酰肼等。

对于高温固化体系，固化温度一般分为两阶段，在凝胶前采用低温固化，在达到凝胶状态或比凝胶状态稍高的状态之后，再高温加热进行后固化（post-cure），相对之前段的固化称为预固化（pre-cure）。

(3) 固化剂的结构与特性 固化剂的固化温度和固化物的耐热性有很大关系。同样的，在同一类固化剂中，虽然具有相同的官能基，但因化学结构不同，其性质和固化物特性也不同。因此，全面了解具有相同官能基而化学结构不同的多胺固化剂的性状、特点，对选择固化剂来说，是很重要的。

在色相方面，脂环族最浅，基本上是透明的，而脂肪族和芳香族，其着色程度相当显著。在黏度方面，也有很大不同，脂环族不过 $0.01\sim0.1Pa\cdot s$，而聚酰胺则非常黏稠，达 $1\sim10Pa\cdot s$，芳香族胺多为固态。适用期长短正好与固化性完全相反，脂肪族反应性最高，而脂环族、酰胺及芳香族依次降低。

8.1.5.2 胺类固化剂

(1) 胺类固化剂的种类及性能

① 脂肪族胺类 能在常温下固化，固化速率快，黏度低，使用方便，是常用的常温固化剂。缺点是有毒，固化时放热量大，适用期短，固化后树脂机械强度和耐热性差。

② 芳香族胺类 固化时需要较高温度，适用期长，固化后树脂耐热性好。

③ 改良胺类固化剂 是胺类和其他化合物的加成物，毒性小，工艺性能好，因此，工业应用上发展较快。

(2) 多胺固化剂分类及反应

① 多胺固化剂 多胺固化剂与环氧树脂反应时，首先是伯胺中的活性氢与环氧基反应成仲胺；第二步仲胺中的活性氢与环氧基再进一步反应，生成叔胺；第三步，剩余的氨基、反应物中的羟基与环氧基继续反应，直至生成体型大分子。

在应用芳香胺类固化剂的配方中，有时需要加入促进剂，以缩短凝胶时间，加促进剂会给固化物的性能带来不利的影响。

对某些胺与环氧基反应而言，加入适量的水或醇类化合物（均含有羟基），可以加速其反应。就苯基缩水甘油醚而言，醇的加速作用顺序为：甲醇＞乙醇＞正丙醇＞叔丁醇＞异丁醇＞环己醇。

胺固化剂分子结构中的羟基对固化反应同样具有加速作用。如对双酚 A 环氧树脂的凝胶时间顺序为：二乙烯二胺，羟乙基二乙烯三胺＞双羟乙基二乙烯三胺。

不同的有机酸对胺固化剂与环氧树脂的反应也有影响。就双酚 A 环氧树脂与胺反应而言，加入不同酸的反应速率顺序为：

对甲苯磺酸＞水杨酸＞甲酸＞苯甲酸＞乳酸＞草酸＞乙酸＞正丁酸＞顺丁烯二

酸＞邻苯二甲酸。

环氧-胺固化反应中，加入的物质对反应速率的影响，可归结为它们是否有利于产生氢键，因为氢键的形成加速了胺-环氧基之间的反应。

②　改性多元胺　为了克服胺类固化剂的脆性，不良的耐冲击性，耐候性及毒害作用，必须对胺类固化剂进行进一步改性，以便获得无毒或低毒、可在室温条件下固化的胺类固化剂。

8.1.5.3　酸酐类固化剂

常用的有邻苯二甲酸酐（简称苯酐），顺丁烯二酸酐（简称顺酐），固化时需较高的温度，反应热量小，适用期长，但是易吸水、易升华，使用不方便。固化后的树脂具有较高的机械强度和耐热性。涂料、胶黏剂中主要使用液态的酸酐加成物，如顺酐和桐油的加成物。酸酐类固化反应有：酸酐与羟基反应生成单酯；单酯中的羧基与环氧基酯化生成二酯；单酯与羟基也生成二酯；在酸催化下，环氧基与羟基起醚化反应。酸酐类固化反应中，用催化剂叔胺、季铵盐或氢氧化钾可以加速酸酐类的固化反应，工业上常用有机碱类。酸酐类固化剂用量的计算如下式：$G = M \times E \times K$。式中，G-100g 环氧树脂所需酸酐的克数；M-酸酐 g 分子量；E-环氧树脂环氧值；K-常数（0.6～1）。

8.1.5.4　合成树脂类固化剂

合成树脂类固化剂广泛用于环氧树脂中。如酚醛树脂、氨基树脂及醇酸树脂等，它们所含各类活性基团和环氧树脂互相交联固化。酚醛树脂可提高耐热性和耐酸性；氨基树脂提高韧性。涂料中所用环氧树脂多采用分子中较多羟基而较少环氧基的大分子，因为羟基容易和其他树脂中的活泼基团起反应。例如，酚醛树脂中的羟甲基和环氧基及羟基起反应；脲醛树脂及三聚氰胺甲醛树脂中的羟甲基、醇酸树脂中的羧基和羟基与环氧树脂起交联反应。

合成树脂类固化剂，因为本身在催化剂和温度作用下也可以聚合，所以用量变化范围较大，一般通过实验确定。

8.1.5.5　潜伏型固化剂

该类固化剂预先就配入环氧树脂中，在常温下有较好的稳定性，可以延长使用期限，不需现用现配，使用方便，而在较高温度（或特殊的条件下）会很快发生固化反应，具有这种性能的固化剂叫潜伏型固化剂（或潜固化剂）。常用的有下列几种。

双氰胺，外观为白色固体，常温下稳定，粉碎后分散于液体树脂中，储存稳定性可达 6 个月。在 145～165℃，使环氧树脂在 30min 固化，用量一般为 100gE-20 树脂中加 2.5～4g。

丁酮亚胺，是由丁酮和己二胺反应而成，加进树脂中要储存于密闭的包装桶内，稳定性良好，当涂刷成膜和空气中的水分接触时，丁酮亚胺又水解成丁酮和己二胺,己二胺可使环氧树脂在室温下固化。

3,2-(β-二甲氨基乙氧基)-4-甲基-1,3,2-二　硼杂六环,该固化剂是一种黏度很小,毒性很低的液体,与环氧树脂有很好的混溶性,适用于配制无溶剂涂料,用量为树脂的 10%~25%,150℃烘 5h 固化;用于聚酰胺-环氧体系中,常温下可储存 14 个月不凝胶,但在 190~260℃,只需 30~60s 即可固化,固化后漆膜有优良的力学性能。

8.1.6 环氧树脂的性能和应用

8.1.6.1 环氧树脂及其固化物性能

(1) 力学性能高　环氧树脂分子结构致密,具有很强的内聚力,力学性能高于酚醛树脂和不饱和聚酯等通用型热固性树脂。

(2) 粘接性能优异。环氧树脂固化体系中活性极大的环氧基、羟基以及醚键、胺键及酯键等极性基团赋予环氧固化物以极高的粘接强度。再加上它有很高的内聚强度等力学性能,因此它的粘接性能特别强,可用作结构胶。

(3) 固化收缩率小　环氧树脂固化收缩率一般为 1%~2%,是热固性树脂中固化收缩率最小的品种之一(酚醛树脂为 8%~10%;不饱和聚酯树脂为 4%~6%;有机硅树脂为 4%~8%)。线膨胀系数也很小,一般为 $6\times10^{-5}/℃$。所以其产品尺寸稳定,内应力小,不易开裂。

(4) 工艺性好　环氧树脂固化时基本上不产生低分子挥发物,所以可低压成型或接触压成型。配方设计的灵活性很大,可设计出适合各种工艺性要求的配方。

(5) 电性能好　是热固性树脂中介电性能最好的品种之一。

(6) 稳定性好　不含碱、盐等杂质的环氧树脂不易变质。只要储存得当(密封、不受潮且不遇高温),其储存期为 1 年。超期后若检验合格仍可使用。环氧固化物具有优良的化学稳定性。其耐碱、酸、盐等多种介质腐蚀的性能优于不饱和聚酯树脂、酚醛树脂等热固性树脂。

(7) 环氧固化物的耐热性好　一般为 80~100℃,耐热性环氧树脂的耐热温度可达到 200℃或更高。

(8) 在热固性树脂中,环氧树脂及其固化物的综合性能最好。

8.1.6.2 环氧树脂的使用特点

(1) 具有极大的配方设计灵活性和多样性,能按不同的使用性能和工艺性能要求,设计出针对性很强的最佳配方。这是环氧树脂应用中的一大特点和优点。

(2) 不同的环氧树脂固化体系分别能在低温、室温、中温或高温固化,能在潮湿表面甚至在水中固化,能快速固化、也能缓慢固化,所以它对施工和制造工艺要求的适应性很强。

(3) 在三大通用型热固性树脂中,环氧树脂的价格偏高,从而在应用上受到一定的影响。但是,由于它的性能优异,所以主要用于对使用性能要求高的场合,尤其是对综合性能要求高的领域。

8.1.7 环氧树脂应用领域

环氧树脂优良的物理机械和电绝缘性能、与各种材料的粘接性能以及其使用工艺的灵活性是其他热固性树脂所不具备的。因此它能制成涂料、复合材料、浇注料、胶黏剂、模压材料和注射成型材料，在国民经济的各个领域中得到广泛的应用。

8.1.7.1 涂料

环氧树脂在涂料中的应用占较大的比例，它能制成各具特色、用途各异的品种。其共性如下：

① 耐化学品性优良，尤其是耐碱性；

② 漆膜附着力强，特别是对金属；

③ 具有较好的耐热性和电绝缘性；

④ 漆膜保色性较好。

但是双酚 A 型环氧树脂涂料的耐候性差，漆膜在户外易粉化失光又欠丰满，不宜作户外用涂料及高装饰性涂料之用。因此环氧树脂涂料主要用作防腐蚀漆、金属底漆、绝缘漆，但杂环及脂环族环氧树脂制成的涂料可以用于户外。

8.1.7.2 胶黏剂

环氧树脂除了对聚烯烃等非极性塑料黏结性不好之外，对于各种金属材料如铝、钢、铁及铜；非金属材料如玻璃、木材及混凝土等；以及热固性塑料如酚醛、氨基、不饱和聚酯等都有优良的粘接性能，因此有万能胶之称。环氧胶黏剂是结构胶黏剂的重要品种。

8.1.7.3 电子电器材料

由于环氧树脂的绝缘性能高、结构强度大和密封性能好等许多独特的优点，已在高低压电器、电机和电子元器件的绝缘及封装上得到广泛应用，发展很快。此外，环氧绝缘涂料、绝缘胶黏剂和导电胶黏剂也有大量应用。

8.1.7.4 工程塑料和复合材料

环氧工程塑料主要包括用于高压成型的环氧模塑料和环氧层压塑料，以及环氧泡沫塑料。环氧工程塑料也可以看作是一种广义的环氧复合材料。环氧复合材料主要有环氧玻璃钢（通用型复合材料）和环氧结构复合材料，如拉挤成型的环氧型材、缠绕成型的中空回转体制品和高性能复合材料。环氧复合材料是化工及航空、航天及军工等高技术领域的一种重要的结构材料和功能材料。

8.1.7.5 土建材料

主要用作防腐地坪、环氧砂浆和混凝土制品、高级路面和机场跑道、快速修补材料、加固地基基础的灌浆材料及建筑胶黏剂基涂料等。

8.1.8 环氧树脂的改性及发展

8.1.8.1 环氧树脂的改性类型

(1) 环氧树脂的化学改性　为改善环氧树脂的某一些缺点，近年来人们对环氧树脂结构进行了大量的改进工作，出现了各种新型环氧树脂。

① 元素改性环氧树脂　卤代二酚基丙烷环氧树脂；有机钛环氧树脂；有机硅环氧树脂。

② 结构改性环氧树脂　脂环族环氧树脂；以亚苯基亚乙基醚为主链结构的环氧树脂。

③ 组分改性环氧树脂　聚氨酯改性环氧树脂；热塑性树脂改性环氧树脂。

(2) 环氧树脂增韧改性　目前，环氧树脂的增韧研究已取得了显著的成果，其增韧途径主要有几种：①在环氧基体中加入橡胶弹性体、热塑性树脂或液晶聚合物等分散相来增韧；②用含"柔性链"的固化剂固化环氧，在交联网络中引入柔性链段，提高网链分子的柔顺性，达到增韧的目的；③用热固性树脂连续贯穿于环氧树脂网络中形成互穿、半互穿网络结构来增韧从而使环氧树脂韧性得到改善；④核壳结构丙烯酸酯共聚物增韧改性。

(3) 环氧树脂其他改性

① 无机纳米材料改性环氧树脂　可改进环氧树脂的硬度和抗刮性；提高固化温度，可改善环氧树脂杂化涂层的耐潮湿性。

② 互穿网络（IPN）结构的环氧树脂体系　可达到 EP/PU 的 IPN 最佳相容性。

8.1.8.2 环氧树脂应用技术展望

(1) 环氧树脂涂料的环保性、功能性。

(2) 电子材料的高性能化。

(3) 高性能环氧复合材料。

(4) 防火性环氧材料。

(5) 环氧树脂无机纳米复合材料。

(6) 蔗糖基环氧单体和环氧化合物。

(7) 环氧树脂水性化改性。

8.2 水性环氧树脂制备

8.2.1 水性环氧树脂简介

8.2.1.1 环氧树脂水性化进展

20 世纪 70 年代至 80 年代初，将液体环氧树脂与胺类化合物反应制备成水性体系，其中胺类化合物起乳化剂和固化剂双重作用，此为第一代水性环氧树脂体系。但是当时制得的胺固化剂类乳化剂性能较差，其缺点比较明显，主要表现在：体系凝胶后不发生相分离，固化速率慢；体系初始黏度大，施工期限短；所用的液体环氧树脂相对分子质量低，涂膜耐腐蚀性差；树脂与固化剂交联密度大，涂膜硬度大，柔韧性和耐冲击性较差。

20 世纪 80 年代初期出现了双组分水性环氧树脂为代表的第二代水性环氧树脂体系。这一体系最重要的改进是：使用高分子量的固体环氧树脂水分散体作为水性树脂组分，其分子量较高，环氧官能团含量相对较低。由于树脂本身具有水分散型，因此这一体系可以用疏水性较强的胺类固化剂固化，成膜物的耐溶剂性、耐水性、耐磨性和柔韧性均得到提高。第二代水性环氧树脂体系也有一定的缺点，比如需采用机械法使分子量较大的固体环氧树脂分散于水中制备环氧树脂的水分散体，其稳定性不高，应用范围受到局限，并且需要添加共溶剂提高树脂与固化剂的相容性以辅助成膜，增加体系的 VOC。

20 世纪 90 年代初期出现了第三代水性环氧树脂体系。该体系是由多官能度、中等分子量的环氧树脂水分散体和改性氨基树脂固化剂水分散体组成的，其主要目的是改善树脂与固化剂的匹配性，提高树脂与固化剂交联密度，使固化物具备更加优异的耐腐蚀和耐磨损性能。该体系的另一重大改进，是将亲水性的非离子表面活性剂链段接枝到树脂和固化剂分子结构中。这一新技术大大降低表面活性剂的用量，减少或消除了体系中游离的表面活性剂，从而降低体系对水性溶剂的敏感性，增强体系的稳定性，改善了固化物的性能。

从第二代水性环氧树脂体系开始进入双组分水性环氧树脂体系时代，即环氧树脂与固化剂分别实现水性化。双组分水性环氧树脂体系的难点，在于解决环氧树脂水性化技术及水性树脂与固化剂的相容性等方面的关键问题。

8.2.1.2 环氧树脂水性化方法

环氧树脂具有优异的金属附着性和防腐蚀性，同时还有很好的化学稳定性和粘接性能，是目前用于金属防腐蚀最为广泛、最为重要的树脂之一。同样水性环氧树脂的主要特点是防腐性能优异、黏结性强、固化物稳定性好、力学性能高及电气绝缘性佳等，主要用于防腐涂料、汽车涂料、金属罐涂料及电器及医疗器械等领域。性能较好的水性环氧涂料是由双组分组成：一是疏水性环氧树脂分散体（乳液）；二是亲水性的胺类固化剂。其中关键在于疏水性环氧树脂的乳化，环氧树脂的水性化主要有环氧树脂乳化以及固化剂乳化法两种条途径。环氧树脂水性化制备方法主要包括乳化法和化学改性法。

（1）乳化法　借助于外加乳化剂作用并通过物理乳化的方法，可以制得相应的水性环氧树脂。根据物理乳化方式的不同可以分为机械法、相反转法。而根据乳化剂的不同，可分为普通乳化剂乳化法，水性环氧树脂乳化剂乳化法，水性环氧乳化型固化剂乳化法。早期是用普通乳化剂乳化法，但是由于乳化效果不理想，乳液稳定性差，已经被淘汰。

① 水性环氧树脂乳化剂乳化法　水性环氧树脂乳化剂是多表面活性中心的聚合型乳化剂，其结构中聚醚链段和环氧树脂链段是交替排列的，并采用卧式方式吸附于被乳化的环氧树脂表面，从而更有效地防止颗粒聚集，所得的水性环氧树脂非常稳定。含有亲水性基团聚氧乙烯链段的反应性环氧树脂乳化剂，能与胺类固化剂反应形成交联网络结构，从而阻止了乳化剂向涂膜的表面迁移，所得的水性环氧树脂具有很好的稳定性。新型水性环氧树脂反应性乳化剂，已成为外加乳化剂制备水性环氧树脂研究的重点和热点。

② 水性环氧乳化型固化剂乳化法　除采用物理乳化法乳化制备环氧树脂乳液外，对于低分子量的液体环氧树脂也可考虑使用固化剂乳化法。乳化型固化剂一般是环氧树脂多元胺加成物，即在普通的多元胺固化剂中引入环氧树脂分子链段，使它与低分子量液体环氧树脂混合后，可作为乳化剂对低分子量液体环氧树脂进行乳化。乳化的关键是在于提高固化剂与环氧树脂之间的相容性，减少游离伯胺的含量以及蒸馏除去未反应的游离胺。

用单缩水甘油醚、甲醛和不饱和化合物（如丙烯腈）与固化剂发生 Michael 加成反应，可以显著降低伯胺的含量，延长体系的储存期；采用双酚 A 型液体环氧树脂和过量的二乙烯三胺或三乙烯四胺反应，制备胺封端的环氧树脂固化剂，可以改善它的亲水亲油平衡值，使其成为具有与被乳化物相似链段的水性环氧固化剂，提高了固化剂与树脂之间的相容性，从而形成比较稳定的水乳化环氧树脂和多元胺固化剂组合物，可配制常温固化清漆。目前水性环氧树脂体系的研究方向主要是寻找更好的固化剂，改善交联度、硬度和柔韧性，缩短固化时间，提高力学性能，扩大使用范围等。

(2) 化学改性法　环氧树脂水性化技术目前研究的重点和热点是化学改性。化学改性即通过对环氧树脂分子或固化剂进行改性，引入亲水基团，使环氧树脂和固化剂本身具有乳化剂的特性，不用外加乳化剂就能分散于水中。常用的化学改性方法有自由基接枝改性法，功能性单体扩链法，即通过适当的方法在环氧树脂分子中引入羧酸、磺酸等功能性基团，再中和成盐。

自由基接枝改性法是利用双酚 A 环氧树脂分子链中的亚甲基活性较大，在过氧化物作用下易于形成自由基，能与乙烯基单体共聚，可将丙烯酸与马来酸酐等单体接枝到环氧树脂分子链中，中和成盐，得到不易水解的环氧树脂。由于这种接枝与通过酯键接枝于环氧骨架上的乳液相比稳定性较好，这种乳液可用苯酚或苯甲酸将环氧官能基封端。使用丙烯酸类单体与环氧树脂接枝共聚反应，在环氧树脂中引入强亲水性基团—COOH 使树脂水性化。将环氧树脂与水分散型丙烯酸类树脂进行自由基反应，制得一种能有效防止铁和非金属底材腐蚀、具有低 VOC 的水性涂料组合物。

功能单体扩链法是利用环氧基与一些低分子扩链剂如氨基酸、氨基苯甲酸及氨基苯磺酸等化合物上的基团反应在环氧树脂分子链中引入羧酸、磺酸基团，再中和成盐，可制备分散性稳定且涂膜性能优良的水性涂料。

8.2.1.3 水性环氧树脂的分类

(1) 根据乳化方法分类　按制备方法的不同，水性环氧树脂可分为外乳化型、自（内）乳化型和水性固化剂乳化型 3 大类。

① 外乳化法　最初是直接乳化法即机械法。通常是用球磨机、胶体磨、均质器等将环氧树脂磨碎，然后加入乳化剂水溶液，再通过超声波振荡、高速搅拌或均质机乳化等手段将非水溶性环氧树脂以微粒状态分散在水中，形成水乳液。

直接乳化法水性环氧体系，由于体系存在较多游离的小分子乳化剂，其耐水性和耐溶剂等性能比溶剂型的差，而且适用期短，且制得粒子粒径较大，现在多不采用。

外乳化法中近年来采用环氧树脂型乳化剂或反应性乳化剂，用相反转乳化法，制得了较好性能的水性环氧树脂，有很好的发展前途。用改性环氧树脂为乳化剂来乳化本体环氧树脂的方法，制备的环氧树脂水乳化体系，乳胶颗粒粒径小，乳液稳定性得到明显提高。

② 自乳化法　水性环氧树脂的自乳化法是通过化学改性（将环氧树脂通过醚化、酯化、接枝和非离子化合物反应），将一些亲水性的基团引入到环氧树脂分子链上，使环氧树脂获得自乳化的性质，也叫化学改性法。

③ 水性环氧固化剂乳化法　该方法是制备具有乳化性能的水性环氧固化剂，将固化剂加入环氧树脂中，既可乳化环氧树脂，又起固化剂的作用。采用固化剂乳化环氧树脂，在水性化过程中不改变环氧基团本身，能够保持环氧树脂原有的优异性能。该法乳化环氧树脂的体系中，根据环氧树脂的分子质量，水性环氧体系又可分为两类。

第 1 类水性环氧体系，基于液体或半固体环氧树脂，典型的环氧当量（EEW）范围在 175～240，如国产 E-51。

第 2 类水性环氧体系，基于高分子量固态环氧树脂的，此时当量范围在 450～650，如国产 E-21。

(2) 按化学反应分类

① 醚化反应　亲核基团（如伯氨基、仲氨基）与环氧树脂中的环氧基反应，然后对产物中的叔胺，用酸中和成盐（阳离子）或以改性剂中的其他极性基团（羧基、磺酸基等）为亲水基，碱中和成盐（阴离子）；

② 酯化反应　环氧基、仲羟基与有机酸、无机酸反应，酸根离子进攻极化的环氧基，或主链的仲羟基上。以羧基聚合物、酸酐或多元酸等含有至少 2 个羧基的化合物中的 1 个羧基使环氧酯化，然后碱中和成盐（阴离子）；

③ 接枝反应　接枝反应改性方法，是通过环氧树脂分子结构中的亚甲基氢，在引发剂作用下，与丙烯酸单体或丙烯酸类聚合物发生自由基反应，生成接枝共聚物，再以氨水中和羧基成盐制备水可分散环氧树脂。接枝反应不需破坏环氧基，改

性产物分散粒径小，可以得到高环氧保留率、高稳定性的环氧树脂水性改性物。此外，亦可将酯化反应和接枝反应改性方法同时用于水性环氧树脂。接枝反应改性方法优点十分明显，但影响因素众多，反应不易控制，产物复杂。

（3）按生成物的离子性质分类

① 阴离子型

a.胺化法　含氨基的酸类在环氧树脂分子链上（醚化）引入羧酸、磺酸等功能性基团，如常用的有氨基酸、氨基苯甲酸及氨基苯磺酸（盐）等，然后碱中和成盐。

b.接枝改性方法　用如含双键的（甲基）丙烯酸、马来酸（酐）使亚甲基在过氧化物作用下易于形成自由基，进行加成反应，引入羧基，然后碱中和成盐。

② 阳离子型　氨基的化合物与环氧基团（醚化）反应生成含叔胺或季铵碱的环氧，然后酸中和成盐。由于环氧固化剂通常是含氨基的碱性化合物，易失稳，很少用。

③ 非离子型　含亲水性的氧化乙烯链段的聚乙二醇，或其嵌段共聚物上的羟基，或含聚氧化乙烯链上的氨基，与环氧基团（醚化）反应，将聚氧化乙烯链段引入到环氧分子链上。如含亲水性的氧化乙烯链段的聚氧乙烯二醇、聚氧丙烯二醇。由多元酚多元醇或者带有活性醇羟基、酚羟基的低聚物在催化剂作用下亲核加成到环氧基的碳原子上。

（4）按环氧树脂上反应位置分类

① 与环氧基反应　环氧基有较大的张力和极性，很容易与亲核试剂及亲电试剂作用而开环，方便地引入亲水基团及链段。其改性剂有如下几类。

a.用氨基酸、氨基苯甲酸、氨基苯磺酸（盐）使环氧基开环，然后羧基用碱中和成盐；

b.羟基苯甲酸甲酯、巯基乙酸酯与环氧基反应，酯基水解，然后碱中和成盐；

c.多羧基酸使环氧基开环引入羧基，然后中和成盐。环氧基消失，要加入三聚氰胺或氨基树脂以利于固化；

d.用端环氧基聚氧化乙烯或端环氧基聚氧化丙烯及双酚 A 与双酚 A 环氧树脂在三苯基膦化氢催化下反应的亲水链段的含有环氧基的非离子水性环氧树脂。

② 与亚甲基上的氢反应　在引发剂作用下，使亚甲基产生活性中心，引发（甲基）丙烯酸类的双键进行接枝聚合反应，保存环氧基，而羧基用碱中和成盐；

③ 与仲羟基反应　活性小，用磷酸与其反应形成单、双或三磷酸酯环氧，用氨水中和成盐；用酸酐或不饱和脂肪酸反应，得到相应的环氧酯，再通过双键作用与顺丁烯二酸酐反应，制成水性脂肪酸环氧。

④ 其他类型　另外，还有一类新型水性环氧树脂。从改变环氧树脂分子结构出发，得到了一种可交联的、核壳式脂环族环氧化合物乳液。该类脂环式环氧化物环氧基结构与缩水甘油醚型环氧树脂不同，没有一级环氧碳原子，环氧基不缺电子，脂环上的环氧基团位阻效应很大，不易受亲核试剂的进攻。由于环氧化合物中

没有苯环，2 个环氧之间的距离又非常近，固化产物的交联度很高。该化合物在胺的存在下非常稳定，只有在酸性条件下才有反应活性，同时这类水性环氧树脂具有很高的耐热性、耐候性和电性能。

8.2.2 自乳化水性环氧树脂乳液

(1) 主要原材料　双酚 A 型环氧树脂 Shell828；双酚 A 型环氧树脂 E1001；环氧树脂 GY2600；二乙醇胺（DEA）；D230（为四官能团伯胺）；丙烯腈；丁基缩水甘油醚（BGE）；叔碳酸缩水甘油酯（E10）；丙二醇甲醚（PM）（CP）；HAC（AR）。

(2) 水性环氧树脂乳液的制备　一定量的环氧树脂及共溶剂 PM 按一定比例加热搅拌混合均匀，然后在搅拌状态下滴入一定量的 DEA，滴入一定量的 D230，滴入一定量的 50％乙酸水溶液反应充分后，在搅拌状态下加入设计固含量计算量的去离子水，高速搅拌一段时间使其充分乳化，制得水性环氧树脂乳液。

(3) 最佳条件与性能

① 选用的丙二醇甲醚为共溶剂，该溶剂为环保型溶剂，对大气污染小，并且在环氧树脂乳液中的含量约为 6.5％，VOC 含量低；

② DEA、D230 的用量为环氧树脂摩尔量的 15％、25％（摩尔分数）时反应稳定，乳液稳定性最好；

③ HAC 为 50％乙酸水溶液，用量为开环氧树脂的有机胺的 80％（摩尔分数）为佳；

④ 该环氧树脂乳液为化学改性自乳化型环氧树脂乳液，不含游离乳化剂，固化成膜性好，涂膜物理化学性能优良；

⑤ 所制备的环氧树脂乳液稳定性好，经 2500r，离心 30min 无分层和破乳现象；40℃恒温烘箱放置 3 个月无破乳和分层；-20～25℃循环冻融 72h 无分层和破乳现象。

8.2.3 阴离子型水性环氧树脂

(1) 主要原材料　双酚 A 环氧树脂（E-44）；油酸；马来酸酐（Ma）；过氧化苯甲酰（BPO）；三乙胺；甲苯；水性环氧固化剂；其他试剂均为国产分析纯。

(2) 改性环氧树脂的合成　在装有温度计，冷凝管，滴液漏斗的四口烧瓶中加入一定量的 E-44 树脂，以适量甲苯作溶剂，甲苯作带水剂，加热搅拌使 E-44 树脂完全溶解后，按不同比例加入油酸，升至一定温度然后恒温反应，以酯化率控制反应终点。制得油酸与环氧树脂所需不同摩尔比的环氧油酸酯。在上述环氧油酸酯体系中，分别加入与油酸等摩尔的马来酸酐，以反应体系总重量的 0.5％的 BPO 作引发剂，在 75℃左右反应 3h。反应完成后抽真空除去溶剂得到改性环氧树脂。

(3) 水性环氧树脂体系的制备　温度控制在 50℃左右，向上述改性环氧树脂中滴加三乙胺，使体系中的羧基完全中和成盐，再加入蒸馏水制成固含量均为

40％的水性环氧树脂体系。

8.2.4 接枝型水性环氧树脂乳液

(1) 主要原材料　环氧树脂（E-51、E-44、E-20、E-06）；正丁醇，化学纯；丙烯酸（AA）、过氧化苯甲酰（BPO）、乙二醇单丁醚、N,N-二甲基乙醇胺，均为分析纯。

(2) 水性环氧树脂乳液的合成　在四口烧瓶中，用正丁醇和乙二醇单丁醚混合溶剂预溶好环氧树脂，在氮气保护下加热并搅拌升温到 110℃，在 2h 内以一定速度滴加丙烯酸和过氧化苯甲酰的混合溶液，升温到 116℃，保温反应 5h。降温到 85℃，在高速搅拌条件下加入 N,N-二甲基乙醇胺和去离子水的混合溶液，调节 pH 值至 7～8。在 50℃恒温搅拌 1h，再加入一定量去离子水保温搅拌 1h 即得水溶性环氧树脂体系。

(3) 反应最佳条件　选用环氧树脂 E-06，BPO 用量为环氧树脂用量的 1.43％，丙烯酸量为环氧树脂量的 14.3％，反应温度为 116℃，时间 6 h。粘接性能测试结果表明，当固化温度为 180℃、固化时间为 50 min，接枝物对铝和不锈钢均有较好的粘接性能。

8.2.5 非离子型水性环氧树脂

(1) 主要原材料　萜烯基环氧树脂（TME），环氧值 0.34～0.38；聚乙二醇 2000（PEG2000，M_n1800～2400）、聚乙二醇 4000（PEG4000，M_n 为 3500～4500）、聚乙二醇 6000（PEG6000，M_n 为 5500～7000）、聚乙二醇 10000（PEG10000，M_n 为 8000～13000）、三氟化硼乙醚，均为化学纯。

(2) 萜烯基环氧树脂专用乳化剂 TP 的合成　将 TME 和 PEG 按一定比例加入至带温度计、机械搅拌和回流冷凝器的四口烧瓶中，加热至 80℃，搅拌均匀，然后滴加适量三氟化硼乙醚（约每 100g 反应物 0.3mL），升温至 80～120℃，反应 1～1.5h。

(3) 环氧树脂水乳液的制备　将 TME 和乳化剂 TP 加入到带温度计、机械搅拌、恒压滴液漏斗和电导率仪的四口烧瓶中，加热至 60～70℃，充分搅拌使 TME 和 TP 呈均相液态。保持一定的温度和搅拌速率，缓慢滴加去离子水，并观察体系电导率的变化。当体系电导率发生跃升时表明体系已发生相反转，维持搅拌速率，连续滴加水至体系达到一定的固含量。

(4) 最佳条件及性能　以相对适中的 PEG4000 与 TME 按物质的量比 2∶1、在催化剂三氟化硼乙醚作用下、110℃左右反应 1h 合成的乳化剂 TP-V，对萜烯基环氧树脂具有很好的乳化效果，制备的乳液粒子粒径均一度较高，乳液表观黏度较小。

用 TP 制备的水性萜烯基环氧树脂稀乳液，在粒子表面形成乳化剂-吸附水组成的水合双电层。在该水合双电层构成的树脂/水界面膜作用下，乳液粒子稳定分散于水中，粒径小于 200nm。

8.2.6 非离子自乳化水性环氧树脂固化剂

(1) 主要原材料　三乙烯四胺（TETA）：化学纯；乙二醇二缩水甘油醚（SY-669）；工业品十八胺（OCTA）：工业品；丙二醇甲醚（PM）：化学纯；甲苯：分析纯；乙二醇甲醚：分析纯；丙酮：分析纯；盐酸：分析纯；冰乙酸：分析纯；醋酸酐（纯度 93%）；氢氧化钠：分析纯。

(2) 非离子型水性环氧固化剂的制备　非离子型水性环氧固化剂的合成分成两步：第一步是用 SY-669 与 OCTA 反应，制得一种两端为环氧基，中间氮原子上接有长烷基链的 SY-669 与 OCTA 的加成物；第二步是用脂肪胺（如 TETA）对 SY-669 与 OCTA 的加成物进行封端，制备出了一种新型的非离子型自乳化水性环氧固化剂。

① SY-669 与 OCTA 加成物的制备　将 SY-669 置入装有温度计、恒压漏斗、搅拌器的四口烧瓶中，升温至设定值，搅拌器速率为 150r/min 左右。再将已在一定温度下融化的十八胺置入恒压漏斗中，缓慢加入四口烧瓶中。滴加结束后，再保温反应一段时间，可制得目标产物。

a. 加料方式　在较低的温度下，将十八胺缓慢地滴加到 SY-669 中。且在滴加前要将 OCTA 融化成液体，再将其置入恒压漏斗中。

b. 最佳原料配比　在反应温度为 65℃，反应时间为 6h 的条件下，(SY-669)：n(OCTA)为 22：1 时较理想。

c. 反应温度和反应时间　一般反应温度控制在 65～75℃。

② 脂肪胺对 SY-669/OCTA 加成物的封端

a. 加料方式　将第一步合成的 SY-669 与 OCTA 的加成物以缓慢的速度滴入溶于助溶剂的脂肪胺中。

b. 配比　n(SY-669)：n(OCTA)：n(TETA)(SY-669)：n(OCTA)：n(TETA)为 22：1：24 时，效果最理想。

c. 温度　控制在 55～65℃，滴加速率控制在 1 滴/15s 左右时具有较好的结果。

d. 助溶剂　使用 PM 作为助溶剂，具有较好的效果。

8.2.7 复合水性环氧树脂乳液

(1) 原材料　E-44 环氧树脂为市售工业品；苯酐、双酚 A、聚乙二醇、乙二醇丁醚、季　盐、BPO、正丁醇、N,N-二甲基乙醇胺均为分析纯试剂，使用前未经处理。

(2) 水性环氧树脂乳液的制备

① 高分子质量环氧树脂的合成　苯酐和聚乙二醇经酯化反应后生成链端带有羧基的线型树脂 A。A 和 E-44 环氧树脂发生酯化反应生成末端带有环氧基的树脂 B。B 再与双酚 A 在季铵盐作用下经醚化反应，合成分子量 10000～20000 的高分

子量环氧树脂 HMW。

② 中等分子量环氧树脂的合成　双酚 A 和 E-44 环氧树脂在季　盐作用下经扩链生成分子量 6000 左右的中等分子量环氧树脂 D。D 再与同摩尔的丙烯酸反应引入双键即得中等分子量环氧树脂 MMW。

③ 水性环氧树脂乳液的制备　将 HMW 和 MMW 按一定比例混合后,用正丁醇预溶解在装有搅拌器、恒压漏斗、冷凝管和氮气导管的四口烧瓶中,升温至 90℃,先加入一半 BPO,反应 15min;将丙烯酸和苯乙烯组成的混合单体,在 2.0h 内缓慢滴入烧瓶,然后加入 1/6 的 BPO。在 1h 内分 2 次加入余下的 BPO,并升温至 115℃,在此温度下保持 2h。反应结束后得深黄透明黏稠液体。降温到 90℃左右,加入 N,N-二甲基乙醇胺和蒸馏水的混合物在高速搅拌下中和成盐,在 90℃保温反应 1h,即得水性环氧树脂乳液。

(3) 最佳合成工艺和条件

① 研制了一种高分子质量的具有柔顺性的环氧树脂和中等分子质量的带有双键的环氧树脂,并把丙烯酸等单体混合物经接枝共聚接枝到环氧树脂支链上,再用多胺类中和成中性,即制得一种具有水分散型的环氧树脂乳液。

② 确定了高分子量环氧树脂分子量为 10000～20000,中等分子量环氧树脂分子量为 6000～8000;接枝聚合温度 115℃,时间为 5h,其中滴加单体混合物时间为 2h,丙烯酸和苯乙烯质量比为 2:1～3:1,乳液 pH ＝7.0～8.0。

8.3 水性环氧树脂改性

8.3.1 水性环氧树脂改性丙烯酸共聚乳液

(1) 主要原材料　PVA:化学纯;WEP (B63):化学纯;BA:分析纯;St:分析纯;AA:分析纯;AM:分析纯;过硫酸钾 (KPS):分析纯;NaHSO$_3$:分析纯;单晶硅:纯度 99.99%。

(2) 改性共聚物乳液的合成

① EA 交联剂的合成　在配有搅拌装置、回流冷凝管、电子恒温水浴的三口烧瓶中加入 AA 和 WEP[n(AA):n(W EP)=1:1],在 80℃下反应 2h,得到黄色透明黏稠液体,即为 EA 交联剂。

② 改性共聚物乳液的合成　将 PVA 溶液和一定量的去离子水加入配有搅拌装置、回流冷凝管及电子恒温水浴的三口烧瓶中搅拌 30min,搅拌均匀后升温至 60℃后恒温,分别向三口瓶中滴加总加入量 1/4～1/3 的 BA-St-AM 的混合液(质量比为 5:5:1)、EA 交联剂和 KPS-NaHSO$_3$ 引发剂水溶液(KPS 和 NaHSO$_3$ 的质量占反应单体总质量的 0.1%),升温至 80℃后恒温,待反应液出现蓝光后,将剩余单体及引发剂在 2h 左右滴完,滴加完毕后保温反应 4h 左右,在反应后期可适

当补加少量引发剂，得到泛蓝光的乳白色黏稠液体，即为改性共聚物乳液。

③ 自组装超薄膜的制备 单晶硅表面的预处理，依次用甲苯和丙酮清洗单晶硅的表面，在超纯水中超声清洗 2min，再在 Piranha 液 $[V(98\% \ H_2SO_4):V(30\% \ H_2O_2)=4:1]$ 中于 80℃ 下处理 10min，用超纯水充分清洗，氮气吹干，于 100～110℃ 下干燥 30min，置于干燥器中备用。

④ 用溶胶-凝胶法制备自组装超薄膜 将处理好的单晶硅基片垂直置于改性共聚物乳液中，沿垂直水平面的方向（控制一定的速率）将单晶硅基片拉出，氮气吹干，在 60℃ 下干燥 30min，置于干燥器中备用。

(3) 涂膜的制备及乳液的性能 将改性共聚物乳液在聚四氟乙烯模具内流延成膜，自然干燥 3d，再置于烘箱内于 60℃ 下干燥 12h 即得到涂膜。

改性共聚物乳液的平均粒径为 160nm，粒径集中分布在 150～200nm 之间；EA 交联剂的加入使改性共聚物乳液在成膜过程中形成三维交联结构，产生不可逆的共价交联，可显著提高改性共聚物乳液涂膜的耐水性和拉伸强度。

8.3.2 水性环氧-聚氨酯乳液

8.3.2.1 环氧树脂改性水性聚氨酯乳液

(1) 主要原材料 甲苯二异氰酸酯 (TDI-80)，工业级；聚醚二醇 (N220)，工业级 $(M_w = 2000)$（用前减压蒸馏脱水）；二羟甲基丙酸 (DMPA)，工业级（用前干燥）；1,4-丁二醇 (BDO)，工业级；环氧树脂 (E-44)，工业级；丙酮，工业级；N-甲基吡咯烷酮 (NMP)，分析纯；三乙胺 (TEA)，分析纯。

(2) 合成工艺 在装有回流冷凝管、搅拌器和温度计的三口烧瓶中，加入一定量的 (TDI) 和脱水的 (N220)，升温至 75～80℃ 反应 2h；取样测定反应物中—NCO 基团的含量，当达到理论值后，降温至 70～75℃，加入扩链剂 BDO，反应 1h；然后加入 E-44 和 DMPA（溶于 NMP 中），65～70℃ 反应 3h，并加入适量的丙酮以控制反应体系的黏度；降温至 40℃ 后，加入 TEA 中和并在去离子水中快速搅拌进行分散，最后将丙酮减压蒸馏出去，在高速剪切条件下加入去离子水制得 EP 改性 WPU 乳液。

(3) WPU 胶膜的制备 将 WPU 乳液涂刷在正方形凹槽玻璃板上，再将一部分乳液倒在聚四氟乙烯 (PTFE) 板上流延（室温）成膜，然后放入 80℃ 烘箱中烘干 2～3h，制得厚度约为 1mm 的胶膜。

(4) 最佳条件

① EP 用量增加会明显提高乳液的力学性能和耐水性，但乳液稳定性变差，故选择 WEP 为 4.0% 时较适宜。

② DMPA 对乳液稳定性和耐水性有着至关重要的作用。DMPA 用量增加会使乳液稳定性变好，外观更加透明，但耐水性变差。

③ 添加 DMPA 时，溶剂 NMP 的使用有利于乳液稳定，但用量过多时胶膜的

力学性能明显下降，并且表干时间也会相应增加。

8.3.2.2 水性聚氨酯环氧树脂改性分散体

(1) 主要原材料 甲苯二异氰酸酯（TDI）：工业级；聚己二酸丁二醇酯（PBA2000）：工业级；二羟甲基丙酸（DMPA）：化学纯；三乙胺（TEA）：分析纯；环氧树脂（E-44）：工业级；二月桂酸二丁基锡（DBTDL）：化学纯；二正丁胺（DBA）：分析纯。

(2) WPU/EP 乳液的合成 将 TDI 和 PBA2000 按比例加入三颈烧瓶反应器中，在 85℃反应 2h，用二正丁胺滴定法测定异氰酸酯的含量以判断反应终点。然后降温到 50℃（其间加入适量丙酮以降低体系黏度）加入足量的 DMPA（DMPA 用 DMF 溶解），滴加少量的 DBTDL。分散均匀后升温到 55℃反应 3～4h，再降温到 20℃加入环氧树脂 E-44，快速搅拌均匀后，室温下在加有三乙胺的去离子水中乳化反应 1.5h，最后真空脱去丙酮得到样品。

(3) 二正丁胺封端的 WPU/EP 乳液的合成 将 TDI 和 PBA2000 按比例加入三颈烧瓶反应器中，在 85℃反应 2h，用二正丁胺滴定法测定异氰酸酯的含量以判断反应终点。然后降温到 50℃（其间加入适量丙酮的降低体系黏度），加入足量的 DMPA（DMPA 用 DMF 溶解），滴加少量的 DBTDL。分散均匀后升温到 55℃反应 3～4h，再降温到 20℃，加入用二正丁胺封端的 E-44（把二正丁胺加入 E-44 的丙酮溶液在 40℃反应 3h）快速搅拌均匀后，室温下在加有三乙胺的去离子水中乳化 1.5h，最后真空脱去丙酮得到产品。

8.3.3 有机硅-环氧-聚氨酯乳液

8.3.3.1 有机硅改性环氧-聚氨酯乳液

(1) 主要原材料 γ-氨丙基三乙氧基硅烷（KH-550）：工业级；聚氧化丙烯二醇（PPG-1000）：工业级；异佛尔酮二异氰酸酯（IPDI）：工业级；二羟基甲基丙酸（DMPA）：工业级；环氧树脂（E-44）：工业级；N-甲基吡咯烷酮（NMP）：分析纯；丙酮：分析纯；三乙胺（TEA）：分析纯；乙二胺（EDA）：分析纯；二月桂酸二丁基锡（DBTL）：分析纯。

(2) 合成工艺 将 DMPA、IPDI、PPG-1000 在真空干燥烘箱中进行干燥处理去除水分，将丙酮、N-甲基吡咯烷酮用无水 $CaCl_2$ 进行脱水处理。在装有搅拌器、温度计及冷凝管的三口瓶中，按比例加入 IPDI、PPG 和催化剂 DBTL，充入 N_2 保护，在 80～85℃反应 1h 左右，至—NCO 含量达规定值后停止反应。加入溶于 NMP 的亲水扩链剂 DMPA 以及 EP，继续反应约 4～5h，至确定的—NCO 值后，再加入计量的 KH-550 反应 1h，得到改性预聚体。将预聚物温度降到 35℃，加入计量 TEA，快速搅拌中和。将一定量的去离子水以滴加的方式在不断搅拌下缓慢加入，使预聚物通过相反转法乳化成 O/W 型聚氨酯乳液，然后加入计量 EDA 进行扩链，在高速搅拌下乳化得到最终产品。

（3）最佳条件与性能 用 4%的环氧树脂和 3%的氨基硅烷合成 Si-EPU 乳液，该乳液分散均匀且具有较好的稳定性，涂膜的耐水性、耐热性及疏水性等性能因有机硅的加入而明显提高。

8.3.3.2 环氧树脂-有机硅复合改性水性聚氨酯

（1）主要原材料 二异氰酸酯（IPDI）；环氧树脂 EP828；二羟甲基丙酸；聚碳酸酯多元醇（PCD），分子量 1000；端羟聚醚改性有机硅，（ADDITIVE29）；1,4-环已烷二甲醇（CHDM）；三乙胺（TEA），分析纯；二月桂酸二丁基锡（DBT-DL），分析纯；异佛尔酮二胺（IPD）；三羟甲基丙烷（TMP）；吡咯烷酮（NMP）；丙酮；二丙二醇甲醚醋酸酯（DPMA）。

（2）合成工艺 在装有搅拌器、温度计和回流冷凝器的四口烧瓶中，加入已脱水的定量 PCD、IPDI 和 TMP，在 100℃下反应 2h，降温到 60℃，加入 DPMA、EP、DBTDL、NMP、丙酮，于 65～80℃回流反应 2h，降温到 60℃，加入有机硅、CHDM、丙酮，于 60～75℃回流反应 3～5h，测异氰酸根含量达规定值时，降温到 30℃以下，转入高速分散机，中速加入 TEA 中和，高速加去离子水乳化，再加 IPD 扩链，脱 AC 后得半透明发蓝光水性聚氨酯分散体。

（3）最佳条件和性能

① 环氧树脂的含量以 7%为好，因为随着环氧树脂含量的加大，其乳液黏度变大，膜变硬，且乳液稳定性变差。本研究证明环氧树脂固定 7%性能较优越。

② 有机硅含量为 6%～7%，和环氧树脂一起共聚改性能得到乳液十分稳定，膜综合性能良好的水性聚氨酯分散体。

③ 在扩链温度控制在 65～70℃时，反应十分稳定，体系黏度不大，副反应发生少，环氧基开环率低，能得到十分稳定的分散乳液。

④ 该工艺制得的产品经在皮革、涂料及粘接等方面试用，效果十分优异。

8.3.4 其他改性水性环氧树脂

8.3.4.1 聚氨酯-丙烯酸酯-环氧大豆油复合乳液

（1）主要原材料 聚氧化丙二醇（N220）、甲苯二异氰酸酯（TDI-80）、1,4-丁二醇（BDO）、二羟甲基丙酸（DMPA）、丙烯酸-2-羟丙酯（HPA）、甲基丙烯酸甲酯（MMA）、丙烯酸丁酯（BA）、丙酮、环氧大豆油（ESO）等均为工业级；三乙胺（TEA）、偶氮二异丁腈（AIBN）为分析纯；乙醇重结晶后使用。

（2）聚氨酯-丙烯酸酯（PUA）复合乳液的制备 将一定量的 N220、TDI 加入四口烧瓶中（带有搅拌器、温度计、回流冷凝装置），在 75～85℃反应至—NCO 含量达到预定值；加入小分子扩链剂 BDO，扩链约 1.5h；降温至 70℃左右，加入 DMPA、ESO，继续反应 4h，反应过程中视体系黏度的大小加入适量丙酮；加入一定量的 HPA、MMA 和 BA，继续反应 1.5h，然后冷至 40℃；最后，在高速搅拌下加入 TEA 水溶液中和、乳化，制得水性聚氨酯和丙烯酸酯单体的混合物。

将 WPU 和 PA 单体混合物加入四口烧瓶中，升温至 70℃后保温 0.5h，在 3～4h 内滴加一定量的 AIBN 的丙酮溶液，滴完后再保温 1h，降温，出料，抽丙酮，过滤，得聚氨酯-丙烯酸-环氧大豆油复合乳液。

(3) 环氧大豆油改性聚氨酯乳液的合成 制备环氧大豆油改性聚氨酯乳液时，无需加入 HPA、MMA 和 BA 等，其他步骤与上述方法相同。

(4) 最佳条件及性能 预聚温度为 80℃，反应时间 1.5h；扩链温度为 70℃，反应时间 4～5h，中和温度为 40℃，乳化加水分散，分散时间为 10min，转速为 6000r/min，乳液聚合温度 70℃，时间为 4～5h，制得性能较好的复合乳液。环氧大豆油用量为 4%～6%、甲基丙烯酸甲酯用量为 30%时，制得粒径较小、储存稳定性好的聚氨酯-丙烯酸酯-环氧大豆油复合乳液，并且该复合乳液的胶膜的耐介质性好且吸水率低。

8.3.4.2 聚氨酯-环氧树脂-丙烯酸酯杂合分散体

(1) 主要原材料 甲苯二异氰酸酯（TDI），工业品；二羟甲基丙酸（DMPA），工业品；三羟甲基丙烷（TMP）；环氧树脂 E-60、E-12、E-20、E-44 和 E-51；聚醚二元醇（N220），分子量 2000，羟值 56mgKOH/g；N-甲基吡咯烷酮（NMP），化学纯；丙酮：分析纯；三乙胺（TEA）：分析纯；甲基丙烯酸甲酯（MMA）；二月桂酸二丁基锡，分析纯；偶氮二异丁腈（AIBN）。

(2) 操作步骤

① 聚氨酯-环氧树脂（WPUE）杂合分散体的制备 将 E-20 在 120℃，真空减压脱水 1.5h 备用。在 N_2 保护下，在装有搅拌器、温度计及冷凝管的四口瓶中，加入 TDI 和脱水的 N220，逐渐升温到 80℃，保持在此温度下反应，取样测定反应物中—NCO 基团的含量，当达到规定值后，加入交联剂 TMP，保持此温度反应 2h，用正丁胺滴定法判断反应终点。达到终点后加入溶有 DMPA 的 NMP 溶液和环氧树脂，保温反应 5h。反应过程中视黏度的大小添加丙酮，最后冷却降温至 45℃以下，加入 TEA 中和，在高速剪切下加水乳化得到聚氨酯-环氧树脂杂合分散体。

② 聚氨酯-环氧树脂-丙烯酸酯（WPUEA）杂合分散体的制备 将得到 WPUE 的分散体放入四口瓶中，在 75℃下保温 0.5h，在 3h 内均匀滴加 MMA 及引发剂 AIBN 的丙酮溶液，进行自由基乳液聚合，滴完后保温 1.5h，最后真空脱去丙酮得到核-壳结构的 WPUEA 杂合分散体。

(3) 最佳条件 NCO/OH 总摩尔比在 1.2～1.5；交联剂的量在 4%～8%；随 DMPA 用量增加，聚氨酯杂合分散体中链段上的亲水性离子基团含量增加，杂合分散体链段的亲水性提高，容易在水中分散，所以乳粒平均粒径下降，外观变好，亲水性增大且吸水率也增加。E-20 添加量为 4%～6%，MMA 量为 10%～30%，TMP 的添加量为 4%～8%时得到的 WPUEA 杂合分散体性能很好。采用该工艺得到的分散体性能稳定，涂膜光泽好，硬度高，具有良好的性能，可取代同类型溶剂产品。

8.4 水性环氧树脂涂料

8.4.1 双组分常温固化水性环氧防腐蚀涂料

8.4.1.1 水性环氧防腐蚀涂料

(1) 主要原材料 环氧树脂 Epon828：工业品，无色透明黏稠液体；环氧树脂 Epon1001：工业品，白色颗粒；二乙烯三胺：化学纯，无色透明黏稠液体；丁基缩水甘油醚：工业品，无色透明黏稠液体；多支链单环氧化合物：工业品，无色透明黏稠液；丙酮：分析纯，无色透明液体；钛酸酯偶联剂（NDZ2311W）：分析纯，褐色透明黏稠液体；Foamaster1121 消泡剂：分析纯，无色透明液状；Levelling620 缔合型流平剂：分析纯，无色透明液体；滑石粉（800 目）；氧化铁（600目）；钛白粉（600 目）。

(2) 操作步骤

① 基材预处理　测试中的低碳钢试样采用喷砂处理。选用棱角多、硬度适中、80 目的石英砂为磨料。以 0.5～0.6MPa 干燥洁净压缩空气为动力喷距为 150mm，喷射角为 30°～75°，将磨料高速喷射到试样表面，将表面杂质彻底地清除并使表面粗化，使涂层与基体有良好的附着力。

② 反应型环氧树脂乳化剂的制备　将一定环氧当量的环氧树脂 Epon1001 和一定分子量的聚乙二醇以 1:1 摩尔比加入到装有搅拌器的四口烧瓶中，加入一定量的溶剂，在 90℃时加入催化剂，保温数小时，再将温度在半小时内降至 50℃，得到一颜色浅黄的黏度较大的液体。冷却至室温时，产物呈蜡状固体或高黏度液体。

③ 水性环氧树脂乳液的制备　将一定量的环氧树脂 Epon1001 和乳化剂置于一装有螺旋桨搅拌器的 500mL 三口烧瓶，加入适量乙二醇单丁醚，加热至 75℃，混合均匀，滴入计算好的体积的水，以 5%/2min 滴入，以实验室搅拌器最高转速进行搅拌。加水完后，继续搅拌 20min，再冷却至 20℃。

④ 自乳化型固化剂的制备　在装有搅拌器，加热套，冷凝器和温度计的 500mL 的四口烧瓶内，加入一定量的 Epon828 和二乙烯三胺搅拌，加热升至 90～100℃，保温 2h，制得环氧树脂-胺加成物，加入单环氧化合物或丙烯腈化合物，升温至 70～80℃，保温 3h，最后在 50～60℃时加入醋酸或去离子水，保温 1.5h，乙酸中和得到自乳化型固化剂。

⑤ 室温固化水性环氧树脂涂料制备工艺　称取所需的水性环氧树脂乳液，高速搅拌 10min；添加所需量的钛白粉、氧化铁及滑石粉。高速搅拌 30min；缓慢加

入钛酸酯偶联剂 NDZ2311W，搅拌 30min；缓慢加入 Foamaster111 消泡剂，搅拌 30min；缓慢加入 Levelling620 缔合型流平剂，搅拌 30min；待填料分散均匀后静置待用，配制好的涂料需要放置 24h 后，（加入固化剂），进行性能测试和涂装。

（3）最佳条件和性能

① 最优配方：（环氧树脂为定量 10g）；固化剂 4g；滑石粉 0.6g，氧化铁 0.6g，钛白粉 0.6g。

② 该涂层在室温条件下固化，使用方便，表干时间约为 5h，完全固化时间为 36h。

③ 该涂层的硬度为 3H，耐冲击性达 50cm，柔韧性为 1mm，在碳钢表面的附着力达到 1 级，用漆膜磨耗仪 JMIV 转 2500 圈磨耗量仅为 0.023g，耐盐雾性为 1 级，电极电位在 $-0.77V$ 以下可维持 180 天。该涂层具有优异的耐水性和防腐蚀性能。

④ 该水性防腐蚀涂料的耐水性和电化学性能都达到了与溶剂性涂料相当的效果，具有 VOC 含量低、毒性小、无火灾危险性、涂装简便且安全卫生的特点，同时降低了成本，是一种具有广泛应用价值的新型环保涂料。

8.4.1.2 双组分水性环氧防腐涂料

（1）主要原材料 水性环氧树脂乳液、水性改性胺环氧固化剂、低含量防锈颜料、着色颜料、填料、润湿剂、分散剂、消泡剂、醇醚类助剂、增稠流变剂、防腐剂、防闪锈剂、pH 调节剂及水性附着力促进剂等。

（2）双组分水性环氧防腐涂料配方（质量分数/％）环氧树脂乳液 40～60；水性改性胺环氧固化剂 10～20；低铅含量防锈颜料 10～20；着色颜料及填料 10～25；润湿剂 0.1～0.5；分散剂 0.4～1.0；消泡剂 0.3～0.6；醇醚类助剂 2.0～3.0；增稠流变剂 0.5～1.0；防腐剂 0.3～0.5；pH 调节剂 0.3～0.6；防闪锈剂 0.4～0.5；水性附着力促进剂 0.5～1.5。

（3）双组分水性环氧防腐涂料制备工艺如下。

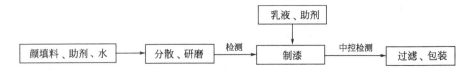

（4）双组分水性环氧防腐涂料性能见表 8-3。

8.4.2 防静电抗菌除异味水性环氧地坪涂料

（1）主要原材料与配方

① 甲组分配方 环氧树脂 E-51：85％；1,4-丁二醇缩水甘油醚：12％～13％；助溶剂 TMP：2％～3％。

表 8-3 双组分水性环氧防腐涂料性能检测结果

检测项目	企业指标	自检结果	Ⅱ站检测结果
容器中状态	无硬块搅拌后呈均匀状态	无硬块搅拌后呈均匀状态	无硬块搅拌后呈均匀状态
施工性	喷、涂刷无障碍	喷、涂刷无障碍	喷、涂刷无障碍
低温稳定性	不变质	不变质	不变质
表干时间/h	≤1	≤1	≤1
涂膜外观	正常	正常	正常
附着力/级	≤2	≤1	≤1
冲击性/kgf·cm	50	50	50
硬度	0.4	0.4	0.4
耐盐水(3%，NaCl)	10d 无异常	30d 无异常	30d 无异常
耐盐雾	300h 无异常	500h 无异常	500h 无异常
铅	≤90	15.3	15.5
镉	≤75	2.3	2.6
铬	≤60	0.8	0.8
汞	≤60	0.05	0.05
VOC 含量/(g/L)	≤200	118.5	118.2

② 乙组分配方　水溶性聚酰胺加成物：30%；分散剂、润湿剂：0.6%～0.7%；消泡剂：0.3%～0.4%；流平剂：0.3%～0.4%；增稠剂：0.05%～0.08%；增滑剂：1.0%～2.0%；掺杂聚苯胺：6%～10%；负离子抗菌添加剂：1.6%～2.0%；偶联剂：0.5%～1.0%；金红石型钛白粉：10%～12%；600 目石英粉：18%～22%；1000～1200 目滑石粉：5%～8%；色浆：2%～3%；水：16%～20%。

(2) 制备方法

① 甲组分　将配方量的液态环氧树脂与活性稀释剂、助溶剂先后加入搅拌罐内，中速搅拌混合 10～20min 即可包装。

② 乙组分　将水加入高速分散罐内，搅拌中加入分散剂、润湿剂、部分消泡剂、流平剂、偶联剂、掺杂聚苯胺、负离子抗菌剂及颜填料，高速分散 30min，经研磨后成浆料，加入固化剂、增滑剂、增稠剂、色浆和余量消泡剂，搅拌混合均匀，经过滤装桶。

(3) 地坪涂料施工方法　不同行业对车间地坪涂层的性能要求不同，从而涉及到施工方法的差异。当用水性环氧涂料做机械、化工及仓库等车间地坪时，由于需要地坪抗冲击、耐辗压、耐磨损及耐腐蚀等，所以必须按常规工序进行施工，即基层处理→封底漆→环氧砂浆加强层→腻子→面漆。

① 基层处理　对于油污较多的混凝土地面，可用 10%～15%盐酸液洗刷，然后用清水冲洗干净；对于面积较大的一般混凝土地面，可用电磨机磨平、清除砂尘及油污的方法处理。

② 封底　将环氧底漆甲、乙组分混合均匀后，辊涂于基层表面，最好辊涂 2遍，使其充分润湿并渗透到混凝土内部，起黏结增强作用。

③ 中层砂浆　在水性环氧涂料中加入适量粒径不同的混合石英砂搅拌均匀，

用抹涂方法使涂层达到一定厚度，以增强地坪的抗冲击性、耐辗压性。

④ 腻子　待环氧砂浆层充分固化后，批刮两道水性环氧腻子，干燥后打磨平整，为面涂提供平整，坚固的基面。

⑤ 面涂　将水性环氧面漆按甲组分＝乙组分＝1∶1质量比混合均匀，刷涂或喷涂于基面上，使其自流平，固化后成为平整、光滑且具防静电、耐腐蚀、抗菌杀菌及去除异味等多功能地坪涂层。

当水性环氧涂料用于食品、医药、电器等车间或公共场馆、居室地坪时，可按基层处理→封底漆→腻子→面漆工序进行施工。各道工序的施工方法同前。

施工时要求环境温度＞12℃而＜40℃；以15～40℃为宜；空气中的相对湿度以＜85％为宜，最好为65％，否则，涂层固化不好，影响涂层的综合性能。

(4) 水性环氧地坪涂料特点　在液态环氧树脂E-51与水溶性聚酰胺固化物体系中，除添加了颜填料和常用助剂外，还添加了掺杂聚苯胺导电聚合物、负离子抗菌添加剂。从而赋予涂膜防静电性、抗菌防霉性、释放负离子及去除空气中有害物质等性能，成为一种新型全效水性环氧地坪涂料。特别适用于医药、电子、仪表、轻纺、日化及食品等需要清洁、无菌及防静电等车间地面的涂装，同时也适用于用做公共场馆、医院、办公及家居地坪。

该水性环氧地坪涂料不但符合环保要求，而且使用安全、无毒、不燃，施工工具易用清水清洗，能在干、湿混凝土基面上施工，且湿附着力好、层间黏附力优、柔韧性好、抗冲击性强、耐腐蚀性佳、透气性良好，无形成鼓泡和白斑之忧。同时，还可以通过添加功能性外加剂的方法，赋予环氧固化物多种特殊功能。

8.4.3 水性环氧船舰内舱涂料

(1) 主要原材料　水性环氧固化剂；环氧树脂：E-51工业级；颜填料：钛白粉、三聚磷酸铝、铁红、磷酸锌、铬酸锶、沉淀硫酸钡、滑石粉，均为工业级；助剂，均为工业级。

(2) 水性环氧内舱涂料的制备

① 基本配方

a.水性环氧内舱涂料A组分和配方见表8-4。

表8-4　水性环氧内舱涂料A组分和配方

原材料	底漆/质量份	面漆/质量份	原材料	底漆/质量份	面漆/质量份
水性环氧固化剂	150～200	150～200	滑石粉	40～100	20～60
去离子水	200～300	200～300	沉淀硫酸钡	120～180	100～150
消泡剂	2～5	1～2	流变助剂	10～20	10～20
钛白粉		180～200	闪蚀抑制剂	4	4
铁红	150～200		流平剂	1～3	1～3
三聚磷酸铝	2～5	2～5			

b.水性环氧内舱涂料B组分配方见表8-5。

表 8-5　水性环氧内舱涂料 B 组分配方

原材料	底漆/质量份	面漆/质量份
环氧树脂	180	180
活性稀释剂	30	20

水性环氧内舱涂料的 A 组分与 B 组分的质量比 4∶1。

② 制备工艺　水性环氧内舱涂料 A 组分制备工艺，先将部分水性环氧固化剂与消泡剂、水预混，然后加入颜填料、防沉剂搅拌均匀，经砂磨机研磨分散至细度合乎要求（面漆不大于 30μm，底漆不大于 50μm），制得色浆。在搅拌状态下，向制得的色浆中加入配方中剩余的水性环氧固化剂、闪蚀抑制剂及流平剂、搅匀并过滤。

水性环氧内舱涂料 B 组分的制备工艺：将配方量的环氧树脂与活性稀释剂搅拌均匀即可。

(3) 涂料特点

① 该水性环氧内舱涂料通过了海军医学研究所的 90d 毒性试验，可以应用于包括核潜艇在内的所有海军舰船的涂装。

② 该涂料 VOC 低，避免了涂料施工过程中的火灾隐患，减轻了环境污染。

③ 该涂料具有附着力好、耐冲击、耐腐蚀等优点，并且施工性能优良，是溶剂型环氧内舱涂料的很好替代品。

8.4.4 自交联环氧改性丙烯酸酯木器漆

(1) 主要原材料　丙烯酸（AA）、N-羟甲基丙烯酰胺（NMA）、丙烯酸羟乙酯（HEA）、甲基丙烯酸甲酯（MMA）、苯乙烯（St）、丙烯酸丁酯（BA）、环氧树脂（E-20）等均为工业品，未经纯化直接使用；低表面能的功能性单体 A，自制；十二烷基硫酸钠（SDS）与 OP-10 以质量比 2∶1 混合作为乳化剂，未经纯化直接使用；保护胶聚甲基丙烯酸钠，工业级；过硫酸铵、碳酸氢钠、氨水等均为工业品，未经纯化处理；去离子水，自制。

(2) 环氧改性丙烯酸酯乳液的合成　在装有温度计、搅拌器、回流冷凝管和恒压滴液漏斗的 500mL 四口烧瓶中加入乳化剂、保护胶、碳酸氢钠、去离子水和种子单体（MMA、St、BA、E-20），开动搅拌乳化 15min，50℃ 时加入部分引发剂水溶液并升温到（82±1）℃，保温 1h 制得种子乳液。种子乳液制备完成后，开始同时滴加次外层单体（MMA、St、BA、AA、HEA）和剩余引发剂水溶液（3h 滴完），次外层单体 1.5h 滴完并保温 30min，然后再滴加最外层单体（MMA、St、BA、NMA、功能单体 A），1h 滴完。保温 2h 后，降温至 50℃，用氨水调节体系的 pH 值为 7～8；冷却至室温，120 目滤网过滤出料，即可得到固含量为 48% 左右、具有多层核壳结构的自交联型环氧改性丙烯酸酯乳液。

(3) 木器门窗罩面清漆配方　木器门窗罩面清漆配方见表 8-6。

表 8-6 木器门窗罩面清漆配方

成　　分	用量(质量分数)/%	成　　分	用量(质量分数)/%
自制乳液	75.2	消光剂	12
水	3	交联剂	5.8
成膜助剂	1.7	流变改性剂	0.3
润湿剂	0.3	消泡剂	1
防滑和流动控制剂	0.7	总量	100

该乳液调制的罩面清漆具有较高的硬度，好的附着力、优良的抗划伤性、且柔韧性佳。

8.4.5 水性环氧改性聚氨酯光固化涂料

(1) 主要原材料 丙烯酸（AR）；顺丁烯二酸酐（AR）；双酚 A 型环氧树脂 E-44（环氧值 0.44）；对苯二酚（AR）；甲苯 2,4-二异氰酸酯（TDI，AR）；二羟甲基丙酸（DMPA，AR）；聚乙二醇（PEG，AR）。

(2) 环氧酯改性聚氨酯光固化涂料的制备

① 环氧丙烯酸酯 EA 的合成 以 n（双酚 A 型环氧树脂）：n（丙烯酸）= 1：2 合成环氧丙烯酸酯（EA）。混合催化剂为 N,N-二甲基甲酰胺和 N,N-二甲基乙醇胺（其物质的量之比为 1：1），在 95℃反应 60min。

② 环氧丙烯酸酯 EB 的合成 EB 的基本配方为 n(EA)：n（顺丁烯二酸酐）= 1：2，在温度 75～85℃、催化剂用量为 1.0%的条件下反应 60min。

③ 环氧酯改性聚氨酯光固化涂料的制备 各单体的用量为：

n(TDI)：n(DMPA)：n(EB)：n(PEG)：n(HEMA)=5：2.5：2：4：5。

制备工艺如下：

a. 在室温、搅拌下，将双羟基化合物聚乙二醇（PEG）缓慢加到过量的甲苯 2,4-二异氰酸酯（TDI）中，然后升温到 60～65℃，反应 3h，得含端—NCO 基的预聚物。

b. 加入二羟甲基丙酸（DMPA）、EB 和上述含端—NCO 基的预聚物，反应温度宜控制在 75℃。

c. 加入甲基丙烯酸羟乙酯（HEMA）和由（b）生成的预聚物，反应温度也不宜太高，控制在 75℃，并加入适量的催化剂以及阻聚剂对苯二酚。加适量的三乙醇胺中和。

④ 光固化涂膜的制备 涂膜固化前预先在 80～90℃下干燥，以涂膜的凝胶率衡量其固化速率。涂膜厚度为 0.1～0.2mm，灯的功率为 1kW，灯距为 15cm，曝光时间 15s。

(3) 最佳条件 环氧树脂添加量为 10%，DMPA 添加量为 6%～8%；中和度为 100%时，固化转化率最高；光引发剂的用量以 3%为宜。

8.4.6 聚氨酯改性环氧水性涂料

(1) 主要原材料　双酚 A 型环氧树脂 (E-44)，工业级；甘氨酸 (GLY)，AR 级；聚氨酯预聚体 (N220∶TDI＝100∶17)，自制；表面活性剂 (OP-10)，AR 级；三乙烯四胺，AR 级。

(2) 树脂与固化剂制备工艺

① 环氧树脂的改性　将一定比例的 E-44 环氧树脂和聚氨酯预聚体在 120℃下反应 2h，得到改性环氧树脂。然后将一定比例的改性环氧树脂、水、表面活性剂 OP-10 及预先用水溶解的甘氨酸投入三颈烧瓶中，在 80～85℃反应 3h，制得水性环氧树脂。

② 水性环氧乳液的配制　将制得的水性环氧树脂先用氢氧化钠水溶液 (质量分数为 20%) 中和，再用高剪切分散乳化机将其乳化，制得不同固含量的稳定的水性环氧乳液。

③ 水性环氧固化剂的制备　将一定比例的 E-44、三乙烯四胺、无水乙醇投入三颈烧瓶中，在 55～60℃下反应 6h，减压蒸馏除去乙醇制得。

(3) 涂膜制备　取一定量的改性环氧树脂乳液与化学计量的固化剂混合均匀，将其涂布于经过预处理的铝板上，室温固化成膜。

该涂料为双组分反应型，由甲、乙两组分组成，见表 8-7。

表 8-7　水性环氧树脂涂料的配方

组分	原材料	用量/质量份
甲组分	水性环氧树脂	100
	消泡剂	0.1～0.2
乙组分	流平剂	0.3～0.8
	固化剂	10～15
	促进剂(DMP-30)	0～2

(4) 水性环氧树脂乳液与涂料的性能指标

① 水性环氧树脂乳液的性能指标见表 8-8。

表 8-8　水性环氧树脂乳液性能指标

项　目	性能指标	项　目	性能指标
外观	淡黄色乳液	pH 值	7～6
固含量/%	20～50	冻融稳定性	合格
黏度/mPa·s	4000	储存期/月	＞6

注：20℃，固含量 25%。

② 水性环氧树脂涂料的涂膜性能　主要技术性能指标见表 8-9。

该涂料的涂膜具有优良的性能，特别是在柔韧性和耐磨性方面得到更明显的改善，且绿色环保。

表 8-9　水性环氧树脂涂料的涂膜性能

项　　目	性能指标	项　　目	性能指标
硬度/H	9	柔韧性/mm	1
冲击强度/kgf·cm	>50	耐水性(3 个月)	涂膜无变化
光泽度	112.4	耐盐性(3 个月)	涂膜无变化
耐磨性(负荷 500g,150 转)/mg	12	耐碱性(3 个月)	涂膜无变化
附着力/级	1		

8.4.7 水性环氧 UV 固化木地板涂料

(1) 主要原材料　双酚 A 环氧树脂,工业品;丙烯酸,化学纯;顺丁烯二酸酐,化学纯;甲苯二异氰酸酯(TDI),化学纯;酸酐,化学纯;聚丙二醇(PPG),化学纯;去离子水,自制;催化剂、阻聚剂、中和剂及光引发剂等,均为工业级。

(2) 水性环氧丙烯酸酯树脂(EB)的制备　水性环氧丙烯酸酯(EB)的合成路线为:

$$\begin{array}{c}\text{环氧树脂}\\[6pt]\text{丙烯酸}\end{array}\Bigg\rangle\!\!\longrightarrow\text{丙烯酸环氧树脂(EA)}\xrightarrow[\text{使水性化}]{\text{顺酐}}\begin{array}{c}\text{水性环氧丙}\\[4pt]\text{烯酸酯(EB)}\end{array}$$

该产品在用碱中和后,即可溶于水,因含有烯键,用 UV 光源即可固化。

在装有搅拌器、冷凝管、恒压漏斗,温度计和通氮管的四口烧瓶中,先加一定量的双酚 A 型环氧树脂和阻聚剂,缓慢加热至 70℃,在搅拌下开始滴加一定量的丙烯酸和催化剂的混合物,滴完后,缓慢升温到 80~100℃。每隔 0.5~1.0h,取样测定酸值,直到酸值小于 5mgKOH/g 时,降温,进行第二步反应,即引入亲水基因的反应。

上述反应液冷却到 70℃ 时,加入一定的阻聚剂和催化剂,充分搅拌均匀。投入一定量的顺酐,升温到 80℃ 左右,每隔 30min 取样测酸值,当酸值接近理论值时,停止反应。加入少量阻聚剂,降温,当温度降到 40~45℃ 时,在搅拌下,加有机碱中和,至 pH=6~7,加去离子水至一定固含量出料保存。

(3) 水性聚氨酯丙烯酸酯(PUA)的制备　合成路线如下:

$$\begin{array}{c}\text{TDI}\\[6pt]\text{聚醚 PPG}\end{array}\Bigg\rangle\!\!\longrightarrow\text{聚氨酯(PU)}\xrightarrow[\text{使水性化}]{\substack{\text{二羧烷基羧酸}\\(\text{DHAO})+\text{HEMA}}}\begin{array}{c}\text{水性聚氨酯丙}\\[4pt]\text{烯酸酯(PUA)}\end{array}$$

该乳液中,因含有烯键,在 UV 作用下,通过引发剂,可以固化成膜。

整个合成制备过程分 4 步:

① 在装有搅拌器、温度计、冷凝管、通氮管和恒压漏斗的四口烧瓶中,加入一定量的 TDI,在温度为室温搅拌下滴入 PPG,慢慢滴完后,升温到 60~65℃,每隔 1h 测定 1 次 NCO 值,直到 NCO 达到理论值为止。

② 加入二羧烷基羧酸(DHAO),升温至 75~80℃,反应一段时间后,加入

适量催化剂，当（DHAO）的小颗粒消失后降温至 50℃。

③ 加入适量催化剂和阻聚剂（对苯二酚或对甲氧基苯酚），混合均匀后，滴加甲基丙烯酸羟乙酯，然后升温到 75～80℃ 反应，用红外光谱法分析 NCO，直到 NCO 峰（2270cm^{-1}）消失为止。

④ 降温至室温，在搅拌下加入中和剂，中和到 pH＝6～7，然后在剧烈搅拌下慢慢加一定量的去离子水，得到阴离子型聚氨酯丙烯酸酯分散液。

（4）涂料配方见表 8-10。

表 8-10　水性 UV 固化木地板涂料配方　单位：%（质量分数）

组分	配方 1	配方 2	组分	配方 1	配方 2
水性 PUA	6.8	11.4	I-3	3.5	3.5
水性 EB	27.3	22.6	润湿剂	0.3	0.3
AMP-95	2.2	2.6	流平剂	0.7	0.7
H$_2$O	58.7	54.4	消泡剂	0.5	0.5

（5）水性 UV 固化木地板涂料性能　按上述配方制备的涂料对木地板进行厚涂，涂层性能见表 8-11。

表 8-11　水性 UV 固化木地板涂料性能

测试项目	配方 1	配方 2
外观	平滑光亮如镜面	平滑光亮如镜面
固化速率/(m/min)	35	35
附着力(划性最高 0 级)	0	0
光泽度/%	87.6	89.2
硬度(铅笔法)	>H	>H
耐水性	优	优
耐酸性	优	优
耐碱性	优	优

8.5 水性环氧树脂胶黏剂

8.5.1 土木建筑用水性环氧乳液胶黏剂

（1）主要原材　环氧树脂（E-44 型）；乳化剂（非离子型）；乳化助剂；固化剂；增黏剂；丙苯乳液。

（2）乳化方法与主要组分用量

① 转相乳化法　即先将乳化剂加入到环氧树脂中，然后在高速搅拌下逐渐加入水，开始时为油包水乳液，当加入的水增加至某一数值后发生相变而成为水包油型，采用此方法制得的乳液稳定性好。

② 主要组分用量　非离子型的乳化剂或阳离子乳化剂，用量为 5%；增黏剂的

用量超过 0.3%，即可获得比较好的效果；在 70℃下进行乳化；固化剂与环氧乳液的质量比为 20g/100g 时，粘接强度达到最大值。

(3) 操作步骤 在乳化机中加入环氧树脂，升温至一定温度，加入乳化剂，然后在一定温度和搅拌速率下，加入一定量的水、乳化助剂和增黏剂，加料完毕后继续搅拌 0.5h 左右，即制得环氧树脂乳液。

(4) 性能与应用 该水乳型的环氧树脂胶黏剂固含量高、黏度低的产品，水分挥发容易、施工方便，特别是非常适合应用于建筑领域，在粘接混凝土与砖等多孔吸水材料时，胶层中的水分散失很快，可以获得很好的粘接效果。

8.5.2 环氧改性水性聚氨酯复合薄膜胶黏剂

(1) 主要原材料 聚酯多元醇：$M_n = 2000\text{g/mol}$；4,4-二苯基甲烷二异氰酸酯（MDI）：化学纯；甲苯二异氰酸酯：2,4-TDI/2,6-TDI 为 80/20：工业品；1,4-丁二醇（BDO）：化学纯；三羟甲基丙烷（TMP）：化学纯；二羟甲基丙酸（DMPA）；二月桂酸二丁基锡（DBTDL）：工业品；环氧树脂 E-44：工业品；N-甲基吡咯烷酮（NMP）：分析纯；水性多异氰酸酯交联剂；复合薄膜材料（CPP、PET 镀铝膜、PE）。

(2) 水性 PU 胶黏剂的合成 将自制经真空脱水聚酯多元醇计量后加入三口烧瓶中，加入 TDI，少量 DBTDL，升温至 75~80℃反应 2h，再加入 BDO、TMP、DMPA、MDI、环氧 E-44、一定量丙酮和 N-甲基吡咯烷酮助溶剂，5~80℃回流反应 1.5h，然后降温至 35℃以下，用三乙胺中和至 pH=6.5~7.5，最后用含少量己二酰肼的去离子水乳化，快速搅拌 30min，经剪切乳化后抽真空脱出丙酮，即得到泛蓝光半透明或乳白色聚氨酯水分散体。

(3) 复合薄膜工艺 将合成出的水性 PU 胶黏剂分别加入 2%~3%交联固化剂，分散乳化混合均匀，复合薄膜基材组合为：CPP/CPP、CPP/PET 镀铝膜、CPP/PE、PE/PET 镀铝膜、PE/PE。将配制好的胶黏剂倒出约 5~10g 在裁好的薄膜基材上，用 30 号线棒涂布器将胶液推开均匀涂布在薄膜上，将涂胶薄膜置于50℃恒温烘箱中烘干 5min，然后将涂胶薄膜置于平板玻璃上，用另一张薄膜经橡胶辊压实与之复合。

(4) 该胶黏剂的特点

① 中和度为 95%~100%，乳液具有良好外观和较长时间的储存稳定性。

② 改性后的胶黏剂对多种复合薄膜表现出较强的粘接性能，剥离强度进一步提高，外观储存稳定性良好，固含量降低后仍然具有较强的粘接性能。

③ 在水性 PU 胶黏剂中加入少量对人体无害的易挥发溶剂，可以加快胶黏剂的干燥速率，提高复合工艺过程的生产效率。

8.5.3 多重改性水性环氧-聚氨酯乳液胶黏剂

(1) 主要原材料 聚醚 N2000，工业级；甲苯二异氰酸酯（TDI），工业级；

1,4-丁二醇（BDO），工业级；二羟甲基丙酸（DMPA），工业级；丙酮，工业级；三乙胺（TEA），分析纯；乙二胺（EDA），分析纯；甲基丙烯酸甲酯（MMA），工业级；双官能团单体，工业级；环氧树脂（EP），工业级；三羟甲基丙烷（TMP），分析纯；蓖麻油（OCA），分析纯。

(2) 乳液合成 首先，将脱水处理过的聚醚 N2000、TDI、OCA 按一定比例投入带有搅拌器、温度计、回流冷凝管和加料口的四口烧瓶中，在 75～85℃ 温度范围内反应至异氰酸基（NCO）含量达到理论值或略低于理论值；然后降温至 70℃ 后再加入扩链剂 BDO，EP 和 DMPA，反应 4h；接着加入乙烯基单体和双官能团物质，反应过程中视体系黏度大小加入丙酮，待冷却后在高速搅拌下加三乙胺的水溶液乳化进行中和，并加入乙二胺进行扩链，再用引发剂引发即得到改性水性聚氨酯乳液。

(3) 最佳条件与性能

① 蓖麻油对剥离强度的影响比 TMP 显著，它们的最佳用量为蓖麻油 1.2%，TMP0.7%～0.8%。

② 将自制的未改性 PU、改性 PU 以及日本 DIC 公司样品对汽车不同内饰材料的粘接强度进行比较，合成的改性 PU 乳液粘接性能优于未改性产品及日本 DIC 公司产品水平。

8.5.4 环氧改性水性聚氨酯胶黏剂

(1) 主要原材料 甲苯二异氰酸酯（工业级）；三羟甲基丙烷（工业级）；二羟甲基丙酸（工业级）；1,4-丁二醇（化学纯）；环氧树脂 E-51（工业级）；二月桂酸二丁基锡（分析纯）；聚醚二元醇 N210（化学纯）；丙酮（分析纯）；三乙胺（分析纯）；乙二胺（分析纯）；实验用水为去离子水。

(2) 制备过程 将甲苯二异氰酸酯和聚醚二元醇 N210 加入 250mL 的三口烧瓶中，搅拌升温到 80℃ 后反应 1.0～1.5h，取样按（GB6743-1986）测定反应物中 NCO 的质量分数，当其质量分数达到规定值后降温至 70～75℃，再加入扩链剂 1,4-丁二醇，反应 1h。之后加入亲水扩链剂二羟甲基丙酸和环氧树脂 E-51、交联剂 TMP，并加入少量催化剂 BTL，在此温度下反应 3～4h 直至 NCO 达到规定值，用适量的丙酮在反应过程中调控黏度。将温度降低到 40℃，把上一步得混合物倒入乳化量杯中，在强力分散机的高速搅拌情况下迅速加入去离子水和三乙胺的混合物，在高速搅拌下乳化 10min，减压蒸馏将溶剂丙酮脱去即得产品。

8.5.5 甲基丙烯酸改性环氧树脂乳液

(1) 主要原材料 环氧树脂 E-06(607)；甲基丙烯酸，分析纯；苯乙烯，化学纯；丙烯酸丁酯，化学纯；氨水，化学纯；醋酸，化学纯；蒸馏水。

(2) 乳液制备 将一定量的环氧树脂，乙二醇单丁醚和正丁醇混合溶剂加入到四口烧瓶中，加热并搅拌升温到 110℃ 左右，在 2h 内以一定速度用恒压滴液漏斗滴加甲基丙烯酸、苯乙烯、丙烯酸丁酯和过氧化苯甲酰的混合溶液，同时升温到 120℃左右，保温反应 3h，然后降温到 85℃，加入 N,N-二甲氨基乙醇和蒸馏水的混合溶液，中和成盐并高速搅拌，在 50℃ 保温反应 1h 即得环氧-丙烯酸树脂水乳液。

(3) 乳液及成膜性能　该乳液的力学稳定性和稀释稳定性好，在 pH 值为 7～9 的碱性条件下应用。储存期达 1 年以上，应用时不受地域条件限制。乳液的成膜性能好，尤其是优良的黏附力、柔韧性和耐化学品性，适用于胶黏剂和涂料等。

8.6 水性环氧树脂其他应用

8.6.1 微膨胀高强灌注料

微膨胀高强灌注料（micro-expansion and high strengthrout material,）是一种经过特殊工艺配制而流动性好、黏结力强、后期强度高、无毒且无腐蚀性等特点的灌注料。目前，主要用于大型设备和精密设备地脚螺栓与机座的二次灌浆；钢结构与混凝土固接的二次灌浆；后张法预应力钢丝灌浆；地铁、隧道、地下工程逆打法施工缝嵌固；梁、柱二次加固；路面局部快速抢修等方面。

(1) 主要原材料　EGM，水性环氧树脂（固化剂为 DFG-88 芳香族胺），丁苯橡胶（SBR，主要成分为丁二烯与苯乙烯），80 目（180μm）橡胶粉。

(2) 工艺方法及内容　根据 GB/T 17671—1999《水泥胶砂强度检验方法》（ISO 法）进行测试，主要测试 EGM 中分别掺入 3％、5％、8％的水性环氧树脂、丁苯橡胶及橡胶粉后经 1d、3d、28d 的抗压、抗折强度。EGM 与水的基准配合比为 $(m$ EGM$)$：m（水）=1：0.14。掺入水性环氧树脂和丁苯橡胶时，作为水分掺入。抗折强度的测试采用 DKZ-5000 型电动抗折试验机和 KZ100 抗折试验机，试件尺寸为 40mm×40mm×160mm。抗压强度的测试采用 YAW-300B 型微机控制电液式水泥压力试验机，试件为抗折试验折断后的试件，试件试验时受力面积为 40mm×40mm。

(3) 工程应用性能

① 在 EGM 中掺入一定比例的水性环氧树脂、丁苯橡胶和橡胶粉，可以使其脆性降低，韧性提高。

② EGM 的 1d 抗压强度可达 50.9MPa，抗折强度可达 6.9MPa，能满足高交通量路面 1d 时间内通车的强度要求；经 3％水环氧树脂和 3％丁苯橡胶增韧的 EGM 可以用于低交通量水泥路面薄层罩面（3～5mm），适合水泥路面网裂、麻面等病害的维修，前者 1d 抗压强度达 40MPa，抗折强度达 7.7MPa，1d 可开放交通，后者 3d 抗压强度达 44MPa，抗折强度达 9.5MPa，3d 可开放交通。

③ 掺入 3％水性环氧树脂的 EGM 可以用于植筋工程中。掺入 3％橡胶粉和

3％丁苯橡胶的 EGM 可以用于防水堵漏工程。

8.6.2 水性环氧树脂路桥铺装材料

(1) 主要原材料及配比　基准混凝土配合比为：m（水泥）：m（砂）：m（石）：m（水）＝400：602：1222：176，水灰比（W/C）为 0.44，砂率为 33％，m（水性环氧树脂）：m（水性胺类固化剂）＝4：1，水性环氧树脂占水泥量的 35％。考虑到水性环氧树脂是一种亲水性乳液，因此，将水性环氧树脂加入混凝土中，视为全部加入水分，考虑到需要对比水性环氧树脂改性后的混凝土与基准混凝土的各项性能指标，故保持水灰比不变，原基准混凝土中的水分需根据掺入水性环氧树脂的用量而减少。

(2) 操作步骤及效果

① 先将需要维修的部位清理干净，并用切割机将需要维修的部位切开。

② 用气锤将切开的部位打碎，直至完全清除病害机体，露出基层完好骨料。同时注意避免伤及切割面范围外的混凝土。

③ 将清出的破碎混凝土处理干净，为了使新旧混凝土之间黏结更加紧密，在处理干净的旧混凝土表面涂刷一层水性环氧树脂乳液，配合比为 m（水性环氧树脂）：m（水性胺类固化剂）＝1：0.15。

④ 按配合比配制水性环氧树脂改性水泥混凝土，搅拌充分后倒入处理干净的坑槽中，用钢筋棍捣实，再用平板式振动器进行震动，使其与周围齐平。

⑤ 压痕完毕后，清理路面的各种垃圾，做好养护工作。

⑥ 该路面维修后，经 2 年使用，路面状态良好，达到了预期的效果。

8.6.3 水性环氧树脂乳化沥青

(1) 主要原材料　基质沥青：90 号道路石油沥青；环氧树脂及固化剂 DFG-88；活性稀释剂 501，十二烷基硫酸钠（SDS），阳离子乳化剂：工业级。

(2) 乳化沥青的制备

① 将复合乳化剂溶于 55～65℃的水中，调节 pH 值至碱性；

② 将沥青加热至 120～130℃，按油水比 60：40 加入到上述乳化剂溶液中，经胶体磨高速剪切搅拌 4～6min 得到固含量为 60％的乳化沥青。

(3) 水性环氧乳液的制备

① 乳化环氧树脂的制备　将环氧树脂与乳化剂按一定比例加入装有搅拌器和温度计的搅拌釜中，加热至所需温度，使环氧树脂与乳化剂完全溶解后停止加热，开动搅拌器将其搅拌均匀，然后控制在一定温度内，保温一定时间后，加一定量的蒸馏水稀释到乳化剂水溶液中。

② 水性环氧树脂乳液的制备　用稀释剂稀释后的环氧树脂与制备的环氧乳化剂水溶液（可添加其他助剂）混合搅拌均匀，然后滴加蒸馏水直到体系的黏度突然下降，此时体系的连续相由环氧溶液相转变为水相，发生相转变（即 W/O 变为

O/W)，继续高速搅拌一段时间后，加蒸馏水稀释到一定浓度，即制得水性环氧乳液。

(4) 水性环氧树脂乳液改性乳化沥青的配制　将乳化沥青和水性环氧树脂乳液以及固化剂按照一定的配比，边混合边均匀搅拌即得。手工搅拌，水性环氧树脂乳液掺量占乳化沥青用量不超过 3%；机械搅拌，水性环氧树脂乳液掺量占乳化沥青用量不超过 6%；胶体磨分散，水性环氧树脂乳液掺量占乳化沥青用量不超过 10%。注意避免混合过程中乳液的破乳。DFG-88 固化剂用量占水性环氧用量的 25%。

(5) 应用施工工艺

① 水泥稳定碎石基层铺筑 3d 后，人工将基层表面的所有杂物清出路基外，用鼓风机将基层表面的灰尘吹干净，尽量使表面骨料外露。

② 如果基层表面干燥，则洒水使表面湿润，打开路基表面的孔洞和降低粉尘。该工序应在透层施工前 1h 左右进行。

③ 透层施工采用喷洒车均匀喷洒，浓度为 50%，改性乳化沥青[m（乳化沥青）:m（水环氧）=100：3]洒布量为 1.5kg/m，施工后封闭交通 24h。

④ 待改性乳化沥青完全破乳后（此时渗透已基本完成），均匀洒布 3~5mm 石屑进行碾压。施工完成后，封闭交通，待水稳基层到规定龄期和乳化沥青完全破乳成形后，方可通车（一般为 3d）。

(6) 使用效果

① 阳离子乳化剂制备的乳化沥青具有黏附性好、与骨料的适应性强及自身储存稳定性能好等优点。

② 水性环氧树脂乳液是一种不含挥发性有机溶剂（VOC）的环保低毒型水分散乳液，能很好地与多种材料黏结，具有良好的黏附性能。固化剂的特点是固化交联速率快，可大大缩短工程周期。

③ 当水性环氧树脂乳液的掺量占乳化沥青用量不超过 3% 时，人工搅拌改性乳化沥青不结团，保持原有的液体状，黏结能力显著提高，能很好地与石料黏结。改性乳化沥青的增加使乳液与石料结合力增大；蒸发残留物的 5℃延度、软化点都有明显的提高，改性乳化沥青的高温稳定性、低温抗开裂性和低温柔性增强。对高温时的变形有较强的抵抗能力，能保证路面不变形、不推移；在低温时由于改性乳化沥青低温延度大，脆点低，因此有较高的抗裂性。

④ 用改性乳化沥青处理水泥混凝土路面裂缝、进行稀浆封层、用作透层和黏层以及石屑罩面具有高温稳定性、低温抗开裂性、耐磨、黏结力强以及防水等性能。

8.6.4 包覆 RDX 水性环氧-聚氨酯乳胶

硝铵类炸药的黑索今（RDX）具有威力大，资源丰富和价格低廉等优点；另外 RDX 也是复合固体推进剂的主要固体填料。但是，当推进剂受到载荷作用时，黏合剂与固体填料间的界面结合容易被破坏，导致黏合剂从固体颗粒表面脱离，出现"脱湿"现象。最终影响推进剂的力学性能和燃烧性能。对 RDX 等颗粒进行包覆处理，以期在颗粒周围形成一层硬而韧的界面层，从而可防止其产生"脱湿"现象。

(1) 主要原材料 聚四氢呋喃二醇（PTMG），工业级；甲苯二异氰酸酯（TDI）、N-甲基-2-吡咯烷酮、乙二胺、丙酮，分析纯；二羟甲基丙酸（DMPA）；E-44 环氧树脂，工业级；三乙胺、二月桂酸二丁基锡、明矾，分析纯；甲苯，分析纯；N-β-氨乙基-γ-氨丙基甲基二甲氧基硅（HC-Si550），分析纯；二正丁胺，工业级，自制；阳离子表面活性剂，分析纯；硝铵类炸药的黑索今（RDX），工业级（125～75μm）。

(2) 水性聚氨酯（WPU）乳液的合成

① 预聚体的制备 在装有搅拌器、温度计和冷凝管的四口烧瓶中，加入 PT-MG，110℃真空脱水 1h 后冷却至 75℃然后加入计量好的 TDI、1～2 滴二月桂酸二丁基锡，恒温反应 1.5h；随后取样（采用二正丁胺-甲苯溶液滴定法）测定体系中的—NCO 含量，当—NCO 含量达到理论值时停止反应。

② 扩链与交联 降温至 60℃左右，加入（用 N-甲基-2-吡咯烷酮溶解好的）亲水扩链剂 DMPA 和环氧树脂（EP），升温至 65℃继续反应 3.5h（反应过程中可添加少量丙酮以控制体系黏度），当—NCO 含量达到理论值时，停止反应。

③ 预聚体的中和与乳化 降温至 30℃，加入计量好的三乙胺、水和有机硅偶联剂，快速搅拌混合均匀，恒温反应 25～30min；然后加入乙二胺进行扩链反应，高速搅拌后得到 WPU 乳液。

(3) WPU 胶膜的制备 将 WPU 乳液倒入玻璃槽中，然后将其水平放入 60℃烘箱中干燥 1d（成膜）；待水分缓慢挥发完毕时，将其于 65℃真空烘箱中干燥 2d、空气中静置 7～8d 即可。

(4) WPU 乳液对 RDX 颗粒的包覆处理 在三口烧瓶中加入 20mL 阳离子表面活性剂溶液、WPU 乳液（固含量为 30%），恒温搅拌均匀（呈蓝色乳液），然后加入 2.00g RDX，恒温搅拌一段时间后，缓慢滴加 10%明矾水溶液（适量）；待WPU 破乳完全并粘接在 RDX 颗粒表面时，停止搅拌；经抽滤、去离子水洗涤 2～3 次后，将 RDX（水浴恒温）干燥至恒重，待用。

(5) 使用配比与效果 当 w（EP）＝6%、w（硅烷偶联剂）＝2.0%和 w（WPU）＝2%时，经改性 WPU 乳液包覆后的 RDX，其成型性、流散性和包覆效果较好，撞击感度和热感度明显降低。

8.6.5 阳离子型水性环氧树脂灌浆材料

(1) 主要原材料 环氧树脂 E-51、二烯丙基胺、N,N-亚甲基双丙烯酰胺，工业品；二乙醇、丙烯酸、甲基丙烯酸羟乙酯、2,6-二叔丁基对甲酚、过硫酸铵、亚硫酸氢钠、三氯化铁，分析纯。

（2）阳离子水性环氧树脂的制备

① 二烯丙基胺改性环氧树脂的制备　在装有搅拌器、回流冷凝管、温度计和氮气通入口的四口烧瓶中，加入环氧树脂 E-51、助溶剂和阻聚剂，加热升温至40℃，通入氮气。同时开始滴加二烯丙基胺，保持体系温度在 40～45℃，1h 内滴完，然后，升温至 60～65℃，继续反应 1～2.5h。

② 二乙醇胺改性环氧树脂的制备　将上述①制备的产物降温至40℃，通入氮气。补加一定量的阻聚剂，同时滴加二乙醇胺，保持体系温度在 40～45℃，1.5h内滴完，滴加完毕后，升温至 60～65℃，继续反应 1～2.5h。

③ 阳离子型水性环氧树脂溶液的制备　将②中制备的产物降温至40℃，在快速搅拌下加入计量的丙烯酸中和至 pH 值为 5.5，并加入一定量的去离子水稀释，即制得阳离子型水性环氧树脂溶液。

④ 阳离子型水性环氧树脂灌浆材料的制备　阳离子型水性环氧树脂灌浆材料的配比见表 8-12。

表 8-12　阳离子水性环氧树脂灌浆材料各组分作用及配比

原料名称	作　用	用量/质量份
阳离子型水性环氧树脂	主剂	100
自制交联剂	主交联剂	0～40
N,N-亚甲基双丙烯酰胺	辅交联剂	0～6
过硫酸铵	引发剂	2.5～6.0
亚硫酸氢钠	促进剂	0～1.8
三氯化铁	缓凝剂	0～0.12
水		0～200

（3）最佳条件与性能

① 阳离子型水性环氧树脂的最佳制备条件为：n（二烯丙基胺）：n（二乙醇胺）：n（E-51）$n=1.00：1.05：1.00$；反应温度 60℃加入二烯丙基胺后继续反应 2h，加入二乙醇胺后继续反应 1.5h；助溶剂的用量为 10%；阻聚剂用量为 0.2%；使用丙烯酸中和，然后加水稀释。制备的水性环氧树脂体系水溶性好，并具有良好的稳定性。

② 该浆材无挥发性有机溶剂，无难闻的刺激性气味，是一种环保型灌浆材料。浆液固结体的力学性能优异，在防水堵漏的同时，还可以起到补强加固的作用，是一种有广阔应用前景的新型环氧灌浆材料。

8.7 水性紫外光固化环氧复合树脂

8.7.1 高固低黏水性紫外光固化环氧丙烯酸酯

针对环氧基树脂黏度大、脆性高及柔性不好的特点，采用双酚 A 型环氧树脂以及一系列环氧稀释剂对其降黏、增韧改性，引入具有低模量的软链段，提高分子活性。利用其与丙烯酸单体反应，在分子链中引入具有光活性的双键，再用酸酐进一步改性，接入侧链羧基，经有机碱中和，制备得到水性 UV 固化环氧丙烯酸酯树脂。

(1) 主要原材料　双酚 A 型环氧树脂，工业级；己二醇缩水甘油醚（JX-025）、聚乙二醇二缩水甘油醚（PEGGE）、聚丙二醇二缩水甘油醚（D1217），工业级；丙烯酸（AA），化学纯；顺丁烯二酸酐（MAH），分析纯；二甲氨基乙醇，化学纯；四乙基溴化铵（TEAB），分析纯；N,N-二甲基苄胺（DMBA），化学纯；对甲氧基苯酚，化学纯；1,6-己二醇二丙烯酸酯（HDDA）、三丙二醇二丙烯酸酯（TPGDA）、三羟甲基丙烷三丙烯酸酯（TMPTA），工业级；2-羟基-2-甲基-1-苯基-1-丙酮（Darocur1173），工业级。

(2) 水性 UV 固化环氧丙烯酸酯预聚体的制备　在装有搅拌器、冷凝管、恒压漏斗和温度计的四口烧瓶中加入一定量的双酚 A 环氧树脂、环氧稀释剂及阻聚剂；搅拌升温至 75℃时缓慢滴加适量丙烯酸和引发剂，0.5～1h 滴加完毕；随后升温至 80～90℃，定时取样测定酸值，直到酸值低于 5mgKOH/g 时降温，得到环氧丙烯酸酯（EA）。

EA 体系降温至 60℃时，加入一定量的顺酐、催化剂和阻聚剂，充分搅拌均匀，控制温度在 60～70℃，待酸值达到理论值时降温，加入少量阻聚剂，得到顺酐改性的环氧丙烯酸酯（EB）。

EB 体系降温至 50℃时加入适量有机碱，中和至 pH 值为 6～7；然后按比例加入蒸馏水至一定固含量，搅拌均匀，出料保存，制得可 UV 固化的水性环氧丙烯酸酯（EC）。

(3) UV 固化膜的制备　将制得的水性 UV 固化树脂 EC 与活性稀释剂、光引发剂按照一定配比混合均匀，涂于马口铁片（50cm×120cm）及无机玻璃片上（0.30cm×9.0cm×12.0cm），在紫外光固化机上进行 UV 固化，采用主峰波长为 365nm 的高压汞灯，光源为 2kW，灯距为 15cm。

(4) 最佳条件和性能

① 合成 EA 的最佳反应条件为：反应温度在 85～90℃；催化剂为 DMBA。合成 EB 时候应采用分段升温的方法，温度控制在 60～75℃范围内较为适宜。

② 对不同羧基含量树脂水溶性考察表明，对一定固含量的树脂，其水溶性随羧基含量提高而提高。马来酸酐的用量应保证羧基含量至少为 40%（酸酐∶羟基＝1∶1 时，酸酐用量为 100%），以保证树脂一定的水分散型和乳液稳定性。

③ 利用环氧稀释剂对环氧树脂进行复配改性能够显著降低体系黏度。当复配比例为环氧稀释剂∶E-51＝2∶1 时，稀释剂对初混合体系的降黏率最多达到 99.76%；对 EA 体系的降黏率可达到 98.95%；经马来酸酐改性并碱中和后的树脂，在固含量 100%时黏度可从 100000mPa·s 以上降为 3470mPa·s。

8.7.2 水性光固化环氧树脂乳液

利用双羟基化合物对环氧丙烯酸酯（EA）进行改性，降低其黏度，再利用顺丁烯二酸酐与 EA 反应引入亲水性基团，中和成盐后制得 UV 固化水性环氧树脂乳液（EB）。对环氧树脂进行改性，降低其黏度，以制备性能优良，易于施工的水性光固化涂料。

(1) 主要原材料 丙烯酸，双酚 A 环氧树脂（E-51），丙烯酸羟乙酯，二羟甲基丙酸，四丁基溴化铵，顺丁烯二酸酐，N,N-二甲基甲酰胺，N,N-二甲基乙醇胺，十六烷基三甲基溴化铵（1631），聚丙二醇 600（PPG600），聚丙二醇 1000（PPG1000），聚丙二醇 2000（PPG2000），三乙胺，对甲氧基苯酚，光引化剂 Irgacure2959。

(2) 合成方法

① 改性双羟基化合物对环氧丙烯酸酯（EA）的合成　在四口烧瓶中加入预先计量好的 E-51、改性剂和少量催化剂四丁基溴化铵，缓慢加热到 80℃，反应一段时间后，加入少量阻聚剂对甲氧基苯酚，滴加一定量的丙烯酸和催化剂的混合液，约 0.5～1h 滴加完，慢慢升温到 85～90℃，每隔 1h 取样测酸值一次，当酸值小于 5 mg KOH/g 时，降温。

② UV 固化水性环氧树脂乳液（EB）的合成　当温度降到 70℃时，加入一定阻聚剂和催化剂，充分搅拌均匀后，投入一定量的顺丁烯二酸酐，升温到 75～80℃，当酸值接近平衡值时停止反应，降温。

③ 中和　当温度降到 50℃左右时，加入一定量的中和剂，中和完后慢慢滴加去离子水至一定固含量，出料保存。

(3) 最佳条件和性能

① 合成 EA 的最佳反应条件为：反应温度为 85～95℃，催化剂为四丁基溴化铵，催化剂用量为 0.6%～0.8%，合成 EB 的催化剂为 N,N-二甲基乙醇胺。

② 对 EB 树脂的性能研究表明，随着羧基含量和中和度的提高，乳液分散性、稳定性、硬度及拉伸强度增强，但耐水性下降。故最终选择三乙胺作为中和剂，控制顺酐用量为 15%～17.5%，中和度在 80%～90%之间能得到综合性能较好的乳液。

8.7.3 环氧丙烯酸酯改性光固化水性聚氨酯

(1) 主要原材料 甲苯-2,4-二异氰酸酯（TDI），丙烯酸羟乙酯（HEA），二羟甲基丙酸（DMPA），二月桂酸二丁基锡，三乙胺，改性环氧丙烯酸酯乳液（PPG-EA）（自制），聚丙二醇 600（PPG600），聚丙二醇 1000（PPG1000），聚丙二醇 2000（PPG2000），对甲氧基苯酚，光引化剂 Irgacure2959，环氧树脂 E-51，加 5A 型分子筛处理放置 2 周后待用的丙烯酸羟乙酯。聚丙二醇（PPG）反应前于 100℃、30mmHg（4kPa）压力条件下脱水 2h，二羟甲基丙酸（DMPA）在反应前于 80℃烘箱中脱水 2h。

(2) 改性环氧丙烯酸酯（PPG-EA）的合成　　在四口烧瓶中加入预先计量好的 E-51、改性剂和少量催化剂四丁基溴化铵，缓慢加热到 80℃，反应一段时间后，加入少量阻聚剂对甲氧基苯酚，滴加一定量的丙烯酸和催化剂的混合液，约 0.5～1h 滴加完，慢慢升温到 85～90℃，每隔 1h 取样测酸值 1 次，当酸值小于 5mgKOH/g 时，降温，得到低黏度改性环氧丙烯酸酯（PPG-EA）。

(3) 共聚法制备环氧丙烯酸酯改性的 UV 固化水性聚氨酯乳液　　在装有搅拌器、冷凝管、温度计及氮气导管的四口烧瓶中加入 TDI，在常温和 N_2 的保护下滴加 PPG2000，滴加完毕后，缓慢升温到 60～65℃。反应跟踪—NCO 质量分数的变化，当接近理论值时降温到 50℃。加入 DMPA 及改性环氧丙烯酸酯和少量催化剂二月桂酸二丁基锡，缓慢升温到 75～80℃，反应一段时间，当 DMPA 小颗粒消失后降温至 50℃。加入少量的阻聚剂对甲氧基苯酚，混合均匀，滴加丙烯酸羟乙酯，滴加完成后慢慢升温到约 70～75℃，反应一段时间，降温至 50℃左右，加入中和剂，中和时间约为 15min，在室温剧烈搅拌下缓慢地滴加去离子水至一定固含量，得到环氧丙烯酸酯改性的 UV 固化水性聚氨酯乳液。

(4) 涂膜的制备　　将合成的预聚物与去离子水混合至一定固含量，加入一定量的水性光引发剂、流平剂和消泡剂，搅拌均匀后将乳液在聚四氟乙烯膜上流延成膜，室温下静置一段时间，然后放入烘箱中，在 80℃下烘 4～6h，制备厚度约 1mm 的膜备用。

(5) 条件与性能

① 利用 PPG600 对环氧丙烯酸酯改性，以降低其黏度，再利用此改性产物与聚氨酯进行共聚，获得稳定性好，综合性能优良的 UV 固化水性聚氨酯乳液，并且克服了环氧树脂直接用于水性聚氨酯改性制备的乳液储存稳定性差的不足。

② 随着改性环氧丙烯酸酯用量的增大，水性聚氨酯涂膜的拉伸强度增大，硬度增强，断裂伸长率降低，吸水率降低，而耐水性变好，附着力先增加后减小，综合考虑，改性环氧丙烯酸酯用量为 6%～10%较合适。

③ 随着 DMPA 用量的增加，聚合物中硬段含量增加，分子内库仑力和氢键作用增强，因此涂膜硬度、强度提高，而断裂伸长率降低，耐水性变差。故 DMPA 用量在 5.5%～7.5%范围为宜。

④ 随着 n(—NCO)：n(—OH)增大，胶膜的拉伸强度增大，断裂伸长率降低而硬度增大，但胶膜耐水性有所下降，乳液外观及储存稳定性 n(—NCO)：n(—OH)为 1：3 和 1：4 时最好。故 n(—NCO)：n(—OH)在 1：3～1：4 之间较合适，聚氨酯乳液及胶膜均具有较好的性能。

8.7.4 水性光敏树脂纸张涂料

合成了一种水性光敏树脂，将其用于纸张的涂布，以提高纸张的物理强度，尤其是湿强度。

(1) 主要原材料 环氧树脂 618：工业品；丙烯酸：工业品；对羟基苯甲醚：化学纯；顺丁烯二酸酐：化学纯；N,N-二甲基苯胺：化学纯；三乙醇胺：分析纯；光引发剂 1173：工业品。

(2) 合成工艺 在装有搅拌器、冷凝管、恒压漏斗及温度计的三口烧瓶中加入一定量的环氧树脂 618 和阻聚剂，加热搅拌均匀后缓慢滴加丙烯酸和催化剂的混合液，升温到 95℃，直到酸值小于 5mgKOH/g 时，停止反应，降温。再加入一定量的阻聚剂和催化剂，充分搅拌均匀，投入一定量的顺丁烯二酸酐，然后缓慢搅拌加热至 80℃，当酸值小于理论值时，停止反应，降温。

用中和剂中和至 pH 值为 6～7，在剧烈搅拌下，慢慢滴加去离子水至一定的浓度，出料保存，得到水性光敏树脂。

(3) 水性光敏涂料（简称光敏涂料）的配制 称取一定量的光敏树脂于烧杯中，加入 4% 用量光引发剂，用玻璃棒混合均匀，即得光敏涂料。

(4) 涂布

① 单独的光敏涂料涂布 将配制好的光敏涂料用刮棒均匀地涂在定量为 $80g/m^2$ 的涂布原纸上，然后将纸样以不同的速率通过 UV 光固化机，使涂料在纸张上干燥、固化。

② 光敏涂料与颜料涂料复配涂布 将高岭土、碳酸钙、分散剂、消泡剂及稳定剂按比例配制成固含量一定的涂料液，然后加入配制好的光敏涂料，其余原料不变且按照相同的比例加入，配成固含量相同的含有光敏涂料的涂料液。采用刮棒涂布，干燥并压光。

(5) 涂布纸张性能

① 经水性环氧光敏涂料涂布的纸张物理强度显著增加，涂布量控制在 $15g/m^2$ 左右时，纸张的强度最好。当光敏涂料固含量为 40% 时，湿/干强度比达到最大值（19.6%），其中与空白样相比，干强度、湿强度、耐破度、耐折度及撕裂度分别增加到 2.1 倍、5.6 倍、2.5 倍、14.6 倍、1.4 倍，效果比较理想。

② 光敏涂料与颜料涂料复配后进行涂布也可以提高纸张的强度，但由于颜料的影响，纸张强度提高的幅度不如单纯的光敏涂料。

第 9 章

水性聚氨酯

Chapter 9

9.1 聚氨酯概述

9.1.1 聚氨酯简介

聚氨酯（polyurethanes）是聚氨基甲酸酯的简称，英文缩写 PU。凡是在聚合物主链上含有许多-NHCOO-重复单元基团的高分子化合物通称为聚氨酯。它是由二元或多元有机异氰酸酯（如二异氰酸酯 OCN—R—NCO）与多元醇（如二元醇 HO—R′—OH、聚醚或聚酯型多元醇）化合物相互反应而得。

其中，氨基甲酸酯重复链段，具有类似酰氨基和酯基的结构。根据所用原料官能团数目的不同，可以制成线型或体型结构的高分子化合物。因此，聚氨酯的化学与物理性质介于聚酰胺和聚酯之间。

在实际制备的聚氨酯树脂中，除氨基甲酸酯基团外，过有脲、缩二脲等基团。所用原料二元醇是指聚酯或聚醚的低聚物，末端为羟基，称为软链段。二异氰酸酯是指脂肪族与芳香族异氰酸酯，称为硬链段。软、硬链段反应生成聚氨酯树脂，而氨基甲酸酯链段在其中只占少数。从广义上讲，聚氨酯乃是异氰酸酯的加聚物。

不同类型的异氰酸酯与多羟基化合物反应后，能产生各种结构的聚氨酯。聚合物的结构不同，性能也不一样，从而获得各种不同性质的聚氨酯高分子材料。

9.1.2 聚氨酯的合成反应

聚氨酯不是由氨基甲酸酯聚合而成，而是由多异氰酸酯与多元醇经过逐步加成聚合而成，其聚合过程既不是自由基连锁机理，又非缩合聚合脱出小分子物质的反应。分子链的增长是逐步的，但反应又是加成的。合成反应通式如下：

$$nO{=}C{=}N{-}R{-}N{=}C{=}O + nHO{-}R'{-}OH \longrightarrow \left[\begin{array}{c} R{-}NH{-}\underset{O}{\overset{}{C}}{-}O{-}R'{-}O{-}\underset{O}{\overset{}{C}}{-}NH \end{array}\right]_n$$

即异氰酸酯的 N=C 双键打开，羟基—OH 加成。

9.1.3 多异氰酸酯

9.1.3.1 多异氰酸酯的种类

工业中常用的异氰酸酯有下列几种：甲苯二异氰酸酯，二苯甲烷二异氰酸酯，多亚甲基多苯基多异氰酸酯，已二异氰酸酯，异佛尔酮二异氰酸酯等。

(1) 甲苯二异氰酸酯(TDI)　有邻、对位取代基的 2,4-体和两个邻位取代基的 2,6-体，分子结构如下：

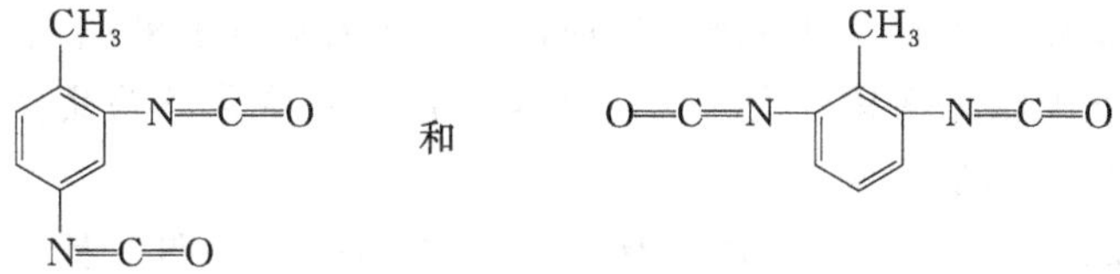

工业产品有单一的 2,4-体，也有 2,4-体和 2,6-体两种比例（65/35；80/20）的混合物。2,4-体含量多，活性大，但 65/35 比例的混合物，凝固点低，冷天不需熔融，使用方便；80/20 比例的混合物应用较普遍。2,4-体中，由于甲基的位阻作用，4 位比 2 位的异氰酸根活性更高，便于使用。

(2) 二苯甲烷二异氰酸酯（MDI） 分子结构如下：

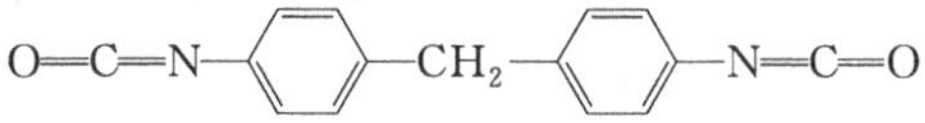

外观为白色到黄色针状固体，凝固点不大于 38.0℃，特点是蒸气压低，毒性比 TDI 小，涂膜的强度和耐磨性比 TDI 高，但是价格贵，产品泛黄严重。

(3) 多亚甲基多苯基多异氰酸酯 结构式如下：

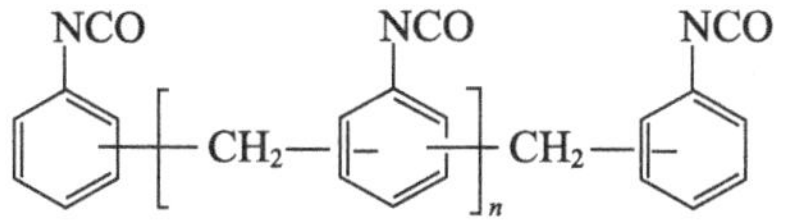

平均分子量 300～400，—NCO 的含量约 29%～32%，挥发性比 MDI 低，价格便宜，可用于制造无溶剂涂料。以上的芳香族异氰酸酯制得的漆膜具有优良的力学性能，耐化学品性，但经暴晒有变黄和失光之弊病。

(4) 脂肪族二异氰酸酯 其中己二异氰酸酯（HDI），分子结构 $OCN\text{-}(CH_2)_6\text{-}NCO$，外观为无色到微黄色液体，毒性较大。

亚甲苯二异氰酸酯（XDI），有 1,3-和 1,4-两种异构体：

工业品中，1,3-体含量 70%～75%，1,4-体 30%～25%。外观为无色透明液体，易溶于苯、甲苯、醋酸乙烯、丙酮、氯仿、四氯化碳及乙醚中，难溶于环己烷、正己烷及石油醚中。

(5) 异佛尔酮二异氰酸酯（IPDI） 异佛尔酮二异氰酸酯学名为 3-异氰酸酯基亚甲基-3,5,5-三甲基环己基二异氰酸酯，简称 IPDI，结构式如下：

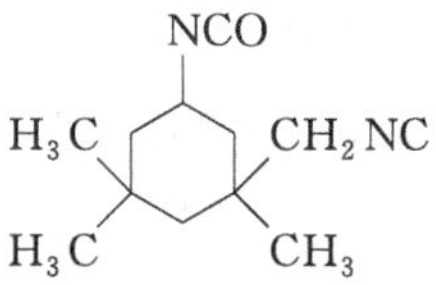

IPDI 的工业产品是含顺式异构体（占 75%）和反式异构体（占 25%）的混合

物。IPDI 是不变黄脂肪族异氰酸酯，反应活性比芳香族异氰酸酯低，蒸气压也低。IPDI 制成的聚氨酯胶黏剂具有优秀的耐光学稳定性和耐化学药品性，一般用于制造高档的聚氨酯胶黏剂。

其他类型的还有二环己基甲烷二异氰酸酯（HMDI），四甲基苯二亚甲基二异氰酸酯（TMXDI）和甲基苯乙烯二异氰酸（TMI），2,2,4-三甲基己二异氰酸酯，六氢甲基苯二异氰酸酯等。

9.1.3.2 异氰酸酯的化学反应

(1) 异氰酸酯与氨基的反应

① 异氰酸酯与氨基上活泼氢的反应　与氨基在低温下能发生反应，可以生成脲类，反应式如下：

$$RNCO + R'NH_2 \xrightarrow{0\sim25℃} RNHCNHR'$$
$$\overset{\|}{O}$$

② 异氰酸酯与酰氨基反应　在 100℃反应生成酰基脲，反应式如下：

$$R-C=N-O + R'-\overset{\overset{O}{\|}}{C}-NH_2 \xrightarrow{100℃} R-NH-\overset{\overset{O}{}}{\underset{\|}{C}}-NH-\overset{\overset{O}{}}{\underset{\|}{C}}-R'$$

③ 异氰酸酯与脲基反应　生成二缩脲，反应式如下：

$$RNCO + RNHCNHR \xrightarrow{100℃} RN\overset{\diagup CONHR}{\diagdown CONHR}$$
$$\overset{\|}{O}$$

④ 异氰酸酯与氨基甲酸酯反应　生成脲基甲酸酯，反应式如下：

$$RNCO + RNHCOOR' \xrightarrow{120\sim140℃} RN\overset{\diagup COOR}{\diagdown CONHR}$$

(2) 异氰酸酯与羟基的反应

① 与醇类反应　生成氨基甲酸酯，反应式如下：

$$RNCO + R'OH \xrightarrow{20℃} RNHCOOR'$$

② 与酚类反应　生成苯基氨基甲酸酯，反应式如下：

$$RNCO + ArOH \xrightarrow{50\sim75℃} RNHCOOAr$$

③ 与水反应　在室温下生成的中间体会立即分解生成胺，并放出二氧化碳，异氰酸酯又与胺快速反应。反应式如下：

$$RNCO + H_2O \xrightarrow{室温} RNHCOOH \xrightarrow{立即分解} RNH_2 + CO_2$$

$$RNCO + RNH_2 \xrightarrow{快速反应} RNHCONHR$$

$$2RNCO + H_2O \longrightarrow RNHCONHR + CO_2$$

（**3**）异氰酸酯与其他基团的反应　异氰酸酯与羧酸—COOH、巯基—SH 反应，后者如硫醇或硫酚，能生成硫代氨基甲酸酯；在一定条件下，异氰酸酯可以生成二聚体和三聚体的环状化合物；异氰酸酯与二羧酸酐反应生成聚酰亚胺，能提高材料的耐温性；在胺催化剂存在下，异氰酸酯与环氧基反应，生成 唑烷酮化合物，具有较好的热化学稳定性。

9.1.4　多元醇

9.1.4.1　多元醇概况

用于聚氨酯树脂的多元醇化合物主要包括聚醚多元醇、聚酯多元醇、丙烯酸类多元醇及蓖麻油类多元醇等。多元醇化合物在聚氨酯合成材料的合成配方中地位极其重要。配方中其他组分用量均以他为基准。所以，准确地选择多元醇化合物，对制备聚氨酯树脂关系甚大。一般可通过改变多元醇化合物的种类、分子量、官能度与分子结构等调节聚氨酯树脂的物理化学性能。在设计配方时，选用多元醇化合物时应考虑的因素，除价格、来源之外，在工艺与质量方面还应考虑到如下几个方面：聚氨酯树脂最终性能的要求与用途；多元醇的官能度数；多元醇的分子量与黏度；与异氰酸酯、催化剂等助剂的互溶性；制品的某些特殊要求，如阻燃性和高回弹性等。

9.1.4.2　聚醚多元醇的类型

聚醚多元醇的品种很多，按不同的依据，有不同的分类方法。

按聚醚主链端的羟基数分类，有聚醚二元醇、聚醚三元醇及聚醚四元醇等品种。

按聚醚主链的链节性质分类，有聚氧化丙烯多元醇、聚氧化丙烯-氧化乙烯多元醇及聚氧化丙烯-氧化四亚甲基多元醇等品种。

按聚醚特征分类，有通用聚醚多元醇、高活性高分子量聚醚多元醇及聚合物聚醚多元醇等品种。

按聚醚的酸碱度分类，有中性聚醚多元醇与碱性聚醚多元醇等。

一般聚醚多元醇的命名，以主链上羟基数与单元链节性质相结合加以命名较为合理。

（**1**）聚醚二元醇类　有聚氧化丙烯二元醇、聚氧化丙烯-氧化乙烯二元醇及聚氧化丙烯-氧化四亚甲基二元醇等品种。

（**2**）聚醚三元醇类　有聚氧化丙烯三元醇、聚氧化丙烯-氧化乙烯三元醇及聚氧化丙烯-氧化乙烯-聚氧化丙烯三元醇等品种。

（**3**）其他聚醚多元醇类　有以季戊四醇、乙二醇、山梨醇、甘露醇、蔗糖及磷酸等起始剂制得的聚氧化丙烯多元醇、聚氧化丙烯-氧化乙烯多元醇。

聚醚多元醇的官能度，取决于起始剂的种类、聚醚的分子量、氧化烯烃的聚合度。通过两者的调节，就可分别合成各种官能度、不同分子量的聚醚多元醇化合物。

在所有聚醚多元醇品种中，以聚氧化丙烯三元醇、分子量 3000，羟值为

56mgKOH/g 的聚醚用量最大。它适用于合成聚氨酯软质泡沫塑料、弹件体及涂料等的原料。分子量为 2000 的聚氧化丙烯二元醇也是一个大品种，它可制作聚氨酯软泡、橡胶、防水材料、铺面材料及胶黏剂等的原料。硬质聚氨酯泡沫塑料用的聚醚多元醇则是以三元以上的多元醇或多元胺，如季戊四醇、甘油、山梨醇、葡萄糖苷及蔗糖等为起始剂，它们的羟值为 400～600mgKOH/g，分子量为 300～700。

9.1.4.3 聚酯多元醇品种与用途

聚酯多元醇由二元羧酸与二元醇（或二元醇与三元醇的混合物）脱水缩聚而成，一般用过量的二元醇，使其端基为羟基的聚酯多元醇。这类化合物亦称为聚酯多元醇，它与高分子工业中普通的醇酸树脂、不饱和聚酯或聚酯树脂等的不同之处，在于聚氨酯树脂中所需的聚酯多元醇分子量低，一般为 1000～3000。

(1) 己二酸聚酯多元醇 己二酸聚酯多元醇是以己二酸与其他二醇、三醇化合物经缩聚反应而合成的。这类聚合物在聚氨酯树脂中用途最广，其平均分子量为 2000 的线型聚合物主要用于生产弹件体与纤维等。有少量支化度的聚酯多元醇主要用于软泡与涂料。具有高支化度的聚酯则用于硬泡及化学稳定性好的涂料或胶黏剂。

线型聚酯多元醇性能随所用二元醇的不同而有所差别。选用二元醇的原则是以最终产品的黏度、凝固点，制品的力学性能、耐油性、耐水性、耐磨及耐低温性等性能为依据的。常用的二元醇有乙二醇、丙二醇、1,4-丁二醇、一缩二乙二醇、一缩二丙二醇等。

(2) 醇酸系聚酯多元醇 醇酸系聚酯多元醇是属于醇酸系聚酯树脂的一种，它也是在己二酸系聚酯多元醇基础上发展起来的。一般是在己二酸系聚酯配方中引入邻苯二甲酸酐、马来酸酐及二聚酸等，以提高聚合物主链的刚性、耐温性及耐油性等。这类聚酯多元醇化合物多用于聚氨酯涂料及硬质泡沫塑料等。

(3) 己内酯聚酯多元醇 是由 ε-己内酯在起始剂存在下打开内酯环，制得线型聚-ε-己内酯多元醇，其端基为羟基的多元醇。它与己二酸系、醇酸系聚酯多元醇的差别是以它为原料合成的聚氨酯树脂具有优异的耐热性，耐水解性以及低温性能。采用不同起始剂，在催化剂作用下，可分别合成各种官能度与支化度的聚己内酯多元醇。

线型或低支化度聚己内酯多元醇，主要用于弹性体、软泡、半软泡、涂料及合成革等，分子量一般为 2000～3000。支化度较高的聚己内酯多元醇，主要用于硬质泡沫塑料及黏合剂等。

(4) 丙烯酸聚酯多元醇 丙烯酸聚酯多元醇是在丙烯酸类聚合物或共聚物中引入羟基，组成含羟基聚酯组分，作为聚氨酯原料。而丙烯酸聚酯多元醇是由含羟烷基丙烯酸酯与其他单体共聚而成。

这类多元醇最近在涂料工业中获得大量应用，由丙烯酸聚酯多元醇制得的聚氨酯涂料，因具有聚氨酯与丙烯酸聚合物的两种特性，其涂膜具有良好的密着性、耐气候和耐药品性，快干、光泽丰满及黏合力强等性能。一般都用作各种材料的表面装饰涂层，很受汽车、造船、航空、家具及建筑等工业部门的欢迎。

另外，还有特殊性能的多元醇化合物，如高活性高分子量聚醚多元醇；聚合物聚醚多元醇；水溶性聚醚多元醇；阻燃有机多元醇；耐温有机多元醇；聚酯-聚醚多元醇；低不饱和度多元醇，超高分子量聚醚多元醇等。

9.1.5 聚氨酯的性能

9.1.5.1 聚氨酯结构与特性

聚氨酯可看作是一种含软链段和硬链段的嵌段共聚物。软段由低聚物多元醇（通常是聚醚或聚酯二醇）组成，硬段由多异氰酸酯或其与小分子扩链剂组成。

由于分子链中含强极性的氨基甲酸酯基，不溶于非极性基团，具有良好的耐油性、韧性、耐磨性、耐老化性和黏合性。用不同原料可制得适应较宽温度范围（−50~150℃）的材料，包括弹性体、热塑性树脂和热固性树脂。

利用这种特性，聚氨酯类聚合物可以分别制得塑料、橡胶、纤维、涂料、黏合剂、涂饰剂及上光剂等多种类型的材料和产品。

9.1.5.2 聚氨酯键的化学反应

(1) 氨酯键与异氰酸酯反应形成脲基甲酸酯。

(2) 氨酯键的热分解 生成异氰酸酯和醇：

$$R-NH-\underset{\underset{O}{\|}}{C}-R' \xrightarrow{\text{加热}} R-N=C=O+R'OH$$

其裂解速率取决于氨酯键邻近基团的影响，脂肪族异氰酸酯的氨酯键热稳定性比芳香族的要高得多。

(3) 取代反应 较弱的氨酯键可以被脂肪胺或脂肪醇取代，如芳香族异氰酸酯与苯酚制得的聚氨酯。用苯酚封闭的预聚物可与脂肪胺配合，获得常温固化的涂层。氨酯键转化为脲键，即是氨解反应的实际应用。弹性聚氨酯挥发型涂料中不可含有伯醇溶剂，就是为了避免储藏中醇解反应使高分子降解变质。

(4) 氨酯键的水解作用 氨酯键在酸或碱的作用下能逐渐水解，但水解速率比酯键的水解速率慢得多，而脂肪族异氰酸酯的氨酯键的抗碱性大于芳香族的氨酯键。

(5) 氨酯键高温下的分解反应 氨酯键在高温下会分解为胺和烯烃。

(6) 紫外线的分解反应 氨酯键受紫外线照射后分解成胺，胺氧化使漆膜变黄。例如芳香族异氰酸酯易泛黄，是由于氨酯键经紫外线作用分解产生芳香胺，芳香胺的苯核经氧化后重排成醌结构。脂肪族氨酯键比芳香族氨酯键稳定得多，即使分解出脂肪胺，也不易氧化变黄。

9.1.6 聚氨酯应用与发展

由于制备聚氨酯所用原料众多，性能各异，可变性大，可以制造一系列不同性能的聚氨酯产物。加上聚氨酯本身结构的特点，可塑性大，再加上技术发展和不断地改性，聚氨酯已成为性能优异、用途广泛的新材料的一个大家族。主要用途有如下几个方面。

① 聚氨酯弹性体用作滚筒、传送带、软管、汽车零件、鞋底、合成皮革、电线电缆和医用人工脏器等；

② 软质泡沫体用于车辆、居室及服装的衬垫；

③ 硬质泡沫体用作隔热、吸音、包装、绝缘以及低发泡合成木材；

④ 涂料用于高级车辆、家具、木和金属防护，水池水坝和建筑防渗漏材料，以及织物涂层等；

⑤ 胶黏剂对金属、玻璃、陶瓷、皮革及纤维等都有良好的黏着力；

⑥ 织物处理剂、皮革涂饰剂以及光亮剂等。

当前，用作涂料、胶黏剂等的聚氨酯主要是向着安全、环保及绿色的水性聚氨酯发展。特别是多组分复合的纳米、杂化、低温固化、双组分、高性能水性聚氨酯，正如火如荼的研制和开发。

9.2 水性聚氨酯简述

9.2.1 水性聚氨酯概念

(1) 水性聚氨酯的特点　水性聚氨酯（WPU）是以水代替有机溶剂作为分散介质的新型聚氨酯体系，也称水分散聚氨酯、水系聚氨酯、水基聚氨酯或聚氨酯水分散体。水性聚氨酯以水为基本介质，具有不燃、气味小、不污染环境、节能、安全可靠、力学性能优良、相容性好、操作加工方便及易于改性等优点，已受到人们的重视。

水性聚氨酯依其外观和粒径分为三类：聚氨酯水溶液（粒径<0.001μm，外观透明）、聚氨酯水分散液（粒0.001～0.1μm，外观半透明）、聚氨酯乳液（粒径>0.1μm，外观白浊）。但习惯上后两类在有关文献资料中又统称为聚氨酯乳液或聚氨酯水分散体，区分并不严格。实际应用中，水性聚氨酯以聚氨酯乳液或分散体居多，聚氨酯水溶液较少。本章主要介绍的是水性聚氨酯乳液（或分散体）。

水性聚氨酯（WPU）的涂膜和溶剂型聚氨酯一样，具有耐磨、耐腐蚀、耐化学药品、硬度大、弹性好、光亮、较强的附着力、良好的装饰性和透湿透气性等优点，该材料已被广泛应用于木器漆、地板漆、金属防腐、汽车涂装及皮革涂饰等领域。但其固含量低、耐水性差、干燥速率慢、耐热性不够等缺点限制了其进一步的推广应用。随着新的合成和交联技术的出现和发展，人们已经可以有效控制其组成和结构，使其成为发展最快的涂料品种之一。

聚氨酯树脂的水分散液已逐步取代溶剂型聚氨酯，成为聚氨酯工业发展的重要方向。水性聚氨酯可广泛应用于涂料、胶黏剂、织物涂层与整理剂、皮革涂饰剂、纸张表面处理剂和纤维表面处理剂。

（2）水性聚氨酯制备方法　通过改变聚氨酯分子骨架结构的方法，可制得不同物理形态的各种水性聚氨酯。其水性化方法通常可以分为两大类：外乳化法和自乳化法。

外乳化法是先制备一定分子量的聚氨酯预聚体或其溶液，在强烈搅拌下将其和外加的乳化剂分散于水中制成水性聚氨酯乳液。早期采用此法合成的聚氨酯乳液及膜的物理性能差、储存稳定性不好。

目前，聚氨酯的水性化主要采用自乳化法。此法是在聚氨酯大分子链上引入亲水基团，如羧基、磺酸基等阴离子基团，羟基醚键、聚氧乙烯链等非离子基团。这些亲水基团都能与水作用，形成氢键或者直接生成水合离子使聚氨酯溶于水，并且这些亲水组分与多异氰酸酯具有良好的相容性。此法制备的乳液特点是粒径小，稳定性好。

水性聚氨酯整个合成过程可分为两个阶段。第一阶段为预逐步聚合，即由低聚物二醇、扩链剂、水性单体及二异氰酸酯通过溶液逐步聚合生成相对分子质量为1000 量级的水性聚氨酯预聚体；第二阶段为中和后的预聚体，在水中分散制得聚氨酯水分散液。

9.2.2 水性聚氨酯类型

水性聚氨酯除上述所说按粒径和外观分可分为聚氨酯水溶液、聚氨酯水分散体、聚氨酯乳液外，根据亲水性基团的电荷性质，水性聚氨酯又可分为阴离子型水性聚氨酯、阳离子型水性聚氨酯和非离子型水性聚氨酯。其中阴离子型最为重要，又分为羧酸型和磺酸型两大类。

根据合成单体不同，水性聚氨酯可分为聚醚型、聚酯型和聚醚-聚酯混合型。依照选用的二异氰酸酯的不同，水性聚氨酯又可分为芳香族和脂肪族，或具体分为TDI 型与 HDI 型等。

水性聚氨酯（WPU）依产品包装与使用形式可分为单组分水性聚氨酯和双组分水性聚氨酯。

（1）双组分水性聚氨酯

① A 组分　即固化剂组分，有未改性的多异氰酸酯和改性的多异氰酸酯。采用离子型、非离子型或二者相结合的亲水组分对多异氰酸酯进行化学改性（即内乳化）。这些亲水组分与多异氰酸酯具有良好的相容性，作为内乳化剂帮助固化剂分散在水相中，降低混合剪切能耗。

② B 组分　即多元醇体系，必须具有分散功能，能将憎水的多异氰酸酯体系很好地分散在水中，使得分散体粒径足够小，保证涂膜具有良好的性能。多元醇体系有分散体型多元醇（粒径<0.08μm），该多元醇首先在有机溶剂中合成，分子结构中含有亲水离子或非离子链段的树脂，然后将树脂熔体或溶液分散在水中得到。其优点为

聚合物相对分子量小，乳液粒径小，对固化剂分散性优越，形成的涂膜外观好，综合性能优异。水分散型羟基树脂包括聚酯型、聚氨酯型、丙烯酸型和其他杂合型。

双组分水性聚氨酯使用时，将两组分充分混合，A组分进入乳液微粒内，与B组分大分子链上的活性基团反应，或在成膜的过程中形成交联结构，以提高相对分子质量从而改善其硬度、光泽、耐磨性及耐热性等。

(2) 单组分水性聚氨酯　单组分WPU属热塑性树脂，聚合物分子量较大，成膜时只是水挥发到环境中，符合环保要求且操作简单。通过丙烯酸酯改性、环氧树脂改性和交联改性可以提高WPU的性能。

促使聚氨酯稳定分散在水介质中的亲水性基团，会引起水性聚氨酯成膜耐水性差且易吸水等问题，因此必须对水性聚氨酯在原料、配方、合成工艺、分散技术、成膜技术以及聚氨酯的分子结构等方面不断改进。

9.2.3 水性聚氨酯性能

9.2.3.1 水性聚氨酯特点

水性聚氨酯乳液既具有良好的综合性能，又具有不污染、运输安全及工作环境好等特点，它以水作溶剂，取代了有机溶剂；除了可以满足环保要求的无VOC排放外，更重要的是水的价廉、安全，可以得到与有机溶剂型相似的形态，在基本不改变有机溶剂型使用工艺前提下保持有机溶剂型的产品性能。因而，水性聚氨酯乳液越来越受到重视。

另外，水性聚氨酯还具有下述特点。

(1) 大多数单组分水性聚氨酯（涂料、胶黏剂等）主要是靠分子内极性基团产生内聚力和黏附力进行固化。水性聚氨酯中含有羧基、羟基等基团，适宜条件下可参与反应，使胶黏剂产生交联。

(2) 水性聚氨酯分子上的离子及反离子越多，黏度越大；而固含量（浓度）、聚氨酯树脂的分子量、交联剂等因素对水性聚氨酯黏度的影响并不明显。相同的固含量，水性聚氨酯乳液的浓度较溶剂型胶黏剂小。

(3) 影响水性聚氨酯黏度的重要因素还有离子电荷、核-壳结构、乳液粒径等。水性聚氨酯的黏度一般通过水溶性增稠剂及水的比例来调整。这有利于聚氨酯的高分子量化，以提高胶黏剂的内聚强度。

(4) 水性聚氨酯气味小，操作方便，残胶易清理。

(5) 水性聚氨酯可与多种水性树脂混合，以改进性能或降低成本。因受到聚合物间的相容性或在某些溶剂中的溶解性的影响而受到一些限制。

(6) 由于水的挥发性比有机溶剂差，故水性聚氨酯干燥较慢，胶膜干燥后若不形成一定程度的交联，则耐水性不佳。

9.2.3.2 聚氨酯乳液的性质及影响因素

(1) 乳液的性质　液体外观：半透明、乳白色分散液；固含量：20%～60%；

黏度：与分子量大小无关，可增稠；黏流特性：非牛顿流体，一般有触变性；胶乳的润湿性：因为水作溶剂，表面张力较高，对低表面能材料的表面润湿不良，可加流平剂改变；胶乳的干燥性：因为水的潜热较大，蒸发能较高，干燥较慢；胶乳的成膜性：需在玻璃化温度以上，依赖于温度和湿度；共混性：相同离子的性质的不同聚合物可共混；乳胶膜的力学性能：在差到良好之间；乳胶膜的耐水性：稍差到良好之间，加交联剂可提高；乳胶膜的耐溶剂型：稍差到良好之间，加交联剂可提高；乳胶膜的耐热性：热塑性的稍差，交联性的良好。

（2）乳液性能的影响因素

① 粒径及其对性能的影响　介质水中聚氨酯微粒的粒径与水性聚氨酯的外观之间有密切的联系，粒径越小，乳液外观越透明。当粒径在 $0.001\mu m$ 以下时，水性聚氨酯是浅黄色透明的水溶液。粒径的大小与树脂的配方、分子量大小及其亲水成分的含量相关。乳化时相同的剪切作用力作用下，树脂的亲水性成分越多，则乳液的粒径越细，甚至完全溶于水，形成胶体溶液。粒径还与剪切力有关，搅拌越激烈，分散于水中的剪切力越大，则乳液的颗粒越细，乳液的各项性能越好。聚氨酯乳液的微粒粒径大小对乳液的稳定性、成膜性、对基材的湿润性能、膜性能及粘接强度等性能有较大的影响。

② 乳液稳定性　影响乳液储存稳定性有两个主要因素，聚氨酯微粒的粒径及聚氨酯的耐水解性。

③ 表面张力　表面张力是关系到水性聚氨酯对基材润湿性的重要因素。水性聚氨酯的表面张力一般为 $0.040\sim0.060N/m$，而水的表面张力是 $0.0730N/m$。

④ 成膜性能　水乳液聚氨酯干燥慢，这是其最大的一个缺点。不过，水性聚氨酯的最低成膜温度为 0℃ 左右，因为不含乳化剂，常温下干燥能形成有光泽、均匀和优良韧性的薄膜。

⑤ 浓度及黏度调节　聚氨酯乳液与一般聚合物乳液相似，具有高浓度低黏度的特点，浓度和黏度之间没有必然的联系。乳液的黏度主要与树脂的离子电荷数量、粒子大小和结构（如核-壳结构）等因素有关，可通过增稠剂增加水性聚氨酯的黏度。

9.2.4 水性聚氨酯应用领域

水性聚氨酯乳液在很多的应用领域发挥着越来越重要的作用，在涂料、胶黏剂、皮革、纺织涂层、整理及涂料印花等行业的应用已经得到了大量的应用。

9.2.4.1 纺织物用水性聚氨酯

水性聚氨酯对各种基材都有良好的粘接性，能赋予织物柔软而丰满的手感和皮感、耐磨性、抗皱防缩性、回弹性、挠曲性及透气吸湿性。调节聚氨酯高分子结构还可用于织物的防水、防油、防污及防起毛起球等整理。可用作耐久定形整理剂，抗皱防缩整理剂，耐磨整理剂、手感改良剂、仿皮整理剂及多用途胶黏剂等。聚氨酯材料柔韧、耐磨，可用作天然皮革及人造革的涂层剂及补伤剂。可用于多种织物的涂层剂，例如帆布、服装面料及传送带涂层。水性聚氨酯在羊毛防缩整理、仿麂皮绒整理、无纺布整理，植绒整理等方面都有应用。特别是仿麂皮绒整理使用水性聚氨酯整理，工艺简单，无三废处理问题，可在普通印染设备上进行加工。

聚氨酯适于用作皮革涂饰剂，粒子表面没有乳化剂，成膜性能好，温度低，速率快。其成膜性可与溶剂型相媲美，且无公害。用聚氨酯乳液涂饰后的皮革具有光亮、丰满、耐磨耗、不易断裂、弹性好、耐低温性和耐挠屈性能优良等特点，从根本上克服了丙烯酸树脂类涂饰剂"热黏冷脆"的毛病，使之在皮革应用方面居于重要地位，常用于生产中、高档皮革制品。

在涂料印花中，常用的水性丙烯酸涂料印花黏合剂中加入适量的水性聚氨酯乳液，可有效提高其性能，特别是在要求高弹性的场合。水性 PU 能赋予膜较好的柔软性和机械强度，并能将涂料微粒固着在纤维表面。在印花涂料中，更多的是使用封闭型的水性聚氨酯。

9.2.4.2 水性聚氨酯涂料

水性聚氨酯涂料是以水性聚氨酯树脂为基料，并以水为分散介质配制的涂料。因具有好的装饰性和保护性等综合性能，得到快速发展。水性聚氨酯具有优良的耐水、耐溶剂、耐化学腐蚀及不易燃等优点，广泛地用作家具漆、电泳漆、电沉积涂料、建筑涂料、纸张处理涂料及玻璃纤维涂料。特别是以脂肪族聚氨酯为基础合成的聚氨酯，具有涂层薄、强度高、耐磨、耐寒、不发黏及手感柔软的特点，广泛应用于服装、建筑、农业及水产业等。

高性能与低 VOC 含量相结合的水性聚氨酯涂料具有广阔的应用前景。涂膜干燥时间短、外观好、耐溶剂性好的水性聚氨酯涂料在木器涂料领域占有大量的市场份额；涂膜外观美好、具有良好的耐低温性和耐化学品性的水性聚氨酯皮革涂料，取代传统溶剂型丙烯酸皮革涂饰剂、硝基纤维素皮革涂饰剂，成为皮革涂料的主要品种。

此外水性聚氨酯涂料还能应用于塑料涂料、工业涂料、腐蚀保护涂料和纸张涂料以满足不同的性能要求。随着对水性聚氨酯结构、性能及成膜过程的反应机理等进一步研究，结合新的水性多元醇聚合物的合成技术，水性聚氨酯涂料将会变得方便施工，涂膜性能易于设计和优化，以满足特殊用途。

水性聚氨酯涂料发展有三个方面：一是用双组分取代单组分，由于单组分水性聚氨酯的硬度和耐性达不到要求，通过添加水性的固化剂，可有效提高其综合性能，所用的固化剂主要为水性的多异氰酸酯和聚氮丙啶；二是与丙烯酸树脂进行共聚，形成以丙烯酸为壳，聚氨酯为核的共聚乳液，其综合性能优于纯聚氨酯乳液，在硬度和耐水性方面都有很大提高；三是合成水性紫外光固化聚氨酯涂料，其性能甚至超过双组分的性能，能和溶剂型涂料相媲美，适合于流水线作业的大型家具厂。

9.2.4.3 水性聚氨酯胶黏剂

水性聚氨酯胶黏剂是指聚氨酯树脂溶于或分散于水中而形成的胶黏剂。水性聚氨酯胶黏剂粘接性能好，胶膜物性可调节范围大，可用于多种基材的粘接和黏结。

水性聚氨酯胶黏剂比有机溶剂型聚氨酯胶黏剂成本低，具有无毒无污染、易处理、黏合效果好等特点，已被广泛用作木材加工黏合剂、织物和植绒黏合剂、复合薄膜用胶黏合剂及压敏黏合剂等。还用于涂料、造纸、纤维、医疗、建筑及印刷等方面。特别是用作静电植绒黏合剂，更表现出其优越性，可极大地提高静电植绒的耐磨性和柔软性，被认为是该类产品中最理想的黏合剂。

水性聚氨酯胶黏剂用于多种层压制品的制造，包括胶合板，食品包装复合塑料薄膜，织物层压制品，各种薄层材料的层压制品；水性聚氨酯产品可用于 PVC 和密度板、泡沫、ABS 及 PVC 等的黏结，也用于制造家具、汽车内饰件及磁卡等。

一般来说，聚酯型水性聚氨酯胶黏剂结晶性好，黏结强度大，可用于表面能较低的材料的黏结；聚醚型水性聚氨酯胶黏剂柔韧性好，耐水解性能好，原料价格低，多应用于柔性材料的黏结。

9.2.4.4 水性聚氨酯的其他用途

(1) 在医疗行业中的应用 由于医用水性聚氨酯材料与人体组织相容性和血液相容性好，良好的韧性、耐溶剂性、耐水解性，无毒性，良好的耐磨损、抗屈挠性能，容易成型加工等，因此在医疗行业中得到广泛的应用。水性聚氨酯医用产品包括人工心脏瓣膜、骨骼黏合剂、医用人造皮肤、缝线、各种夹板、人造血管、气管及计划生育用品等等，应用比较广泛且呈现出强劲的发展趋势。

(2) 木材加工 水性乙烯基聚氨酯胶黏剂，最早应用于木材加工，具有以下特性：

① 常温固化，甚至可在 0℃ 粘接，加热固化性能更好；

② pH 值在 6～8，基本上为中性，对木材无污染；

② 不含甲醛、苯酚等有害物质；

④ 根据主剂材料配方及交联剂为多异氰酸酯的用量、品种的选择，可适应不同基材的黏结。

9.2.5 水性聚氨酯改进

由于一般的水性聚氨酯本身价格较高、干燥速率慢、胶膜耐水性及耐热性差等问题，水性聚氨酯在如下几方面正不断继续改进。

(1) 提高固含量 目前所生产的水性聚氨酯的质量分数多为 20%～40%，干燥和运输费用较高，设法将其提高到 50% 以上。如果将固含量提高到 45% 以上，在 40～60℃ 的干燥温度下其干燥速率可与普通溶剂型聚氨酯树脂室温下的干燥速率相近。

(2) 进行交联（外交联、次级交联及内交联） 通过内交联的方法，引入三官能团化合物，形成部分支化和交联结构。可提高耐水、耐热性等。

(3) 采用与其他树脂共混技术 例如和丙烯酸乳液、水性环氧、PVAc 乳液及 EVA 乳液等进行混配。可有效提高水性聚氨酯的耐候性、耐水性、硬度及热活化性能。可制成高性能、低成本的水性聚氨酯。

(4) 提高初黏性 水性聚氨酯的初黏性低是阻碍其广泛应用的重要因素。已采用引入环氧树脂的方法制得了具有良好初黏性的产品。

(5) 提高稳定性 在保持水性聚氨酯耐水性的同时，提高水性聚氨酯的储存稳定性是目前国外水性聚氨酯研究的重要方向。

(6) 共聚改性 以聚氨酯和丙烯酸为基础的核壳聚合，互穿网络聚合乳液被称为第三代水性聚氨酯。将两者复合，可克服各自的缺点，发挥各自的优势，使树脂的性能得到充分的改善。通过和丙烯酸的化学共聚，水性聚氨酯的性能得到了提升，并且有效降低了成本。

(7) 有机硅、氟改性 通过引入小分子的有机硅或有机氟，或用有机硅、有机氟改性多元醇，合成出性能优良的水性聚氨酯。该类型的水性聚氨酯具有优异的拒水性以及良好的滑爽性，在涂料、涂层剂及医用乳胶手套上具有良好的应用前景。

9.3 水性聚氨酯制备

9.3.1 水性聚氨酯合成

9.3.1.1 制备水性聚氨酯的原料

水性聚氨酯制备所用主要原料，同非水性聚氨酯基本一样，但增加了一些亲水性试剂、成盐剂及其他助剂。所用原料种类如下。

(1) 多异氰酸酯 常用的有甲苯二异氰酸酯（TDI）、二苯基甲烷二异氰酸酯（MDI）、六亚甲基二异氰酸酯（HDI）、多亚甲基多苯基多异氰酸酯（PAPI）、异佛尔酮二异氰酸酯（IPDI）以及特殊用途的其他异氰酸酯。

(2) 多元醇或多元胺等含氢化合物 多元醇化合物主要有聚酯多元醇、聚己内酯、聚醚多元醇、氨基聚醚多元醇、聚己二醇、聚四氢呋喃、端羟基聚丁二烯橡胶、环氧树脂和含羟基的丙烯酸树脂等大分子多元醇。小分子多元醇有一缩二己二醇、1,4-丁二醇、三羟基丙烷及季戊四醇等。多元胺有丙二胺、二乙烯三胺及异佛尔酮二胺等。

(3) 亲水性扩链剂

① 羧酸盐型 这类物质有酒石酸、二羟甲基丙酸及二羟甲基丁酸半酯；

② 磺酸盐型 乙二氨基乙磺酸钠，1,4-丁二醇-2-磺酸钠；2-烯-1,4-丁二醇的氧化乙烯或氧化丙烯缩聚物与亚硫酸氢钠的加成物等。

另外，脲基与环状内酯、磺内酯、酸酐在碱性条件下反应时能在聚氨酯链上接上磺酸基团或羧基。

③ 阳离子扩链剂 二乙醇胺、三乙醇胺、N-甲基二乙醇胺等。

④ 一般扩链剂 1,4-丁二醇、乙二醇、一缩二乙二醇、乙二胺及二亚乙基三

胺等。

（4）成盐剂　能与聚氨酯链上的羧基、磺酸基、叔氨基或脲基等基团反应，生成聚合物的盐或者生成离子基团的试剂。阴离子型聚氨酯乳液的成盐剂有氢氧化钠、氨水及三乙胺等。阳离子型聚氨酯乳液的成盐剂有盐酸与醋酸等。

（5）溶剂　丙酮、甲乙酮、二氧六环、N,N-二甲基甲酰胺及 N-甲基吡咯烷酮。

（6）交联剂　环氧树脂、三聚氰胺-甲醛树脂、多异氰酸酯、多元胺、氮丙啶、甲醛及多价金属盐。

（7）其他助剂　包括乳化剂、增稠剂、流平剂、光亮剂、阻燃剂、分散剂及颜填料等。

9.3.1.2 水性聚氨酯合成工艺方法

水性聚氨酯的制备方法可分为外乳化法和自乳化法两种。

外乳化法又称强制乳化法，该方法是指将一定分子量的聚氨酯预聚体或预聚体溶液加入乳化剂，在强力搅拌下，将其分散于水中，制成相应的聚氨酯乳液或分散体，这是早期制备水性聚氨酯的方法。外乳化法制备的聚氨酯乳液粒径较大，一般大于 $0.1\mu m$，外观白浊，储存稳定性较差，由于使用较多的乳化剂，使得产品的成膜性不良，并影响胶膜的耐水性、强度、韧性和粘接性。

自乳化法又称为内乳化法，是指聚氨酯链段中含有亲水性成分，因而无需乳化剂即可形成稳定乳液的方法。比较而言，用外乳化法制备的乳液中，残存的亲水性小分子乳化剂会影响固化后聚氨酯胶膜的性能，而自乳化可消除此弊病。

自乳化法又分为丙酮法；预聚体法；熔融分散法；酮亚胺-酮连氮法。

（1）丙酮法　丙酮法也称为"溶液法"，此法是先制得含—NCO 端基的高黏度预聚体，加入丙酮、丁酮或四氢呋喃等低沸点、与水互溶易于回收的溶剂以降低黏度，增加分散性，同时充当油性基和水性基的媒介。反应过程可根据情况来确定加入溶剂的量，然后用亲水单体进行扩链，在高速搅拌下加入水中，通过强力剪切作用使之分散于水中，乳化后减压蒸馏回收溶剂，即可制得聚氨酯（PU）水分散体系。反应的整个过程中，关键的是加入丙酮等溶剂以达到降低体系黏度的目的。由于丙酮对 PU 的合成反应表现为惰性，与水可混溶且沸点低，因此在此法中多用丙酮作溶剂，故名"丙酮法"。该工艺的优点是合成反应在均相体系中进行，易于控制，适用性广，结构及粒子大小可变范围大（$0.03\sim100\mu m$），产品质量好，容易获得所需性能的 PU，是目前用得最多的制备方法之一。缺点是耗用大量有机溶剂，工艺复杂，成本高，效率低，不够经济，且安全性差，不利于工业化生产。

（2）预聚体法　预聚体法是近年来发展起来的，它是将水性单体引入到预聚物链中，制成亲水性的聚合物链，得到亲水改性的端—NCO 基聚氨酯预聚体。由于预聚体的分子量不是太高，黏度不大，可不加溶剂稀释，或仅需在水中以少量溶剂稀释就能在剪切力作用下分散于水中。在乳化的同时进行扩链反应，并且也可在乳化的同时在水中加入成盐剂（碱或酸）将羧基或氨基中和为强亲水性的离子基团，以制得稳定的水性聚氨酯（水性聚氨酯-脲）。分散过程必须在低温下进行，以降低—NCO 与水反应活性，参与反应的水相当于扩链剂，再用反应活性高的二胺或三胺在水中进行扩链，可较快地进行链增长反应，生成高分子量的水性聚氨酯。预聚体黏度的控制十分重要，否则分散将很困难，为了便于剪切分散，预聚体的分子量不能太高，黏度高则乳化困难，粒径大，乳液稳定性差；预聚体分子量太小，则—NCO 基团含量高，乳化后形成的脲基多，成膜后偏硬。此方法适合于低黏度预聚体，即由脂肪族和脂环族多异氰酸酯制备的预聚体。该方法可以得到稳定的自乳化聚氨酯乳液，且该方法工艺简单，无需耗费大量的丙酮。

(3) 融熔分散法 熔融分散缩聚法又称熔体分散法、预聚体分散甲醛扩链法，是一种制备水性聚氨酯的无溶剂分散法。用聚酯或聚醚二元醇、含叔氮原子化合物及二异氰酸酯在熔融状态下制备预聚体，用脲终止形成缩二脲基团，并加入氯代酸胺在高温熔融状态继续反应，进行季铵化。双—缩二脲离聚物是亲水的，在高温下加水分散即得水乳液。然后再与甲醛水溶液在均相中发生羟甲基化反应，生成甲基—缩二脲聚氨酯低聚物。最后通过降低体系的 pH 值或温度，在分散相之间发生缩聚反应，生成高分子量水性聚氨酯乳液。熔融分散法不需要有机溶剂，工艺简单，易于控制，配方可变化性较大，不需特殊设备即能进行工业化生产，很有发展前途。但分散过程需大功率搅拌器，缩聚反应温度高，生成的水分散体为支链结构，分子量较低。但此法能制备交联的水性聚氨酯乳液，所得乳液稳定性好，不需要高效混合装置，适合大规模工业化生产，是今后水性聚氨酯生产的一个方向。

(4) 酮亚胺-酮连氮法 酮亚胺-酮连氮法是指封闭二胺和封闭联胺被用作潜在的扩链剂，加到亲水性—NCO 官能封端预聚物中，二胺和联胺与酮类反应分别得到酮亚胺和酮连氮。当水分散该混合物时，由于酮亚胺的水解速率比—NCO 与水的反应速率快，释放出二元胺或肼与分散的聚合物微粒反应，得到的水性聚氨酯-脲具有良好的性能。

9.3.2 自乳化水性聚氨酯及产物类型

水性聚氨酯中最重要的类型是自乳化聚氨酯水分散体（乳液），制造的关键是在聚合物分子链中引进各类亲水基团，而这些亲水基团有非离子型的—OH、—O—、—NH—、—CO—NH—、—CO—和离子型的—SO$_3$H、—COOH、—NR$_2$HX，使聚氨酯分子具有一定的亲水性，不加乳化剂，凭借这些亲水基团使之乳化。这些基团都能与水起作用，形成氢键或者直接生成水合离子溶于水中。

自乳化水性聚氨酯最常用的产物有阴离子型，包括二羟甲基丙酸型聚氨酯乳液与磺酸型水性聚氨酯乳液；非离子型水性聚氨酯乳液；阳离子型水性聚氨酯乳液和封端型水性聚氨酯乳液。

9.3.3 二羟甲基丙酸型水性聚氨酯

9.3.3.1 预聚体法合成阴离子型聚氨酯乳液

(1) 主要原材料 异佛尔酮二异氰酸酯（IPDI）；聚醚 N-220（M_n=2000）、聚

醚 N-210($M_n=1000$)、聚己二酸己二醇酯（PHA，$M_n=2000$）；聚酯多元醇（PD，羟值 58mgKOH/g）；二羟甲基丙酸（DMPA）；三羟甲基丙烷（TMP），以上均为工业品。一缩二乙二醇（DEG）；乙二胺（EDA）；三乙胺（TEA）；N-甲基吡咯烷酮（NMP）；二月桂酸二丁基锡、辛酸亚锡，以上均为分析纯。

(2) 水性聚氨酯的制备过程

① 交联型水性聚氨酯　WPU（A）的制备　在干燥氮气保护下，将真空脱水后的低聚物多元醇 PHA 或 N-210(N-220)、IPDI、TMP 按计量加入三口烧瓶中并加入适量催化剂，混合均匀后升温至 85℃左右反应 1h，再加入适量 DMPA（溶解在适量 NMP 中），85℃左右反应 1h，最后加入计量的 DEG 于 80℃反应至—NCO量不再变化，降至室温出料，得到预聚体。将预聚体用三乙胺中和后加水进行高速乳化，再加入乙二胺的水溶液扩链 1h 左右，得到 WPU（A）。

② 线型水性聚氨酯 WPU（B）的制备　在干燥氮气保护下，将真空脱水后的低聚物多元醇 N-220、IPDI 按计量加入三口烧瓶中并加入适量催化剂，升温至85℃左右反应 1h，其余步骤同上，得到线型水性聚氨酯乳液 WPU（B）。

③ 胶膜的制备　将制得的水性聚氨酯乳液 WPU（A）和 WPU（B）分别浇在聚四氟乙烯板上，自然干燥 2d，得到交联型水性聚氨酯 WPU（A）胶膜和线型水性聚氨酯 WPU（B）胶膜。

(3) 条件与性能　当 $n(—NCO)/n(—OH)$ 比值为 3.5 时，适合作织物涂层。适度交联可提高胶膜的拉伸强度及耐水性，但断裂伸长率降低；聚醚 N-220 基WPU（A）膜较软，由聚酯（PHA）构成软链段制得的水性聚氨酯，其拉伸强度、耐水性大于聚醚型水性聚氨酯；乙二胺（EDA）扩链可以明显提高胶膜的力学性能，降低胶膜的吸水率，提高耐水性，但 EDA 的量不是越多越好，过多的 EDA反而会使性能降低，EDA 用量以 2.0%为宜。

9.3.3.2 水性氨酯油的制备

(1) 主要原材料　豆油：工业品；三羟甲基丙烷、季戊四醇：工业品；LiOH（催化剂）；甲苯二异氰酸酯（TDI）：工业品；二羟甲基丙酸（DMPA）：工业品；端羟基聚环氧乙烷化合物：工业品；N-甲基吡咯烷酮（NMP）：试剂；催干剂；三乙胺：工业品；小分子醇醚、小分子二元醇，工业品。

(2) 醇解物的合成　将豆油投入反应瓶，升温至 120℃，加入醇解催化剂、三羟甲基丙烷，升温到 180℃加入季戊四醇，缓慢升温至 240℃保温醇解，0.5h 后测甲醇容忍度＞1:3 透明为反应终点，降温出料备用。

(3) 水性氨酯油的合成　在反应瓶中投入共溶剂、醇解物、端羟基聚环氧乙烷化合物及小分子二元醇，混合均匀后，分批加入 TDI，在 70～80℃保温反应 2h 后，加入由共溶剂溶解的 DMPA，继续保温反应 2h 至—NCO 基团基本被反应掉，加入少量小分子醇醚封闭残余—NCO，用三乙胺中和，水分散得半透明水性聚氨酯分散体溶液。

(4) 水性氨酯油分散液的性能　PUD 液的基本性能见表 9-1。

表 9-1　水性氨酯油分散液的基本性能

检测项目	指　　标	检测项目	指　　标
溶液外观	红相半透明	储存稳定性	常温 6 个月无变化
固含量/%	40	粒径/nm	<100
黏度/mPa·s	600～1500	pH 值(25℃)	6～7

(5) 水性氨酯油的性能对比　将合成的水性氨酯油树脂加入金属催干剂，适量的流平剂、消泡剂及防霉剂等助剂配制成水性聚氨酯清漆，与 A-XX（某国外样品）、聚氨酯油（油性）喷涂制板作性能对比，结果见表 9-2。

表 9-2　与其他产品性能对比

项　　　　目	水性氨酯油	A-XX	聚氨酯油
固含量/%	40	30	50
漆膜外观	平整光滑	平整光滑	平整光滑
表干/min	30	30	40
实干/h	4	4	>6
24h 硬度	H	H	H
7d 硬度	2H	2H	2H
耐冲击性/kgf·cm	50	50	50
附着力/级	1	1	1
柔韧性/mm	1	1	1
耐水性(1d)	泛白，2h 内恢复	泛白，2h 内恢复	无明显变化
耐丙酮擦拭/次	400	400	400
VOC/%	6	30	50
耐磨性(750g/500r)/mg	18	15	16
50℃加速储存 7d	溶液状态无明显变化	溶液状态无明显变化	溶液状态无明显变化

由表 9-2 可以看出，涂膜力学性能优异，完全达到溶剂型涂料的性能水平，与某国外水性聚氨酯性能相当，其 VOC 含量更低，绿色环保，为国内水性聚氨酯系列增添了新的品种。

植物油来源广泛，无毒，价格低廉，形成的涂膜具有优异的综合性能，而且水性氨酯油合成条件温和，工艺简单，更因为适应绿色节能的时代需求，应用前景广阔。

9.3.3.3 聚己内酯水性聚氨酯

(1) 主要原材料　TDI-100，化学纯；聚 ε-己内酯二元醇(PCL)($M_n = 2500$)，化学纯；1,4-丁二醇（BDO），化学纯；二羟甲基丙酸（DMPA），化学纯；二月桂酸二丁基锡（DBTDL），化学纯；三乙胺（TEA），分析纯；三羟甲基丙烷（TMP），分析纯；N-甲基吡咯烷酮，化学纯；丙酮（ACE），化学纯；二正丁胺，化学纯；甲苯，化学纯。

(2) 水性聚氨酯（WPU）的合成　PCL 在 120℃、真空度 0.08MPa 下脱水 2h，冷却，转移到装有搅拌器、温度计及回流冷凝管的四口烧瓶中，冷却至 30℃后，加入 TDI-100，搅拌下升温至 65℃反应 50min，再升温至 85℃，加入质量分数 0.3％的催化剂 DBTDL 反应 1.5h，将干燥处理过的 DMPA 溶解于适量的 *N*-甲基吡咯烷酮，然后加入烧瓶，1h 后加入 TMP、BDO。反应 1h 后，用二正丁胺溶液测试 NCO 含量随反应时间的变化，并且根据黏度的需要，加入丙酮稀释，至 NCO 质量分数约 5.5％时，将 PU 预聚体降温至 30℃以下，加入三乙胺中和，20min 后，加水剪切乳化，减压蒸出丙酮，得到 PCL 型 WPU。

(3) 胶膜的制备　将乳液倒入玻璃模板中，常温干燥成膜后，放入烘箱中于 50℃烘 24h，转移到干燥器中冷却，取下胶膜待用。

(4) 最佳条件与性能

① $n(—NCO)/n(—OH)$ 在 1.3～1.7、DMPA 质量分数在 4％～8％、TMP 的质量分数在 0.5％～3.0％之内，所合成的聚酯型聚氨酯乳液储存稳定；胶膜的吸水率控制在 8％以下，最低可达 3.7％；铅笔硬度可达到 3H。

② 合成的聚酯型 WPU 的乳胶粒为较规整的圆球状，大小均匀，平均粒径为 82nm，粒径呈单峰分布。

③ 在 260℃以内，胶膜具有较好的热稳定性。

9.3.3.4 MDI 型水性聚氨酯乳液

(1) 主要原材料　聚酯二元醇（M_n＝1000）：工业级；二苯基甲烷二异氰酸酯（MDI）：工业级；二羟甲基丙酸（DMPA）：工业级；三乙胺（TEA）：分析纯；乙二胺：分析纯；丙酮、N,N'-二甲基甲酰胺（DMF）：分析纯；二月桂酸二丁基锡（DBTDL）：化学纯；去离子水。

(2) 水性聚氨酯乳液的制备　在装有电动搅拌器、回流冷凝管、温度计及氮气进出口的 500mL 四口烧瓶中，加入 110℃真空脱水的聚酯二元醇，在 60℃时加入计量的 MDI 丙酮溶液反应 10～20min，然后加入 DMPA 的 DMF 溶液，搅拌 5～10min 后向其中加入剩余 MDI，滴加催化剂，继续保温反应 50～90min，待反应至—NCO 含量达理论值时（正丁胺滴定法测定），加入 TEA 成盐。待体系中异氰酸酯含量少于 0.2％时反应结束，取出降温至 30℃以下，然后将一定量的水快速加入体系中并高速搅拌 1h。若要再度进行扩链，则在加水前加入乙二胺。最后，减压蒸馏脱去低沸点溶剂（丙酮）即得水性聚氨酯成品。反应过程中黏度过大时使用丙酮降黏。

(3) 最佳条件与性能　当 $n(—NCO):n(—OH)$ 比值为 1.8～1.9，DMPA 含量在 6.5％～7％之间，中和度在 100％～120％之间时可制得性能稳定的水性聚氨酯乳液，且力学性能优良。该合成方法在保留了传统 WPU 力学性能的同时提高了其耐水性，而且生产工艺简单，便于工业推广，可制备水性聚氨酯皮革涂饰剂。

9.3.4 磺酸型水性聚氨酯乳液

9.3.4.1 磺酸型高性能水性聚氨酯乳液

(1) 主要原材料　甲苯二异氰酸酯（TDI）：工业品；聚氧化丙烯二醇（N210，M_n＝1000）：工业品；1,2-二羟基-3-丙磺酸钠（DHPA，纯度大于 95％）；

N-甲基-2-吡咯烷酮（NMP）：分析纯；二正丁胺：分析纯；二月桂酸二丁基锡（Sn19％）：分析纯。

(2) PU 乳液的制备 在装有温度计、冷凝回流管和搅拌器的四口烧瓶中，将一定量的 N-210 于 110℃真空脱水 2h，冷却到 30℃通入氮气，加入计量的 TDI 和少量催化剂（二月桂酸二丁基锡），升温到 70~75℃反应至—NCO 含量约为 3％，用二正丁胺滴定法判断反应终点。降温至 60℃，将 DHPA 和 N-(β-氨乙基)-γ-氨丙基三甲氧基硅烷和 γ-氨丙基三甲氧基硅烷按照一定的质量配比溶解在少量的 NMP，然后向体系中缓慢加入 NMP 溶液，于 70℃反应 1.5h。再将反应体系降温至 30℃，并向体系中慢慢加入一定量的去离子水，于剧烈搅拌的条件下进行乳化，即得高固含量低黏度的水性聚氨酯微乳液。

(3) 最佳条件与性能

① 用制备的磺酸型亲水扩链剂（DHPA）制得磺羧酸型阴离子水性聚氨酯，综合性能较优。

② R 值和 DHPA 含量对 WPU 乳液及胶膜性能有非常重要的影响，当 R 为 2，DHPA 用量为 5％时，得到的水性聚氨酯乳液外观透明，且具有较好的稳定性，由此制得的胶膜具有最佳的力学性能。

③ 与羧酸盐型水性聚氨酯乳液制得胶膜相比，磺羧酸型水性聚氨酯胶膜的断裂伸长率和硬度有了很大程度的提高。

④ 中和时采用分散和中和同时进行的方式，制备的水性聚氨酯乳液中和综合性能较好。

9.3.4.2 磺酸型 WPU 微乳液

(1) 主要原材料 环氧氯丙烷（ECH）、亚硫酸氢钠、二月桂酸二丁基锡；四丁基溴化胺、三乙胺；无水碳酸钠、氢氧化钠；IPDI；N-210（数均分子量 1000）、二羟甲基丙酸（DMPA）；N-甲基-2-吡咯烷酮、二正丁胺。

(2) DHPA 的合成 将一定量的 ECH 加入到四口烧瓶中，在不断搅拌和一定温度下，加入亚硫酸氢钠水溶液，滴加完毕后保温反应一定时间，取少量反应混合物加品红溶液至不褪色说明反应已趋于完全；减压蒸馏除去水，再用甲醇洗涤至氯离子含量低于理论值，抽滤，于 100℃下在真空干燥箱中干燥至恒重，得到 3-氯-2-羟基丙磺酸钠白色固体，最高收率为 95.1％。将一定量的 3-氯-2-羟基丙磺酸钠与无水碳酸钠加入带有温度计、冷凝管及搅拌器的四口瓶中，升至一定温度后，加入催化剂四丁基溴化胺并用氢氧化钠水溶液调节体系的 pH，在碱性一定的环境下反应一定时间，用盐酸中和，减压蒸馏除去水，浓缩去盐，重结晶的产物为 DHPA。

(3) 磺酸型 WPU 微乳液的制备 将一定量的 N-210 和 IPDI 加入装有冷凝回流管、电动搅拌和温度计的四口烧瓶中，加适量催化剂二月桂酸二丁基锡，升至所需温度反应一定时间，用二正丁胺（已标定）滴定法测定预聚体中—NCO 的含量是否达到理论值（若达到理论值则停止预聚反应，未达到理论值则继续反应直到达到理论值为止），降至合适的温度，加入一定量用 N-甲基-2-吡咯烷酮溶解的 DH-PA 反应一定时间，加少量丙酮稀释，经三乙胺中和，在快速搅拌条件下加去离子水进行分散，最后减压蒸馏除去丙酮，得到稳定的磺酸型 WPU 微乳液。

（4）磺酸型 PU 微乳液性能　磺酸型 WPU 微乳液的粒子呈球形，粒径呈多元分布；WPU 微乳液具有假塑性流体的特征，表观黏度小于 250mPa·s（剪切速率 $25s^{-1}$ 时），且表观黏度随剪切速率的变化规律呈现一定的"切力变稀"特征。相对于常规的羧酸型 WPU 微乳液，磺酸型 WPU 微乳液具有更高的固含量和更低的表面张力，且具有较好的低温、高温及室温稳定性。

9.3.5 非离子型水性聚氨酯

9.3.5.1 非离子水性聚氨酯乳液

（1）主要原材料　聚醚二元醇（N-10），工业品；2,4-甲苯二异氰酸酯（TDI），工业品；聚乙二醇 600（PEG-600），分析纯；聚乙二醇 2000（PEG-2000），分析纯；聚乙二醇 4000（PEG-4000），分析纯；聚乙二醇 6000（PEG-6000），分析纯。

（2）非离子型水性聚氨酯乳液的合成工艺

① 将聚醚二元醇按配方装入配有搅拌器与温度计的四口烧瓶中，在 100℃ 左右真空脱水 1h。

② 降温至室温，按计量加入聚乙二醇（PEG）、2,4-甲苯二异氰酸酯（TDI）和催化剂，温度控制在 70℃ 反应 3h，必要时加入丙酮以降低反应物黏度。

③ 降温至室温，缓慢加入一定量的去离子水，并强烈搅拌，反应时间 1~2h。

④ 真空脱除上述步骤中加入的丙酮。

（3）最佳条件　先加入 N-210，然后滴加 TDI，最后加入 PEG 的投料顺序，预聚反应比在 1.2~1.8，预聚反应温度在 70~80℃，催化剂的用量在 0.1%~0.2%，PEG 含量在 8%~12% 时，所制得的非离子型水性聚氨酯乳液的综合性能较好。

9.3.5.2 非离子型水分散性聚氨酯

（1）主要原材料　甲苯二异氰酸酯（TDI），工业级；聚乙二醇 2000，分析纯；聚醚多元醇 N-220，工业级；丙酮，工业级；丁酮，分析纯；氯化钠，分析纯；氢氧化钠，化学纯；浓盐酸，分析纯。

（2）操作步骤　将一定比例的 N-220、聚乙二醇与 TDI 加入到四口烧瓶中，启动搅拌，在 80℃ 反应 2~3h，冷却至 40℃ 以下，加入丙酮稀释。慢慢倒入水中，强烈搅拌即可。

（3）影响因素

① 要制备稳定的非离子型水分散性聚氨酯乳液，PEG 用量应大于 20%，以 30% 为宜。乳液粒径随 PEG（M_w=2000）用量增大而减小，黏度却增大。干膜拉伸强度随 PEG 用量的增加而改变，断裂伸长率增加。

② 对于非离子聚氨酯乳液，乳液的黏度随 NCO/OH 值变小而变小，干膜的

拉伸强度与断裂伸长率也随之减小。

③ 比较三种聚氨酯水分散体的性能，乳液的稳定性以非离子型为好；力学性能以阴离子型的为佳。

9.3.6 预聚-封端环保型水性聚氨酯

(1) 主要原材料 异氟尔酮二异氰酸酯（IPDI），0.09MPa 真空下，50℃左右，精馏 2h，脱水，备用；聚丙二醇 2000(PPG-2000)，120℃，0.1MPa，真空干燥箱中脱水 4h，备用；二羟甲基丙酸（DMPA），使用前 120℃烘箱中干燥 4h，备用；甲乙酮肟（MEKO）；三乙胺（TEA）：分析纯；丙酮：分析纯，加 $CaCl_2$ 干燥 1 周以上，备用；去离子水。

(2) 预聚-封端体的合成 在装有搅拌器、温度计、回流冷凝器、Y 型管及滴液漏斗的三颈瓶中，按计量投入聚丙二醇 2000(PPG-2000) 和二羟甲基丙酸（DMPA），在真空下缓慢升温到（120±5)℃，恒温 1h 以上，至 DMPA 完全溶解为止；停止抽真空，缓慢降温到 50℃左右，按配方计量滴加 IPDI、催化剂及适量丙酮，再缓慢升温到 78～85℃，恒温 2～3h，然后降温到 40～50℃制得 PU 预聚体。取样，用二正丁胺法测定游离的—NCO 的含量。加封端剂 MEKO，保温 40～50℃反应 1h。

(3) 中和、乳化及分散 将三乙胺（TEA）按计量与去离子水配成水溶液，然后慢慢滴加到上述的预聚封端体中，可加入适量的丙酮降低黏度；室温下采用高速剪切（5000～12000r/min），乳化 5～8min，得到阴离子型水性聚氨酯乳液。常温常压下蒸馏出溶剂丙酮。

(4) 胶膜制备 取一定量的乳液涂布在聚四氟乙烯模板上，室温放置 7d 自然干燥成膜，然后放入烘箱中 60℃干燥 12h，胶膜的厚度小于 1mm。

(5) 最佳条件 水溶性聚氨酯作为棉织物的涂层剂，当 NCO/OH＝3.0∶1 时，其优化工艺条件为，水溶性聚氨酯的浓度为 70g/L，柔软剂的浓度为 10g/L，无交联剂。

9.3.7 阳离子水性聚氨酯乳液

(1) 主要原材料 聚丁二烯二醇，羟值 56mgKOH/g，工业级；端羟烷基改性聚硅氧烷，羟值 56mgKOH/g，工业级；三羟甲基丙烷，工业级；异佛尔酮二异氰酸酯（IPDI），工业级；N-甲基二乙醇胺，工业级；N-甲基吡咯烷酮，工业级；碘甲烷，工业级；氨丙基三甲氧基硅烷，工业级；冰醋酸，工业级。聚醚型水性聚氨酯乳液、聚酯型水性聚氨酯乳液，阳离子型，固含量均为 30％，自制。

(2) FS-0566M 的合成

① 预聚反应（形成"T 形"结构）向 1000mL 四口烧瓶中加入准确称量的聚丁二烯二醇、端羟烷基改性聚硅氧烷、三羟甲基丙烷、IPDI、N-甲基吡咯烷酮和其他助剂，搅拌升温到 80℃左右反应 2.5h，取样，用二正丁胺法检测 NCO 基含

量，其质量分数控制在 5.5%～6.5%。

② 扩链反应（引入亲水基团）　当 NCO 基含量达到要求时，加入 N-甲基二乙醇胺和少量 N-甲基吡咯烷酮稀释，在 80℃左右继续反应 4～5h，取样分析 NCO 基含量，其质量分数控制在 2.0%～3.0%。

③ 封闭反应（引入端基"爪式"结构）　当 NCO 质量分数达到 2.0%～3.0%时，降温至 60℃以下，加入氨丙基三甲氧基硅烷反应 0.5h，检测 NCO 含量直到无为止。

④ 季铵化和乳化　当封闭完全，无 NCO 基检出，加入碘甲烷，进行季铵化反应，60℃反应 0.5h 后，把反应产品放到乳化罐中，加醋酸和去离子水进行分散乳化。取样检测产品的固含量和 pH 值，合格后过滤包装，得产品。产品的主要指标如下：外观为蓝光乳液；pH 值为 4～6；固含量为（30±1）%。

(3) 产物性能

① 采用聚丁二烯二醇、端羟烷基改性聚硅氧烷、N-甲基二乙胺、IPDI 及氨丙基三甲氧基硅烷等合成的"遥爪式"结构的阳离子聚氨酯树脂 FS-0556M 比普通聚酯、聚醚型水性聚氨酯用于皮革涂饰，固色能力强，干湿摩牢度可以达到 4 级以上。

② FS-0556M 用作织物涂层，具有耐水压高和耐水洗、牢度优良等特点，具有良好的应用前景。

9.3.8 单组分常温交联水性聚氨酯

9.3.8.1 交联 PUA 复合乳液

(1) 主要原材料　聚酯二元醇（聚己二酸丁二醇）；异佛二酮二异氰酸酯（IPDI）；二羟甲基丙酸（DMPA）；三乙胺、乙二胺；邻苯二甲酸酯与三羟甲基丙烷的反应产物（PA-TMP）；丙烯酸丁酯（nBA）；苯乙烯（St）；丙烯腈（AN）；外交联剂二缩三丙二醇双丙烯酸酯（TMPTA）和三羟甲基丙烷三丙烯酸酯（TPGDA）。

反应前将聚酯二元醇、PA-TMP 在一定温度下真空干燥，去除水分备用，用质量分数为 5% 的 NaOH 和质量分数为 20% 的 NaCl 水溶液洗 St 和 nBA，以去除阻聚剂并干燥备用。

(2) 水性聚氨酯（WPU）的合成　将定量的聚酯二元醇、PA-TMP、DMPA 及 IPDI 加入通有干燥氮气的四口瓶中，搅拌均匀后升温至 80℃，当体系反应至—NCO 含量达到理论值时，降温至 50℃（可加入少量丙酮降黏），加入三乙胺反应 0.5h。用冰水继续降温至 15℃，剧烈搅拌下加入定量的蒸馏水，同时加入乙二胺扩链，最后升温 40℃反应结束。

(3) PUA 的合成　将一定量上述合成的 WPU 和蒸馏水加入四口烧瓶中，升温至 60℃，预热 0.5h，然后缓慢升温至 80℃，向四口瓶中同时滴加混合丙烯酸单体和引发剂，2h 滴完。在此温度下保温 3h，再将体系升温至 90℃，恒温 0.5h 出料，过滤装瓶。

(4) 产物性能 加入交联剂可以提高复合乳液和涂膜性能，当交联剂 TPGDA 和 TMPTA 质量分数分别为 0.6％和时 0.9％，乳液涂膜在综合性能方面达到最佳。

9.3.8.2 自交联水性聚氨酯油

(1) 主要原材料 异佛尔酮二异氰酸酯（IPDI）：工业品、自制聚酯多元醇 A-1（树脂羟值：90mgKOH/g）、自制醇酸树脂 B-1（树脂羟值：50mgKOH/g）、二羟甲基丁酸（DMBA）：工业品；三羟甲基丙烷（TMP）：试剂级；N-甲基吡咯烷酮（NMP）、三乙胺（TEA）、乙二胺（EDA）、丙酮：分析纯；二月桂酸二丁基锡（DBTDL）：分析纯、有机硅 A-172；自交联单体，工业级。

(2) 合成配方见表 9-3。

表 9-3 自交联水性聚氨酯油合成配方

原料名称	用量/质量份	原料名称	用量/质量份
A-1	156	NMP	50.2
DMBA	14.15	TEA	11.65
IPDI	107	丙酮	适量
TMP	4.4	EDA	9.8
B-1	118	自交联单体	12
DBTDL	0.7	水	465

(3) PU 预聚体合成 在氮气保护下，将 A-1 加入装有搅拌器、滴液漏斗、温度计及冷凝管的 500mL 四口反应瓶中，升温至 70℃，开动搅拌，滴加 IP-DI，1h 加完，保温 2h，将 DMPA 用适量溶剂加热溶解后加入反应瓶，保温 1h；然后升温至 80℃，保温 3h，加入 TMP，继续保温，使 NCO 含量达理论值 [5.90％（100％固含量）]；预聚体合成后，加入 B-1、自交联单体改性，保温 0.5h。

(4) 自交联水性聚氨酯油（OMU）合成 将 PU 预聚体降温至 60℃，加入三乙胺中和；搅拌 15min 后，用丙酮调整黏度（约 70％固含量）；降温至 30℃ 以下，在快速搅拌下滴加蒸馏水，继续分散 1h；50℃ 减压脱除丙酮，得带蓝色荧光的淡黄色半透明状水性聚氨酯分散体 TC202M。

(5) 产物特性 通过采用合适化学方法引入自交联单体及部分中、长油度醇酸树脂进行改性，合成的常温自交联水性聚氨酯油（OMU）的粒径分布均匀，其水溶液储存稳定性好；聚氨酯链段中引入自交联单体，改善了 OMU 的低温成膜性能；有机硅氧烷对自交联水性聚氨酯油（OMU）改性，得到了稳定的有机硅改性自交联水性聚氨酯油。在聚氨酯链段中引入有机硅氧烷可以有效地改进涂膜的耐水性以及附着力，而对 OMU 的稳定性则不会有太大的影响；常温自交联水性聚氨酯油（OMU）的固含量越高，越能形成光滑均匀的漆膜，因此，合成高固含量的 OMU，越能体现水性聚氨酯油的优点。

9.4 水性聚氨酯的改性

单一水性聚氨酯在应用上存在固含量低、自增稠性差、硬度低、成膜光泽低、成膜时间长及耐水性差等缺陷，因此需要提高水性聚氨酯的综合性能，以达到应有的需要。提高综合性能的办法就是对其进行改性。水性聚氨酯改性研究已成为热点。改性途径大致可分为 4 类：改进单体和合成工艺；添加助剂；实施交联；优化复合共聚改性。其中优化复合共聚改性效果较好。

共聚改性就是指有几种单体进行共聚合反应得到特殊结构和性能的聚合物，采用共聚改性的方法在某种程度上可实现分子设计，制造预想性能的产品。而具体到水性聚氨酯的共聚改性主要为丙烯酸酯共聚改性、环氧树脂共聚改性、有机氟、硅共聚改性以及天然高分子共聚改性等。

9.4.1 水性聚氨酯化学改性

(1) 丙烯酸酯改性　丙烯酸酯具有优异的耐光性、户外暴晒耐久性，较好的耐酸碱、耐腐蚀性，极好的柔韧性和极低的颜料反应性等突出优点。通过丙烯酸酯改性后的聚氨酯同时具有聚氨酯和丙烯酸酯的优异特性，还可以达到降低成本的目的。

利用已制备的聚氨酯水分散体与丙烯酸酯进行乳液聚合，生成具有核壳结构的体系是丙烯酸酯改性聚氨酯常用的方法。同时在聚氨酯乳液的合成过程中引入了不饱和双键或—NH_2 基团，使得聚氨酯末端与丙烯酸酯的侧链形成化学交联结构，提高了两相间的相容性。

制备新型聚氨酯与丙烯酸酯复合乳液的方法是使两者形成互穿网络聚合物。例如聚氨酯/丙烯酸酯核壳型、具有互穿网络结构的复合乳液。该复合乳胶粒核壳间有大量化学键存在；核壳之间交联密度提高，涂膜的耐水性提高，乳液的综合性能较好。

采用丙烯酸多元醇可以改善多元醇体系对多异氰酸酯固化剂的分散性，提高双组分水性聚氨酯涂料的性能。将丙烯酸复合多元醇接枝到聚氨酯分子链上，制得聚氨酯/丙烯酸复合多元醇分散体，以提高聚氨酯的耐水解性。

(2) 有机硅改性　有机硅具有较低的表面能，将其与水性聚氨酯共混，能提高聚氨酯耐高温、耐水、耐候和透气性等特性，在弥补聚氨酯耐候性不足的同时，克服了有机硅力学性能差的缺点。其在涂料、血液相容性材料等方面有着巨大的应用前景，是一种有发展潜力的新型高分子材料。目前，有机硅改性聚氨酯，主要可分为含羟基或氨基的硅氧烷树脂改性、乙烯基硅氧烷改性或者把环氧硅氧烷作为后交联剂引入到体系中，形成环氧交联改性水性聚氨酯体系。

(3) 环氧树脂改性　环氧树脂改性的水性聚氨酯具有固化速率快，形成的涂膜耐水、耐溶剂及力学性能好等优点，还可增加树脂本身对基材的剥离强度。

例如以环氧丙醇为原料，采用预聚体混合法制备紫外光（UV）固化水性聚氨酯，涂膜的断裂伸长率超过 200％。解决了 100％UV 固化体系发生交联使水性聚氨酯缺少柔韧性的问题。而且涂层具有高硬度、良好的耐溶剂性和较低的吸水率等特点。

为了得到更好的改性效果，用丙烯酸酯和环氧树脂共同改性聚氨酯。用丙烯酸酯接枝的高分子量环氧树脂与乙二胺反应制得相对分子质量较高的扩链剂，制得的改性水性聚氨酯涂膜具有较高的硬度和突出的抗冲击能力，力学性能得到改善。

(4) 其他改性方法　用脲丁酮作内交联剂，得到了交联改性的水性聚氨酯，其力学性能和耐溶剂性得到改善。

水性聚氨酯/碳纳米管复合材料，其乳液储存稳定，涂膜的耐热温度提高了 26℃，拉伸强度提高了 370％，拉伸弹性模量提高了 170.6％。水性聚氨酯/羟基磷石灰（HAP）纳米复合材料的热稳定性和力学性能都得到了很大的提高。

聚氨酯研究的重点将是对聚氨酯分子结构进行更好地设计，采用各种方法将具有特殊性能的分子链节引入聚氨酯分子中，例如纳米材料改性、植物油改性、蒙脱土改性、有机氟改性及酪蛋白改性等，以及开发新型高效亲水扩链剂、引入专用交联剂，水性聚氨酯的研究将朝着高性能和多功能方向发展。

9.4.2 丙烯酸酯树脂改性水性聚氨酯

9.4.2.1 聚氨酯-丙烯酸酯杂化乳液

(1) 主要原材料　聚四氢呋喃醚（PTMG-2000）；异佛尔酮二异氰酸酯（IP-DI）；二羟甲基丙酸（DMPA）；乙二胺（EDA）：分析纯；三乙胺：分析纯；丙烯酸丁酯（BA）：化学纯，减压蒸馏精制；苯乙烯（St）：化学纯，减压蒸馏精制；丙烯酸羟乙酯（HEA）：化学纯，减压蒸馏精制；过硫酸钾：分析纯；碳酸氢钠：分析纯；乳化剂：十二烷基苯磺酸钠＋壬基酚（自配）；丙酮：分析纯；二月桂酸二丁基锡（DBTDL）。其中丙酮在使用前进行精馏。

(2) 苯丙乳液（PA）的制备　在一装有搅拌器、回流冷凝管、温度计的四口烧瓶中将乳化剂溶解于水，加入 1/3 的单体混合液 $[m(BA)/m(St)=1/1]$ 及碳酸氢钠，在激烈搅拌下进行乳化。乳化完全后，加入引发剂，升温到 75℃，保温至物料呈蓝色。然后滴加剩余的 2/3 单体混合液，升温到 95℃，保温 0.5h，最后冷却出料得 PA 乳液。

(3) 阴离子型聚氨酯乳液（PU）的合成

① 先由聚四氢呋喃醚二醇（80℃下抽真空干燥）、异氟尔酮二异氰酸酯（IPDI）和 DMPA 在 60℃一起加热反应 0.5h，然后升至 80℃反应 4h，制得含羧基预聚体。

② 将预聚物降温到 50℃，随后加入成盐剂三乙胺，使羧基被中和成羧酸铵盐基团。由于黏度较高，加入少量丙酮稀释。

（4）丙烯酸酯改性水性聚氨酯的制备

① 化学复合乳液（PUA'） 采用 PTMG、IPDI 和 DMPA 按（3）中步骤①，制得含羧基预聚体，再加乙二胺进行扩链前，加入部分丙烯酸酯单体，然后再剪切乳化，制得含丙烯酸酯单体的水性聚氨酯分散液。

将此分散液置于四口烧瓶中，以此分散液为介质，在其中进行苯丙乳液聚合。先搅拌升温至约 70℃，加入缓冲剂 $NaHCO_3$，继续升温至约 80℃左右，加入引发剂过硫酸钾至反应引发，保温一段时间后滴加单体，滴加完毕，保温 1h 后升温至约 85～90℃，再保温约 0.5h 停止加热。冷却制得复合乳液（PUA'）。

② 化学共聚乳液（PUA） 同上述步骤，但在制预聚体时引入丙烯酸羟乙酯，则该聚氨酯分散液既含有亲水性离子基团，又含有不饱和双键，能和丙烯酸树脂进行接枝共聚反应。操作方法与投料比同上。

③ 物理共混乳液（PU+PA） 将上述制得的苯丙乳液 PA 用氨水调至 pH＝7～8 与水性聚氨酯 PU 在分散机上进行搅拌混合制得共混乳液（PU＋PA），$m(PU) : m(PA)＝1 : 1$，搅拌速率约为 500r/min。

（5）产物性能

① PA 的引入"牵制"了 PU 中软段与硬段由于热力学不相容而产生的微相分离，使 PU 中软、硬段的规整性、极性和链段的活性发生了改变，从而导致硬段在软段基体中的相分离程度发生变化，降低了 PU 的微相分离程度。

② 随着物理共混（PU＋PA），化学共混（PUA'），化学共聚（PUA）使 PU 与 PA 相互作用程度加深，水性聚氨酯与 PA 的相容性依次提高。

③ 化学共聚（PUA）的改性方法对水性聚氨酯的耐水性改良效果最好，能够得到稳定且综合性能较优的聚氨酯-丙烯酸酯杂化乳液。

9.4.2.2 水性核/壳聚氨酯丙烯酸酯杂化乳液

（1）主要原材料 原料名称、规格见表 9-4。

表 9-4 原料名称、规格

原料名称	规格	原料名称	规格
甲苯二异氰酸酯（TDI）	工业品	二月桂酸二丁基锡	工业品
二羟甲基丙酸（DMPI）	工业品	丙酮	工业品
三羟甲基丙烷（TMP）	工业品	三乙胺	工业品
丁二醇	工业品	乙二胺	工业品
聚醚二元醇	工业品	过硫酸铵	工业品
聚酯二元醇	工业品	偶氮二异丁腈	工业品
甲基丙烯酸甲酯（MMA）	工业品	纯水	工业品

（2）合成工艺

① 丙酮法（Ⅰ） 由传统丙酮法合成一定固含量的水性聚氨酯分散体，升温至 70℃，滴加 MMA，2h 内加完，再滴加引发剂进行自由基聚合，最后获得水性核（MMA）/壳（PU）聚氨酯丙烯酸酯杂化乳液。

② MMA 溶剂法（Ⅱ） 合成聚氨酯预聚物时以 MMA 作为溶剂，反应至理论 NCO 含量后，降温，中和、加水分散并用乙二胺扩链，获得含 MMA 的聚氨酯水分散液，同时加入引发剂混合均匀。取部分水加热至 70℃，连续滴加含有引发剂的分散液，进行连续种子乳液聚合，获得水性核（MMA）/壳（PU）聚氨酯丙烯酸酯杂化乳液。

(3) 产物性能 两种不同的合成工艺都可以获得水性核（MMA）/壳（PU）聚氨酯丙烯酸酯杂化乳液，其对比结果见表 9-5。

表 9-5　不同合成工艺的对比结果

合成工艺	合成残渣/%	乳液冻融稳定性	工艺稳定性
Ⅰ	≥10	凝胶	稳定
Ⅱ	<1	5 个循环通过	稳定

以 MMA 作为聚氨酯预聚物的溶剂，采用连续滴加预分散液的合成工艺，可以获得性能稳定的杂化乳液；NCO/OH 的比例对合成工艺和乳液性能影响较大，其比值控制在 1.3~1.4 可以获得稳定的合成工艺，并使乳液性能最优；聚丙烯酸酯含量在 40%~50% 时乳液性价比较好，性能稳定；获得了高 T_g 低成膜温度的核（MMA）/壳（PU）水性聚氨酯丙烯酸酯杂化乳液。

9.4.3 环氧树脂改性水性聚氨酯

9.4.3.1 环氧树脂改性 PUA 复合乳液

(1) 主要原材料 异佛尔酮二异氰酸酯（IPDI），工业级；聚醚二元醇（N220），工业级；丙酮（AT）；1,4-丁二醇（BDO），工业级；二羟甲基丙酸（DMPA），工业级；乙二胺（EDA），分析纯；三乙胺（TEA），分析纯；N-甲基吡咯烷酮（NMP），化学纯；甲基丙烯酸甲酯（MMA），工业级；二月桂酸二丁基锡（DBTDL），分析纯；偶氮二异丁腈（AIBN），分析纯；环氧树脂（E-20），工业级。

(2) 环氧改性 PU 预聚体的制备 在装有搅拌器、温度计及冷凝管的四口烧瓶中，加入一定量的 IPDI 和 N220，滴入几滴催化剂，60~70℃反应一段时间，用二正丁胺法测定—NCO 基团达到规定值后，升高温度加入扩链剂 BDO 扩链，并加入环氧树脂，至—NCO 达到规定值后加入亲水扩链剂 DMPA（用 NMP 调成糊状）、70~80℃保温反应至—NCO 达到理论值。冷却后加入丙烯酸单体。在高速搅拌下进行中和及乳化，然后加入适量 EDA 扩链，即得到环氧树脂改性的水性聚氨酯预聚体。

(3) 聚氨酯-丙烯酸酯（PUA）复合乳液的制备 将制备得到的预聚体乳液加入到带有搅拌器、温度计及冷凝管的四口烧瓶中，温度升高至 70~80℃，3h 均匀滴加引发剂的丙酮溶液，保温至 MMA 转化率恒定，降温过滤，得到环氧改性聚氨酯-丙烯酸酯复合乳液。

（4）条件与产物性能

① 当总 $n(NOC)/n(OH)$ 为 $1.35\sim1.40$，亲水扩链剂 DMPA 的添加量为 $6\%\sim7\%$ 时，乳液外观好，储存稳定，PUA 乳液综合性能较好。

② 当环氧树脂与 BDO 同时加入时，所制备的乳液具有较好的外观与稳定性，胶膜具有良好的伸长率及拉伸强度。

③ 当环氧树脂添加量在 $2\%\sim3\%$ 时，PUA 乳液具有较好的综合性能。

9.4.3.2 环氧树脂改性水性聚氨酯

（1）主要原材材料 甲苯二异氰酸酯（TDI-80）：工业品；聚醚二醇（N210）：分子量为 1000；二羟甲基丙酸（DMPA）：工业品；1,4-丁二醇（BDO）和 N-甲基吡咯烷酮（NMP）：化学纯；环氧树脂（E-51，E-44，E-42，E-20 和 E-12），工业品；丙酮、三乙胺（TEA）、乙二胺（EDA）：分析纯。

（2）合成配方 甲苯二异氰酸酯（TDI）：155g；聚醚二元醇（N210）：122g；二羟甲基丙酸（DMPA）：25g；1,4-丁二醇（BDO）：10g；环氧树脂：25g；N-甲基吡咯烷酮（NMP）：15g；丙酮：23g；三乙胺（TEA）：17g；乙二胺（EDA）：3g；水：605g。合计共为 1000g。

（3）合成过程 在干燥氮气保护下，将脱过水的聚醚二醇和 TDI 加入到装有温度计、搅拌装置和回流冷凝器的 2000mL 四口烧瓶中，在 $70\sim80℃$ 反应 $1.5\sim2h$，然后加入丁二醇在 $70\sim80℃$ 反应 1.5h，用正丁胺滴定法判断反应终点。达到终点后加入溶有二羟甲基丙酸（DMPA）的 NMP 溶液和环氧树脂，在 $60\sim65℃$ 反应至异氰酸酯基团（NCO）达到理论值，然后降温至 $40℃$，加入三乙胺中和，添加丙酮稀释，在常温水中乳化，用乙二胺扩链，最后真空脱去丙酮得到水性聚氨酯分散体。在制备过程中 NCO 基和 OH 基的摩尔比为 1.55。

（4）制备条件与产物性能

① 反应的温度控制在 $70\sim75℃$ 时，环氧树脂中的环氧基开环较少，NCO 转化率达到 100%，拉伸强度达到 10MPa，断裂伸长高达 450%。同时预聚体的黏度适中，所得的分散体外观和储存稳定性较好，所得胶膜的物理及力学性能好。

② 当环氧值在 $0.27\sim1.16$、添加量在 $4\%\sim6\%$ 之间时，所得的分散体的外观好，物理及力学性能好，同时储存稳定高。

③ 在当 DMPA 的用量在 8% 时，可得到储存稳定的乳液。但在同样亲水扩链剂用量的条件下，添加环氧树脂后的分散液所得的乳胶膜的吸水率降低。

④ 用氢氧化钠中和所得的乳液外观半透明，粒径较细。

9.4.4 有机硅改性水性聚氨酯

（1）有机硅烷改性水性聚氨酯的合成 控制一定的 TDI/N210 用量比，三乙胺的中和度均为 90%，在合成水性聚氨酯的过程中，加入不同质量分数的有机硅烷，合成有机硅烷改性水性聚氨酯。

① 预聚体的制备 在装有温度计、搅拌及冷凝管的四口烧瓶中加入 TDI 和聚醚二元醇，并加入少量催化剂二月桂酸二丁基锡，油浴加热升温到 70℃，并通入氮气保护，温度维持在 70～80℃反应 2h 左右，取样测定反应物中—NCO 基的含量，直至达到设计值。

② 醇扩链 加入扩链剂 BDO，在 80℃左右恒温反应 1.5h 左右，直至反应物中—NCO 基的含量达到设计值。

③ 引入亲水基团 将体系冷却到 50℃左右，加入 N-甲基吡咯烷酮溶解的 DMPA，升温到 70℃左右反应 2～3h。

④ 引入氨基硅烷 当—NCO 基达到设计值时滴加氨基硅烷，在 70℃恒温反应 1～2h 左右，反应过程中视体系黏度适当补充丙酮降黏。

⑤ 中和与乳化 对加入硅烷的预聚物进行降温，当温度达到 35℃左右时，加入计量好的中和剂三乙胺，快速搅拌混合后加去离子水高速搅拌。在旋转蒸发仪中减压蒸馏出丙酮，最终得到水性聚氨酯分散液。

(2) 水性聚氨酯膜的制备 将制得的分散液在聚四氟乙烯模板上室温水平静置一段时间成膜，待水分缓慢挥发后放入烘箱中于 60℃烘 24h，得厚度约 1mm 的透明的乳胶膜。

(3) 最佳条件与性能

① 有机硅烷改性水性聚氨酯的合成中，控制 TDI、DMPA 和 BDO 的一定用量，当硅烷的含量小于 2.0%，可以得到稳定性较好的改性水性聚氨酯分散液。

② 硅烷改性后的水性聚氨酯比相应的未改性的水性聚氨酯，涂膜的耐水性有很大程度的提高。当硅烷的加入量为 0.6% 时，改性水性聚氨酯膜的吸水率下降为 5.5%，为未改性的水性聚氨酯膜的吸水率的 1/6。但当硅烷含量增加到 3% 以上，改性水性聚氨酯膜的吸水率反而有一定幅度的上升。膜的外观在浸泡前后有明显的变化，由原来的半透明变成白色，并且还有明显的溶胀现象。

③ 硅烷改性水性聚氨酯涂膜的附着力和硬度均有不同程度的提高。

9.4.5 有机氟改性水性聚氨酯

(1) 主要原材料 1,6-己二异氰酸酯（HDI），分析纯；聚乙二醇（PEG-200，数均相对分子质量为 200），分析纯，真空脱水后使用；二月桂酸二丁基锡（T-12），分析纯；丙烯酸十二氟庚酯（FA），工业品，碱洗干燥后使用；丙烯酸羟丙酯（HpAA），工业品，碱洗干燥后使用；偶氮二异丁腈（AIBN），分析纯；N-甲基二乙醇胺（MDEA），分析纯；丙酮，分析纯。

(2) FPUA 的制备 在装有搅拌器、冷凝管和滴液漏斗的 250mL 干燥三口烧瓶中加入 0.1mol 的 HDI，室温搅拌并开始滴加 0.05mol 的 PEG-200 及 2 滴 T-12，滴加完毕后，升温至 70℃反应 3～4h 后得到—NCO 基封端的聚氨酯预聚体溶液。

在制得的聚氨酯预聚体溶液中滴加含 0.7mol 的 FA，0.1mol 的 HpAA 及 AIBN（占 FA 及 HpAA 总质量的 2%）的 15g 丙酮溶液，70℃继续反应 4～5h 后加入

0.025molMDEA，在 50℃进行扩链反应 3h，降至室温后滴入 0.025mol 冰醋酸中和 pH＝7，并在剧烈搅拌下缓慢加入去离子水得固含量为 30％半透明略泛蓝光水分散液，真空脱除丙酮后即得氟代聚丙烯酸酯改性阳离子型聚氨酯复合乳液 FPUA。

(3) 对比样 PUA 的制备　同（2）法，在制备的—NCO 基封端的聚氨酯溶液中以 AIBN 作引发剂，与 HpAA 溶液共聚，最后加入 MDEA 扩链，加水分散后所得的产物为 PUA。

(4) 膜的制备　将制成的 FPUA 及 PUA 涂在玻璃片上，60℃烘 6h 至干燥即为涂膜，放入干燥器中备用。

(5) 性能

① 自由基引发氟代丙烯酸酯类单体直接在交联的聚氨酯预聚体中聚合，然后进行亲水基扩链，利用相转化法制备 FPUA 水分散液，工艺简单。所制备的产物为预期的目标产物，即具有强疏水的含氟丙烯酸酯链段及亲水的聚醚链段，形成稳定的水分散体系。

② 由 FPUA 膜材料表面的接触角数据可知，FA 的引入使 FPUA 乳胶膜与水的接触角提高至 98°，与对比样品 PUA 相比显著提高了材料的疏水性，达到了预期应用目标。

9.4.6　蓖麻油改性聚醚型水性聚氨酯

(1) 主要原材料　聚醚 N-210（$M_n＝1000$，在 100℃真空脱水 4h 后使用）；一缩二乙二醇（DEG）；甲苯二异氰酸酯，工业品；二羟甲基丙酸（DMPA），工业品；蓖麻油，化学纯；丙酮，分析纯；三乙胺（TEA）；辛酸亚锡催化剂（T-9）。

(2) 水性聚氨酯的合成　在装有氮气保护装置的四口烧瓶中加入计量好的聚醚、甲苯二异氰酸酯（TDI），缓慢升温至 80℃，反应 1.5h 后，加入计算量的亲水扩链剂二羟甲基丙酸及适量的丙酮以降低反应体系的黏度，60℃保温 2h 后，加入扩链剂一缩二乙二醇（DEG），少量的催化剂辛酸亚锡，保温 3h，反应期间视黏度变化加入丙酮，当 NCO 摩尔分数达到理论值后，降温至 40℃以下，加入与二羟甲基丙酸等物质的量的三乙胺作为成盐剂，反应 20min，将制得的亲水性聚氨酯溶液在高速搅拌下分散到一定量的蒸馏水中，低温搅拌 1h，然后在 37℃减压旋蒸脱去丙酮得到固含量为 30％的水性聚氨酯乳液。

(3) 胶膜的制备　将乳液在聚四氟乙烯盘中流延成膜，室温（20℃）下放置 24h 后，放入烘箱中，于 80℃烘 2～3h，制得厚度约 1mm 的胶膜。

(4) 条件与性能

① 亲水基团 DMPA　含量的增加提高了乳液的稳定性，降低了乳液的粒径。随着 R 值的增加，粒径变大，稳定性下降，伸长率降低，拉伸强度增加。适量蓖麻油作为内交联剂，可以改善乳液的力学性能，提高胶膜的耐水性。

② W(DMPA)＝5％，N210/蓖麻油质量比为 7∶3，NCO/OH 摩尔比 1.3 时，制备的 WPU 具有稳定性好的半透明乳液和较好的耐水性及力学性能。

9.4.7 纳米材料改性水性聚氨酯

(1) 主要原材料 异佛尔酮二异氰酸酯（IPDI）；聚己二酸丁二酯二元醇（PBA，$M_n = 1000$）；2,2-二羟甲基丙酸（DMPA）；乙二胺（EDA）；三乙胺（TEA），二月桂酸二丁基锡（DBT DL）。纳米 TiO_2，平均粒径为 90nm。

(2) 水性聚氨酯乳液的制备 在装有机械搅拌器、温度计、冷凝管和滴液漏斗的四口烧瓶中加入 PBA 和亲水扩链剂 DMPA，升温令其完全熔化，再加入 IPDI 和适量的催化剂 DBTDL 在 75℃下反应 3h；然后升温至 80℃反应 3h。在整个搅拌反应的过程中，加入适量的丙酮降低预聚物的黏度。预聚反应完成后，将反应体系降温到 40℃左右时，加入 TEA，中和反应约 30min。在中和完的预聚体中缓慢加入一定量的去离子水，同时高速搅拌乳化，然后加入 EDA 扩链反应 1h，得到水性聚氨酯乳液，固含量约 38%。单体的摩尔比为 IPD I：PBA：DMPA：EDA：TEA＝2.5：1.0：0.5：1.0：0.5。

(3) 纳米复合材料的制备 将一定量的 TiO_2 加入乙醇与水的混合溶液中，搅拌分散后在超声波清洗仪中进行超声波处理 20min，再将该 TiO_2 的分散液充分超声分散在水性聚氨酯中，从而制得复合材料乳液。乳液静置消泡后倒在水平放置的玻璃模板上自然流平后加热烘干成膜。

(4) 复合材料性能 随着 TiO_2 含量的增加，复合材料的热降解速率呈现明显加快的趋势；适量的 TiO_2 可在聚氨酯基体中均匀分散，使复合材料的力学性能得到提高；复合材料对大肠杆菌和金黄色葡萄球菌具有一定的抗菌作用。

9.4.8 复合改性水性聚氨酯

9.4.8.1 环氧-丙烯酸复合改性水性聚氨酯

(1) 主要原材料 甲苯二异氰酸酯（TDI），工业级；聚醚二元醇（N220），数均分子质量为 2000，羟值（KOH）56mg/g 工业级，减压蒸馏脱水后使用；1,4-二醇（BDO），工业级；二羟甲基丙酸（DMPA），工业级；三乙胺（TEA），AR；乙二胺（EDA），AR；N-甲基吡咯烷酮（NMP），CP；丙酮，工业级；甲基丙烯酸甲酯（MMA），工业级；偶氮二异丁腈（AIBN），AR；三羟甲基丙烷（TMP），工业级；环氧树脂 E-20，工业级。

(2) 水性聚氨酯分散体制备 在装有搅拌、温度计及冷凝管的四口瓶中，加入 TDI 和聚醚二元醇 N220，升温到 70℃保温 2h 左右。取样测定反应物中 NCO 基团的含量。当达到规定值后，开始降温至 70℃，滴加扩链剂 BDO，而后加入亲水扩链剂 DMPA、环氧树脂 E-20、NMP。在反应过程中添加适量的丙酮以控制预聚体的黏度。在 65～70℃下反应 3h。加入 MMA，搅拌 30min 后降温至 40℃。之后倒入乳化桶中，在强力分散机的高速搅拌下一次性快速加入 TEA 和去离子水的混合物，高速搅拌，紧接着加入适量 EDA 进行扩链，继续高速搅拌 5min，得到复合改性水性聚氨酯乳液。将得到的水分散体，倾入四口瓶中，在 70℃滴加溶有含 AIBN

的丙酮溶液，2h 滴加完毕，最后保温 1h，静置过滤，减压蒸馏脱去溶剂得到最终的水性聚氨酯复合乳液。

(3) 主要条件与性能　DMPA，E-20，TMP 和 MMA 质量分数分别为 7.5%、6%、1% 和 20% 时，得到了稳定性好、平均粒径约为 80nm 的水性聚氨酯复合乳液。同时预聚体的黏度适中，所得的分散体外观和储存稳定性较好，所得胶膜的力学性能好；改性后的水性聚氨酯接触角减小，耐水性及综合性能大大提高。

9.4.8.2 聚氨酯-木质素-丙烯酸酯复合乳液

(1) 要原材料　聚丙二醇（PPG，数均分子量为 1000，使用前经 110℃ 真空脱水），甲苯二异氰酸酯（TDI），二羟甲基丙酸（DMPA），三乙胺（TEA），1,4-丁二醇（BDO），丙酮，N-甲基吡咯烷酮（NMP），丙烯酸（AA），丙烯酸丁酯（BA），丙烯酸甲酯（MA），OP-10，聚乙烯醇（PVA），木质素磺酸镁（LS，使用前经改性处理），过硫酸钾（KPS）及其他常用化学试剂。

(2) 木质素-丙烯酸酯（LS-PA）乳液的合成　于四口烧瓶中，以 PVA 和 OP-10 为乳化体系，滴加 AA、BA、MA 等混合物及部分引发剂 KPS，快速搅拌乳化约 0.5h 得预乳液。取部分预乳液慢慢升温至 60℃，并发生聚合至反应混合物出现蓝色荧光，所得乳液即种子乳液。于种子乳液中开始同时慢慢滴加剩余预乳液及 LS 溶液并逐渐升温至（73±1）℃，匀速搅拌。滴加完毕，保温约 0.5h，升温至 85℃ 并保温反应 1h，滴加剩余的 KPS 并继续保温反应 1h。自然冷却至室温，得 LS-PA 乳液。

(3) 水性聚氨酯（PU）乳液的合成　将计量的 PPG 及 TDI 加入四口瓶中，于 75～80℃ 反应至 NCO 含量达理论值，降温至 70℃，于 0.5h 内将扩链剂 BDO 的丙酮溶液滴加至反应体系中，保温 1h。于体系中再加入 DMPA 的 NMP 溶液并控制反应温度为（75±2）℃ 反应 4h，反应过程中视体系黏度大小适时添加适量丙酮。将反应体系冷却至 40℃ 左右并在高速搅拌下加入 TEA 中和，加去离子水乳化约 20min 得水性聚氨酯乳液。

(4) 聚氨酯/木质素-丙烯酸酯乳液的复配　在搅拌下将 PU 乳液徐徐加入 LS-PA 乳液中，加毕，继续搅拌 15min 即得聚氨酯/木质素-丙烯酸酯（PU/LS-PA）复合乳液。

合成的木质素-丙烯酸酯乳液并将其与水性聚氨酯乳液进行复合改性，提高了聚氨酯乳液的耐水性和热稳定性；利用木质素天然高分子这一工业废弃物还降低了水性聚氨酯的成本。

9.5 多聚异氰酸酯及固化剂

9.5.1 HDI 三聚体固化剂

(1) 主要原材料　HDI，工业品，含量不低于 98%；二月桂酸二丁基锡，化学纯；三羟甲基丙烷（TMP），工业品；2,2,4-三甲基戊二醇，化学纯；甲磺酸甲酯，化学纯；催化剂 S-01。

(2) HDI-三聚体固化剂的制备 在装有温度计、搅拌器的 2L 三口瓶中通氮气保护下，加入 HDI 单体 1000g(5.95mol)、2,2,4-三甲基戊二醇 10g(0.0685mol) 和催化剂 S-01 适量，升温到 60℃，反应 6h，添加甲磺酸甲酯 8.25g，升温到 80℃ 继续反应 2h，冷却，蒸除剩余 HDI 单体，得到黄色黏稠液体的 HDI 三聚体产品。

(3) 性能与应用 HDI-三聚体具有高于 HDI 缩二脲和 HDI-TMP 加成物固化剂的耐候性、耐热性、保光性、保色性，以及良好的物化性能，可用于汽车工业、室外装潢、出口机床、船舶、航空及鞋类等对外观要求高的产品。

9.5.2 封闭型水性多异氰酸酯固化剂

(1) 异氰酸酯预聚体的合成 由 TDI 和 PEG 制备封闭用异氰酸酯预聚体。将定量 TDI 投入三口瓶内，开动搅拌器。再将 PEG 溶于 3/4 的溶剂中。边搅拌边通过滴液漏斗慢慢滴入 PEG 溶液，同时充氮保护。滴加完后，将另外 1/4 的溶剂加入。搅拌并油浴升温到 40～50℃ 反应 40min；再升温到 70～72℃ 反应 120min；最后降温到 40℃ 后出料。得到的预聚体其游离 NCO 质量分数为 6.22%～11.43%，密封放置。

(2) 亚硫酸氢钠封闭异氰酸酯工艺 分别将预聚体、醇类有机溶剂、亚硫酸氢钠水溶液冷却至规定的温度，之后将 $NaHSO_3$ 溶液、醇类有机溶剂和异氰酸酯以一定方法加入体系中，在规定温度下反应一定时间后，加水稀释至固含量为 25%，再搅拌 0.5h 后出料。

(3) 最佳条件

① $NaHSO_3$ 溶液与乙醇混合后立即加入到预聚体中，可以实现亚硫酸氢钠对异氰酸酯的良好封闭。

② 最合适的封闭温度为 18℃ 左右。

③ 亚硫酸氢钠最合适的质量分数为 25%～30%。

9.5.3 高初黏力聚氨酯胶黏剂固化剂

(1) 主要原材料 聚氨酯胶黏剂 2#、3#（平均分子量 2# 小于 3#）；甲苯二异氰酸酯（TDI2,4 体）；三羟甲基丙烷（工业品）；环己酮（化学纯）；二苯基甲烷二异氰酸酯（MDI）固体（工业品）；甲苯（化学纯）；三乙烯二胺（固体，化学纯）；醋酸丁酯（化学纯）；甘油（工业品）；氯化钙固体。

(2) 固化剂的制备

① TDI 加成物的制备 将 TDI 和环己酮投入装有搅拌器、温度计、回流冷凝器的三颈瓶中，升温至 70℃，滴加三羟甲基丙烷和环己酮的混合液，温度保持在 70～80℃，直至取样冷却后透明，继续升温到 120℃，在 120℃ 保温 1h，加入环己酮，搅拌 0.5h，冷却至室温，产品为黄色透明液体。

② MDI 加成物的制备　首先把三乙烯二胺和 MDI 分别用甲苯溶解，然后一起倒入反应瓶中，温度为 100℃，反应 8h，产品为无色透明溶液。

③ TDI 三聚体的合成　把三乙烯二胺（TDI 质量的 1%）加入到醋酸丁酯中，溶解后，加入 CaCl$_2$ 及醋酸丁酯和三乙烯二胺，然后加入 TDI，升温至 100～110℃，保持 8～11h，产品为无色透明溶液。

(3) 产物性能　合成 TDI 三聚体作为固化剂，所配制的胶黏剂具有突出的初黏强度，良好的粘接性，即初黏强度提高一倍；聚氨酯树脂自身的分子量对胶黏剂的初黏强度有很大影响，分子量愈高，粘接力愈大；TDI 三聚体作为固化剂，用量为 5%～10%。

9.6 水性聚氨酯涂料

9.6.1 水性复合聚氨酯防锈涂料

9.6.1.1 水性环氧含硅聚氨酯防腐涂料

(1) 主要原材料　环氧树脂 E-44；聚醚二元醇 N330［羟值（475±25）mgKOH/g］；多苯基多亚甲基异氰酸酯 PAPI（异氰酸根含量 30.4%）；异氰酸酯基丙基三乙氧基硅烷；丙烯酸羟乙酯、对苯二酚、N-甲基吡咯烷酮、二羟甲基丙酸和三乙醇胺均为化学纯试剂，钛铁粉；氧化锌、硅铬酸铅、氧化铁红和滑石粉。

(2) 水性环氧聚氨酯树脂的制备　先将计量的环氧树脂 E-44 用适量的 N-甲基吡咯烷酮溶解，转移到密封的反应瓶中，再加入准确计量的聚醚多元醇 N330、二羟甲基丙酸、异氰酸酯 PAPI、阻聚剂对苯二酚及余量的 N-甲基吡咯烷酮，在 80℃的恒温油浴中加热，在 N$_2$ 气氛中反应 4h；然后加入计量的异氰酸酯基丙基三乙氧基硅烷，于 60℃下恒温反应 2h；接着，将反应体系降温至室温，蒸出 N-甲基吡咯烷酮；最后，向树脂中滴加计量的三乙醇胺和去离子水，充分水溶后即可。

(3) 防腐涂料配方与性能指标

① 水性防腐涂料的制备　将颜填料、分散剂、去离子水和水溶性聚氨酯改性环氧树脂 WPU-EP 预混合，然后研磨至细度<30μm，加入配方中其他组分，充分混匀后得到防腐涂料产品。

② 涂料的配方见表 9-6。

③ 性能指标见表 9-7。

9.6.1.2 水性聚氨酯环氧树脂防锈涂料

(1) 主要原材料　异佛尔酮二异氰酸酯（IPDI）；聚己二酸丁二醇酯二醇（CMA-2000，M_w=2000）；1,6-己二醇（1,6-HD）；二羟甲基丙酸（DMPA）；N-甲基吡咯烷酮（NMP）；环氧树脂（E-20）；三乙胺（TEA）、乙二胺（EDA）、二月桂酸二丁基锡（DBTL）及丙酮（AT）。

表 9-6　水性环氧聚氨酯防腐涂料配方

原料名称	用量(质量分数)/%	原料名称	用量(质量分数)/%
水溶性聚氨酯改性环氧树脂	20～40	硅灰石	5～15
氧化锌	5～10	六偏硫酸钠盐	2～5
氧化铁红	5～20	DP518	2～5
防闪锈剂	0～1	防沉剂	2～5
钛铁粉	5～10	去离子水	30～80
滑石粉	10～30		

表 9-7　水性环氧聚氨酯防腐涂料的性能指标（按 GB 检测）

项　目	性能指标	项　目	性能指标
细度/μm	≤30	耐油性(90#汽油)	>96h 通过
铅笔硬度/H	2～3	耐酸碱性(10%的溶液)	>50h 通过
冲击强度/kgf·cm	≥50	耐盐水性(5%)	>50h 通过
附着力/级	1	耐盐雾性	>120h 通过
抗弯曲性能	0		

复合铁钛防锈颜料（"海枫"牌 WD-D-500 型）；红丹粉；磷酸锌；铁红；复合膨润土；滑石粉；分散剂（EFKA-4560）、消泡剂（EFKA-2526）；闪蚀抑制剂（SER-ADFA179）；硅烷偶联剂；（Z6040）；成膜助剂（Texanol 酯醇）。

(2) 水性聚氨酯环氧树脂乳液的合成　在干燥氮气保护下，向反应瓶中加入经脱水处理的 CMA-2000、IPDI 和催化剂 DBTL，控制反应温度为 80～85℃反应 2h；降温至 75～80℃，加入 1,6-HD 反应 30min，以二正丁胺法测定体系中 NCO 基团的含量；达到理论设定值后加入以 NMP 溶解的 DM-PA 溶液，反应约 15h；进一步降低温度至 65℃，加入 E-20，继续保温反应 2h；降温至 20～25℃，以适量 AT 稀释后加入 TEA 中和，然后在常温去离子水中进行剪切乳化，再用 EDA 进行水相扩链；最后，抽真空脱去丙酮得到水性聚氨酯环氧树脂乳液。

(3) 水性防锈涂料的制备　将原料按比例投入配制罐中，在高速分散机上以 1500r/min 分散 30min，然后转至砂磨机进行研磨至细度达 30μm（约 20min），过滤至容器中待涂料消泡后即可。水性防锈涂料基本配方见表 9-8。

表 9-8　水性防锈涂料配方

原料名称	用量(质量分数)/%	原料名称	用量(质量分数)/%
水性聚氨酯环氧树脂乳液	40～50	润湿剂	0.8～1
复合铁钛防锈颜料	20～25	消泡剂	0.5
铁红	8～10	闪蚀抑制剂	0.5
滑石粉	10～15	成膜助剂	3～5
复合膨润土	0.8～1	硅烷偶联剂	0.5
分散剂	1～1.5		

(4) 不同防锈颜料体系的水性防锈涂料性能见表 9-9。

表 9-9　不同防锈颜料体系的水性防锈涂料性能

项　目	性　能		
	复合铁钛粉-铁红	红丹-铁红	磷酸锌-铁红
附着力/级	1	2	2
耐冲击性(正/反)/kgf·cm	50/50	50/50	25/50
储存稳定性(50℃)	60d 无变化	45d 结硬底	45d 结硬底
耐盐水性(3%NaCl 溶液,15d)	无变化	起泡生锈	起泡生锈严重

9.6.2 水性聚氨酯木器涂料

9.6.2.1 高硬度单组分水性木器漆

(1) 主要原材料　水性聚氨酯树脂、水性丙烯酸树脂 A、水性丙烯酸树脂 B；消泡剂 BYK025(聚硅氧烷溶液)、BYK094(聚硅氧烷和憎水固体混合物)；成膜助剂二丙二醇甲醚、丙二醇苯醚、十二醇酯、二丙二醇丁醚；流平剂 Glide 450、Glide440(聚硅氧烷-聚醚共聚物)；润湿剂 Wet KL270(聚硅氧烷-聚醚共聚物)；纳米浆料 1、纳米浆料 2，增稠剂 (疏水改性聚氨酯)RM28W，以上均为工业级。

(2) 高硬度单组分水性木器漆配方见表 9-10。

表 9-10　单组分水性木器漆配方

成　分	用量(质量分数)/%	成　分	用量(质量分数)/%
丙烯酸树脂	35～45	成膜助剂	3～4
聚氨酯树脂	35～45	水	1～10
润湿剂	0.01～0.30	流平剂 1	0.1～0.2
纳米氧化铝浆料	0.1～1	流平剂 2	0.1～0.2
消泡剂	0.05～0.03	增稠剂	0.2～0.5

(3) 制备工艺　将水性丙烯酸树脂、水性聚氨酯树脂、润湿剂依次加入容器中，搅拌均匀，加入纳米氧化铝浆料高速分散，再慢慢加入成膜助剂、消泡剂、流平剂及增稠剂等其他助剂。

(4) 高硬度单组分水性木器清漆的性能见表 9-11。

表 9-11　水性木器清漆性能指标 (按 GB 方法)

检测项目	检测结果	检测项目	检测结果
固含量/%	38	耐醇性(体积分数 50%,1h)	无异常
表干时间/min	25	耐碱性(50g/L NaHCO₃,1h)	无异常
实干时间/h	2	耐干热[(70±2)℃,15min]/级	无异常
摆杆硬度(7d)	0.7017	附着力(划格 2mm)/级	0
耐水性(24h)	无异常	光泽	84

9.6.2.2 单组分水性木器装饰涂料

(1) 单组分水性木器装饰涂料配方见表 9-12。

表 9-12 单组分水性木器装饰涂料配方

原材料	用量(质量分数)/%	作用	原材料	用量(质量分数)/%	作用
去离子水	4～7	分散介质	WT-105A	1.5～2	增稠剂
乙二醇丁醚	5～7	稀释剂	BYK-028	适量	消泡剂
丙二醇	5～7	防冻剂	BYK-341	适量	润湿剂
BYK-346	适量	流平剂	聚氨酯丙烯酸共聚物分散体	160～170	基料
Aqiacer513F. OD	6～10	改善表面性能			

(2)配制工艺 首先将部分基料、去离子水、润湿剂、丙二醇按量加入分散杯，用盘式分散机（400r/min）分散 20min 左右，在分散过程中加入增稠剂，搅拌 30～40min 后，补加剩余基料，最后用 EB 和去离子水调整黏度，经检验，过滤，包装，即制成了单组分水性木器装饰亮光漆。

(3)涂料性能指标 单组分水性木器装饰涂料性能比较见表 9-13。

表 9-13 单组分水性木器装饰涂料性能比较

项　　目	自制涂料	美国产品	中德合资产品
产品外观	微黄半透明液	微黄半透明液	微黄半透明液
黏度(涂-4 杯,25℃)/s	19	17	16
固含量/%	35	35	30
可施工性(喷刷)	易	易	易
漆膜外观	平整光滑	平整光滑	平整光滑
表干/min	20	15	20
实干/h	2.5	2	2.5
硬度(双摆仪)	0.55	0.62	0.4
附着力(划圈法)/级	≤3	≤3	≤5
耐冲击性(正、反)/kgf·cm	50	50	50
柔韧性/mm	1	1	1
光泽(光电光泽仪 45°)/%	108	110	109

9.6.3 高性能水性双组分汽车清漆

(1) 水性双组分聚氨酯涂料配方见表 9-14。

表 9-14 水性双组分聚氨酯涂料的配方

原　料	规格或产地	质量分数/%	原　料	规格或产地	质量分数/%
丙烯酸树脂	40%	58.0	乙二醇丁醚	国产	4.5
消泡剂	BYK	0.6	水	合格	25.0
流平剂	BYK	08	催化剂	中国台湾	0.1
增稠剂	BYK	1.2	固化剂	Bayer	9.8

注：喷涂施工条件：温度为 20℃；相对湿度为 55%。

(2) 水性双组分聚氨酯涂料性能见表 9-15。

表 9-15　水性双组分聚氨酯涂料的性能指标

检测项目	性能指标	检测项目	性能指标
涂膜外观	平整，光滑	柔韧性/mm	1
涂料外观	透明度1级，无杂质	摆杆硬度	0 65
干燥条件	60℃，30min	耐水性[(25±1)℃，120h]	合格
附着力/级	1	耐汽油性(120#溶剂油，24h)	合格
耐冲击性/kgf·cm	50	耐候性(人工加速老化500h)/级	1

9.6.4 水性双组分聚氨酯金属涂料

(1) 水性双组分聚氨酯金属涂料

① 清漆基础配方见表 9-16。

表 9-16　水性双组分聚氨酯金属涂料清漆配方

原　　料	用量(质量分数)/%	原　　料	用量(质量分数)/%
多元醇树脂 1	30.0～60.0	消泡剂	0.2～1.0
多元醇树脂 2	13.0～30.0	防冻剂	1.0～3.5
去离子水	2.0～12.0	防腐剂	0.1～0.3
成膜助剂	3.0～12.0	pH 调节剂	3.0～10.0
润湿剂	0.1～0.8	增稠剂	0.8～0.5
流平剂	0.1～0.8	其他助剂	1.0～4.0

注：固化剂，采用2种固化剂复配，固化剂1/固化剂2为8/1，并用适量的溶剂稀释至合适黏度。

② 涂料配制操作步骤　取多元醇树脂 1 和多元醇树脂 2，于高速分散机中，以 800r/min 左右的转速预混合约 10min；在搅拌下加入已经预混合好的去离子水和成膜助剂，然后依次加入其他原料，提高分散机转速至 3000r/min 左右，搅拌 30min；调低转速至 1000r/min 左右，调节黏度和 pH，继续搅拌 15min、过滤、出料，制得水性双组分聚氨酯金属涂料清漆。

在制备的清漆中加入铝浆，制得双组分水性银粉漆。向其中加入固化剂和稀释剂，两组分的比例约为 10/1，稍搅拌后加水调节至喷涂黏度，搅拌均匀即可。

(2) 水性双组分银色聚氨酯金属涂料的涂膜性能见表 9-17。

表 9-17　水性双组分银色聚氨酯金属涂料的涂膜性能

检测项目	技术指标	检测结果	检测方法
铅笔硬度	≥2H	2H	GB/T 6739—2006
附着力	≥1 级	≥1 级	旋转钢针划痕
流平性	无明显橘皮	无明显橘皮	目测
干膜厚度	10～15μm	12μm	GB/T 13452—1992
耐醇性	无发白、变色、软化等不良现象	合格	用棉布包 500g 砝码蘸 95%乙醇溶液来回擦拭 50 次
耐高温高湿性	无变色、起泡等异常现象，附着力≤1 级	合格	55℃，93%湿度 120h。晾干 1h 后用胶带粘揭 5 次
耐盐水（5%NaCl，24h)	无异常	合格	GB/T 9274—1988
耐冷热循环	无异常现象，附着力≤1 级	合格	−20℃，2h 和 60℃，2h，10 次循环

续表

检测项目	技术指标	检测结果	检测方法
耐 QUV(100h)	无明显变色,无起泡,$\Delta E \leqslant 3$	合格 $\Delta E \leqslant 0.4$	ISO 4982—3;1994
耐磨耗性	100 个循环以上	100 个循环无露底	使用砂质橡皮作摩擦,$w = 19.6N$ 显露底材次数
不黏着性	无痕迹	无痕迹	发泡聚乙烯 $w = 4.9N(0.5kg)$.50℃,48h
VOC	$\leqslant 200g/L$	135g/L	EPA24

9.6.5 水性自交联纳米复合道路标志涂料

(1) 主要原材料　2342 水溶性脂肪酸改性聚氨酯弹性树脂和 2306 亲水性脂肪族聚异氰酸酯固化剂,工业品;纳米二氧化硅和多胺聚合物;润湿剂、消泡剂、防腐剂、增稠剂及成膜助剂,均为工业品;硅烷偶联剂 KH560,工业品。

(2) 纳米复合道路标志涂料配方见表 9-18。

表 9-18　纳米复合道路标志涂料的配方

组　成	用量(质量分数)/%	组　成	用量(质量分数)/%
2342 弹性乳液	30～45	纳米 SiO$_2$	1～4
纳米二氧化硅	1～4	杀菌防霉剂	0.4～0.9
多胺聚合物(自制)	1～4	成膜助剂	1～2
金红石型 TiO$_2$	8～10	分散剂	1～3
绢云母	8～16	消泡剂	0.4～1.0
三氧化二铝粉	5～8	表面活性剂	0.3～0.6
玻璃粉	10～20	氨水(28%)	2～4
碳酸钙、滑石粉等	8～15		

(3) 纳米复合道路标线涂料的性能见表 9-19。

表 9-19　纳米复合道路标线涂料的性能指标

项　目	检测结果	项　目	检测结果
外　观	白色	耐水性/d	120
固含量/%	60～75	耐紫外光照射/h	1000
表干时间/min	3～10	pH 稳定性	通过
实干时间/min	20～40	冻融稳定性	通过
不粘胎时间/min	4～10	高温稳定性	通过

注:干燥时间测定温度在 10℃以上,相对湿度小于 90%。

9.6.6 木地板用水性聚氨酯涂料

(1) 主要原材料　聚酯多元醇;聚碳酸酯多元醇;甲苯二异氰酸酯 (TDI);异佛尔酮二异氰酸酯 (IPDI);1,4-丁二醇;1,6-己二醇;三羟甲基丙烷 (TMP);二羟甲基丙酸 (DMPA);三乙胺;乙二胺;甲基吡咯烷酮 (NMP);丙酮 (工业品);流平剂、消泡剂、润湿剂等。

(2) 水性聚氨酯分散体制备　在反应器中,加入计量聚碳酸酯和聚酯多元醇的混合物，加温、熔化、开搅拌，升温至 120℃，真空（—0.06MPa）脱水 1h，降温至 40℃加入计量的 TDI、IPDI升温至 100℃左右反应 1h，降温加入 DMPA、1,4-丁二醇、1,6-己二醇、丙酮等，升温至 80～90℃之间反应 2h，然后降温至 40℃加入催化剂 NMP、丙酮，升温至 55℃左右反应 3h，测—NCO 含量达到规定值后降温至 30℃，将所得聚合液移至分散机中，中速搅拌下加入三乙胺中和反应 3min 高速加水、乙二胺分散，得到乳白色半透明发蓝光的液体，升温，脱丙酮后得到水性聚氨酯分散体。

(3) 水性　PU 分散体的性能检测结果见表 9-20。

表 9-20　水性 PU 分散体的性能检测结果

项　目	技术指标	测试结果
外观	半透明、有蓝光液体、无机械杂质	半透明、有蓝光液体、无机械杂质
固含量/%	34±1	34±2
pH 值	7～9	8
铅笔硬度	≥2H	2H(局部 3H)
柔韧性/mm	无网纹、无裂纹、无剥落	无网纹、无裂纹、无剥落
附着力(马口铁板划圈法)/级	≤2	1
磨耗/mg	≤0 01	0.0082
60°光泽(木板)/%	<90	98

(4) 水性聚氨酯木地板涂料

① 水性聚氨酯木地板涂料配方见表 9-21。

表 9-21　水性聚氨酯木器地板涂料配方

序号	原　料	用量(质量分数)/%	序号	原　料	用量(质量分数)/%
A	聚氨酯水分散体(ADM-F206A)	94	D	润湿剂 245	0.2
B	去离子水	3	E	消泡剂 805	0.6～0.8
C	乙二醇丁醚	2	F	流平剂 450	0.1

② 生产工艺　a. 将 D、E、F 加入到 C 中搅拌均匀，形成透明状液体；b. 将 a 与 B 混合均匀，至无分层；c. 准确称量 A 加入分散机，在搅拌状态下缓慢加入；d. 中速搅拌 30min；e. 根据客户要求可加入适量增稠剂或亚光浆以提高其黏度和光泽。

③ 水性聚氨酯木地板涂料及涂膜性能见表 9-22。

表 9-22　涂料性能指标及检测结果

项　目	技术指标	测定结果
外观(目测)	乳白色半透明状有蓝光液体,无机械杂质	乳白色蓝光液体,无杂质
铅笔硬度	≥2H	2H(局部 3H)
柔韧性/mm	1	0.5
附着力(划圈法)/级	≤2	1
磨耗/mg	≤0.01	0.0066
耐水性(浸水)	48h 微起泡,不起皱,不脱落,微白,2h 恢复	48h 微起泡,不起皱,不脱落,微白,1h 恢复

9.7 水性聚氨酯胶黏剂

9.7.1 鞋用高固含量水性聚氨酯胶黏剂

(1) 主要原材料 聚己二酸丁二醇酯二醇（PBA-2000）；六亚甲基二异氰酸酯（HDI）、异佛尔酮二异氰酸酯（IPDI）；2,2-二羟甲基丙酸（DMPA）；二氨基苯磺酸钠（SDBS）；乙二胺（EDA）、三乙胺（TEA）；丙酮；以上原料均为工业级。

(2) 水性聚氨酯的制备

① 将 PBA-2000 按配方量加入配有电动搅拌器、温度计和 N$_2$ 进出口的四口烧瓶中，在 120℃左右抽真空脱水 30min；

② 降温至 85℃后，加入 DMPA，5min 后用注射器加入 HDI 和 IPDI，在 N$_2$ 保护下 85℃搅拌反应至—NCO 达到理论值，经二正丁胺法测定后确定反应时间为 4h；

③ 而后降温至 50℃后，加入含有三乙胺的丙酮溶液，搅拌中和反应 15min；

④ 滴加计量的 SDBS 水溶液，边搅拌边进行扩链反应 20min；

⑤ 滴加计量的乙二胺水溶液进行二次扩链，5min 后，加入剩余的蒸馏水（按 50％固含量计），并强烈搅拌乳化；

⑥ 50℃下减压脱除丙酮，得到固含量高于 50％（按配方要求设计）的水性聚氨酯乳液。

(3) 自制水性聚氨酯乳液与 U-54 的性能对比见表 9-23。

表 9-23 自制样品与 U-54 的性能对比

项　　目	合成样品	U-54
黏度(加入 4％固化剂)/mPa·s	3300(15℃)	3800(15℃)
初期剥离力/N·(25cm)$^{-1}$	114	88
剥离强度/N·(25cm)$^{-1}$	基材烂	137
耐热性	45min 全开	8min 全开
耐水性(吸水增重)/％	3.19	3.20

U-54 是 Bayer 公司的一种高固含量的水性聚氨酯胶黏剂产品，是国外已经产业化的水性聚氨酯胶黏剂产品的代表。

9.7.2 木材用双组分水性聚氨酯胶黏剂

(1) 主要原材料 改性的聚醋酸乙烯乳液含固量 50％，黏度 15000mPa·s，自制；PAPI（多亚甲基多苯基多异氰酸酯），—NCO 含量：30.0％～32.0％；混合型溶剂；国产或进口填料：细度 350 目，分低色度和白色两种，可根据需要按比例混合。稳定剂：纯度 98％。

(2) 操作过程

① 改性聚醋酸乙烯乳液的制备　按常规方法制得固含量 50%，黏度为 15000mPa·s 左右的均聚醋酸乙烯乳液，进行后缩醛化处理，不添加任何增塑剂，该乳液具有极好的低温稳定性和流动性，胶膜具有韧性，耐水，抗乙醇类溶剂。

② PAPI 溶液的制备　将一定数量的 PAPI 与混合型溶剂在常温下搅拌混合溶解，制得均相的　PAPI 溶液，隔绝空气和水密闭避光保存。

③ 按一定比例，将 PAPI 溶液加入上述改性聚醋酸乙烯乳液中，快速搅拌混合均匀，并加入填料和稳定剂充分搅拌成混合物，用于各种硬木条的拼接、拼板加压固化成形机械加工。具体的操作参数见表 9-24。

表 9-24　胶的工艺参数

项　目	数　值	项　目	数　值
有效时间	3.5～4h	涂胶量	250～300g/m³
最佳使用时间	1.0h	木材含水率	8%～12%
室温	30℃	固化时间	15min 左右

(3) 产品性能

① 双组分水性乙烯基聚氨酯胶黏剂是一种粘接性能优良的木材黏合剂，可替代普通聚醋酸乙烯乳液作为硬木拼接板材加工用胶，也可作为热压成型的木材加工用胶可替代"三醛胶"，具有独特的耐水、耐溶剂性能。

② 该胶属双组分类胶黏剂，使用上有一定的局限性，但是某些新型木材加工业如硬木冷热压拼接成形的新工艺，只能用此类胶，其他胶尚无法替代它。

③ 该胶存在一定的适用期限，如果加热加压固化，固化时间将相应缩短为几分钟。

④ 作为一种氨基树脂改性胶，其成本没有增加多少（一般约 15% 左右），性能却有明显改善，是值得进一步推广的，特别对多年沿用的"三醛胶"将是有力的冲击。

9.7.3 复合薄膜用水性聚氨酯胶黏剂

9.7.3.1 复合软包装用双组分水性聚氨酯胶黏剂

(1) 主要原材料　聚己二酸乙二醇酯（PEGA），$M_n = 2000$，聚己二酸丁二醇酯（PBA），$M_n = 2000$；聚己二酸己二醇酯（PHA），$M_n = 2000$；聚酯二元醇，$M_n = 2000$；甲苯二异氰酸酯（2,4-TDI/2,6-TDI：80/20），工业品；4,4'-二苯基甲烷二异氰酸酯（MDI），工业品；六亚甲基二异氰酸酯（HDI），异佛尔酮二异氰酸酯（IPDI）；1,4-丁二醇（BDO），化学纯；三羟甲基丙烷（TMP），化学纯；二月桂酸二丁基锡（DBTDL），工业品；水分散性多异氰酸酯交联剂；复合薄膜材料：CPP 镀铝膜（VMCPP）、PET 镀铝膜（VM2ET）、OPP、PE 膜。

(2) 水性 PU 复合胶黏剂的合成　分别将脱水的不同聚合物多元醇计量后加入

三口烧瓶中，加入异氰酸酯，少量 DBTDL，升温至 75～80℃反应 2h，再加入 BDO、TMP、DMPA、一定量丙酮溶剂，75～80℃回流反应 2.5h，然后降温至 35℃以下，用三乙胺中和至 pH 为 7～8，最后用去离子水高速剪切乳化 30min，减压蒸馏脱出丙酮。即得到泛蓝光半透明或乳白色聚氨酯水分散体。

(3) 塑料薄膜复合工艺　将合成出的不同配方水性 PU 胶黏剂分别加入定量水性固化剂，搅拌混合均匀，用线棒涂布器将胶液推开均匀涂布在薄膜上，将涂胶薄膜置于 60℃恒温鼓风烘箱中烘干 5min，然后将涂胶薄膜置于平板玻璃上，用另一张薄膜经橡胶辊压实复合。分别测定初黏力，室温下放置 24h、48h 后 T 形剥离强度，50℃温度下熟化 5h、10h 后 T 形剥离强度。

(4) 水性 PU 胶黏剂对不同塑料薄膜复合性能　目前国内市场推广使用的水性复合胶黏剂主要针对镀铝膜与 OP 薄膜复合，对适用于塑-塑复合（如 OPP/PE、BOPP/PE、PET/PE、OPP/CPP）的水性复合胶黏剂国内报道较少。通过选用新型聚酯结构，研制开发出一种既适用于镀铝膜与 OPP 等塑料薄膜复合，同时又适用于塑-塑复合的水性复合胶黏剂。

9.7.3.2 内交联型复合薄膜用水性聚氨酯胶黏剂

(1) 主要原材料　聚酯二元醇（$M_n = 2300$），工业级；二羟甲基丙酸（DM-PA），工业级；甲苯二异氰酸酯（TDI），工业级；内交联剂，工业级；三乙胺（TEA），分析纯；丙酮，分析纯。

(2) 聚合工艺　首先将脱除水分的聚酯二元醇和 TDI 按一定比例加入到反应器中，控制反应温度和时间；第 2 步加入 DMPA、交联剂扩链，此时需加一定量的丙酮来降低黏度；第 3 步加入 TEA 中和亲水基团—COOH；反应一定时间后，在高速搅拌下滴加去离子水，最后蒸除丙酮，即制得内交联型水性 PU 乳液。

(3) 条件与性能

① 内交联型水性聚氨酯乳液的黏度随 COOH％的增大而增大；随 R（—NCO/—OH）值的增大而减小；随着交联剂含量的增加，乳液的黏度有小幅度的增加。

② 胶膜的吸水率随着 COOH％的增加而增大；随着 R 值或交联剂用量的增加而减小。

③ R 值或 COOH％发生变化，T 形剥离强度也随之发生改变；并且，交联剂能提高水性聚氨酯胶黏剂的 T 形剥离强度，且当交联剂含量为 9％最佳。

9.7.3.3 镀铝膜-PE 膜复合用水性复合胶

(1) 主要原材料　环氧丙烷聚醚二醇（PPG），$M_n = 2000$；聚四氢呋喃二醇（PTMG），$M_n = 2000$，聚己内酯（PCL），$M_n = 2000$；聚己二酸丁二醇酯（PBA），$M_n = 2000$；聚己二酸己二醇酯（PHA），$M_n = 2000$；甲苯二异氰酸酯（2,4-TDI/2,6-TDI：80/20），工业品；1,4-丁二醇（BDO），化学纯；三羟甲基丙烷（TMP），化学纯；二羟甲基丙酸（DMPA）；二月桂酸二丁基锡（DBTDL），工业品；水性多异氰酸酯交联剂；复合薄膜材料：CPP 镀铝膜（VMCPP）、PET

镀铝膜（VMPET）、PE 膜。

(2) 水性 PU 复合胶的合成　分别将不同聚合物多元醇计量后加入三口烧瓶中，加入 TDI，少量 DBTDL，升温至 75～80℃反应 2h，再加入 BDO，TMP，DMPA，一定量丙酮溶剂，75～80℃回流反应 2.5h，然后降温至 35℃以下，用三乙胺中和至 pH 为 7～8，最后用含少量己二酰肼的去离子水乳化，快速搅拌30min，经剪切乳化后抽真空脱出丙酮。即得到泛蓝光半透明或乳白色聚氨酯水分散体。

(3) 镀铝膜复合工艺　将合成出的不同结构水性 PU 复合胶分别加入一定量水性固化剂，分散乳化混合均匀，将配制好的双组分复合胶倒出约 5～10g 在规整的镀铝膜基材上，用 30 号线棒涂布器将胶液推开均匀涂布在薄膜上，将涂胶薄膜置于 60℃恒温鼓风烘箱中烘干 5min，然后将涂胶薄膜置于平板玻璃上，用另一张薄膜经橡胶辊压实复合。分别测定初黏力，室温下放置 24h、48h 后 T 形剥离强度，50℃温度下熟化 5h、10h 的 T 形剥离强度。

(4) 条件与性能

① 以聚酯多元醇合成的水性 PU 复合胶结晶性越强，其对应水性　PU 复合胶对镀铝膜复合的剥离强度大，表现出较好的粘接性能。

② 水性 PU 大分子硬段含量 28%、固含量 40%合成的水性　PU 复合胶表现出广泛而又良好的粘接性能。

③ 水性 PU 复合胶中加入少量对人体无害的易挥发溶剂，可以加快胶黏剂的干燥速率，提高复合工艺过程生产效率。

9.7.4 水性聚氨酯涂料印花黏合剂

(1) 主要原材料　异佛尔酮二异氰酸酯（IPDI，工业级）；聚乙二醇 1000（PEG 1000，分析纯）；2,2-二羟甲基丙酸（DMPA，工业级）；三乙胺（TEA，分析纯）；二乙烯三胺（DETA，分析纯）；丙酮（分析纯）；N-甲基-2-吡咯烷酮（分析纯）；增稠剂 KS-D760（工业级）；纯棉左斜漂白布（25.4tex×28.2tex×464×215）；8303 翠蓝 FGB（工业级）；N-羟甲基丙烯酰胺（分析纯）。

(2) 水性聚氨酯乳液的制备　将一定量 PEG1000 置于四口烧瓶中，于 100～120℃，压强<0.1MPa 下抽真空 2.5～3.0h，然后降温至 70～75℃，加入 IPDI，保温 2h 左右，加入 DMPA，反应 2.5h，再降至室温，加入一定量 TEA，反应约30min，调 pH 值至 7～8，然后加入 DETA 与冰水的混合物，在强剪切力下分散1h，反应完毕。

乳液配比为(IPDI)∶(PEG1000)＝2∶1,(DMPA)＝6%,(DETA)＝6%。

(3) 涂料印花工艺　调浆-印花-预烘（80℃，3min）-焙烘（150℃，3min）。

(4) 性能与应用效果

① 自制水性聚氨酯涂料印花黏合剂具有较好的耐电解质、耐酸及耐碱性能，固含量在 30%左右，为乳白色泛蓝光的稳定乳液。

② 使用自制的黏合剂，在焙烘温度 150℃，时间 3min；黏合剂 40g/L，印花浆 8g/L，增稠剂 KS-D76010g/L，交联剂（N-羟甲基丙烯酰胺）10g/L 时印制的产品手感柔软，得色量高，其干湿摩擦牢度均可达到 4 级，皂洗（沾色）牢度可达到 4 级或 4~5 级，满足涂料印花的国家标准（干摩擦牢度 2~3 级，湿摩擦牢度 2 级）及其他染料印花布的国家标准（干摩擦牢度 3 级，湿摩擦牢度 2~3 级），其效果与染色布相当。

9.7.5 皮肤用亲水性聚氨酯压敏胶

(1) 主要原材料 聚四氢呋喃二醇（PTMG，相对分子质量 2000），医用品；聚乙二醇（PEG，相对分子质量 2000），分析纯；异氟尔酮二异氰酸酯（IPDI）；1,2-乙二胺（EDA），分析纯；二乙三胺（DETA），分析纯；四乙五胺（TEPA），分析纯；丁酮（Butanone），分析纯。

(2) 聚氨酯压敏胶的制备 制备聚氨酯压敏胶采用二步法，即先制备端异氰酸酯基的预聚体，再扩链。具体方法是，把一定量的聚四氢呋喃二醇与相对分子质量为 2000 的聚乙二醇混合物加入反应器，在 100~120℃下熔融减压除水，在 65~70℃和常压下，按异氰酸酯基/羟基摩尔比为 1.5~2.0 的投料比加入异佛尔酮二异氰酸酯，并加入一定量的丁酮，在 85~90℃下反应 2h，然后向体系中加入胺类扩链剂与丁酮的混合溶液，反应 2h，经减压除去一定量的丁酮溶剂，出料，得到粗产品。将粗产品移至真空干燥箱中，真空干燥 24h，得到透明的固状聚氨酯压敏胶。

(3) 条件与性能 反应温度为 85℃，反应 4h 可保证亲水性聚氨酯压敏胶预聚阶段反应充分且易于控制。当合成该压敏胶各组分满足异氰酸酯基/羟基摩尔比为 1.8，聚乙二醇含量为 30%，使用乙二胺作为扩链剂且其含量为反应物总量的 3% 时，压敏胶具有最佳的力学性能。

9.8 水性聚氨酯的其他应用

9.8.1 水性聚氨酯皮革涂饰剂

(1) 主要原材料及生产配方（质量份） 甲苯二异氰酸酯：49；聚己内酯：35；聚醚：50~70；乙二醇：22；乙二胺丙烯酸酯：20~30；蒸馏水：600；二月桂酸二丁基锡：少许；丙酮：适量。

(2) 生产操作方法 在装有搅拌和回流冷凝水聚合釜中，投入聚己内酯 34kg，TDI48.4kg，二月桂酸二丁基锡少许，在 55~60℃下，反应 2.5h，加入丙酮、聚醚、乙二醇，反应 1.5h，加入乙二胺丙烯酸酯，继续反应 1h，在强烈搅拌下，滴加蒸馏水，并进行乳化至呈现蓝光乳液，在减压下脱除丙酮，检验合格即得产品。

（3）产品技术标准 外观：蓝光乳液；pH 值：7.0～9.0；固含量：（25±2)％；粒径：<0.5μm；稳定时间：≥1 年。

（4）产品性能 该产品为交联性聚氨酯水乳液，阴离子型。乳液成膜性好，遮盖力强，黏着力好，经涂饰后的皮革及饰品有涂层薄，手感柔软、丰满，粒面平细、滑爽，光亮自然，真皮感强的特点；并且改善了革面耐划痕，耐干、湿擦、耐曲挠、耐溶剂及耐候等性能。适用于各种皮革的涂饰，特别适用于服装革的涂饰。

9.8.2 水性聚氨酯防水透湿涂层剂

（1）主要原材料 异佛尔酮二异氰酸酯（IPDI），工业级；二羟甲基丙酸（DMPA），工业级；聚乙二醇 800（PEG-800），工业级；聚酯多元醇 M_n＝1500，工业级；三乙胺，分析纯；防水剂，增稠剂；涤棉混纺布。

（2）水性聚氨酯乳液的合成 将聚酯聚醚多元醇在 90～100℃，0.1MPa 下脱水 2～3h 后降至室温，再与适量的异佛尔酮二异氰酸酯（IPDI）按投料比加入到装有电动搅拌器、冷凝管及温度计的干净干燥的四口烧瓶中，开动搅拌器，缓慢升温到 60～65℃，反应 2～3h，升温至 70～75℃，加入一定量的 2,2-二羟甲基丙酸（DMPA）反应 2～3h，温度降至 40～50℃，如黏度过大，可加入适量丙酮降低体系黏度，然后降温至 30～40℃，加入与二羟甲基丙酸等摩尔量的三乙胺（TEA）中和成盐，快速搅拌条件下反应 0.5～1h。

（3）水性聚氨酯薄膜的制备 将水性聚氨酯乳液均匀的铺展在平整干净的聚四氟乙烯板上，在 40℃ 下成膜 3d，然后在 80℃ 下脱膜，干燥后置于干燥器内，备用。

（4）防水透湿涂层整理工艺

① 防水整理 一浸一轧（防水剂 15g/L），预烘（100℃×1.5min），焙烘（170℃×2min）。

② 水性聚氨酯涂层整理 涂层，预烘（90℃×2min），焙烘（170℃×3min），其中水性聚氨酯 90 份，增稠剂 5 份，交联剂 5 份。

（5）工艺与性能

① 优化的防水透湿涂层剂的合成工艺为聚酯多元醇和聚醚多元醇摩尔比＝2/1，DMPA3.0％，R＝1.9。经聚氨酯乳液涂层的织物的透湿量可到达 4500g/（m²·24h），接触角可达 137°。

② 织物经水性聚氨酯涂层后，表面明显形成一层连续的薄膜，经过多次水洗后，仍然有连续薄膜存在，说明水性聚氨酯在织物上形成的薄膜具有较好的耐久性。

9.8.3 反应型水性聚氨酯固色剂

（1）主要原材料 聚乙二醇、聚丙二醇及聚酯型多元醇 JW218（M_n＝1000）；

异佛尔酮二异氰酸酯（IPDI）；二羟甲基丙酸（DMPA）；N-甲基二乙醇胺（MDEA）；二月桂酸二丁基锡；三乙胺；亚硫酸氢钠。

(2) 反应型水性聚氨酯固色剂的合成工艺　将一定量的聚醚多元醇聚丙二醇（PPG）和聚乙二醇（PEG）与聚酯多元醇 JW218（以上原料需在 100～120℃真空脱水 2h，真空压力 0.09～0.1MPa），按一定比例混合，置入三颈烧瓶中；搅拌并缓慢加入一定量的异佛尔酮二异氰酸酯（IPDI）。升温至 50℃，加入 2～3滴催化剂，若短时间内温度急剧上升，则加入 5～10mL 丙酮降温，反应体系于 55℃预聚 2h（预聚反应温度和时间采用二正丁胺-甲苯法监测—NCO 的含量确定），当—NCO 基团含量达到理论值后，加入 N-甲基二乙醇胺（MDEA），于 55℃扩链反应 1h。二次扩链采用二羟甲基丙酸（DMPA，用 DMF 溶解），扩链温度为 65℃，反应时间为 2h，若体系黏度增大则加入少量丙酮（5～10mL）稀释降黏。

反应充分后，降温至 40℃左右，加入三乙胺以中和 DMPA 中的—COOH，并高速搅拌 30min。降温至 0～5℃后，分别加入异丙醇和亚硫酸氢钠溶液（体积比为 3∶2），对未反应的—NCO 基团进行封端处理，高速搅拌 30min。最后在高速搅拌下加入去离子水分散自乳化 1h。乳化结束后减压蒸馏脱去丙酮，得到反应型水性聚氨酯固色剂（理论含固量为 30%）。

(3) 固色过程

① 固色原料　织物：122cm，29.5tex×29.5tex236 根/10cm×236 根/10cm 漂白全棉织物。染料：活性艳红 K2BP。

② 固色工艺　染色棉织物→二浸二轧（固色剂 70g/L，轧余率 75%）→预烘（47℃×3min）→焙烘（130℃×4min）。

(4) 工艺条件与性能

① 最佳合成工艺　R 值 2.2，聚醚多元醇 PEG1000 和 PPG1000 的比例为 1∶1，MDEA 用量为预聚体质量的 7.5%，DMPA 用量为预聚体质量的 3.0%，中和度为 90%，用于端封的—NCO 预留量为 30%。

② 活性染料染棉织物时采用优化的反应型水性聚氨酯固色剂固色工艺　二浸二轧（整理剂 80g/L，轧余率 75%）→预烘（47℃×3min）→焙烘（150℃×3min）。

③ 该反应型水性聚氨酯固色剂显著提高织物的色牢度。

9.9 水性紫外光固化聚氨酯复合树脂

9.9.1 多重交联紫外光固化水性聚氨酯涂料

采用多重交联、改性水性聚氨酯涂料技术与紫外光固化技术相结合，合成了多重交联的紫外光固化水性聚氨酯涂料。该涂料将聚氨酯、水性涂料和光固化涂料三者的优点融合起来，可获得更优的特性，因此性能更高、质量更好。

(1) 主要原材料 甲苯二异氰酸酯（TDI）；六亚甲基二异氰酸酯（HDI 三聚体）；聚醚二元醇（N220），分子量 2000；1,4-丁二醇（BDO）；三羟甲基丙烷（TMP）；二羟甲基丙酸（DMPA）；环氧树脂 E-20；丙烯酸羟丙酯（HPA）；季戊四醇三丙烯酸酯（PETA）；光引发剂 2-羟基-2-甲基-1-苯基-1-丙酮（Darocur1173）；含氟表面活性剂聚合物（BYK-340）；表面活性剂 RheoWT-202；丙酮；1,2-丙二醇；交联剂。以上原料均为工业级。三乙胺（TEA）；乙二胺（EDA）；二月桂酸二丁基锡（DBTDL）；N-甲基吡咯烷酮（NMP）。以上试剂均为化学纯。

(2) 多重交联紫外光固化水性聚氨酯涂料的合成 将 N220 在 120℃ 真空脱水 1.5h 后备用。向装有搅拌器、温度计及冷凝管的干燥四口烧瓶加入计量的 TDI、HDI 三聚体和适量的脱水 N220，在 70～80℃ 及氮气保护下反应 1～3h 后，取样测定反应物中 NCO 基团的含量。当达到设定值后，降温至 60～70℃，加入计量的 BDO 和 TMP，在 60～70℃ 反应 1～2h，然后加入亲水扩链剂 DMPA 和环氧树脂 E-20。反应过程中，视溶液黏度加入适量的丙酮和 N-甲基吡咯烷酮，以降低树脂的黏度。保温反应 1～2h 后，取样测定反应物中 NCO 基团的含量，当达到设定值后，降温至 50～65℃。向上述合成体系中加入季戊四醇三丙烯酸酯，保温反应 2～4h。取样测定反应物中 NCO 团的含量，当达到设定值后，降温至 40℃ 以下，加入计量的三乙胺中和后快速搅拌，在去离子水中进行高速分散。接着加入适量的乙二胺进行扩链。继续高速搅拌，然后用 300 目纱布进行过滤。最后，通过真空减压脱除 90% 以上的丙酮，得到紫外光固化水性聚氨酯丙烯酸酯分散体（WPUD）。

向上述合成的水性聚氨酯分散体中加入适量的光引发剂、流平剂、基材润湿剂、消泡剂和交联剂，在高速分散机上搅拌混合。混合均匀后，取少量样品均匀地涂在不同的板材上，先在室温下水平放置 30min，使涂料表面干燥，即指触涂料不黏手。然后于 60℃ 下，在鼓风干燥机里干燥 2～4h。最后放入 UV 固化机内，水平置于 5000W 中压汞灯下照射，固化成膜。

(3) 紫外光固化 WPUD 清漆检测结果 按 WPUD7 配方制备的多重交联水性紫外光固化聚氨酯涂料按照 HG/T 3655—1999、HG/T 3828—2006、HJ/T 201—2005 以及某涂料公司的企业标准来检测，部分检测结果见表 9-25。

由表 9-25 可见，通过环氧改性以及多元醇内交联、HDI 三聚体交联改性、固化剂交联及紫外光交联等四重交联，并加入 PETA 作为接枝化合物，提高了体系中双键的含量（达到 11.76mmol/g），增加了紫外光固化可以引发的官能团，从而提高了树脂的交联程度。所得漆膜吸水率 6.3%，耐丙酮擦洗 360 次，摆杆硬度达到 0.79。所得漆膜达到或者超过了溶剂型紫外光固化涂料的要求。

表 9-25　多重交联水性紫外光固化聚氨酯清漆性能检测结果

检测项目	标准要求	检测结果	检测项目	标准要求	检测结果
固含量	≥30	35	耐碱性(50g/LNaOH,1h)	不变化	达标
储存稳定性[(50±2)℃]/30d	不变化	达标	耐酸性(1h)	不变化	达标
容器中状态(目测)	无沉降等变化	达标	耐绿茶水性(1h)	不变化	达标
细度/μm	≤10	<5	耐冲击性/kgf·cm	50	达标
固化速率/s	—	5	耐水性	72h不变化	达标
光泽(60°)/%	≥90	95	耐酒精性	8h不变化	达标
附着力/级	≤2	0	耐磨性(750g/500r)/g	≤0.030	0.021
摆杆硬度	≥0.60	0.79	耐干热性[(99±2)℃]/级	≤2	1

9.9.2 多官能度水性光敏聚氨酯丙烯酸酯

(1) 主要原材料　异佛尔酮二异氰酸酯（IPDI）；二羟甲基丙酸（DMPA）：分析纯；聚四氢呋喃醚二醇（PMTG-1000）；三乙胺（TEA）：分析纯；辛酸亚锡：分析纯；N-甲基吡咯烷酮（NMP）：分析纯；丙酮、对苯二酚、六氢吡啶、盐酸：分析纯；溴甲酚绿；季戊四醇三丙烯酸酯：化学纯；丙三醇：分析纯；碘化钾、硫代硫酸钠、三氯甲烷、一氯化碘、冰乙酸：分析纯；可溶性淀粉：分析纯；碘化汞：分析纯。

(2) 多官能度　PUA 水分散液的合成

① 在装有通 N_2 气套管、搅拌器及冷凝管的四颈瓶中加入物质的量比为 1:3 的丙三醇和 IPDI，再加 2 滴辛酸亚锡催化剂，在 85℃ 反应 1.5h 左右（若黏度过大加少量丙酮调节），用 GB 1200914—1989 方法 B 测定—NCO 含量来确定反应终点。

② 在① 步达到终点后降温至 75℃，加入 DMPA、PTMG-1000、IPDI、适量 N-甲基吡咯烷酮（NMP）和 9 滴辛酸亚锡催化剂，不断搅拌保持该温度进行反应 2~3h，取样测定游离—NCO 含量（测定方法同上），直至达到设计的理论值，得到水性 PU 预聚体。

③ 降温至 50℃，加入与剩余—NCO 等物质的量的 PETA，并升温至 65℃ 反应 3~4h，得到多官能度光敏 PUA 低聚物。

④ 50℃ 下用 TEA 中和 DMPA 上的—COOH 基团，在强烈搅拌下加去离子水得到多官能度 PUA 水分散液。

(3) 多官能度 PUA 乳液的成膜实验　以多官能度 PUA 水分散液为基体树脂，与 Darocure-2959 光引发剂配成清漆液涂于聚四氟乙烯材料上，于 50℃ 流平 2~5min，冷却，放置在 NJUV-20Y-20/1 台式 UV 固化机（深圳能佳自动化设备有限公司）中进行固化。采用光源 LAMP：2kW1Pcs；UV 主峰波长：365nm；传动速率：10m/min。

(4) 树脂性能　合成了一种具有核壳结构的新型多官能度水性光敏聚氨酯丙烯酸酯（PUA）乳液，树脂组成为支链型多官能度的水性光敏聚氨酯丙烯酸酯（PUA）；PUA 聚合物的数均分子量（M_n）和分散度（D）分别为 1.374 和 3.75；乳胶粒呈现一定的核壳结构，形态较规则，大多数呈球形；PUA 聚合物涂膜的玻璃化温度为 -39.4℃，软段与硬段相容性好；此树脂中 C=C 双键的最终含量为 4.9meq/g。

9.9.3 UV 固化聚氨酯-丙烯酸酯乳液

(1) 主要原材料及预处理　甲苯二异氰酸酯（TDI），工业品；聚醚二元醇（PPG，M_n=1000），工业品，使用前在 120℃ 下减压脱水处理；二羟甲基丙酸（DMPA），工业品；丙烯酸-2-羟基乙酯（HEA），工业品；二月桂酸二丁基锡（DBTDL），化学纯；1,4-丁二醇（BDO），分析纯；光引发剂 Darocur1173，工业品；氢氧化钠、对苯二酚、氨水、三乙胺、三乙醇胺、丙酮等均为分析纯。

(2) UV 固化　WPUA 乳液及漆膜的合成制备

① 基本配方　UV 固化 WPUA 乳液的基本配方为 TDI30.0～30.2；PPG 49.2～4.17；DMPA2.41～7.38；BDO1.48～4.16；HEA12.0～13。

② 合成工艺　分步加料合成法按配方在装有搅拌器、温度计和回流冷凝管的三颈瓶中加入经脱水处理的 PPG，在搅拌状态下加入 TDI（控制异氰酸酯指数 R 为 3.5），缓慢升温至 85℃ 进行反应，至 NCO 含量达到理论值时，降温至 50℃ 以下，加入 DMPA 和 BDO 于 75℃ 下反应，在反应过程中用适量丙酮调节黏度。当反应至体系 NCO 含量达理论值时，降温，在 45℃ 下搅拌滴加 HEA 及占 HEA 质量分数 0.6% 的 DBTDL 和适量对苯二酚（防止 HEA 发生热聚合）的混合物，1h 内滴加完毕，升温至 60℃ 反应，直至体系中 NCO 质量分数小于 0.6% 时，将预聚体冷却至室温，经三乙醇胺中和后，在强烈搅拌下加水分散 30min，得到乳白色发蓝光的、固含量为 30% 的水性 UV 固化 WPUA 乳液。

一步加料合成法：同上配比，将 PPG、DMPA、BDO 及 HEA 等依次加入反应瓶中，在室温下充分搅拌混合均匀后，升高温度至 70℃，在搅拌状态下用分液漏斗将 TDI 慢慢滴入反应瓶进行反应。直到体系中 NCO 含量达理论值时，将预聚体冷却后经中和分散，即得固含量为 30% 的水性 UV 固化 WPUA 乳液。

(3) 漆膜的制备　在 UV 固化 WPUA 乳液中加入光引发剂 Darocur1173，搅拌均匀后在聚乙烯板上成膜，用红外灯烘干水分后于 600W 紫外灯下辐照 5min，使双键基团发生光交联反应，制得漆膜。

(4) 树脂乳液性能

① 分步加料法制得的乳液粒径较小，黏度较大，稳定性较高。

② 水分散方式宜采取一次性倒入方式、迅速加水并在高速剪切下进行乳化。

③ 乳液中亲水性扩链剂含量增加，乳液粒径减小、黏度增加。

④ 三乙醇胺用作中和剂最为适合。中和度超过 100%，乳液黏度随中和度增大而迅速增加。

9.9.4 紫外光固化水性聚氨酯-丙烯酸酯复合树脂

(1) 主要原材料　甲苯二异氰酸酯（TDI），工业级；聚碳酸酯二醇，季戊四醇三丙烯酸酯（PETA），光引发剂 α-二甲基-α,α'-羟基苯乙酮，工业级；二羟甲基丙酸（DMPA），工业级；三乙胺、二月桂酸二丁基锡、丁酮、N-甲基吡咯烷酮（NMP），均为试剂级。

（2）制备工艺

① 水性聚氨酯树脂 WPU 的合成　将聚碳酸酯二醇在 120℃真空－0.09MPa 下脱水 1h 然后在氮气保护下，加入除水的 DMPA 的 NMP 溶液混合 20～30min，混合后，在 60～70℃下，加入 TDI 和催化剂，恒温 80℃下反应 2h，然后降温至60℃，加入三乙胺中和 30min，后期加入一定量的丁酮稀释、降温至 10℃左右，在一定量的冰去离子水中高速乳化 30～45min，随后脱除丁酮，即得水性聚氨酯树脂。

② 水性聚氨酯/丙烯酸酯复合树脂 WPUA 的合成　将聚碳酸酯二醇在 120℃，真空－0.09MPa 下脱水 1h 然后在氮气保护下，加入除水的 DMPA 的 NMP 溶液混合 20～30min，混合完全后，在 60～70℃下加入 TDI 和催化剂，恒温 80℃下反应 2h，再加入季戊四醇三丙烯酸酯反应 1.5h，然后降温至 60℃，加入三乙胺中和 30min，后期加入一定量的丁酮稀释、降温至 10℃左右，在一定量的冰去离子水中高速乳化 30～45min，随后脱除丁酮，即得水性聚氨酯/丙烯酸酯复合树脂。

（3）固化

① 水性聚氨酯树脂的固化：室温自然固化。

② 水性聚氨酯/丙烯酸酯复合树脂的固化：将光引发剂溶于去离子水中，按一定比例加入到水性聚氨酯/丙烯酸酯复合树脂中，搅拌均匀后成膜，并在 70～80℃下烘干，然后将试样放入 500W 的紫外灯下照射 20min。

（4）树脂性能

① 水性聚氨酯/丙烯酸酯树脂与水性聚氨酯树脂的平均粒径相近，但粒径分布略宽；前者软段与硬段的玻璃化温度相向移动靠拢，说明丙烯酸酯的复合使树脂体系的两相相容性得到加强。

② UV 固化水性聚氨酯/丙烯酸酯复合树脂的耐水性、耐醇性和力学性能均优于水性聚氨酯体系，表明 UV 固化的丙烯酸酯对聚氨酯的改性效果明显。

③ 光引发剂的用量影响聚氨酯/丙烯酸酯复合体系胶膜的性能。光引发剂为树脂质量的 3%时，胶膜的综合性能最佳。

第 10 章

水性含硅、含氟树脂

Chapter 10

10.1 水性含硅树脂制备及应用

10.1.1 硅树脂简介

10.1.1.1 硅树脂的制造

有机硅高聚物主要有硅油、硅橡胶及硅树脂，其中硅树脂是高度交联的网状结构聚有机硅氧烷，硅树脂的固化通常是通过硅醇缩合形成硅氧链节来实现的。用甲基三氯硅烷、二甲基二氯硅烷、苯基三氯硅烷、二苯基二氯硅烷或甲基苯基二氯硅烷的各种混合物，在有机溶剂如甲苯存在下，在较低温度下加水分解，得到酸性水解物。水解的初始产物是环状的、线型的和交联聚合物的混合物，通常还含有相当多的羟基。水解物经水洗除去酸，中性的初缩聚体于空气中热氧化或在催化剂存在下进一步缩聚，最后形成高度交联的立体网络结构。当缩合反应在进行时，由于硅醇浓度逐渐减少，增加了空间位阻，流动性差，致使反应速率下降。因此，要使树脂完全固化，须经过加热和加入催化剂来加速反应进行。许多物质可起硅醇缩合反应的催化作用，它们包括酸和碱，铅、钴、锡、铁和其他金属的可溶性有机盐类，有机化合物如二月桂酸二丁基锡或 N,N,N',N'-四甲基胍盐等。

10.1.1.2 硅树脂的结构与性能

硅树脂最终加工制品的性能取决于所含有机基团的数量（即 R 与 Si 的比值）。一般有实用价值的硅树脂，其分子组成中 R 与 Si 的比值在 1.2～1.6 之间。一般规律是，R∶Si 的比值愈小，所得到的硅树脂就愈能在较低温度下固化；R∶Si 的比值愈大，所得到的硅树脂要使它固化就需要在 200～250℃ 的高温下长时间烘烤，所得的漆膜硬度差，但热弹性要比前者好得多。

此外，有机基团中甲基与苯基的比例对硅树脂性能也有很大的影响。有机基团中苯基含量越低，生成的涂膜越软，缩合越快；苯基含量越高，生成的涂膜越硬，越具有热塑性。苯基含量在 20%～60% 之间，涂膜的抗弯曲性和耐热性最好。此外，引入苯基可以改进硅树脂与颜料的配伍性，也可改进硅树脂与其他有机硅树脂的配伍性以及硅树脂对各种基材的黏附力。

硅树脂是一种热固性的塑料，它最突出的性能之一是优异的热氧化稳定性。250℃加热 24h 后，硅树脂失重仅为 2%～8%。硅树脂另一突出的性能是优异的电绝缘性能，它在较宽的温度和频率范围内均能保持其良好的绝缘性能。一般硅树脂的介电强度为 50kV/mm，体积电阻率为 10^{13}～10^{15} $\Omega \cdot cm$，介电常数为 3，介电损耗角正切值在 10～30 左右。此外，硅树脂还具有卓越的耐潮、防水、防锈、耐寒、耐臭氧和耐候性能，对绝大多数含水的化学试剂如稀矿物酸的耐腐蚀性能良好，但耐溶剂的性能较差。

硅树脂的固化交联有 3 种方式：一是利用硅原子上的羟基进行缩水聚合交联而成网状结构，这是硅树脂固化所采取的主要方式；二是利用硅原子上连接的乙烯基，采用有机过氧化物为催化剂，类似硅橡胶硫化的方式；三是利用硅原子上连接的乙烯基和硅氢键进行加成反应的方式。

10.1.1.3 硅树脂应用领域

有机硅树脂有许多优良的特性，所以在一些特殊领域得到了青睐。硅树脂主要用途为有机硅清漆、有机硅涂料、有机硅塑料、有机硅黏合剂、硅偶联剂以及其他树脂的改性等。

有机硅树脂作为绝缘漆（包括清漆、瓷漆、色漆及浸渍漆等）主要用于浸渍 H 级电机及变压器线圈，以及用来浸渍玻璃布、玻布丝及石棉布后制成电机套管与电器绝缘绕组等。用有机硅绝缘漆黏结云母可制得大面积云母片绝缘材料，用作高压电机的主绝缘。

硅树脂涂料还可用作耐热、耐候的防腐涂料，金属保护涂料，耐辐射、光固化及建筑工程防水防潮涂料，脱模剂，二次加工成有机硅塑料（包括层压塑料和模压塑料），用于电子、电气和国防工业上，作为半导体封装材料和电子、电器零部件的绝缘材料等以及无溶剂硅树脂与发泡剂混合可以制得泡沫硅树脂。

硅树脂黏合剂有压敏型黏合剂和硅树脂型黏合剂。有机硅压敏黏合剂（简称 PSA′S）是由硅橡胶生胶与彼此不完全互溶的硅树脂，再加上硫化剂和其他添加剂相互混合而成。硅树脂型黏合剂分为，纯硅树脂黏合剂和以改性硅树脂为基料的黏合剂。最突出的性能是具有优良的长期用于 200℃ 高温的耐热性。改性硅树脂黏合剂有环氧改性、聚酯改性和酚醛改性硅树脂黏合剂。

硅烷偶联剂是一类具有有机官能团的硅烷，在其分子中同时具有能和无机材料（如玻璃、硅砂及金属等）化学结合的反应基团及与有机材料（如合成树脂）化学结合的反应基团。硅烷偶联剂种类繁多，有活性烷氧基硅烷、改性氨基硅烷、过氧基硅烷及叠氮基硅烷等。用途非常广泛，从胶黏剂到印刷油墨与铸造树脂黏合剂等。

10.1.1.4 有机硅改性合成树脂

将有机硅引入有机合成树脂，利用有机硅优点改进有机合成树脂的不足，使有机硅和有机合成树脂的性能更加完善，这对有机硅和有机合成树脂的发展具有重大意义。用有机硅与不同树脂分子发生反应可以得到性能各异的改性树脂。有机硅改性的树脂有环氧树脂、聚酯树脂、聚氨酯树脂及丙烯酸酯树脂等。

（1）有机硅改性环氧树脂　环氧树脂具有优异的黏结性、力学强度高、化学稳定性好、热膨胀系数小及耐热性优良等特点，已被广泛地应用。但环氧树脂因具有较高的表面自由能而容易被玷污，又因不可避免地带有一些羟基而易受水的影响，并且耐热性和脆性等方面仍有缺陷。与此相反，聚有机硅氧烷具有很好的耐热性、柔性和防水防油性能。用有机硅改性环氧树脂使热稳定性、耐候性及脆性等得到改善，同时因为低表面自由能的聚有机硅氧烷部分敷于树脂表面，而使防水油性能得到很大改观。

(2) 有机硅改性丙烯酸酯树脂　丙烯酸酯树脂具有优良的耐热氧化性、耐候性、耐油、耐溶剂性及黏结性等。但热塑性丙烯酸酯树脂耐温性能差，与此相反，有机硅从结构上看具有共价键能大的 Si—O 键，因而在性能上有许多独特之处，比如具有耐高低温、耐气候老化及憎水等优异的性能。用有机硅对丙烯酸酯树脂进行改性可以兼有两者的优点。有机硅改性丙烯酸酯树脂主要采取化学改性方法，即通过丙烯酸酯树脂中的 C—OH 与含 Si—OH 或 Si—OR 的有机硅进行缩合反应；也可以先合成含丙烯酸基的聚硅烷大单体，然后与不同的丙烯酸酯单体进行自由基共聚合而得到。改性后的树脂显示了优良的耐候性、保光保色性、抗粉化性及抗污性等。

(3) 有机硅改性聚氨酯　有机硅聚合物改性聚氨酯的结构特点，是通过官能基硅烷与通常的端 NCO 基聚氨酯预聚体反应，使聚氨酯预聚体的端 NCO 基被官能基硅烷基团取代，变成一种端硅烷聚氨酯预聚体。也可以通过含异氰酸酯基的官能基硅烷与端羟基聚氨酯预聚体进行加成反应，使之成为端硅烷聚氨酯预聚体。例如以聚氧化丙烯二醇或聚氧化丙烯三醇、氨乙基氨丙基聚二甲基硅氧烷、甲苯二异氰酸酯为原料在无溶剂条件下制备预聚体，利用二甲基硫甲苯二胺为固化剂合成氨基硅油改性聚氨酯弹性体材料。改性后的有机硅聚氨酯弹性体具有更优良的力学性能、耐热性及表面疏水性。

(4) 有机硅改性聚酯树脂　聚酯树脂是涂料行业中应用相当广泛的品种，具有光亮、丰满、硬度高等良好的物理及力学性能以及较好的耐化学腐蚀性能，但存在耐水性差、施工性能不好等缺陷。而有机硅树脂具有优异的耐热性、耐候性、耐水性能和较低的表面张力，但耐溶剂性能不佳。将两者结合起来可以兼具二者的优点，相互弥补不足，大大提高树脂的性能，扩展其使用范围。

(5) 有机硅改性酚醛树脂　酚醛树脂是最早人工合成的聚合物，其具有良好的耐热性、刚性、尺寸稳定性及介电性等，而且成本便宜，但脆性较大，特别是高温下容易开裂，应用受到较大限制。与聚硅氧烷化学改性，可制成耐热涂料、复合材料及半导体包封料等。同时还可以改善酚醛树脂脆裂性及使用可靠性。

(6) 有机硅改性聚异丁烯　有机硅改性聚异丁烯的分子链不含极性基团和极性键，这赋予它耐化学性和耐水性；同时它的分子链中不含碳碳不饱和键及叔氢原子，这赋予它高的耐久性、热氧化稳定性和光稳定性。此外，聚异丁烯具有较低的玻璃化温度（T_g），特别是分子链中对称排列的—C（CH$_3$）$_2$—基，其具有极高的阻气性和防水透性。

有机硅改性有机树脂除了以上树脂外，还有其他的树脂如聚醚树脂、醇酸树脂、聚碳酸酯、聚氯乙烯、聚苯乙烯、聚酰胺、聚苯醚及聚苯硫醚等。随着物理及化学改性方法的进步，有机硅聚合物与有机合成树脂的相互改性，使有机硅和有机合成树脂的性能更加完善，品种日益增多并形成系列化。

从环境保护和减少 VOC 排放角度，有机硅聚合物水性化也是一个重要的发展领域。

10.1.2 水性有机硅聚合物的制备方法

目前，制备水性有机硅聚合物的方法有多种，乳液聚合法是最常用的方法，尤其是有机硅改性丙烯酸水性聚合物，基本上都是通过乳液聚合法来实现的。

10.1.2.1 有机硅单体及预聚物

有机硅组分的种类和用量是影响乳液聚合过程及产物性能的重要因素之一。根据参与乳液聚合的有机硅组分及其共聚合组分的不同，可将合成有机硅聚合物乳液的方法分为有机硅单体与乙烯基单体的共聚、有机硅预聚物与乙烯基单体的共聚、有机硅单体与乙烯基预聚物的共聚、有机硅预聚物与乙烯基预聚物之间的反应等多种形式。

(1) 有机硅单体及中间体　将有机硅单体通过水解（或醇解）以及裂解制得各种不同的有机硅中间体，包括六甲基二硅氧烷（MM）、六甲基环三硅氧烷（D3）、八甲基环四硅氧烷（D4）及二甲基环硅氧烷混合物（DMC）等线状或环状硅氧烷系列低聚物，然后再与烯烃单体进行乳液共聚，可制得含硅的聚合物乳液。其中，D4 是较常使用的有机硅化合物。使用八甲基环四硅氧烷制备硅氧烷乳液的具体反应，如生成的端羟基硅氧烷预聚物含有活性基团，还可以进一步与含双键的封端剂反应来制备乙烯基封端的聚硅氧烷大分子，然后再与其他可共聚单体或预聚物进行乳液聚合，以制得有机硅改性的接枝共聚物。

(2) 乙烯基硅烷偶联剂　含乙烯基的硅烷偶联剂也是乳液共聚法制备含硅聚合物乳液的主要单体之一，它可与其他多种可共聚单体或聚合物进行乳液共聚，制备水性有机硅聚合物。

常见的乙烯基硅烷偶联剂单体有：乙烯基三甲氧基硅烷；乙烯基三乙氧基硅烷；乙烯基三（2-甲氧基乙氧基）硅烷；乙烯基三异丙氧基硅烷等，γ-甲基丙烯酰氧基丙基三甲氧基硅烷等。

(3) 含不饱和键的有机硅氧烷预聚物　可与烯烃单体共聚的单体，也可包括含有不饱和键的有机硅氧烷预聚体（或有机硅氧烷大分子），如经乳液聚合，制得以丙烯酸大分子为主链、侧链为带有烷氧基或羟基的硅烷的含硅聚合物乳液。

另外，活性含氢硅油、甲基羟基硅油等也可作为乳液共聚的有机硅组分。分子结构较小的丙烯酸酯类单体与含乙烯基的有机硅氧烷预聚物聚合，反应较易进行，使用较少的有机硅氧烷预聚物就可以达到改性要求。

10.1.2.2 含硅乳液聚合及稳定性

含硅聚合物乳液一般是通过常规乳液聚合方式来制备的。由乳液聚合所制得的水性有机硅聚合物一般都是接枝型的。其主链主要由线型的碳-碳键骨架构成，有机硅基团及其他基团则作为支链，按一定的顺序和规律接枝在主链上。控制水性有机硅聚合物的结构及制备工艺，使聚合物中的含硅链节在成膜时能够定向排列在涂膜的表面，获得具有梯度结构或多层结构的涂膜，这不仅能够减少有机硅的用量、降低成本，而且能够获得高质量的涂膜。

有机硅聚合物乳液的稳定性不仅与体系中的表面活性剂种类及用量、双电层结构、聚合物的表面形态及亲水性等一般性因素有关，而且与聚合物链中的有机硅单元的水解及缩聚反应密切相关。如果聚合过程中有机硅氧烷的水解和缩聚速率过大，会使得乳胶粒的粒径增大，甚至凝胶。

实际上，通过乳液聚合所得到的产物并不一定都是有机硅为支链、碳-碳键骨架为主链的接枝型水性有机硅聚合物。例如，有机硅改性丙烯酸的乳液聚合过程是一个很复杂的过程，其不仅包括丙烯酸类单体的均聚（或共聚）反应、有机硅氧烷的均聚（或共聚）反应、有机硅氧烷与丙烯酸酯类单体之间的共聚反应，还包括硅氧烷中的烷氧基水解生成硅醇、硅醇发生缩合并生成缩合物的缩聚反应。乳液最终将是由丙烯酸酯的共聚物、丙烯酸酯和有机硅氧烷的共聚物、硅氧烷的均聚物及硅氧烷的水解缩合物组成的混合物。

10.1.3 硅氧烷-丙烯酸酯共聚乳液印花胶黏剂

(1) 主要原材料 八甲基环四硅氧烷（D4），十二烷基苯磺酸、非离子型乳化剂，十二烷基苯磺酸钠，丙烯酸、丙烯酸甲酯、甲基丙烯酸甲酯、丙烯酸乙酯、丙烯酸丁酯，无甲醛交联剂 A，硅烷偶联剂，过硫酸钾，氨水（25%～28%）。

(2) 制备工艺 采用两步乳液聚合反应法，将阴离子型乳化剂十二烷基苯磺酸钠和非离子型乳化剂、硅烷偶联剂、去离子水、催化剂十二烷基苯磺酸及 D4 按一定配比乳化 15min，然后升至一定温度，反应一定时间，降温，用 $NH_3 \cdot H_2O$ 调节 pH 值至中性，得到聚硅氧烷乳液。再升温至 70℃，加入引发剂过硫酸钾，继续升温至 75℃，冷却、过滤，即得硅氧烷-丙烯酸酯共聚乳液。

(3) 较佳工艺条件与性能 阴离子型乳化剂和非离子型乳化剂按 1/1～1/2 的质量比复配，且用量为丙烯酸酯单体质量的 2%～3%，D4 开环聚合的反应温度为 65～75℃，反应时间为 2.5～3.5h，硅烷偶联剂的用量为 D4 质量的 15.0%～17.5%，丙烯酸酯硬单体的质量分数为 20% 左右，即硬/软单体配比为 1∶4 左右；引发剂的用量为丙烯酸酯单体质量的 1.2% 左右。合成的硅氧烷-丙烯酸酯共聚乳液固含量为 25%～30%，pH 值为 6～7，稳定性良好，可用任意比例的水稀释。

采用由硅氧烷-丙烯酸酯共聚乳液配制的印花涂料印花的织物，手感柔软、滑爽；而且生产设备简单，成本低。

10.1.4 紫外光固化硅丙树脂皮革涂饰剂

采用有机硅改性丙烯酸树脂，不仅可以引入有机硅的特异性能，还可以利用有机硅氧烷低玻璃化温度（−123℃）来改善丙烯酸树脂的应用性能，克服其"热黏冷脆"的缺点。

(1) 主要原材料 甲基丙烯酸甲酯（MMA），丙烯酸丁酯（BM），有机硅预聚体，十二烷基硫酸钠，过硫酸铵，异丙醇，1,6-己二醇二丙烯酸酯（HDDA），乙氧基化二羟基甲基丙烷三丙烯酸酯（EO-TMPTA），光引发剂 184。

(2) 硅丙树脂乳液的制备　用 0.1%NaOH 水溶液洗涤丙烯酸酯单体，除去其中的阻聚剂。将 0.4g 过硫酸铵和 40g 去离子水加入恒压漏斗，将 20gMMA、30gBA、4g 有机硅预聚体和 1g 异丙醇混匀后，加入另一恒压漏斗。将 80g 去离子水、0.2g 过硫酸铵、2g 十二烷基硫酸钠加入反应器中，搅拌至完全溶解，升温至78～80℃。同步滴加过硫酸铵水溶液和混合单体，初期缓慢滴加单体，当聚合反应开始，反应体系有明显蓝光时，可适当加快单体滴加速率，单体和引发剂加料时间约 1～1.5h，加料期间控制温度不超过 85℃。加料完毕，升温至 80～90℃，保温反应 2h。反应结束，降温至 45℃以下，调乳液 pH 值至 2，搅拌均匀，出料。

(3) 紫外光固化硅丙树脂乳液的制备　将制得的有机硅改性丙烯酸树脂乳液过滤，加入光聚合单体 HDDA、EO-TMPTA 和光引发剂 184，在 40 左右搅拌 1h 后取出。

有机硅的引入使得涂层光亮度和滑爽性明显提高，体现了有机硅的特点，达到了改性的目的。光固化后涂层的光亮度、滑爽性及耐甲苯性能得到了很大改善，尤其是涂层的光亮度极好。

(4) 有机硅预聚体最佳用量与性能　丙烯酸酯单体总质量 8%，单体配比为MMA∶BA＝40∶60。将制得的硅丙乳液过滤，光聚合单体用量为丙烯酸酯单体质量的 3%，光引发剂 184 用量为光聚合单体质量的 3%。

薄膜经过紫外光照射后，断裂伸长率达到 367%，拉伸强度达到 1.93MPa，吸水率为 32.2%，玻璃化温度转变点为−45.7℃，薄膜耐寒性高。

光固化硅丙树脂薄膜的力学性能以及涂饰后涂层的耐干湿擦性能、光亮度和手感等性能优异，尤其是涂层有很好的光亮度和滑爽性，产品适合作为皮革顶层涂饰剂使用。

10.1.5　无皂丙烯酸树脂二氧化硅纳米复合涂饰剂

(1) 主要原材料　丙烯酸，丙烯酸甲酯（MA），丙烯酸丁酯（BA），过硫酸钾，氢氧化钠，二次蒸馏水；纳米粉体 RNS-D：分析纯；十二烷基硫酸钠，溴化钾，溴酸钾，10%淀粉；1∶1盐酸。

(2) 无皂纳米复合涂饰剂的制备　在反应器中加入去离子水及丙烯酸和丙烯酸酯类单体，当温度达到一定时，加入过硫酸钾作为引发剂，反应一定时间后，即得低聚物。当低聚物升至一定温度时，将剩余的经超声波处理后，含纳米粉体的单体混合液用滴液漏斗进行滴加，控制滴加速率，保温若干小时，调节 pH 值，出料。

(3) 最佳条件与性能　丙烯酸酯无皂乳液，丙烯酸丁酯（BA）与丙烯酸甲酯（MA）的物质的量之比为 2∶1，pH 值为 7，乳液的稳定性较好。纳米复合涂饰剂的乳胶粒粒径约为 20nm，分布均匀。无皂乳液和丙烯酸酯 SiO_2/纳米复合涂饰剂膜，聚合物的结晶度高，丙烯酸树脂的交联度较大。

10.1.6 核-壳硅丙乳液外墙涂料

(1) 主要原材料 苯乙烯（St）、丙烯酸丁酯（BA）、丙烯酸（AA）、十二烷基硫酸钠（SDS）、烷基酚聚氧乙烯醚（OP-10）、过硫酸铵（APS）；乙烯基三乙氧基硅烷（NQ-51）。

(2) 硅壳结构苯丙乳液的制备

① 主要物料配比 硅壳结构苯丙乳液的制备采用分阶段分层次聚合的方法。乳胶粒子的核为苯丙聚合物，在壳层结构中接枝有机硅。体系各种单体的配比为 m(St)：m(BA)：m(NQ-51)：m(AA)＝5：3：0.5：0.1，复合乳化剂的配比为 m(OP-10)：m(SDS)＝4：1，有机硅单体用量为单体总量的 4%（为体系的 1.6%），引发剂用量为单体总量的 0.3%。

② 制备工艺 在反应器中先加入全部的复合乳化剂溶液，通入氮气除氧，室温高速搅拌下加入 10%丙烯酸溶液及约 1/3 量的引发剂，缓慢升温至 60℃，滴加第 1 批混合单体 St 与 BA[m(St)：m(BA)＝5：3，占总量的 40%]，继续升温，75～78℃保温，反应 1.5h 后，补加 1/3 的引发剂，继续缓慢滴加 St 和与 BA 的混合单体（占总量 40%），78～81℃保温反应 0.5h 后，补加剩余的引发剂，将剩下的混合单体与有机硅 NQ-51 混合，缓慢滴加完毕后，继续反应 1h，升温至 83～86℃，熟化 1～1.5h，反应完成。搅拌冷却降温至 40℃以下，用氨水中和至 pH 值约 7.0 出料。整个体系的固含量约为 40%。

(3) 外墙涂料的配制 外墙涂料按 m(乳液)：m(颜填料)：m(水)＝4：10：16 配制，颜、填料为：2 份钛白粉、2 份滑石粉和 1 份重钙粉。配制工艺为：按配方量将水投入到高速分散机中，高速搅拌下，依次逐渐加入少量的分散剂六偏磷酸钠、增稠剂聚甲基丙烯酸钠、颜填料，约 20min 后，再投入乳化剂、色浆等，继续搅拌 60min。调整搅拌速率至中速，加入硅改性的苯丙乳液，继续搅拌约 20min，加入消泡剂，过滤出料。涂料的固含量为 40%左右，其各项指标均达到或超过 GB/T 9755—2001 优等品要求。

(4) 涂料性能 采用乙烯基硅氧烷改性，苯丙乳液的耐水性和抗低温冷冻性能可以得到大幅度提高。有机硅采用预先聚合的方法可以降低涂膜的吸水率，提高吸水涂膜的耐低温性。采用核/壳乳液聚合技术大大降低改性有机硅的用量，从而降低生产成本。

10.1.7 有机硅改性磺酸-羧酸型水性聚氨酯

(1) 主要原材料 2,4-甲苯二异氰酸酯（TDI）、二羟甲基丙酸（DMPA），工业级；聚氧化丙烯二醇（N-210），工业级（M_n＝1000）；1,2-二羟基-3-丙磺酸钠（DHPA），纯度＞95%；氨丙基三甲氧基硅烷、氨乙基氨丙基三甲氧基硅烷，工业级；N-甲基-2-吡咯烷酮（NMP）、三乙胺，分析纯；二正丁胺、丙酮，分析纯；二月桂酸二丁基锡（Sn19%）分析纯。

（2）制备有机硅改性含磺酸基和羧基的 WPU 将一定量的 N-210 和 TDI 加入到装有回流冷凝管、电动搅拌装置和温度计的四口烧瓶中，并加入适量的催化剂，升温至所需温度，反应一定时间后用二正丁胺检测体系中的—NCO 含量，待—NCO 含量达到理论值时，降温至合适温度，将 DMPA 和 DHPA 按照一定的质量比溶解在少量 NMP 中，然后缓慢加入体系中；反应一定时间后，加入少量丙酮和有机硅混合溶液进行稀释；经三乙胺中和后，边快速搅拌边加入去离子水进行机械分散；最后减压蒸馏除去溶剂，得到稳定的有机硅改性 WPU 乳液。

（3）改性物的性能 WPU 胶膜的耐水性和耐热性随着有机硅含量的增加而增强；分别采用氨丙基三甲氧基硅烷对 WPU 进行改性，与未改性 WPU 相比，在耐水性和耐热性则明显提高，力学性能上也略有提高。

10.1.8 聚醚型氨基硅油改性水性聚氨酯

（1）主要原材料 异佛尔酮二异氰酸酯（IPDI），工业级；聚四氢呋喃醚二醇（PTMG），工业级；二羟甲基丙酸（DMPA），工业级；1,4-丁二醇（BDO），化学纯；三乙胺，化学纯；聚醚改性氨基硅油（JESS），工业级；氨乙基氨丙基聚二甲基硅氧烷（AEAPS，氨值：0.6mmol/g），工业级。

（2）硅改性水性聚氨酯乳液的制备 向四口烧瓶中加入 PTMG，在 120℃、—0.09MPa 下脱水 1h；降至室温加入 IPDI 并升温至 75℃反应 1h，随后加入 DMPA、BDO 继续反应 3h，得到 NCO 质量分数为 2.3%的预聚体，用二正丁胺法分析 NCO 含量达理论值后，加入聚醚型氨基硅油保持约 30min 后降至室温，加入三乙胺中和，然后加入去离子水高剪切分散扩链得硅改性水性聚氨酯乳液。

（3）涂膜的制备 将硅改性水性聚氨酯乳液用少量增稠剂调整后脱泡，用涂布棒均匀涂布于光面离型纸上，室温下放置 96h 待测，膜厚约 0.2mm。

（4）改性物性能

① 聚醚型氨基硅油改性的水性聚氨酯乳液稳定性良好；

② 聚醚型氨基硅油改性的水性聚氨酯涂膜的耐水性得到明显改善，当聚醚型氨基硅油在预聚体中的质量分数为 2%～3%时，耐水性最好；

③ 随着聚醚型氨基硅油用量的增加，涂膜拉伸性能呈微弱下降趋势；当聚醚型氨基硅油在预聚体中的质量分数为 2%～3%时，涂膜综合性能优良。

10.1.9 二甲基二氯硅烷改性接枝环氧树脂

（1）主要原材料 双酚 A 型环氧树脂 E-44（简写为 EP），环氧值 0.44mol/100g，羟基值 0.0887mol/100g；二甲基二氯硅烷（DMS）；甲基丙烯酸（MAA）、甲基丙烯酸甲酯（MMA）、苯乙烯（St）、乙二醇单丁醚（EGBE）、正丁醇（BA）、三乙醇胺（TEA）均为化学纯；过氧化二苯甲酰（BPO），化学纯。

（2）有机硅改性水性环氧树脂的合成 将 EP 与乙二醇单丁醚和正丁醇的混合溶剂（混合溶剂/EP＝20%）加入装有氮气导管、冷凝管、恒压漏斗和搅拌器的 250mL 四口烧瓶中，升温至 113～115℃，待环氧树脂溶解后，在氮气保护下，缓慢匀速滴加 MAA、MMA、St 与 BPO 的混合物，反应 3h，滴加完后，恒温 3h。然后减压抽溶剂得到环氧-苯丙接枝共聚物，降温至 30℃，再在室温下加入定量的二甲基二氯硅烷反应 1～1.5h，加入三乙胺中和 15min，最后加去离子水，快速分散 1h，过滤得固含量约为 48% 左右的均匀带蓝光的乳白色水分散液。

(3) 有机硅改性环氧树脂的固化 将所制备的改性环氧水分散液（或者与水性环氧树脂固化剂搅拌混合后）均匀涂附于玻璃模板上，室温下放置 24h，而后放入烘箱 60℃烘 2h，120℃固化 1h，固化完全后待用。

(4) 有机硅用量与涂膜性能 有机硅用量 3.0%，其粒径分布窄，稳定性最好。将有机硅含量 3.0% 的改性接枝环氧水性乳液与助剂按一定配比混合均匀，熟化 30min 后涂膜，室温固化 7d 后进行性能测定。有机硅改性接枝环氧树脂乳液具有优良的涂膜性能，在耐热性和耐水性方面表现尤为突出，具体测定结果见表 10-1。

表 10-1 涂膜性能

检测项目	测试结果	检测项目	测试结果
硬度/级	2H	耐热性(150℃,10h)	漆膜完好
附着力（划圈法）/级	1	耐水性能	96h 无变化
柔韧性/mm	≤1	耐碱性(NaOH 25%,25℃)	72h 无变化
冲击强度/kgf·cm	60	耐酸性(H_2SO_4 25%,25℃)	72h 无变化

通过改性试剂硅氧烷的引入，解决了水分散液的稳定性，同时不需要外加固化剂，可实现自交联固化；涂膜耐水性、附着力及耐热性等均有明显的提高。有机硅的引入改善了固化涂膜的热稳定性。

10.1.10 有机硅接枝改性水性环氧树脂

(1) 主要原材料 双酚 A 环氧树脂 E-20；α-甲基丙烯酸：分析纯；苯乙烯：分析纯；丙烯酸丁酯：分析纯；N,N-二甲基乙醇胺：分析纯；正丁醇：分析纯；乙二醇丁醚：分析纯；过氧化苯甲酰：化学纯；γ-氨丙基三乙氧基硅烷（KH-550）；水性环氧固化剂：H202B。

(2) 硅氧烷改性水性环氧树脂的合成 将环氧树脂放入装有温度计、搅拌装置和回流冷凝器的四口烧瓶中，加入一定比例的正丁醇、乙二醇丁醚的混合溶剂，在干燥氮气保护下，搅拌升温至 115℃左右，在 2h 内连续滴加甲基丙烯酸、苯乙烯、丙烯酸丁酯和过氧化苯甲酰的混合溶液，保温反应 4h，然后冷却至 55～60℃，缓慢滴加 KH-550，保温反应 1h，再在 50℃下滴加 N,N-二甲基乙醇胺和去离子水的混合液，快速搅拌 1h，即得均匀带蓝光的水性环氧乳液。

(3) 涂膜的制备 将制备好的水性环氧树脂乳液和 H202B 水性环氧固化剂按照一定的比例混合，滴加少量消泡剂，搅拌均匀，用涂布器将其涂布于预处理过的马口铁板上，100℃固化 30min。

(4) 有机硅改性水性环氧树脂的性能 通过氨基硅氧烷 KH-550 对水性环氧丙烯酸接枝共聚物进行开环改性，合成的有机硅改性水性环氧树脂乳液，其粒径约 50nm，在水中有良好的分散性和稳定性；该改性是化学改性，其树脂具有良好的成膜性和物理性能；改性后的乳液涂膜具有较好的热稳定性和耐水性；解决了乳液储存稳定性和防腐性能之间的矛盾。

10.1.11 硅-丙/聚氨酯乳液复合分散体

(1) 主要原材料 甲基丙烯酸甲酯（MMA），丙烯酸丁酯（BA），丙烯酸羟丙酯（HPA），丙烯酸（AA），乙烯基硅油（AP210-3）：黏度 1000～50000mPa·s，乙烯基摩尔分数 1.0%～1.5%；十二烷基硫酸钠（SDS），壬基酚聚氧乙烯醚（OP-10），过硫酸钾（KPS），2,4-甲苯二异氰酸酯（TDI），聚醚多元醇（PEG）：摩尔质量 800g/mol，二羟甲基丙酸（DMPA），二月桂酸二丁基锡（DBTDL），三乙胺（TEA），N,N-二甲基甲酰胺（DMF），去离子水。

(2) 硅丙乳液的制备 在反应器中加入 70mL 去离子水，升温至 75℃；加入 0.6g 复合乳化剂[其中 m（SDS）：m（OP-10）=2：3]，使之完全溶解；再加入 3.078g（0.03mol）MMA、4.6g（0.032mol）BA 以及 0.03g（0.0001mol）KPS，预乳化 30min；升温至 80℃反应 1.5h，得到种子乳液。然后升温至 85℃，均匀滴加 2.4g 乙烯基硅油、7.182g（0.072mol）MMA、10.78g（0.076mol）BA、0.6（0.005mol）HPA 及 0.75g（0.01mol）AA 的混合物，滴加速率视物料回流情况而定，一般以 2h 滴完为宜；滴完后保持搅拌速率，升温至 85～90℃再反应 1h，反应过程中适时补加乳化剂和引发剂；冷却至 45℃，加氨水调节 pH 值至 8～9，出料，即得硅丙乳液。

(3) 聚氨酯乳液的制备 在反应器中加入 42g（0.053mol）PEG，升温至 120℃，真空脱气 0.5h(真空度 1.3kPa 左右)；再冷却至 50℃，加入 5mLDMF 和 0.032g（5×10^{-5}mol）二丁基二月桂酸锡，滴加 17.4g（0.01mol）TDI；滴完后，通 N_2 保护，在 50～60℃下搅拌 1h；冷至室温，加入 4.15g（0.031mol）DMPA，待自升温停止后，冷却至 50～60℃，反应 2～3h。待异氰酸酯含量合格后，加入 10mL N,N-二甲基甲酰胺稀释；然后降温至 40℃，滴加 3.14g（0.031mol）三乙胺，中和 20min；降至室温，在剧烈搅拌下加入 166mL 去离子水，加完后继续搅拌 30min，得到聚氨酯乳液。

(4) 硅-丙/聚氨酯乳液的较佳配比 乙烯基硅油的质量分数为 8%，m（BA）：m（MMA）=3：2，聚氨酯乳液的较佳配比为 n（NCO）：n（OH）在 1.15～1.3，DMPA 的质量分数为 6%。当聚氨酯乳液的质量分数达到 20% 时，复合乳胶膜的粘接强度、拉伸强度和扯断伸长率分别提高了 86.7%、32.8% 和 24.9%。综合复合乳胶膜的各项物理指标，聚氨酯乳液的质量分数为 20%～30% 最好。

10.2 水性含氟树脂制备及应用

10.2.1 氟树脂简介

10.2.1.1 氟树脂结构与性能

氟树脂又称氟碳树脂，是指主链或侧链的碳链上含有氟原子的合成高分子化合物。含有氟元素的碳氢化合物以牢固的 C—F 键为骨架，具有卓越的耐化学品性、热稳定性、耐寒性、低温柔韧性、耐候性、不湿润性、优良的介电性及不燃性。而且由于其结晶性好，故具有不粘性、摩擦系数极小。其优越的性能为许多其他合成材料望尘莫及。

氟树脂之所以有许多独特的优良性能，在于氟树脂中含有较多的 C—F 键。氟元素是一种性质独特的化学元素，在元素周期表中，其电负性最强、极化率最低、原子半径仅次于氢。氟原子取代 C—H 键上的 H，形成的 C—F 键极短，键能高达 486kJ/mol（C—H 键能为 413kJ/mol，C—C 键能为 347kJ/mol），因此，C—F 键很难被热、光以及化学因素破坏。F 的电负性大，F 原子上带有较多的负电荷，相邻 F 原子相互排斥，含氟烃链上的氟原子沿着锯齿状的 C—C 链作螺线形分布，C—C 主链四周被一系列带负电的 F 原子包围，形成高度立体屏蔽，保护了 C—C 键的稳定。因此，氟元素的引入，使含氟聚合物化学性质极其稳定。

10.2.1.2 含氟聚合物的应用领域

含氟聚合物及其加工产品主要有氟塑料、氟橡胶和氟涂料。

(1) 氟塑料主要产品 氟树脂品种繁多，性能优异，发展历史悠久，并已成为当今世界现代工业中许多关键技术不可或缺的材料。氟树脂主要包括聚四氟乙烯（PTFE）、热塑性聚偏二氟乙烯（PVDF）、可熔性聚四氟乙烯（PFA）、聚四氟乙烯-乙烯（E-TFE）、聚三氟氯乙烯（PTFCE）、全氟（乙烯-丙烯）共聚物 [FEP，F46] 及聚氟乙烯（PVF）等品种。它们具有优异的耐高低温性能、电绝缘性、耐候性、耐摩擦性、化学稳定性以及润滑性等特点，可广泛用于石油化工、航天航空、机械、电子、建筑、家电、汽车和轻纺等工业部门。

① 聚四氟乙烯 [PTFE，F4] 是目前上耐腐蚀性能最佳材料之一，如耐强酸、强碱、强氧化剂等，有"塑料王"之称。可制成管材、板材、棒材、薄膜及轴承、垫圈等零件，广泛地应用于电气/电子、化工、航空航天、机械、国防军工等方面。耐热性突出，使用温度为 −200~250℃，此外还具有优异的电绝缘性，且具有不沾着、不吸水、不燃烧等特点。

② 全氟（乙烯-丙烯）共聚物 [FEP，F46] 的绝缘性能也相当优良。还具有阻燃性、低发烟性和易加工性，是局域网（LAN）电缆绝缘的理想材料。最高可

以耐 205℃，可作加热电缆，热电偶以及汽车高温电缆。

③ 乙烯-四氟乙烯共聚物［E-TFE，F40］是最强韧的氟塑料，具有极好的耐擦伤性和耐磨性。主要用于那些既要阻燃、低发烟、耐化学介质，又要耐擦伤性和耐磨性的电线电缆。如汽车，航空电缆和加热电缆。

④ 聚偏氟乙烯［PVDF，F2］是一种结晶型的高聚物，熔点较低，约在 $160 \sim 170℃$；机械强度高，耐磨、耐高温、耐腐蚀且电性能良好。还具有优异的耐候性、抗紫外线、抗辐射性能和加工性能；可做成管、板、棒、薄膜和纤维。主要用于化工设备防腐材料、电子/电器电线、航空电线、光导纤维的外涂层、高介电常数的电容器薄膜和电热带等。

(2) 氟橡胶 氟橡胶具有耐高温、耐油及耐多种化学药品侵蚀、机械强度高及密封性能好等特点，是现代航空、导弹、火箭及宇宙航行等尖端科学技术不可缺少的材料。近年，随着汽车工业对可靠性与现安全性等要求的不断提升，氟橡胶在汽车中的用量也迅速增长。氟硅橡胶，低温性能优异，具有一定耐溶剂性能。

(3) 氟涂料 以氟树脂为基础制成的涂料称为氟树脂涂料，也称氟碳树脂涂料，简称氟碳涂料。氟树脂涂料表现出优异的热稳定性、耐化学品性以及超耐候性，是迄今发现的耐候性最好的户外用涂料，耐用年数在 20 年以上（一般的高装饰性、高耐候性的丙烯酸聚氨酯涂料、丙烯酸有机硅涂料，耐用年数一般为 5～10 年，有机硅聚酯涂料最高也只有 10～15 年）。

从氟塑料基础上发展起来的涂料品种主要有三种。第一种热熔型氟涂料特氟隆系列不粘涂料，主要用于不粘锅、不粘餐具及不粘模具等方面；第二种聚偏氟乙烯树脂（PVDF）为主要成分的建筑氟涂料，具有超强耐候性，主要用于铝幕墙板；第三种的热固性氟碳树脂 FEVE，FEVE 由三氟氯乙烯（CTFE）和烷烯基醚共聚制得，其涂料可常温和中温固化。

常温固化型氟碳涂料不需烘烤，可在建筑及野外露天大型物件上现场施工操作，从而大大拓展了氟碳漆的应用范围，主要用于建筑、桥梁及电视塔等难以经常维修的大型结构装饰性保护等，具有施工简单、防护效果好和防护寿命长等特点。含氟弹性体（氟橡胶）以及液态（包括水性）氟碳弹性体，可制得溶剂型和水性氟弹性体涂料。至此，具有不同用途的热塑性、热固性及弹性体的氟碳树脂涂料，品种齐全，溶剂型、水性及粉末的氟树脂涂料都在发展，拓宽了氟树脂涂料的应且领域。

含氟涂料广泛应用于厨房和烹调用具，造型模具，机械滑动部分、食品、纺织及造纸等工业用机械的高级卷材涂料，各种罐类、输送管线、泵类、反应釜、换热器及精密器械等的涂装及衬里方面。

例如三氟氯乙烯共聚物［FEVE］涂料为在室温下可通过刷涂、辊涂及喷涂等普通涂装方法，涂覆在各种基材表面，不仅耐候性优异，而且耐溶剂与耐酸碱等防腐蚀性优良，还能改善颜料分散性和溶剂可溶性，使氟涂料具有极佳的装饰性，在飞机、跨海大桥、新干线列车、交通车辆、建筑钢结构、户外大型构筑物等领域得到了广泛的应用。

随着社会环保意识增强，各国对 VOC 含量的限制日益严格，开发高性能的水性氟涂料已成为氟涂料发展的趋势和方向。

10.2.2 水性氟碳树脂概述

凡是以水为分散介质的氟碳树脂都被称为水性氟碳树脂。水性氟碳树脂以水为介质，所以呈乳白色或半透明状。由于水性氟碳树脂结构中氟烯烃链段对光、热和化学介质等非常稳定，以及对非氟单体链段的协同保护作用，使其具有超耐久性、耐沾污性、耐化学介质性及热稳定性等性能。它是继溶剂型氟碳树脂后，符合环境保护和资源节省要求而重点开发研究的氟碳树脂品种。

以此类树脂为基础可以制备低 VOC 甚至无 VOC 的环保涂料；而水性含氟聚合物涂料具有工艺清洁、低能耗、低排放且安全无害等特点。涂膜能自洁、抗污、耐紫外线，超强的耐候性及耐化学介质腐蚀性。

10.2.2.1 水性氟碳树脂分类

水性氟碳树脂包括水乳型、水溶性（或称水可稀释性）和水分散型 3 类。根据性能特点和树脂使用的要求，又可分为单组分热塑性乳液、双组分交联热固性乳液和单组分可交联型乳液，后两者乳液聚合物中要引进特殊的功能单体。而水乳化氟碳树脂按照氟单体种类，又分为两种：一种是以含氟丙烯酸单体（如丙烯酸六氟丁酯等）为氟化单体的氟树脂乳液，单体价格较贵，引进的单体数量有限，氟含量低且氟原子存在于聚合物支链上，实际上此类树脂可称为氟改性丙烯酸乳液；另一种是以三氟氯乙烯为主要含氟单体的水性氟碳树脂，氟原子存在于聚合物主链上。前者制备过程同普通丙烯酸乳液制备差异不大，很容易实施获得产品；而后者实施过程则需要在压力状态下进行，在实施过程和工艺控制方面要做很多工作，同时氟原子在聚合物链段上所处位置不同，两者在性能上存在很大差异。

10.2.2.2 常温固化水性含氟树脂类型

常温固化水性含氟聚合物涂料要用常温固化水性氟碳树脂作为基料。目前国内外报道的常温固化水性氟碳树脂从链结构上来看主要有 3 类。

(1) 主链含氟的水性氟树脂　主要是以三氟氯乙烯、四氟氯乙烯为含氟单体的室温固化的水性氟乙烯-烷基乙烯基醚（FEVE）氟碳树脂，由三氟氯乙烯或四氟氯乙烯结构单元和不少于一种的具有亲水结构的单体组成。亲水单体主要是乙烯基醚、羧酸乙烯酯、丙烯酸酯和不饱和羧酸等。

(2) 侧链含氟水性氟树脂　侧链含氟水性氟树脂主要指含氟丙烯酸酯（或含氟乙烯基醚等）与其他乙烯基单体的共聚物。这一类含氟聚合物最显著的特点就是由于含氟基团位于聚合物的侧链上，取向朝外，在成膜过程中，聚合物中含氟基团会富集到聚合物与空气的界面，并向空气中伸展，使得含氟丙烯酸酯聚合物具有优异的表面性能。主要体现在具有优异的拒水拒油性、抗沾污性和自清洁性。而且合成方法比较简单，在实际中应用较多。侧链含氟水性氟树脂兼具有机氟和丙烯酸酯树脂的优点。

（3）水性丙烯酸改性聚偏二氟乙烯树脂 这类树脂是丙烯酸酯树脂和偏氟乙烯（VDE）树脂通过简单的机械共混得到的线型树脂（热塑性树脂）。通过共混可以降低成本外，还提高了树脂的透明性、柔韧性以及与基材的附着性，共混比例以PVDF∶丙烯酸树脂＝70∶30 为最佳，此时树脂的综合性能最好，但通常成膜温度较高，需要烘烤。

10.2.3 水性含氟树脂的制备

10.2.3.1 原料的选择

（1）聚合单体

① 常见氟烯烃单体 常用的合成氟碳树脂的氟烯烃类单体主要是含有 2～4 个碳原子的氟烯烃，如四氟乙烯（TFE）、三氟氯乙烯（CTFE）、偏二氟乙烯（VDF）、六氟丙烯（FHPE）、氟乙烯（VF）、含氟烷基乙烯基（烯丙基）酯或醚等。目前国内外的水性含氟聚合物仍然以三氟氯乙烯和四氟乙烯为主。

② 含氟丙烯酸酯单体 氟化丙烯酸酯可分为侧链含氟和主链含氟丙烯酸酯单体，其中侧链含氟丙烯酸酯单体最为常用。侧链含氟丙烯酸酯单体的通式为：
$R_f(CH_2)_m OC(O)CR_1 = CH_2$（其中，$R_1 = H$、Me、$CF_3$、X；$m \geqslant 1$）。

根据 R_1 的不同可将氟化丙烯酸单体分为以下 3 类：a.氟烷基（甲基）丙烯酸酯类单体；b.α-功能化丙烯酸酯类单体；c.其他氟代丙烯酸酯类单体。其中，氟烷基（甲基）丙烯酸酯类单体是最主要的氟化丙烯酸酯单体，它包括氟烷基丙烯酸酯类单体和氟烷基甲基丙烯酸酯类单体，即 $R_f(CH_2)_m OC(O)CH = CH_2$ 和 $R_f(CH_2)_m OC(O)C(CH_3) = CH_2$。根据 R_f 组成的不同又分为 4 类：（甲基）丙烯酸全氟烷酯、（甲基）丙烯酸含杂原子全氟烷基酯、（甲基）丙烯酸全氟烷酰胺酯、（甲基）丙烯酸全氟烷磺酰胺酯。

③ 非氟烯烃单体包括乙烯基烷基醚（酯）、烯丙基烷基醚（酯）及不饱和羧酸等，如羟丁基乙烯基醚（HBVE）、乙基乙烯基醚（EVE）、环己基乙烯基醚、羟乙基烯丙基醚、乙酸乙烯基酯、丁酸乙烯基酯、叔碳酸乙烯基酯（VeoVa9 和VeoVa10）、丙烯酸乙酯及（甲基）丙烯酸丁酯等；不饱和烯酸包括巴豆酸、十一烯酸及（甲基）丙烯酸等。含羟基官能团单体可用来制备热固性氟碳树脂。根据性能的要求，还可以引入其他功能单体，如引进乙烯基烷氧基硅烷单体，以提高对基材的附着力，引进参与聚合的可适度交联单体，以提高乳液薄膜的耐溶剂擦拭性。

从产业化角度，在制备氟碳树脂时仅使用其中一种，我国以三氟氯乙烯使用最为常见。也有几种氟烯烃单体一起使用，如 VDF、TFE 和 CTFE 等 3 种氟烯烃的混合使用。它们均聚或共聚的氟烯烃聚合物耐高温稳定，但只能制成高温热塑性涂料，因此需引进非氟烯烃单体来降低结晶度，保证常温或一定温度下的交联固化。

（2）乳化剂 制备水乳型水性氟碳树脂需要使用乳化剂，以含氟乳化剂（如全氟辛酸铵等）为最宜；也可采用常规乳化剂，一般采用阴离子乳化剂和非离子乳化剂混合使用，如十二烷基硫酸钠、烷基（苯）磺酸钠、脂肪醇聚氧乙烯醚及烷基酚聚氧乙烯醚等，以保证乳液有良好的化学稳定性、机械稳定性以及冻融稳定性等。

(3) 引发剂　在进行溶液聚合-相反转法制备水性氟碳树脂时，通常选择偶氮类引发剂，如偶氮二异丁腈等，而乳液聚合通常选择水溶性过硫酸盐类引发剂，如过硫酸钾、过硫酸铵等，或者选择氧化还原引发体系，如过氧化氢-氯化亚铁、过硫酸钾-氯化亚铁等。为了稳定聚合体系 pH 值，保证引发过程正常进行，在聚合过程中要加入碳酸（氢）钠、磷酸氢钠等 pH 缓冲剂。

10.2.3.2 水性氟碳树脂制备方法

水性氟碳树脂制备方法一般包括溶液聚合-相反转法和乳液聚合法。

(1) 溶液聚合　溶液聚合-相反转法是通过设计合适羧基值、相对分子质量以及调节聚合过程溶剂来制备有机溶剂可溶型氟树脂。在一定温度下蒸除大部分溶剂，同时通过氨化成盐法以及适量乳化剂存在下，使氟树脂稳定分散在水相中而获得水性氟碳树脂，也可称为水可稀释性水性氟碳树脂。溶液聚合方法成熟，采用该方法相对简单，容易实施，保留了溶剂型树脂的性能特点，能够较好满足应用要求，属于环境友好型树脂；不足点在于溶剂气味重，且生产过程中要进行溶剂回收利用，能量消耗较多。

(2) 乳液聚合　乳液聚合是将各种单体、乳化剂和调节剂等助剂混合在水相中，控制合理的工艺条件，即可制备储存稳定、性能优异的氟碳乳液。其中常压聚合法和低压聚合法根据聚合过程所使用单体物理特性而定，如含氟烷基乙烯基（烯丙基）酯或醚等单体为液相，则采用常压乳液聚合，相对容易实现。而四氟乙烯（TFE）、三氟氯乙烯（CTFE）及偏二氟乙烯（VDF）等氟单体在常温常压下是气相，因此需要压力状态下实施聚合，加之运输困难，这在一定程度上限制了其开发。乳液聚合法根据实施的特点可分为常压聚合法、低压聚合法、核壳聚合法和无皂聚合法。

① **常规乳液聚合**　一种方法是将含氟烯烃单体和乳化剂、调节剂等混合后，在引发剂存在下于水相中直接进行乳液聚合，通过选择合适的乳化剂体系及合理的工艺条件，可制得储存稳定、性能优异的含氟乳液。

另一种方法将具有不同特征基团（如羟基、羧基及烷氧基等）的不饱和烯烃单体与含氟烯烃单体进行共聚，可以使含氟聚合物获得交联性、颜填料相容性等多种性能，极大地改善和提高含氟聚合物乳液的储存性能、施工性能及干燥性能等。

② **核-壳乳液聚合**　核-壳乳液聚合也可称多段聚合法，在原料配方不变情况下通过改变加料工艺方式，通过选择不同的核单体及壳单体，先制核，再制壳，使乳液粒子结构改变，达到所要设计的性能，来制备具有不同性质的含氟聚合物乳液，改善了普通乳液用于涂料时发软、发黏及耐沾污性差等弊端，同时解决了含氟聚合物的高结晶性、高玻璃化温度与低温成膜性之间的矛盾。最常用的聚合方法就是在已合成的含氟聚合物乳液的基础上，通过种子乳液聚合方法来合成具有核壳结构的含氟聚合物乳液。

③ 无皂乳液聚合　无皂乳液聚合则是避开常规乳液聚合过程中采用低分子乳化剂和保护胶体，而采用高分子乳化剂、聚合物分散液或可参与反应的并对单体有乳化能力的反应型乳化剂（包括具有内乳化作用的大分子单体）等，在含有引发剂的水相中进行乳液聚合制备水性氟碳树脂。该方法制备的水性氟碳树脂的耐水性、抗沾污性及光泽等性能有很大改善，是当前重要的发展方向。

无皂乳液聚合中使用的是具有反应活性、能够参与聚合的亲水性单体，完全不添加或仅添加微量的乳化剂（其浓度小于其临界胶束浓度），从而消除了传统乳液聚合中乳化剂带来的许多负面影响，提高了聚合物涂膜的性能。

(3) 分散（悬浮）聚合法　可通过分散（悬浮）聚合法制备水可分散型氟碳树脂，如聚三氟氯乙烯（PCTFE）水分散液、聚四氟乙烯（PTFE）水分散液等。以PTFE 为例，在不锈钢压力容器中，以过硫酸盐为引发剂，加入全氟羧酸盐等含氟类分散剂，通入四氟乙烯气体，加入一定量活化剂，在一定温度下引发聚合，制备PTFE 分散液，通过浓缩过程使分散液浓度达 60%，并通过非离子表面活性剂稳定而获得乳白色水分散液。

(4) 后乳化法　"后乳化法"即先在有机溶剂介质中，可以通过非自由基聚合的方法（如缩聚、加成聚合等）首先合成含氟聚合物，然后使溶解的含氟聚合物在乳化剂的作用下成为水分散体，或者通过中和反应制得含氟聚合物水分散体。此方法不同于乳液聚合法和悬浮聚合法。

10.2.3.3　典型水性氟碳的树脂制备工艺

(1) 热塑性水性氟碳树脂

① 热塑性水性氟碳树脂配方　以三氟氯乙烯为例，热塑性水性氟碳树脂配方见表 10-2。

表 10-2　热塑性水性氟碳树脂配方

组　　分	用量(质量分数)/%	组　　分	用量(质量分数)/%
三氟氯乙烯	13.405	烷基酚聚氧乙醚	1.6
羧酸(C2~C8)乙烯基酯	20.32	碳酸氢钠	0.13
羧酸(C4~C11)乙烯基酯	11.33	过硫酸铵	0.027
功能单体	0.53	中和剂	适量
十二烷基苯磺酸钠	0.018	去离子水	52.64

② 制备步骤　在高压反应釜中加入定量去离子水、部分乳化剂及碳酸氢钠，搅拌溶解均匀后，加入单体预乳化液 4%~6%，开动搅拌混合均匀后，开始升温，当温度升到（60±2）℃，加入 20% 引发剂溶液，因反应放热，温度自行升高，控制温度在 75~85℃，当温度平稳时，滴加单体预乳化液和引发剂溶液，在 2~4h内加完，当系统压力逐步下降直至平衡时，反应结束。冷却到 40℃ 以下，加入中和剂，调节 pH 值为 7~8，过滤，出料，包装。

若在聚合过程中引入双丙酮丙烯酰胺（DAAM）功能单体参与聚合，先制成含有活泼羰基的水性氟树脂，然后加入适量多元酰肼。由于活泼羰基能与酰肼基反应生成腙和水，是一个可逆反应，尤其是乳液中存在大量水时，该反应实际上不能进行，只有在干燥成膜过程中，随着水从涂膜中逸出，反应才可进行，因此用其可制成可交联的单组分氟树脂涂料。由于该涂料在成膜过程中发生交联固化反应，因而形成的涂膜具有更佳的力学性能、耐候性及耐溶剂性等。

(2) 含羟基水性氟树脂制备

① 溶剂型和水稀释性氟树脂的配方 乳液聚合的含—OH基单体与含氟单体共聚的工业产品比较少见，目前主要采用溶液聚合-相反转法。溶剂型和水稀释型氟树脂的配方见表10-3。

表 10-3 溶剂型和水稀释型氟树脂配方

溶剂型氟树脂		水稀释型氟树脂	
组 分	用量(质量分数)/%	组 分	用量(质量分数)/%
三氟氯乙烯	39.11	溶剂型氟树脂	35.39
醋酸乙烯酯	21.04	OS-15	1.97
羟乙基烯丙基醚	6.2	烷基酚聚氧乙烯基醚	1.97
功能单体	适量	氨水(25%)	适量
醋酸丁酯	32.59	去离子水	60.67
引发剂	1.06		
总计	100	总计	100

② 制备步骤 除三氟氯乙烯外，将上述原料单体加到高压反应釜中，减压抽出空气，再加入三氟氯乙烯，在 65～75℃反应 20h，制得氟树脂产品，固含量 56%～58%，涂-4 杯黏度 139s，羟值 55～75mgKOH/g（以固体树脂计），酸值 19mgKOH/g（以固体树脂计）。将溶剂型氟树脂加到反应釜中，在搅拌状态下，加热升温，蒸除溶剂型氟树脂中大部分溶剂，加入氨水调节 pH=8，同时加入适量乳化剂和水，搅拌至半透明乳白色液体，制得水性氟碳树脂，固含量 40%。

10.2.3.4 水性氟碳树脂性能指标

一般水性氟碳树脂的性能指标见表 10-4。

表 10-4 水性氟碳树脂的性能指标

检测项目	性能指标		检测项目	性能指标	
	ZB-F500	ZB-F600		ZB-F500	ZB-F600
类型	热塑性	热固性	羟值/(mgKOH/g)	—	65±10
外观	乳白色液体	淡黄色半透明液体	数均分子量(M_n)	30000～50000	20000～30000
不挥发分/%	42～47	41±1	MFT/℃	10～30	—
氟元素含量/%	12±1	20±1	储存稳定性	无硬块、无絮凝、无明显分层和结皮	
pH 值	7～9	7～9	机械稳定性	3000r/min,30min,不破乳,无明显絮凝物	
黏度/mPa·s	30～300	10～30	钙离子稳定性	5mL 乳液加 1mL0.5%CaCl₂ 溶液，通过	

10.2.4 自交联型水性聚氨酯-氟丙烯酸树脂

(1) 主要原材料 异佛尔酮二异氰酸酯（IPDI）、1,4-丁二醇（BDO）、聚酯多元醇（PE）、二羟甲基丙酸（DMPA）、N-甲基吡咯烷酮（NMP）：分子筛脱水；丙酮：分析纯，甲基丙烯酸羟乙酯（HEMA）：化学纯，真空减压蒸馏，分子筛保护；苯二酚：分析纯，三氟乙醇、三乙胺（TEA）：化学纯，常压蒸馏，甲基丙烯酸甲酯（MMA）、丙烯酸丁酯（BA）、甲基丙烯酸三氟乙酯（TFEA）、双丙酮丙烯酰胺（DAAM）、己二酸二酰肼（ADH）、偶氮二异丁腈（AIBN）：工业级；二月桂酸二丁基锡（DBTL）：化学纯，用丁酮配成 10％溶液使用。

(2) 合成工艺

① 含有不饱和双键的水性聚氨酯大单体的合成　向带有搅拌装置氮气保护的四口烧瓶中加入一定量的 PE、BDO 和 DMPA，在 110℃下使 DMPA 融解，真空脱水 1h，在 60℃左右滴加 IPDI，1h 滴，在烧瓶中加入 DBTL，反应期间视黏度变化适量补加丙酮，直至反应体系中 NCO 含量接近理论值，加入对苯二酚、HEMA等封端剂，保温反应至—NCO 含量到理论值；加入 TEA 中和，最后加入去离子水，强烈分散 0.5h，蒸出丙酮，得半透明状水性聚氨酯大单体（WPU）。

② 自交联型水性聚氨酯-氟丙烯酸树脂的制备　取上述一定量水性聚氨酯大单体加入带有搅拌装置、温度计、冷凝管和恒压滴液漏斗的四口反应器中，将MMA、BA、TFEA 和 AIBN 混合，取其 30％加入反应器，温度控制在 40～60℃，搅拌 0.5h 溶胀胶粒；从滴液漏斗加入剩余单体与引发剂溶液，3～4h 滴加完毕，视冷凝管中单体回流速率来控制滴加速率；在 80℃继续反应 1h，最后冷却至40℃，加入 ADH，用中和剂调整 pH 到 8.0～8.5，用 0.038mm 孔径尼龙网过滤，即得到自交联型水性聚氨酯-氟丙烯酸树脂。

(3) 最佳条件与性能　采用混合单体预乳化滴加法，引发剂用量为 1.15％，PA/PU 质量比为 1.5∶1 时，氟单体用量占丙烯酸酯单体质量的 30％～40％，交联单体 DAAM 用量为 2％，乳液凝胶率较低，且聚氨酯能够得到很好的改性，树脂的成膜温度适中，能够提高树脂的性能，不需要外加成膜助剂来助成膜，性价比为最佳。

10.2.5 水性双组分氟丙烯酸-聚氨酯树脂

(1) 主要原材料及预处理　异佛尔酮二异氰酸酯（IPDI），工业品；1,4-丁二醇（BDO），工业品；聚酯多元醇，工业品；二羟甲基丙酸（DMPA），工业品；N-甲基吡咯烷酮，工业品，分子筛脱水；丙酮，分析纯，无水硫酸钠浸泡 24h 后常压蒸馏，分子筛保护；丙烯酸-羟乙酯（HEA），化学纯，真空减压蒸馏，分子筛保护；对苯二酚，分析纯；三氟乙醇，工业品；二乙醇胺，工业品；三乙胺（TEA），化学纯，常压蒸馏；甲基丙烯酸甲酯（MMA），化学纯，碱洗，减压蒸馏，低温冷藏备用；丙烯酸丁酯（BA），化学纯，碱洗，减压蒸馏，低温冷藏备用；甲基丙烯酸三氟乙酯（TFEA），工业品；甲基丙烯酸缩水甘油酯（GMA），工业品；二月桂酸二丁基锡（DBTL），化学纯，用丁酮配成 10％溶液备用；水性多异氰酸酯（WT-2102）。

(2) 羟基组分的合成

① 水性聚氨酯大单体的合成　向带有搅拌装置的有氮气保护的四口烧瓶中，加入一定量的 PE、BDO 及 DMPA，在 110℃下让 DMPA 溶解，真空脱水 1h，在80℃左右滴加 IPDI，1h 滴完，在烧瓶中加入二月桂酸二丁基锡，直至反应体系中

—NCO 含量接近理论值，加入对苯二酚、丙烯酸羟乙酯等封端剂，保温反应 2h；加入三乙胺，反应 0.5h；加入水，强烈分散 0.5h。旋出丙酮，得半透明水性聚氨酯大单体（WPU），固含量 30%。

② 水性羟基氟丙烯酸-聚氨酯杂化体的合成　取上述一定 WPU 大单体加入带有搅拌装置、温度计、冷凝管和恒压滴液漏斗的四口玻璃烧瓶中，将 MMA、BA、TFEA 和 HEA 混合，取其 30% 加入反应瓶，升温至 85℃，搅拌 30min 溶胀胶粒，将过硫酸钾配成 5% 的溶液，取其 20% 加入反应瓶；搅拌聚合 1h，从滴液漏斗同时滴加单体溶液和引发剂溶液，3.5h 滴加完毕，在 85℃ 继续反应 1h，升温 90℃，继续反应 1h 后，冷却至 60℃，加胺中和剂调整 pH 值为 8.0～8.5，降温至 40℃，400 目网过滤，即得到水性羟基氟丙烯酸-聚氨酯杂化体乳液，羟值约 58～110mgKOH/g 树脂。

(3) 配漆工艺　水性多异氰酸酯固化剂黏度较大，直接分散在羟基组分中较为困难，配漆时用丙二醇甲醚醋酸酯（PMA）将固化剂稀释到 80% 使用。清漆配方见表 10-5。

表 10-5　清漆配方

羟基组分(A)		固化剂(B)	
原材料	用量/g	原材料	用量/g
杂化涂乳液	27.840	多异氰酸酯固化剂 WT-2102	4.000
Henkel636	0.562	丙二醇甲醚醋酸酯	1.000
BYK-390	0.350	二月桂酸二丁基锡	0.027
BYK-037	0.270		
合计	29.022		5.027

(4) 配漆工艺　将水性杂化体、浆料和助剂在烧杯里混合均匀。然后把稀释好的固化剂缓慢向烧杯中滴加，控制滴加速率，使异氰酸酯充分和羟基反应，滴加完成后，继续反应一段时间，静置除泡。

(5) 水性双组分氟丙烯酸-聚氨酯杂化体清漆性能指标见表 10-6。

表 10-6　清漆性能指标

检测项目	检测结果	检测项目	检测结果
固含量/%	34.5	耐水性(96h)	无异常
黏度/mPa·s	73	耐碱性[饱和 Ca(OH)$_2$,5h]	无异常
漆膜外观	平整、光滑	耐酸性(10%HCl,48h)	无异常
光泽(60°)/%	80	附着力(划圈法)/级	1
表干时间/h	4	耐老化(500h)/%	21.5
摆杆硬度	0.725		

10.2.6 含氟异氰酸酯及纳米二氧化硅改性环氧有机硅树脂

(1) 主要原材料　ES206 树脂，工业纯；4-氟苯基异氰酸酯：化学纯；纳米 SiO$_2$：比表面积 160m^2/g；二月桂酸二丁基锡：化学纯；固化剂：自制；硝酸铝：Al(NO$_3$)$_3$·9H$_2$O，分析纯；二甲苯：分析纯；尿素；无水乙醇：分析纯。

(2) 产品制备　将 ES 树脂用二甲苯溶解，加入四口烧瓶中；升温并加入有机锡催化剂和 4-氟苯基异氰酸酯，恒温反应后得改性树脂样品 1 (反应前各原料都必须进行真空脱水处理)。

把 $Al(NO_3)_3 \cdot 9H_2O$　配成溶液，将纳米 SiO_2 超声分散于溶液中，调节 pH 值，在高速搅拌下，以尿素为沉淀剂，使 Al^{3+} 在 SiO_2 颗粒表面沉积，再经离心沉降分离和洗涤，并用无水乙醇脱水后干燥至恒重，制得表面包覆 $Al(OH)_3$ 的纳米 SiO_2 样品 2。

将样品 1 与样品 2 投入球磨机中充分混合，最终制得样品 3。

将样品 3 与自制固化剂混合后快速混匀涂膜，70℃固化 8h 得到最终的样品涂层。

(3) 改性产品性能

① 当 4-氟苯基异氰酸酯和 ES 树脂的原料比为 4%时，改性树脂与水的接触角达到 98b，比未改性 ES 树脂的 61b 提高了 60%。

② $Al(OH)_3$ 表面包覆改性后的纳米 SiO_2 克服了团聚效应，当其添加量为 2%时涂层的交流阻抗值达到了 10^8 数量级，极大地提高了防腐性。

③ 添加改性纳米 SiO_2 的 4-氟苯基异氰酸酯改性 ES 树脂复合涂层，这种新型的涂层具有优良的防腐性，且表面能低、附着力好。

10.2.7 环保型氟碳乳液改性乳化沥青防水涂料

(1) 主要原材料　所用原材料规格见表 10-7。

表 10-7　原材料规格

原　材　料	规　格	原　材　料	规　格
R-A(反应型阴离子乳化剂)	工业级	十二烷基苯磺酸钠	分析纯
R-B(非离子乳化剂)	工业级	碳酸氢钠	分析纯
甲基丙烯酸甲酯	聚合级	叔丁基过氧化氢	化学纯
(甲基)丙烯酸	聚合级	甲醛合次硫酸氢钠	工业级
丙烯酸丁酯	聚合级	去离子水	
过硫酸铵(APS)	分析纯	增稠剂	
(甲基)丙烯酸六氟丁酯	聚合级	90#沥青	

(2) 沥青乳液 (AE) 的制备

① 将复合乳化剂溶于 55～65℃的水中，调节 pH 至碱性；

② 将沥青加热至 125～130℃，按油水质量比为 60:40 加入到上述乳化剂溶液中，经胶体磨高速剪切搅拌 4～6min，得到固含量为 60%的 AE。

(3) 氟碳乳液 (FC) 的制备

① 预乳化液的制备　准确称量配方要求量的乳化剂使其完全溶解在水中。然后将单体加入到溶解有乳化剂的水溶液中，在超声波中超声处理 1～2min 得到单体预乳化液，备用。

② FC 的制备　在反应器中加入部分混合乳化剂、碳酸氢钠和水，升温至 (82±2)℃后滴加引发剂溶液和混合单体预乳化液 3～4h 滴完，保温 1h 后，补加二次后消除引发剂叔丁基过氧化氢，滴加完 30min 后，滴加甲醛合次硫酸氢钠的水

溶液，继续于 70℃保温 1h，降温冷却至 40℃以下，用氨水中和至 pH＝7～9，出料。所制备的氟碳弹性乳液（FC）性能见表 10-8。

表 10-8　氟碳弹性乳液（FC）性能

检测项目	性能指标	检测项目	性能指标
外观	乳白色带蓝红光,半透明	黏度(NDJ-79)/Pa·s	0.475
凝聚物含量/%	0.038	机械稳定性(9000r/min,10min)	无破乳
固含量/%	47.5	化学稳定性	通过(1∶1)
pH 值	8.5	冻融稳定性	通过(3 个循环无絮凝)
最低成膜温度/℃	－20		

（4）FC 改性 AE 涂料的配制　将 AE 和 FC 按照一定配比混合，加入相应的颜填料、助剂，高速剪切混合即得防水涂料。注意避免混合过程中乳液的破乳。所制备的 FC 改性 AE 涂料的性能见表 10-9。

表 10-9　FC 改性 AE 涂料的性能

检测项目	性能指标	检测项目	性能指标
不挥发物含量/%	40～50	不透水性(0.1MPa,30min)	不渗水
低温柔性(直径 20mm 圆棒)	－20～55℃无裂纹	粘接强度/MPa	≥0.22
耐热性[(800±2)℃,2h]	无流淌、起泡	延伸性(膜厚 4mm)/mm	≥25

（5）条件与性能　水性 FC 与 AE 的质量比为 1∶4，粘接强度不小于 0.22MPa，拉伸强度不小于 0.72MPa，72h 吸水率不大于 10%，完全达到防水涂料的基本要求。水性 FC 与 AE 相结合，既解决了沥青防水材料的高温流淌、低温冷脆及耐候性较差的难题，又发挥了 FC 优异的力学性能和成膜性能，明显降低了 FC 的吸水率。水性 FC 改性 AE 防水涂料具有价格低廉、施工方便、减少环境污染和节约能源等特点。

10.2.8　高耐候水性氟碳铝粉涂料

（1）主要原材料　水性氟树脂；水性铝浆；其他助剂。

（2）涂料配方及制造

① 水性氟碳铝粉涂料的配方（份）　去离子水 15～40；助溶剂 2；润湿分散剂 0.3～0.8；消泡剂 0.2；防腐剂 0.1；水性铝浆 3～10；水性氟树脂 40～60；成膜助剂 1～3；定向排列剂 0.5～2；流平剂 0.5；增稠剂 1～3；中和剂 0.1～0.4。

② 制备工艺如下

a. 先将水、润湿分散剂、助溶剂、消泡剂、抗氧化剂及防腐剂预混合，加入水性铝浆，中速搅拌 15～20min，分散均匀，制成铝浆水溶液。

b. 在乳液中加入成膜助剂，搅拌均匀，然后缓慢加入上述铝浆溶液。搅拌均匀后加入定向排列剂、增稠流平剂及中和剂调至合适黏度。

水性氟碳铝粉涂料性能检测结果见表 10-10。

表 10-10 水性氟碳铝粉涂料性能检测结果

项　　目	GB/T 9755—2001 优等品指标	检测结果
容器状态	无硬块、搅拌后呈均匀状态	通过
涂膜外观	银灰色、涂抹均匀正常	通过
施工性	施工无障碍	通过
干燥时间(表干)/h	≤2	≤1
低温稳定性	不变质	通过
耐水性/h	96	168
耐碱性/h	48	168
涂层耐温变性/(5 次循环)	无异常	通过
耐洗刷性/次	≥2000	10000
耐人工老化性	≥600h,不起泡、不剥落、无裂纹,变色≤2 级,粉化≤1 级	5000h 变色 0 级,粉化 0 级

（3）水性氟碳铝粉涂料性能　用水性铝浆、润湿分散剂、水性氟树脂及抗老化助剂等研制出水性氟碳铝粉涂料,耐人工老化高达 5000h 以上的高耐候水性氟碳铝粉涂料。该涂料装饰性强,成本低,环保无毒,耐候性优异,无需罩面,施工简单,可满足市场对更高性能涂料的要求,具有广阔的应用前景。

10.2.9 水性多羟基氟碳树脂

（1）主要原材料见表 10-11。

表 10-11 主要原材料

名　　称	规　　格	名　　称	规　　格
丙烯酸六氟丁酯	工业级	甲基丙烯酸甲酯	化学纯
甲基丙烯酸十二氟庚酯	工业级	丙烯酸丁酯	化学纯
RhodocoatXEZ-D803		过硫酸铵	化学纯
可聚合含磷单体		甲基丙烯酸	化学纯
乙二醇丁醚	化学纯	甲基丙烯酸-2-羟乙酯	化学纯

（2）操作步骤　在带有回流冷凝管、温度计及搅拌器的四口烧瓶中,加入乙二醇丁醚并升温至 120℃,开始分别同时滴加引发剂和单体混合物（甲基丙烯酸甲酯、甲基丙烯酸、甲基丙烯酸-2-羟乙酯、甲基丙烯酸十二氟庚酯、丙烯酸六氟丁酯、丙烯酸丁酯和可聚合含磷单体）,2h 后滴完并继续搅拌,保温 2h,加入去离子水和中和剂,即得到水性氟碳树脂。该树脂使用前与 Rhodocoat XEZ-D803 水性固化剂混合后使用。

（3）多羟基水性氟碳树脂性能　以丙烯酸丁酯、丙烯酸六氟丁酯、甲基丙烯酸十二氟庚酯、甲基丙烯酸、甲基丙烯酸-2-羟乙酯为单体,可聚合含磷单体为功能单体合成了一种多羟基水性氟碳树脂。该树脂由于含有氟代烃侧链,因此具有突出的耐候性、保光保色性、优异的耐水性、耐碱性和耐污性,对填料的结合能力大且施工性好,此外,由于可聚合含磷单体的加入,使得乳液具有很好的抑制闪锈和防锈功能,综合性能优良,具有广阔的发展前景。

第 11 章

水性超支化聚合物

Chapter 11

11.1 超支化聚合物概述

11.1.1 超支化聚合物简介

超支化聚合物是树枝状大分子的同系物，其结构是从一个中心核出发，由支化单体 ABx 逐级伸展开来，或者是由中心核、数层支化单元和外围基团通过化学键连接而成的。超支化聚合物由于其独特的支化分子结构，分子之间无缠结，并且含有大量的端基，因此表现出高溶解度、低黏度、高的化学反应活性等许多线型聚合物所不具有的特殊性能，这些性能使得超支化聚合物在聚合物共混、薄膜、高分子液晶及药物释放体系等许多方面显示出诱人的应用前景。

超支化聚合物除了作为黏度调节剂外，还可用作热固材料的固化剂，广泛应用于农业、医药及化妆品工业；此外，由于超支化聚合物带有众多的末端基团，经功能化后还可用于涂料与黏合剂领域等。

超支化聚合物分子结构虽没有树形分子完美，但它的合成采用一锅法，合成方法简单，无需繁琐耗时的纯化与分离过程，大大降低了成本。因此，超支化聚合物一经出现便受到广大研究者的重视与青睐，成为高分子科学中的热门课题之一。

11.1.2 超支化聚合物结构

超支化聚合物一般由 ABx 型（$x \geqslant 2$，A，B 为反应性基团）单体制备，对其反应过程中生成的中间产物通常不作仔细纯化，并且聚合条件也不如树枝状分子严格，其产物分子结构允许出现缺陷，即分子内部可存在剩余的未完全反应的 B 基团。A 与 B 官能团反应必须只在不同分子之间进行，否则将产生环化而终止反应；反应最终产物将只含 1 个 A 基团和 $(x-1)n+1$ 个 B 基团（其中 n 为聚合度）。如果在体系中加入具有多个可与 A 基团反应的相同官能团的"核"分子，它将形成具有类似球形的三维立体构型超支化聚合物。超支化聚合物也可以采用 A_2B_3 型单体或预聚物反应制备，但必须严格控制反应物的计量关系和反应条件。超支化高分子聚合物结构的示意图如图 11-1 所示。

超支化聚合物的分子中只含 1 个未反应的 A 基团，而含多个未反应的 B 基团。超支化聚合物与树枝状大分子一样，单个分子的形状是球形的，但是树枝状大分子的分子具有完美的分支结构，整个分子中无缺陷。因此，树枝状大分子的分子是圆球形，而超支化聚合物的分子中有缺陷，整个分子并不完全对称。所以，超支化聚合物的单分子形状是椭球形，但这两种结构的分子表面均密布着大量有反应活性的末端官能团。

传统的线型高分子在无外力作用下总是自发地呈蜷曲形态。当与线型高分子具有相同的端基数目时，超支化高分子的多端基结构决定了它的无链内缠绕性。

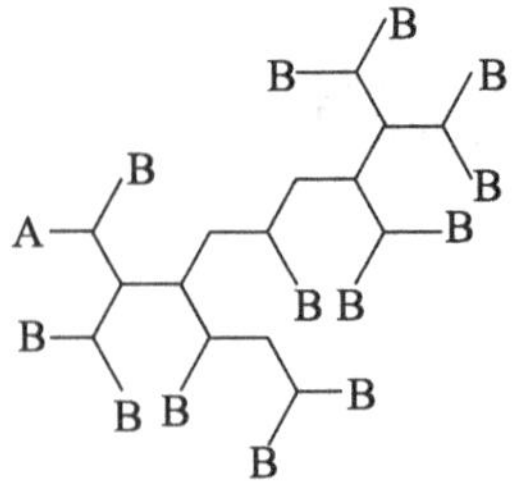

图 11-1　超支化聚合物分子结构模型

11.1.3 超支化聚合物的性质

超支化聚合物的特殊结构决定了它具有与普通线型高分子不同的特殊性质。

(1) 低黏度　超支化聚合物和树枝状大分子的最突出特点是它们表现出惊人的低黏度。有报道合成的超支化聚酯-酰胺型两种树脂 HAS 和 HAP，与市售的聚酯树脂均按 60％二甲苯溶液进行黏度对比，25℃测得的黏度分别为 21mPa·s、12mPa·s 和 6500mPa·s，这表明超支化聚合物的溶液黏度低得多。这是由于流体的黏度来源于聚合物的流体力学体积和分子间的内摩擦，超支化聚合物的分子尺寸小，有大量短支链存在，以及分子链本身及分子之间无链的缠绕使得分子间相互作用力小，因而黏度较低。

(2) 良好的溶解性　与相对分子量相近的线型大分子相比，超支化聚合物的溶解性有很大的提高。例如，超支化聚苯和芳香聚酰胺可溶解在有机溶剂中，而对应的线型聚合物则由于主链的刚性，在有机溶剂中几乎不能溶解。超支化聚合物的分子相对于无规线团来说，分子结构较紧密，而且在溶液中虽有溶胀现象但溶胀前后体积的变化相对较小，分子尺寸虽然相对于无机分子来说是"大分子"，但是比起在溶液中溶胀的无规线团来说应算是"小分子"了。因此，完全可将超支化聚合物的分子视为特殊意义上的小分子，它所表现出来的牛顿流体行为也可得到解释。

(3) 多功能性　超支化聚合物的表面有大量的官能团存在，其封端官能度非常大，一般为 12、16、32，如果保留反应活性基团，则反应活性非常高。利用超支化聚合物终端的多价态羟基基团的氢键作用，可在金属表面形成良好的功能化膜。通过对超支化聚合物端基官能团的改性可以赋予其各种各样的功能。有专利报道，对第二代超支化聚酯可进行不同的终端改性，当终端接枝甲基丙烯酸时，所得聚酯为黄色的黏稠液体，可利用辐射固化；当终端接枝邻苯二甲酸酐时，所得的产物是微黄色晶体状固体，是一种非辐射固化的聚酯材料。

(4) 其他性能　超支化聚合物具有良好的流动性，容易成膜。复合树形分子气体分离膜，是由具有硅氧烷超支化聚合物结构侧基的乙烯基聚合物和热塑性树脂组成，具有优异的气体渗透性，如具有优异的氧气渗透性。此外它还具有阻水性、可模塑加工性、耐热性和耐候性等。因此，在医疗卫生用膜、氧吸收剂及气味吸收剂的填充材料中都有着广泛的应用。

超支化聚合物可以将一种非极性的内层结构与另外一种极性的外层结构结合在一起，比如，憎水的内层结构和亲水的端基。具有酯端基的超支化聚苯可作为一种单分子胶束，酯端基使得该聚合物是水溶性的，而憎水性的内层则可以捕获客体分子。

超支化聚合物在溶液中的尺寸受溶液的极性和 pH 值等因素的影响。当溶液的 pH 值发生改变后，羧端基的树形分子在水中的尺寸可以增加或减少 50%。

另外，利用超支化聚合物的结构特点，通过适当的物理或化学手段，还可以赋予超支化聚合物其他一些特殊性能，如光物理及光化学性能、吸附及解吸附性能等。

11.1.4 超支化聚合物分子构成特点

(1) 支化度和平均支化数　所谓超支化聚合物的支化度，是指完全支化单元和末端单元所占的摩尔分数，它标志着加"核"分子或不加"核"分子体系中的 ABx 型单体，通过"一步法"或"准一步法"聚合而成的超支化聚合物的结构和由多步合成的完善的树枝状分子的接近程度，是表征超支化聚合物形状结构特征的关键参数。超支化聚合物含有 3 种不同类型的重复单元，即末端单元、线性单元和树枝状支化单元。而树枝状分子结构中没有线性单元，只有末端单元和树枝状支化单元。

超支化聚合物分子的 3 种不同的重复单元为线型单元（L）、支化单元（D）和末端单元（T），支化度（DB）可用式 (11-1) 表示。

$$DB = \frac{D+T}{D+T+L} \tag{11-1}$$

树枝状分子的 DB 值为 1，而与此相同化学组成的超支化聚合物的 DB 值一般都小于 1，而且 DB 值越高，其分子结构越接近树枝状分子，相应溶解性越好，熔融黏度越低。

进一步发展的支化度的定义，引入了平均支化数（ANB）这一新概念，即定量那些发散自无终端支化点的非线性方向的平均聚合物链数，它可以直接评价超支化分子结构的支化密度。计算 AB_3 反应体系的支化度和平均支化数表达式见式 (11-2)。

$$DB = (2D+sD)/2D+(4/3)sD+(2/3)L$$
$$ANB = (2D+sD)/(D+sD+L) \tag{11-2}$$

其中 L 为线性单元；sD 为半树枝支化单元；D 为树枝支化单元。

超支化聚合物的 DB 小于 1，DB 较大者具有较好的溶解性和较低的熔融黏度。它的应用潜力主要是由于良好的溶解性，溶液黏度低，分子表面活性末端官能团多，并且可以通过封端反应加以改性达到裁制的性能以及易于工业化等，所以引起涂料界的关注。

(2) 几何异构体　异构现象也是超支化高分子与树枝状大分子及线型高分子之

间的一个显著差异。因为每个单体的滴加都是随机的，因此，即使对于指定了分子量和分支程度的超支化高分子，也会有大量异构体出现，并且异构体含量随着单体的复杂程度和高分子分子量的增大而增加。这种几何异构会影响聚合物的溶解性和固态堆积方式及其他相关性质。

与分子量分散性和支化度不同的是超支化分子异构体的数目难以估计。Flory曾计算过聚合度为 n，官能团数为 x 的支化分子的几何构型数为 $nx!/(nx-n+1)!n!$。由此可见，单体越复杂，分子量越大，则构型数越多。

目前已有很多研究尝试采用图形理论来描述超支化聚合物异构体的结构特征。在不同的拓扑系数中，Wiener 系数对超支化聚合物比较适用，一些研究小组已经报道了计算 Wiener 系数或 Hyper-Wiener 系数的数学逻辑方法；另一种描述超支化分子异构体的方法是采用亚图形计算轨道和楔形的数目，以及它们与超支化分子的结构性能，例如分子量和体积的关系。

(3) 分子量多分散性 超支化高分子具有分子量分散性。而且由于超支化高分子通常是由 ABx 型单体自聚合得到，所以超支化高分子的分子量分布比普通的线型高分子宽。超支化高分子分子量分散性可通过采用多官能度的核，并降低核的浓度以及采用缓慢滴加单体的方法来进行控制。

超支化分子同树枝状分子相比，通常具有较宽的分子量分布，而前者更接近于传统的聚合物。由于支化度的变化，超支化分子的分子量分布一般大于传统的聚合物。采用传统的体积排阻色谱或凝胶渗透色谱来测定超支化聚合物的分子量和分子量分布往往并不精确，尤其是分子量比实际值要小得多。因为凝胶渗透色谱是一种相对测量方法，以线型聚苯乙烯作为柱填充物，因而至今没有合适的手段来表征超支化分子，而且由于超支化分子含有大量端基，有些极性端基还会与柱填充物反应，以至于它们会被不可逆地吸入填充材料的多孔结构，从而损坏柱填充物。另外，流出体积不仅与超支化分子的分子量有关，还与其结构和形状密切相关，所以也不能由单一的凝胶渗透色谱测试来确定其分子量分布。

基质辅助激光脱附电离飞行时间质谱（MALDI-TOF）是一种新的测定超支化聚合物分子量的方法。其测定结果与理论分子量十分接近，能够比较精确地反映超支化聚合物的实际分子量。

(4) 超支化聚合物结构特点 树枝状大分子和超支化聚合物均可由 ABx 单体合成，二者既有相同之处，也有区别。前者分子具有高度规整的分支结构，分子中无缺陷，呈圆球形，后者的分子规整性较前者差，呈椭球形。二者分子的表面均密布着大量有反应活性的末端官能团。其次，前者是分步合成的，在进行下一步合成之前需分离提纯，其所合成的高度规整分子结构，可作为模型分子供理论研究；后者是由一釜法合成的，制备较简便、经济且易于工业化。另一点是超支化聚合物的相对分子质量分布较树状大分子宽，具有多分散性。该不足之处可以采用多官能度的核分子，在降低核分子浓度，以及采取缓慢滴加单体的条件下，是可以改进的。这是减少分散性和增加分支度的有效方法。超支化聚合物与树状大分子在结构和性能上的相似性，加之其在工业上的易合成性，使得超支化聚合物可以满足实际应用的需要。由 AB$_2$ 单体合成的超支化聚合物分子结构见图 11-2。

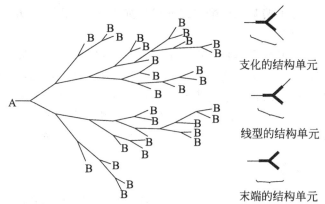

支化的结构单元

线型的结构单元

末端的结构单元

图 11-2　由 AB$_2$ 单体制备的超支化聚合物结构

(5) 超支化聚合物表面有大量末端基　由 ABx 型单体制备的超支化聚合物分子表面具有大量的末端官能团。这些末端基对超支化聚合物的性能有着明显的影响。然而，线型聚合物端基对聚合物性质的影响，随分子量的增加并不明显。

超支化聚合物末端基的存在，以及对其加以改性，均影响着超支化聚合物的反应性、黏度、极性、交联密度及 T_g。超支化聚合物中端基的质量分数较大，对 T_g 的影响较大。例如，Perstorp 型脂肪族超支化聚酯之一，含有大量端羟基，其 T_g 为 30℃，室温下为无定形固体。经过丙烯酰化合，室温下黏度为 70Pa·s(23℃)。这表明极性较强的羟基有可能通过分子间的作用力（如氢键）形成稳定的团簇，当端羟基经过改性后极性减弱，消除了团簇的影响，T_g 降低。总之，端基经过改性后，性能改变了，扩展了超支化聚合物的应用范围。

11.2 典型超支化聚合物的制备工艺

11.2.1 超支化聚酯

由 AB$_2$ 型单体 2,2-二（羟甲基）丙酸在核分子 2-乙基-2-(羟甲基)-1,3-丙二醇存在下进行的熔融缩聚，反应式如下：

（11-3）

所得聚合物的分子量取决于 AB_2 型单体和核分子的摩尔比，DB 值在 0.83～0.96 之间，T_g 接近于 40℃。热稳定性达 300℃。

超支化聚酯也可由偏苯三酸酐与二元醇、如 1,4-丁二醇、1,6-己二醇、1,8-辛二醇、二乙二醇制成。

以 3,5-二（三甲基硅氧基）苯甲酰氯（AB_2）和 3-(三甲基硅氧基) 苯甲酰氯（AB 型）为单体，以 2-乙基-2-羟甲基-1,3-丙二醇为核分子，通过无规本体缩聚和单体的缓慢滴加两种方法合成超支化芳香均聚及共聚酯。由无规本体缩聚所得产物的分子量为 2900～4000；而由单体缓慢滴加法所得产物的分子量 Mn 为 83000～278000，多分散指数为 1.09～1.49，支化度 DB 为 0.6～0.66。

11.2.2 超支化聚醚

用缩水甘油为起始原料，通过阴离子开环聚合合成了超支化脂肪聚醚，反应式如下：

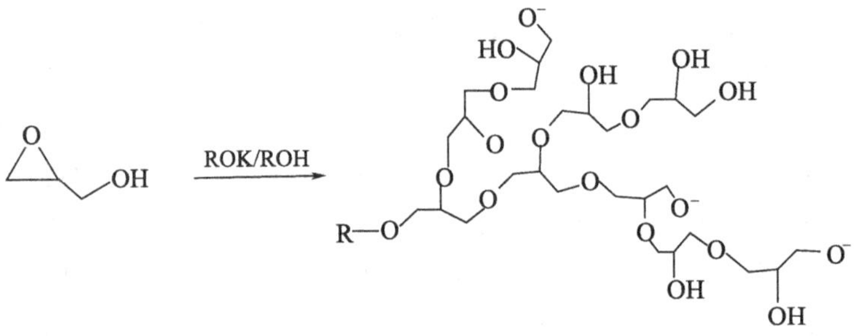

$$(11-4)$$

超支化脂肪聚醚也可以通过氧杂环丁烷衍生物的开环聚合得到。由了 3-乙基-3-(羟甲基) 氧杂环丁烷的聚合，反应式如下：

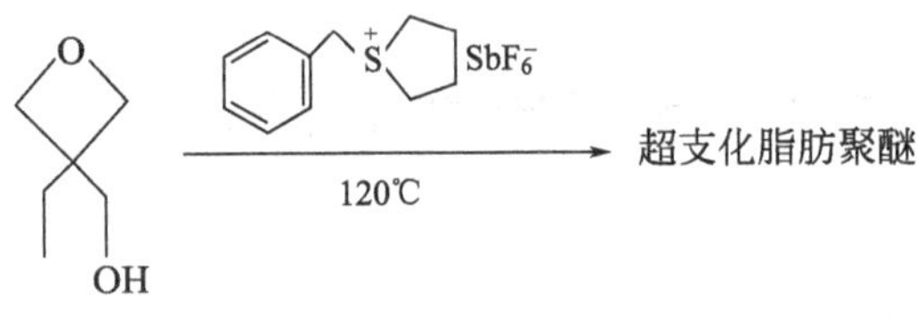

$$(11-5)$$

由 ^{13}CNMR 确定的支化度 DB 为 0.41，由 SEC 测定的分子量 Mn 为 4170。

超支化芳香聚醚可以由 ABx 型单体的亲核芳香取代反应制备。通过酚盐单体的自缩聚合成超支化聚醚，这种聚合物被认为类似于如聚（醚-酮）、聚（醚-砜）等工程塑料。由 SEC 法测定的分子量范围为 11300～134000；热重分析表明，玻璃化温度范围在 135～231℃，在 500℃下仍保重 95％，没有观察到熔点。

由取代苯和邻氟苯胺缩聚制得两种 AB_2 型单体喹喔啉，并由这两种单体分别合成聚（芳基-醚-苯喹喔啉）。两种聚合物的特性黏度均为 0.5dL/g，玻璃化温度 T_g 则分别为 225℃和 190℃。

由 5-(溴甲基)-1,3-二苯酚在碳酸钾的冠醚溶液中进行自缩合反应形成超支化聚醚。加入单体方式的不同对 C^-/O^- 烷基化比例有很大影响，单体加入越慢，C^-/O^- 烷基化比例越高。由 SEC-LALLS 法测定的该聚合物分子量大于 10^5，是以聚苯乙烯为标准所测得的分子量的 3～5 倍。由 AB_2 型单体合成含四氟苯基的超支化聚合物（A，B 分别代表苄羟基和五氟苯）。反应在以金属钠为催化剂的 THF 溶液中进行，当钠颗粒的尺寸小于 1nm 时，得到的是产率高而分子量较低的聚合物；相反，当钠颗粒的尺寸大于 1nm 时，得到的是产率低而分子量较高的聚合物。

11.2.3 两亲性超支化聚酯-酰胺

(1) 主要原料　甲苯二异氰酸酯（TDI）；二异丙醇胺（DIPA）；六氢苯酐（HHPA）；聚乙二醇甲醚（MPEG550），相对分子质量为 550，均为分析纯。

(2) 超支化聚酯-酰胺的合成，反应原理如下：

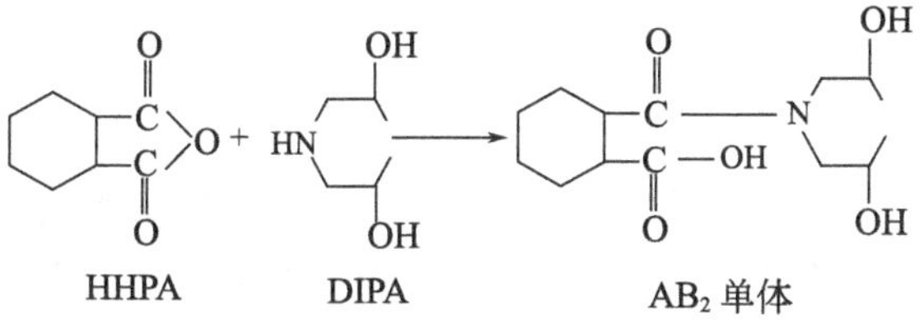

(11-6)

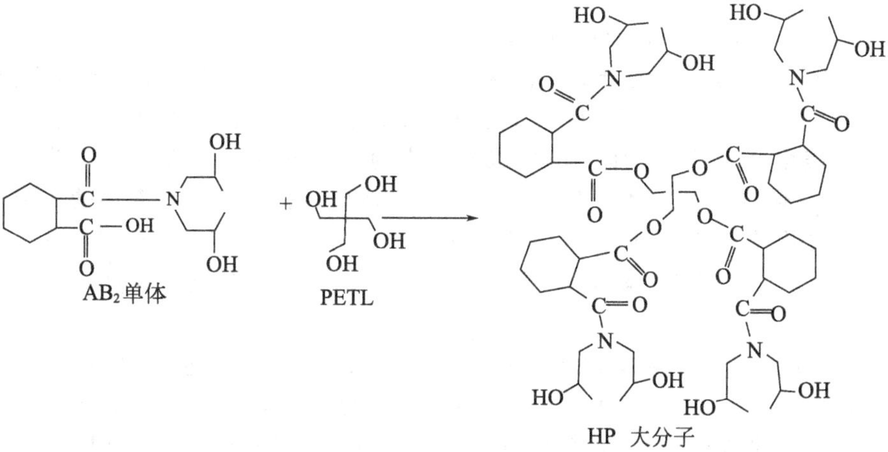

HHPA　　DIPA　　　　AB_2 单体

AB_2 单体　　+　PETL　　→　　HP 大分子

(3) 超支化聚酯-酰胺的合成过程　称取一定量的二异丙醇胺（DIPA），加入二甲苯溶解后，移入装有搅拌器、温度计及分水器的四口烧瓶中，回流脱水 1h 左右。分批加入按一定的摩尔配比计量的六氢苯酐（HHPA），在 80℃反应约 3h。加入适量的季戊四醇（PETL），温度升至 160℃反应，直到体系中的酸值小于 20mgKOH/g。可得到以 PETL 为核，端基带羟基的超支化聚酯-酰胺（HP）。

在合成好的超支化聚合物（HP）的二甲苯溶液中，按顺序加入摩尔比为 1∶1 的聚乙二醇甲醚 550（MPEG550）和甲苯二异氰酸酯（TDI），加入少量二月桂酸二丁基锡作为催化剂，控温在 80℃，反应 3h，得到端基为 MPEG550 的两亲性超支化大分子。端基为羟基的超支化聚酯-酰胺（HP）、MPEG550 和 TDI 的反应示意图如下：

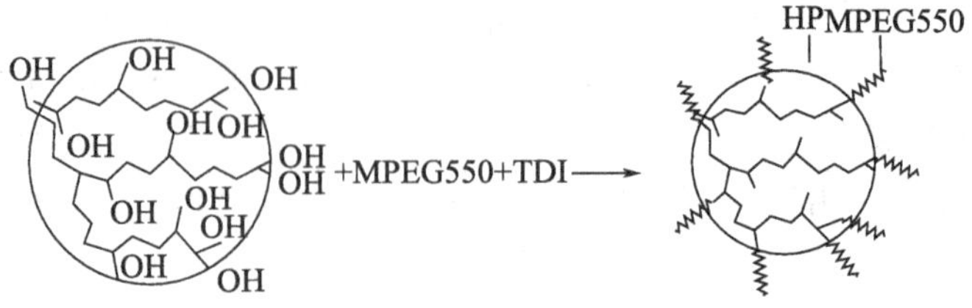

超支化聚酯-酰胺（HP）　　　　　　两亲性超支化大分子

$$(11-7)$$

(4) 两亲性超支化大分子的制备　在合成中依靠 TDI 的 2 个—NCO 基与羟基反应，将亲水链段 MPEG550 连接到超支化聚酯-酰胺中，得到两亲性超支化大分子。

得到的两亲性聚合物在水中可形成接近球形，粒径约在 50～100nm，具有核/壳结构的纳米粒子。

11.2.4 超支化聚（酰胺-酯）

(1) 原材料　二异丙醇胺（DIPA）：分析纯，回流处理；六氢化苯二甲酸酐（HHPA）：分析纯；四氢呋喃：分析纯；二甲苯：分析纯，经 4A 分子筛干燥处理；乙醚：分析纯。

(2) 超支化聚（酰胺-酯）的制备

① AB$_2$ 型单体 DH 的合成　称取 13.36g 的 DIPA，过量；移入装有搅拌器、温度计及分水器的四口烧瓶中，回流脱水 1h 左右；然后将 HHPA 溶于 100mL 二甲苯，缓慢滴入四口烧瓶中，在 80℃反应约 3h。这时合成的是 AB$_2$ 单体 DH。

② 超支化聚（酰胺-酯）的合成　在上步反应后，在四口烧瓶中通入氮气保护，加入二甲苯和催化剂，进行缩聚反应，在 170℃下回流，脱出反应水，保温反应 3～4h，反应终止，降温出料，得到超支化聚（酰胺-酯）粗产物，无色玻璃状。

(3) 性能　合成的超支化聚（酰胺-酯）具有较高的分子量，M_n 高达 42769，多分散性指数在 1.28～1.60 之间，呈现很窄的摩尔质量分布；超支化聚（酰胺-酯）具有较好的热稳定性，加热到 300℃，超支化（酰胺-酯）才出现明显的失重；超支化聚（酰胺-酯）具有良好的溶解性能，溶解度参数 δ 值范围为 21.85～26.29 $(J/cm^3)^{0.5}$，能溶于醇类、酮类及四氢呋喃等极性溶剂；相对线型高分子，超支化聚（酰胺-酯）具有较好的流变性，体系中溶入 40% 的超支化聚（酰胺-酯），黏度仅为 6.61mPa·s。

11.2.5 超支化聚酰胺

由 AB$_2$、AB$_4$、AB$_8$ 单体直接缩聚合成支化度不同的超支化芳香聚酰胺，分子结构如下所示：

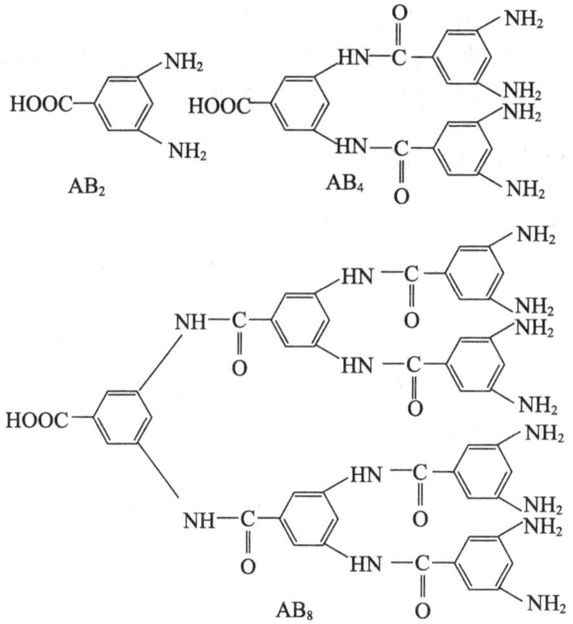

(11-8)

由 AB$_2$ 型单体得到的聚合物支化度为 0.32；AB$_4$，AB$_8$ 型单体得到的聚合物支化度分别为 0.72，0.84。这些超支化聚酰胺的溶解性和热稳定性不受支化度的影响。

热聚合法是一种获得高分子量脂肪聚酰胺的方法，但是用熔融缩聚法通常却难以得到高分子量的芳香聚酰胺。然而，熔融缩聚法却适合于由 AB$_2$ 型单体制备高分子量的超支化芳香聚酰胺。由 3,5-二（4-氨基苯氧基）苯甲酸于 235℃进行稳定的熔融缩聚，反应式如下：

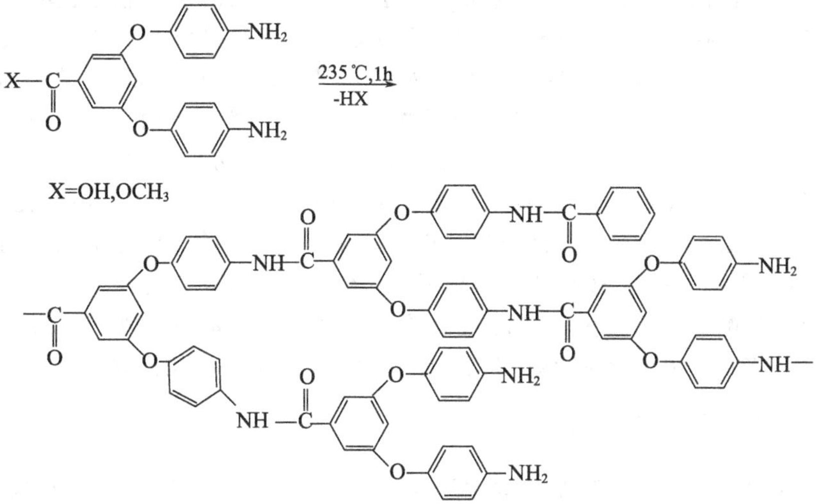

X=OH,OCH$_3$

产物的重均分子量 M_w 及分子量分布分别为 74600 和 2.6。

以丙烯酸甲酯和二乙烯三胺、三乙烯四胺、四乙烯五胺进行 Michael 加成反应，生成甲氧基多胺中间体，此中间体再进行自缩聚，可生成超支化聚酰胺，其结构与性质可由单体的加料比来调控，产物含大量氨基，在水中溶解性良好。

由三（2-氨基乙基）胺与1,4-环己基二酸，或丁二酸于高温高压下反应，也可生成超支化聚酰胺，两种单体的比例有较大可调范围。

11.2.6 酯端基超支化聚（胺-酯）

(1) 主要原材料 二乙醇胺、琥珀酸酐、丙烯酸甲酯、对甲苯磺酸乙酸酐及吡啶均为分析纯试剂。除丙烯酸甲酯用10%的NaOH水溶液洗涤除去阻聚剂、干燥、减压蒸馏外，其余均未纯化。

(2) N-羟乙基-3-氨基-N,N-二丙酸甲酯单体的制备 以丙烯酸甲酯与乙醇胺为原料，通过Michael加成反应合成N-羟乙基-3-氨基-N,N-二丙酸甲酯。其反应式如下：

$$HOCH_2CH_2NH_2 + 2H_2C = CHCOOCH_3 \longrightarrow \qquad (11-9)$$

$$HOCH_2CH_2N \begin{cases} CH_2CH_2\overset{\displaystyle O}{C}OCH_3 \\ \\ CH_2CH_2\overset{}{C}OCH_3 \\ \overset{\displaystyle \|}{O} \end{cases}$$

在接有冷凝管的三颈烧瓶中加入定量的乙醇胺和无水甲醇。在室温、氮气保护和磁力搅拌下缓慢滴加与乙醇胺摩尔比为1:2的丙烯酸甲酯，待丙烯酸甲酯滴加完毕，继续搅拌30min后缓慢升温至48℃，恒温6h。抽真空30min除去甲醇，得到无色透明油状液体，即为N-羟乙基-3-氨基-N,N-二丙酸甲酯单体。

(3) 酯端基超支化聚（胺-酯）的制备 以琥珀酸酐为中心核，N-羟乙基-3-氨基-N,N-二丙酸甲酯单体，通过有核准一步法合成1～5代酯端基超支化聚（胺-酯）。

制备工艺：在250mL三颈烧瓶中加入0.01mol丁二酸酐，0.02mol单体N-羟乙基-3-氨基-N,N-二丙酸甲酯和0.02g对甲苯磺酸，加热至120℃并保持2.5h，然后抽真空（3.99kPa）1h除去生成的甲醇，得到一种淡黄色油状物，即为第一代酯端基超支化聚（胺-酯）。继续向反应体系中加入0.04mol N-羟乙基-3-氨基-N,N-二丙酸甲酯单体和0.04g对甲苯磺酸。反应物在120℃下反应3h，反应完毕，抽真空（3.99kPa）1h至无气泡鼓出，得到淡黄色油状产物。即为第二代酯端基超支化聚（胺-酯）。重复上述步骤可得到不同代数的酯端基超支化聚（胺-酯）。

该合成的酯端基超支化聚（胺-酯）具有较好的热稳定性、较好的溶解性和较低的黏度，将在改善传统聚合物加工性能方面有着巨大的应用前景。

11.2.7 超支化环氧树脂

(1) 主要原材料 偏苯三酸酐；乙二醇；二甲苯；N,N-二甲基甲酰胺（DMF），环氧氯丙烷；相转移催化剂；丙酮；氢氧化钾；无水乙醇；盐酸；钛酸丁酯。所使用的试剂均为分析纯，使用前未经纯化处理。

(2) AB$_2$ 单体的制备 向带有搅拌器、温度计和回流冷凝器的三口烧瓶中加入等物质的量的偏苯三甲酸酐、乙二醇，一定量溶剂和少量催化剂，开动搅拌，加热升温至120℃反应3h，然后减压蒸馏除去溶剂，得到一种淡黄色固体。

AB_2 单体的合成反应式如（11-10）所示。

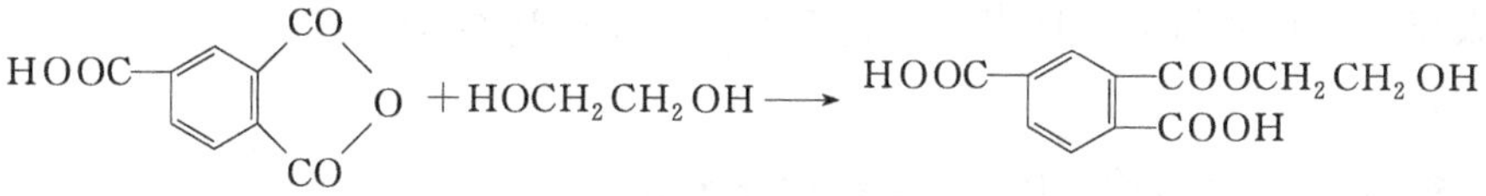

$$\text{(11-10)}$$

（3）超支化聚酯的制备 采用发散法合成末端带羧基的超支化聚酯。向带有搅拌器、分水器和回流冷凝器的三口烧瓶中加入计量的偏苯三酸酐，AB_2 单体，适量溶剂和少量催化剂，开动搅拌，加热升温至120℃并保持回流3h，直至分出化学计量的水后停止反应，然后减压蒸馏除去溶剂，得到一种淡黄色固体（G_1）。采用类似方法以 G_1 和合适的物质的量比的 AB_2 单体，可获得第二代末端带羧基的超支化聚酯 G_2。其反应式如式（11-11）、（11-12）所示。

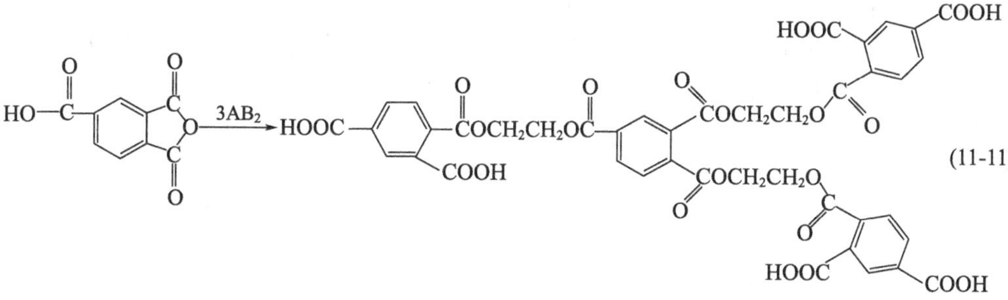

$$\text{(11-11)}$$

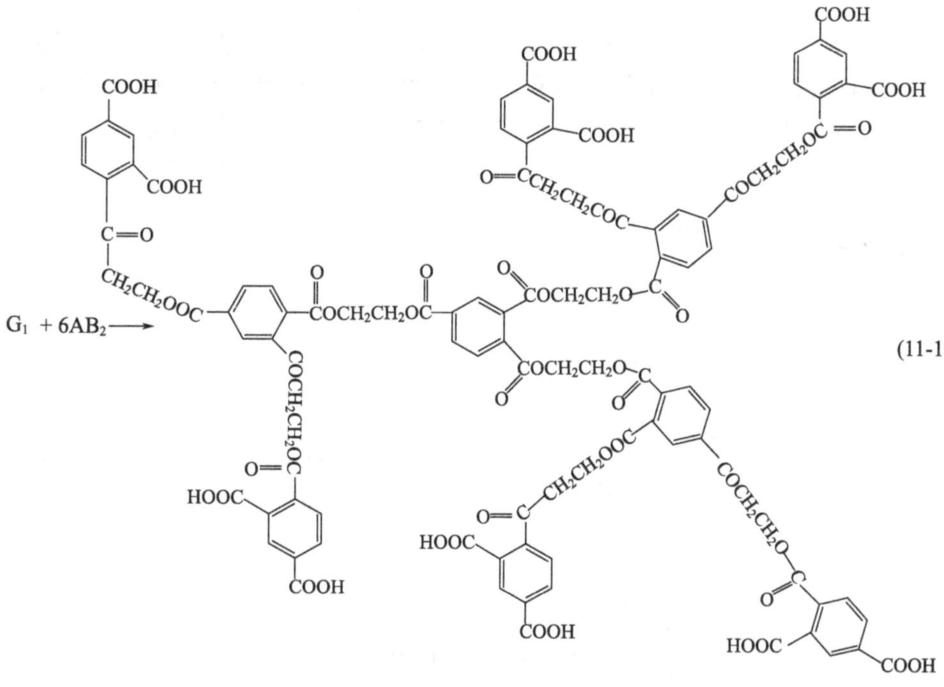

$$\text{(11-12)}$$

（4）超支化聚酯型环氧树脂的制备 向带有搅拌的烧瓶中加入一定量的超支化

聚酯、与树脂中羧基的物质的量相同的氢氧化钾和适量的去离子水至全部溶解，形成超支化聚酯树脂的钾盐。向上述超支化聚酯钾盐溶液中加入一定比例的环氧氯丙烷和微量的相转移催化剂，在一定温度下反应数小时，分液水洗数次后，取有机相蒸馏除去未反应的环氧氯丙烷即得超支化聚酯型环氧树脂 G_1', G_2'。

11.3 超支化聚合物产品的合成

11.3.1 氟化合物改性超支化聚合物

(1) 主要原材料 BOLTORNH 30：超支化聚合物；六氢苯酐（HHPA）：分析纯；三氟乙醇（TFE）：分析纯；固化剂 L40；对甲苯磺酸（P-TSA）：分析纯；N,N-二甲基甲酰胺（PDF）：分析纯。

(2) 氟碳加成物的合成 以三氟乙醇（TFE）与六氢苯酐（HHPA）为原料，在装有温度计、搅拌器及回流冷凝管的三口烧瓶中进行开环反应，温度 90℃，反应时间 8h，得到含有 1 个羧基官能团的含氟酸，备用。加成反应示意图如下式：

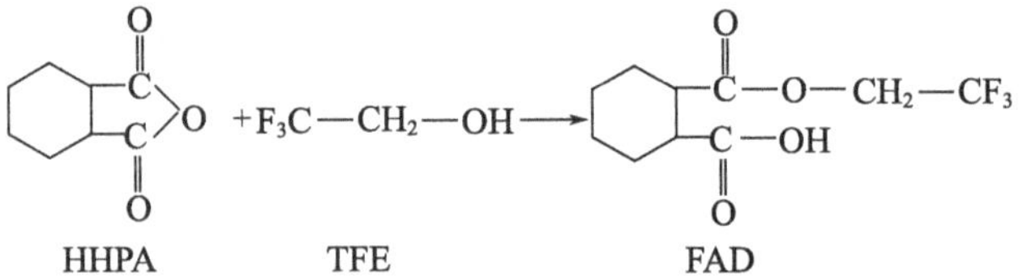

$$\tag{11-13}$$

(3) 含氟化合物改性超支化聚合物 在装有回流冷凝管、搅拌器、分水器及温度计的四口烧瓶中按计量比加入含氟酸和 H30，再加入催化剂对甲苯磺酸，在 140～150℃氮气保护下反应 6h 左右，直至体系酸值为 20mgKOH/g 以下停止反应，即得到含氟化合物改性的超支化聚合物，反应示意图如下式：

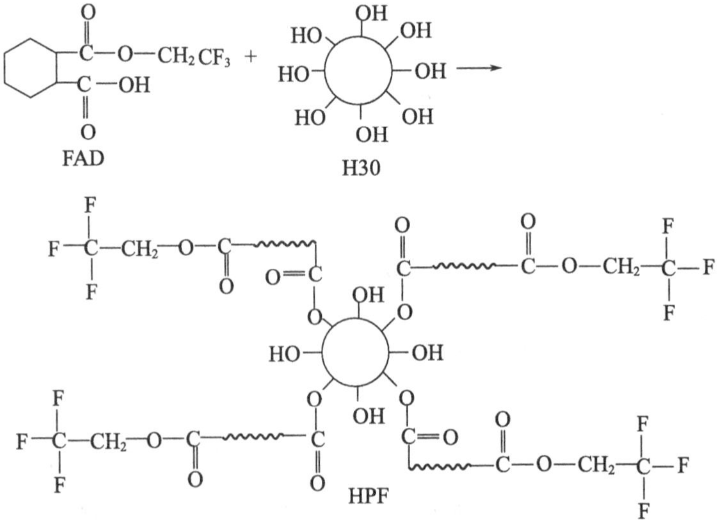

$$\tag{11-14}$$

(4) 产物性能　用六氢苯酐（HHPA）与三氟乙醇（TFE）合成了含氟化合物，并将合成的含氟酸（FAD）按不同的比例接枝到超支化聚酯 H30，得到了改性的超支化聚合物（HPF）。改性超支化聚合物的玻璃化温度为 −19℃；其聚合物溶液具有高固低黏的特性，树脂具有良好的成膜性和物理性能，氟含量越高漆膜的疏水性越好。

11.3.2 超支化封端改性聚（酰胺-酯）

(1) 主要原材料　N,N-二甲基甲酰胺（DMF）（分析纯）；吡啶（分析纯）；邻苯二甲酸酐（分析纯）；二乙醇胺（分析纯）；甲醇（分析纯）；十八酸（化学纯）；丙酮（分析纯）；醋酸酐（分析纯）。

(2) 超支化聚（酰胺-酯）的合成　在三口瓶中放入邻苯二甲酸酐，加入适量溶剂，滴加二乙醇胺吡啶溶液，控制邻苯二甲酸酐和二乙醇胺的摩尔比为 1:1，冰水浴中反应 6h 后，即可得到 AB_2 型单体。该产物不需经过后处理，移入真空瓶中加入催化剂对甲苯磺酸，在加热条件下减压蒸馏，控制温度 130℃，反应 6h，制得分子量不同的超支化聚（酰胺-酯），简称为 HPD。

(3) 超支化聚（酰胺-酯）的端基改性　在装有搅拌器的三口瓶中，加入 HPD 的 N,N-二甲基甲酰胺（DMF）溶液，另取一定量的十八酸（与 HPD 的端羟基的摩尔比为 1:2）溶于 DMF 中，并加入到三口瓶中，以对甲苯磺酸作催化剂，甲苯为带水剂，反应温度为 156℃，反应至无水生成。

将得到的产物移入真空烧瓶中进行减压蒸馏，蒸出其中的溶剂。用丙酮洗涤产物，洗涤后产品为白色粉末。将洗涤后的产品放入烘箱中干燥，温度控制在 45℃，干燥 30h，然后在 35℃真空中干燥至恒重，得到产品称即为改性 HPD。

11.4 水溶性超支化聚合物制备与性能

11.4.1 超支化水性聚氨酯脲分散液

(1) 主要原材料　聚氧化丙烯二元醇（GE220，羟值：56mgKOH/g），工业品。使用前在 100～120℃下真空干燥 2h。二羟甲基丙酸（DMPA），工业品，使用前经 60℃真空脱水 1d。端羟基超支化聚酯（HBP）。异佛尔酮二异氰酸酯（IPDI），工业品。其他原料均为化学纯试剂。

(2) 操作步骤和条件　在装有搅拌器、回流冷凝器、温度计和氮气导管的四口烧瓶中加入 GE220、DMPA、IPDI 和少量 N-甲基吡咯烷酮溶剂，不断搅拌缓慢升温至 70～80℃，保持该温度进行反应 3.5h。采用二正丁胺法取样分析预聚物中 NCO 含量，当其与理论值接近时，降温至 50℃，加入三乙胺中和 DMPA 上的 COOH 基团。反应 30min 后，在强烈搅拌下加入去离子水进行乳化。最后加入扩链剂乙二胺，在 50℃下反应 1h，即制得具有超支化结构的 HPUU 水分散液，固含量为 30％。各样品分别用 HPUU-X 表示，其中 X 代表体系中 HBP 占 HPUU 总固含量。

(3) HPUU 水分散液的性能　通过在水性聚氨酯脲的大分子链中引入超支化的聚酯 HBP 结构，制备了一系列具有交联结构的 HPUU 水分散液。与不含 HBP 的水性 PUU 分散液相比，引入交联结构后，所有的 HPUU 水分散液的粒径和表面张力均变大，黏度有所降低，分散液的稳定性基本不变。

所有的 HPUU 水分散液的粒径和表面张力稍有增大，黏度从 39.29mPa·s 降到 25.73mPa·s，水分散液的高温和冻融稳定性基本不变。

11.4.2 水溶性端氨基超支化聚合物

(1) 主要原材料　二亚乙基三胺、丙烯酸甲酯、甲醇、丙酮：分析纯；2,3-环氧丙基三甲基氯化铵：工业品；大肠杆菌（E. coli）、金黄色葡萄球菌（S. aureus）。

(2) 端氨基超支化聚合物及其季铵盐的合成

① HBP-2NH$_2$ 的合成　将 52mL 二亚乙基三胺置于 250mL 三口烧瓶中，冰水浴冷却，在 N$_2$ 保护下，用恒压漏斗慢慢滴加 43mL 丙烯酸甲酯和 100mL 甲醇的混合溶液，滴加完毕后在常温下反应 4h，得到淡黄色透明 AB$_3$ 和 AB$_2$ 型单体。然后转移至旋转蒸发仪茄形烧瓶中，减压除去甲醇，升温至 150℃继续减压反应 4h，停止反应，得到黏稠淡黄色端氨基超支聚化合物 HBP-NH$_2$。

② HBP-HTC 的合成　将端氨基超支化聚合物 HBP-NH$_2$ 10g 放入三口烧瓶中，加入一定量的水，搅拌溶解，然后向三口烧瓶中滴加含有 20g 2,3-环氧丙基三甲基氯化铵的水溶液，80℃搅拌反应 5min。反应结束后，加入丙酮沉淀分离，沉淀产物用乙醇溶解，再次用丙酮沉淀分离，真空干燥，得淡黄色固体 HBP-HTC。

③ 产物性能　以丙烯酸甲酯、二亚乙基三胺和 2,3-环氧丙基三甲基氯化铵（EPTAC）为原料，制备的一种水溶性端氨基超支化聚合物（HBP-NH$_2$）及其季铵盐（HBP-HTC），具有较强的紫外吸收性能、优异的抗菌和抑菌性能，在纺织加工中的应用有望提高织物的抗紫外性能和抗菌性能；同时 HBP-NH$_2$ 和 HBP-HTC 具有较好的热稳定性，能满足纺织加工的要求；在水、甲醇、乙醇及 DMSO 等强极性溶剂中有优异的溶解性。

11.4.3 烷基链封端的两亲性超支化聚缩水甘油

(1) 主要原材料　缩水甘油：Acros，$w=0.96$；十六烷基酰氯：Acros，$w=0.98$；CH$_2$Cl$_2$、吡啶、丙酮、甲苯、正丁醇、甲醇，分析纯。其中 CH$_2$Cl$_2$ 和吡啶，经 CaH$_2$ 回流干燥后重蒸使用，BF$_3$·Et$_2$O 和缩水甘油使用前经减压蒸馏精制。

(2) 超支化聚缩水甘油（HPG）的合成　用缩水甘油为原料，BF$_3$·Et$_2$O 为阳离子引发剂。反应在三颈瓶中氮气保护下进行，反应前明火烤炙反应器具下反复抽真空通氮气，冷却后移至低温反应器中，$-40℃$下加入 $250mLCH_2Cl_2$，磁力搅拌下加入 $0.2mL\ BF_3 \cdot Et_2O$，随后慢慢滴入 $20mL$ 缩水甘油单体，反应 24h 后加入少量水终止反应。将得到的产物旋干 CH_2Cl_2 以后溶于甲醇中，用 CaO 中和至中性，$0.22\mu m$ 氟膜抽滤去除 CaO 微粒，旋干后 $60℃$ 真空干燥。所得产物超支化聚缩水甘油为黏状透明物质。

(3) 十六烷基酰氯接枝 HPG 的制备　制备不同接枝率的 HPG，合成方法如下：将称量好的 HPG 于三口瓶中，加入甲苯至浸没，氮气保护下用分水器去除 HPG 中的少量水分，至分液澄清以后，加入新制吡啶，温度控制在 $75\sim 80℃$，待 HPG 完全溶解后用注射器一次性注入计量好的十六烷基酰氯。反应 24h 后，经旋干浓缩，置于丙酮中沉淀。最后用沙芯漏斗过滤、烘干即得白色蜡状固体粗产物。将该粗产物溶于 CH_2Cl_2 中，用水萃取其中少量吡啶盐酸盐，分液旋蒸 CH_2Cl_2，$60℃$ 真空干燥后得白色蜡状固体产物。十六烷基酰氯接枝率低于 30% 时，产物性质变化很大，粗产物溶于水中，用水饱和正丁醇萃取，可得微黄色胶状产物，产率 $60\%\sim 70\%$。

(4) 十六烷基接枝 HPG 的自组装　C_{16} 烷基接枝率大于 40% 的 HPG-g-C_{16} 的自组装。

① **纯溶剂 THF 中的组装**　称取 5mg 不同接枝率的 HPG-g-C_{16} 溶于 $5mLTHF$ 中，浓度为 $1mg/mL$。

② **共溶剂组装**　配制 $1mg/mL$ 不同接枝率 HPG-g-C_{16} 的 THF 溶液，缓慢搅拌下，慢慢滴加去离子水至有微蓝色乳光出现，将其置于去离子水中透析除去 THF，最后得到的聚合物水溶液浓度约为 $0.2mg/mL$。

③ **C_{16} 烷基接枝率为 15% 的 HPG-g-C_{16} 的自组装**　称取 5mg 聚合物，直接溶于 5mL 去离子水中，浓度为 $1mg/mL$。

一般两亲性超支化多臂共聚物的临界胶束浓度在 $0.01mg/mL$ 左右，本研究采用的聚合物浓度都在临界胶束浓度之上。

11.4.4 高度支化聚氨酯水分散体

(1) 主要原材料　甲苯-2,4-二异氰酸酯（TDI）：分析纯；聚碳酸酯二醇（PCDL，平均分子量 1000）：分析纯；2,2-二羟甲基丙酸（DMPA）：化学纯，使用前 $60℃$ 真空干燥 24h；聚醚胺 T403（ATA，分子量为 440）：分析纯；二月桂酸二丁基锡（DBTDL）：化学纯；异丙醇（IPA）：分析纯；四氢呋喃（THF）：分析纯，4A 型分子筛浸泡两天后使用 N-甲基吡咯烷酮（NMP）：分析纯，4A 型分子筛浸泡两天后减压蒸馏；三乙胺（NEt3）：分析纯，4A 型分子筛浸泡两天后使用。

(2) 高度支化水性聚氨酯的合成　称取 5.90g(0.0059mol)PCDL 于四口烧瓶中在 $120℃$ 真空干燥 2h。脱水干燥后，迅速装上温度计、冷凝管（外接干燥器）和 N_2 导入管，通入 N_2 10min，排除体系中的 O_2，然后加入 2.61g(0.015mol)TDI 及

0.1%（质量分数）的二月桂酸二丁基锡，在 80℃反应 30min。加入 2.53g（0.76mol）DMPA/NMP 溶液后在 80℃继续反应 2.5h，并在反应过程中用适量的 THF 调节体系的黏度。用二正丁胺法测定体系 NCO 的含量，当 NCO 含量达到理论值时，冷却至室温，用 THF/IPA（$V/V=75/25$）混合将溶液稀释至 20%（质量分数），加入 NEt3 中和。在室温下，用滴液漏斗在 20min 内迅速将 A_2 预聚体溶液滴加到 ATA/（THF/IPA）溶液中（ATA，1.55g，0.0034mol）。滴加完毕后，快速搅拌下加水分散，最后将溶剂旋蒸除去。

将水性聚氨酯分散液涂布于聚四氟乙烯成膜板上，室温成膜后置于烘箱中，在 60℃真空干燥制成胶。

(3) 产物性能 以 TDI、PCDL 和 DMPA 为原料合成了具有高度支化结构的水性聚氨酯乳液。当 NCO/OH=1.3，w（DMPA）=6% 时可以得到稳定的高度支化水性聚氨酯乳液。HBAPU 相对于线型水性聚氨酯具有较低的黏度。由于高度支化结构的引入，使得水性聚氨酯具有良好的热性能和力学性能。相对于 LAPU，HBAPU 的 T_g 上升到−14.91℃，初始热分解温度为 100℃。当 $B_3/A_2=0.8$ 时，拉伸强度上升到 17.14MPa，断裂伸长率下降到 490.62%。

11.4.5 聚碳酸酯型超支化水性聚氨酯

(1) 主要原材料 甲苯-2,4-二异氰酸酯（TDI）、二乙醇胺（DEOA）均为分析纯试剂；聚碳酸酯二醇（PCDL），平均分子量为 1000，分析纯试剂，90～100℃真空干燥 2h；2,2-二羟甲基丙酸（DMPA），化学纯试剂，使用前 60℃真空干燥 24h；二月桂酸二丁基锡（DBTL），化学纯试剂；丙酮、三乙胺（NEt3）均为分析纯试剂，4A 型分子筛浸泡 2d 后使用；N-甲基吡咯烷酮（NMP），分析纯试剂，4A 型分子筛浸泡 2d 后减压蒸馏。

(2) 超支化水性聚氨酯的合成 四口烧瓶中称取 6.50g PCDL，真空脱水后加入 3.14gTDI 和 DMPA 的 NMP 溶液（DMPA0.36g），然后滴加质量分数为 0.1% 的催化剂 DBTL，在磁力搅拌和 N_2 气保护下升温至 75～80℃反应，用二正丁胺法测定体系中 NCO 含量。当 NCO 含量达到理论值时，在室温下加入 NEt3 中和，滴加 24.0g 丙酮（质量分数为 30%）降低黏度后，缓慢滴加 DEOA 的 NMP 溶液（DEOA0.95g）；滴完后继续搅拌 15min。升温至 50℃，反应 10h 后，加水分散，最后将丙酮旋蒸除去。

将水性聚氨酯分散液涂布于聚四氟乙烯成膜板上，室温成膜，在 40℃下烘干，最后真空干燥制成胶膜。

(3) 产物性能 当 DMPA 含量为 0.14mmol/g 时，HBAPU 的粒径仅有 20.6nm，而线性水性聚氨酯粒径有 130.9nm。HBAPU 的热分解温度为 200℃，拉伸强度随 n（NCO）/n（OH）的增大先增大后减小，最大可以达到 33MPa。胶膜的耐水性良好，浸泡 24h 后，最大吸水率仅有 4.3%。

11.4.6 超支化聚酯-酰胺/聚氨酯水分散体

(1) 主要原材料　季戊四醇（PETL），化学纯；二羟甲基丙酸（bis-MPA）；二异丙醇胺（DIPA），工业品；酸酐（HHPA），分析纯；2,4-甲苯二异氰酸酯（TDI），分析纯；正丁醇，分析纯；三乙胺，分析纯；S-100 水性固化剂。

(2) 超支化聚酯（HP）的合成　以季戊四醇、二异丙醇胺（DIPA）与六氢苯酐（HHPA）为原料合成聚酯-酰胺型超支化聚合物。

(3) 聚氨酯预聚体的合成　在装有回流冷凝管、搅拌器、分水器及温度计的四口烧瓶中按比例加入二羟甲基丙酸、TDI 和丙酮，再加入正丁醇和二月桂酸二丁基锡，在 70℃ 下反应 6h，改变 $n(—NCO)/n(—OH)$ 的值得到不同分子量的聚氨酯预聚体，$n(—NCO)/n(—OH)$ 愈大，预聚体分子量愈小。

(4) 超支化聚酯-酰胺/聚氨酯杂化水分散体的制备　在装有回流冷凝管、搅拌器、分水器及温度计的四口烧瓶中按比例加入羟端基超支化、聚氨酯预聚体，在 80℃ 反应 2～3h，加入三乙胺中和，得到淡黄色透明液体。加去离子水，减压蒸出丙酮，得到乳白色超支化聚氨酯水分散体。

(5) 涂膜基本性能　聚氨酯/超支化聚酯-酰胺水分散体树脂使用不同量的 S-100 作为固化剂，室温下干燥，制得清漆配方并测定涂膜性能，室温干燥的涂膜可在 1.5h 表面干燥。

随着 S-100 用量的从 10% 增加到 30% 时，涂膜的力学性能有了明显的提高，加入量为 50% 时，硬度有提高但冲击强度和柔韧性有了一定的下降。

11.4.7 超支化水性聚氨酯

(1) 主要原材料　甲苯-2,4-二异氰酸酯（TDI）：分析纯；聚碳酸酯二醇（PCDL，平均分子量 1000）：分析纯；2,2-二羟甲基丙酸（DMPA）：化学纯，使用前 60℃ 真空干燥 24h；二乙醇胺（DEOA）：分析纯；二月桂酸二丁基锡（DBT-DL）：化学纯；丙酮：分析纯，4Å 型分子筛浸泡 2d 后使用；N-甲基吡咯烷酮（NMP）：分析纯，4Å 型分子筛浸泡 2d 后减压蒸馏；三乙胺（NEt3）：分析纯，4Å 型分子筛浸泡 2d 后使用。

(2) 超支化水性聚氨酯的合成　四口烧瓶中准确称取 PCDL，真空脱水后加入 DMPA 的 NMP 溶液和 TDI，滴加一定量的催化剂 DBTDL，在磁力搅拌和氮气保护下升温至 80℃ 反应，用二正丁胺法测定体系 NCO 的含量。当 NCO 含量达到理论值时，将四口烧瓶置于冰水浴中并加入丙酮降低黏度，缓慢滴加 DEOA 的 NMP 溶液，滴加完后继续搅拌 15min。升温至 50℃，反应一段时间后向体系中加入 NEt3 中和，快速搅拌并加水分散，最后将丙酮旋蒸除去。

将水性聚氨酯分散液涂布于聚四氟乙烯成膜板上，室温成膜后置于烘箱中，在 60℃ 烘干制成胶膜。

(3) 产物性能　以 TDI、PCDL 和 DMPA 为原料首先合成两端为异氰酸基的

低聚物 A_2 型单体，然后与 bB_2 型单体二乙醇胺合成了超支化水性聚氨酯，产物的支化度为 0.32。由于引入了超支化结构，当 DMPA 的含量为 2％时，能形成稳定的水分散液。涂膜的耐水性优异，其 24h 吸水率为 5.8％。产物具有良好的力学性能和热稳定性，拉伸强度 28.4MPa，断裂伸长率为 359.1％，其初始热分解温度为 195℃。

11.4.8 超支化水性皮革复鞣加脂剂

(1) 主要原材料 自制超支化中间体，丙烯酸、甲基丙烯酸、丙烯腈、丙烯酸丁酯、丙烯酸乙酯、丙烯酸异辛酯、过硫酸铵、氢氧化钠等均为化学纯。

(2) 超支化丙烯酸复鞣加脂剂的制备 在四颈反应釜中加入计量的水、超支化中间体水溶液，升温至反应温度，加入适量引发剂，缓慢滴加丙烯酸单体，用时 2～3h，滴加结束后补加部分引发剂，保温 2h，降温，调 pH 至 6～7，过滤出料。

(3) 应用试验 按猪服装革工艺对猪蓝湿革进行复鞣，用料量以削匀蓝湿革质量为基准。同时用市售某国产丙烯酸树脂复鞣剂代替超支化丙烯酸树脂复鞣剂作对比试验。

(4) 超支化丙烯酸复鞣加脂剂的应用效果 根据复鞣效果对各自复鞣的皮革进行对比打分，以比较各自的复鞣效果，见表 11-1。

表 11-1 两类丙烯酸树脂复鞣剂复鞣效果比较

比较项目	超支化丙烯酸树脂复鞣剂	某国产丙烯酸树脂复鞣剂	比较项目	超支化丙烯酸树脂复鞣剂	某国产丙烯酸树脂复鞣剂
增厚程度/％	7	5	柔软性	5	4
面积缩小程度/％	7	7	丰满度	3	4
废液残留油脂量	5	5	弹性	4	4
废液清澈程度	5	4	粒面细致度	5	4
败色程度	4	3	综合评价	优	良

注：除增厚程度、面积缩小程度外，表中数字 5 为最好，1 为最差。

(5) 最佳条件 通过自由基聚合反应，实现了超支化中间体与丙烯酸和丙烯酸酯单体的接枝共聚，制得可用作皮革复鞣加脂剂的具有超支化结构的丙烯酸树脂。其最佳反应条件为：该类丙烯酸树脂中疏水性单体的用量不超过总单体量的 40％，中间体的用量应控制在 10％左右，引发剂的用量应在 3.6％～4.4％之间。将获得的超支化丙烯酸树脂用于皮革复鞣，可以赋予皮革更优良的弹性、丰满性、柔软度和粒面细致程度。

参 考 文 献

[1] 李绍雄.聚氨酯胶粘剂.北京：化学工业出版社，1998.

[2] 于春洋.涂料用水性树脂的新进展.北京联合大学学报，1999，(2)：90-93.

[3] 姜彦，刘福，何士敏.以水溶性涂料为代表的绿色涂料进展.高师理科学刊，(2000) 4：65-67.

[4] 唐林生，张梅，张淑芬.水性涂料研究进展.现代化工，2003，(6)：14-17.

[5] 张诚，吕翠玉，苏畅等.水性树脂改性的技术进展.工程塑料应用，2010，(1)：89-92.

[6] 张心亚，魏霞，陈焕钦.水性涂料的最新研究进展.涂料工业，2009，(12)：17-23.

[7] 林剑雄，王小妹，麦堪成.水性光固化涂料的研究进展.涂料工业，2002，(10)：32-35.

[8] 沙金，李运德，商汉章.水性氟碳树脂的研究进展.现代涂料与涂装，2008，(5)：18-22.

[9] 刘敏，侯丽华，耿兵.水性含氟涂料树脂的合成研究进展.山东化工，2007，(3)：18-21.

[10] 原燃料化学工业部涂料技术训练班组织编写.涂料工艺，第1～5分册.北京：化学工业出版社，1980.

[11] 吴方琼.一种新型水溶性防锈漆的制备.辽宁化工，1999，(2)：103-105.

[12] 苏娇莲，邓继勇，黄先威.新型水溶性防锈涂料的研制.电镀与涂饰，2003，(1)：43-44.

[13] 张洪涛，黄锦霞.绿色涂料配方精选.北京：化学工业出版社，2010.

[14] 李焕，张东阳，张玉兴等.端羟基聚丁二烯改性醇酸树脂的合成与性能研究.中国涂料，2007，(11)：18-20.

[15] 张茂根，平晓东，裴航.快干水性二烯聚合物涂料.电镀与环保，1994，(1)：16-17.

[16] 钟达飞，鲍俊杰，谢伟.端羟基聚丁二烯橡胶对水性聚氨酯性能的影响.中国涂料，2007，(3)：27-28.

[17] 陈建兵，王宇，王武生.聚丁二烯二醇改性水性聚氨酯膜材料结构及性能研究.涂料工业，2007，(9)：1-5.

[18] 刘颖，樊丽辉，孙海娥.高牢度水性聚氨酯树脂皮革涂饰剂 FS-0501 的合成.皮革与化工，2008，(1)：22-24.

[19] 类衍明，吴为，王金伟.封闭型异氰酸酯固化马来酸酐聚丁二烯水性涂料的研究.中国涂料，2009，(9)：28-31.

[20] 董建娜，陈立新，梁滨等.水溶性酚醛树脂的研究及其应用进展.中国胶粘剂，2009，(10)：37-40.

[21] 黎钢，王立军，代本亮.水溶性酚醛树脂的合成及其性能研.河北工业大学学报，2002，(4)：37-41.

[22] 罗翠锐，翁凌，吴化军.低游离醛高羟甲基水溶性酚醛树脂的制备.绝缘材料，2010，(2)：5-8.

[23] 罗翠锐，翁凌，吴化军.低分子量水溶性酚醛树脂的合成及表征.绝缘材料，2010，(3)：12-15.

[24] 韩星周，李仲晓，蒲嘉陵.可控丙烯酸制备水溶性酚醛树脂的研究.影像技术，2007，(5)：16-19.

[25] 李凤玲.半水溶性酚醛树脂的制备.许昌师专学报，2000，(5)：53-54.

[26] 钟树良.环保型水性酚醛树脂胶的研究.粘接，2009，(4)：62-65.

[27] 罗娟，仇明华，邓彤彤.水溶性酚醛树脂胶的制备.化学与粘合，2002，(3)：132-133.

[28] 李仲晓，奚伟，张伟民等.含氧化叔胺侧基的水溶性酚醛树脂的合成与成像性能.影像科学与光化学，2008，(1)：47-53.

[29] 官仕龙，李世荣.水性丙烯酸改性酚醛环氧树脂的合成及性能.材料保护，2007 (5)：17-19.

[30] 莫军连，齐暑华，张冬娜等.有机-无机同步聚合法制备水溶性酚醛树脂 SiO_2 杂化材料及其应用.工程塑料应用，2009，(9)：52-55.

[31] 李金辉，贾立春，杜朝军.水溶性酚醛树脂涂料的改性研究.电镀与精饰，2005，(1)：35-37

[32] 李世荣，安勇，官文超.基于光敏水溶性树脂的耐高温涂料配方及成膜工艺研究.现代化工，2004，(3)：32-34.

[33] 黎钢，徐进，毛国梁等.水溶性酚醛树脂作为水基聚合物凝胶交联剂的研究.油田化学，2000，(4)：310-313.

[34] 孙丽玫.胶合板用水溶性酚醛树脂的合成.林业机械与木工设备，2009，(4)：53-54.

[35] 开启余.低毒脲醛树脂胶的合成及胶液中游离甲醛的测定.辽宁化工，2009，(11)：777-779.

[36] 张应军，孙满收.低毒脲醛树脂胶粘剂的研制.郑州轻工业学院学报（自然科学版），2002，(4)：17-19.

[37] 郭嘉，舒伟，郑治超.环保型脲醛树脂合成的研究.化学与粘合，2006，(2)：74-76.

[38] 李国进.竹碎料板用低毒脲醛树脂的合成工艺研究.中国胶粘剂，2009，(8)：28-31.

[39] 李永花，李建章，张世锋.低甲醛释放量人造板用改性脲醛树脂制备及应用研究.化学与粘合，2009，(5)：1-3.

[40] 任一萍，王正，龙玲.低成本低毒脲醛树脂胶的制备.木材工业 2003，(4)：30-32.

[41] 李旭影，刘鸿雁.三聚氰胺树脂合成技术.黑龙江生态工程职业学院学报，2008，(6)：37-38.

[42] 陈刚，顾继友，赵佳宁.三聚氰胺-尿素-甲醛共缩聚树脂胶粘剂的研制.中国胶粘剂，2010 (7)：1-4.

[43] 李立新，陈武勇，王应红.新型阻燃性三聚氰胺树脂鞣剂的合成-性能与应用.中国皮革，2004，(5)：1-5.

[44] 颜世涛，张云飞，谢慧东等.氨基磺酸盐高效减水剂的合成优化及应用.广东化工，2009，(12)：69-71.

[45] 段新峰.硬挺树脂WD-3的合成与应用.河北化工，2007，(10)：31-32.

[46] 张鹏飞，王炳，董朝红等.棉织物低甲醛耐久阻燃整理研究.印染助剂，2007，(5)：28-30.

[47] 高勤卫，王国霞.改性的水溶性氨基涂料的研制.安徽工学院学报，1993，(4)：67-71.

[48] 钟鑫，孙慧.改性水性醇酸树脂及其在水性氨基涂料中的应用.化学建材，2007，(5) 17-20.

[49] 施伟，包华.氨基树脂改性水性聚氨酯-丙烯酸酯复合乳液的制备及性能.合成橡胶工业，2009，(2)：100-104.

[50] 王奉强，张志军，王清文.膨胀型水性改性氨基树脂木材阻燃涂料的阻燃和抑烟性能.林业科学，2007，(12)：117-121.

[51] 陈中华，谭健斌，陈文君等.高光泽深色水性氨基烤漆的研制.涂料工业，2009，(9)：47-50.

[52] 王辉，黄良仙，安秋凤等.亲水性氨基硅织物整理剂的制备及应用性能.印染助剂，2007，(9)：24-26.

[53] 蒋亚清，王洪波，孙立萍等.氨基磺酸系水性涂料分散剂的研制.新型建筑材料，2003 (7)：48-49.

[54] 黄梅丽，曾宪文.水性透明木器腻子的研制.现代涂料与涂装，2000 (4)：5-6.

[55] 王国建，刘洋，王丽娟.水分散型醇酸树脂的合成及性能研究.广东化工，2007，(1)：13-16.

[56] 闫福安，杨明虎，高飞.水溶性自干醇酸树脂的合成研究.涂料工业，2004，(8)：27-29.

[57] 闫福安，官文超.短油度水性醇酸树脂的合成研究.中国涂料，2003，(1)：26-28.

[58] 周小勇，李彩虹，樊君凤.自干型水性醇酸树脂漆.现代涂料与涂装，2006，(2)：14-16.

[59] 李幕英，刘国旭，王瑞宏等.水性醇酸厚浆涂料防腐性的研究.中国涂料，2009，(9)：50-53.

[60] 徐懿俊，时海峰.催干剂在水性醇酸涂料中的应用.上海涂料，2009，(10)：1-3.

[61] 周丽琼，潘春跃，刘寿兵等.磺酸盐改性水性醇酸树脂涂料的制备.现代涂料与涂装，2009，(10)：19-20.

[62] 贺楠男，王华林，王启明等.硅树脂改性桐油醇酸树脂水性绝缘漆的研究.涂料工业，2010，(6)：39-43.

[63] 蔡玲.改性水性醇酸树脂的合成及底漆的制备.吉林化工学院学报，2005，(2)：11-12.

[64] 钟鑫，孙慧，罗建瑞.核-壳结构水性丙烯酸改性醇酸树脂涂料及其性能的研究.上海涂料，2008，(7)：13-16.

[65] 文艳霞，闫福安.水性醇酸树脂及其聚氨酯改性的研究.中国涂料，2007，(1)：25-28

[66] 刘保磊，王欣，肖斌等.水溶性醇酸氨基烘漆的研制.现代涂料与涂装，2010，(6)：12-13.

[67] 刘寿兵，曾力华，谢娟等.高性能水性醇酸氨基涂料的制备.现代涂料与涂装，2007，(5)：3-4.

[68] 李荣喜，刘迎新，段琼.间苯二甲酸磺酸钠改性水性醇酸氨基漆的研制.涂料工业，2009，(9)：21-24.

[69] 王纲，严业崧，张军等.聚酯水分散体的合成研究.中国涂料。2004，(10)：20-23.

[70] 王强，范雪荣，张玲玲等.水溶性经纱上浆聚酯浆料的合成.精细石油化工，2002，(1)：45-47.

[71] 胡和丰，史爱华，龚德昌等.扩链法制备水性聚酯树脂的方法.CN 101173037A，2008.

[72] 王玉雷，陈炳耀，张意田等.水性不饱和聚酯腻子的研究.涂料工业，2010，(6)：61-64.

[73] 王承伟.水性聚酯卷材涂料的研制与开发.上海涂料，2009，(2)：5-6.

[74] 徐元浩，柳向林，侯佩民等.水性丙烯酸改性聚酯树脂的制备.涂料工业，2006，(10)：53-55.

[75] 史志超，童身毅.丙烯酸接枝不饱和聚酯水性杂化涂料的制备及性能.现代涂料与涂装，2008，(5)：1-3.

[76] 苏春海.环氧聚酯水性涂料的制备与涂装.现代涂料与涂装，2003，(1)：21-23.

[77] 方众，初广成，刘福长.高性能低 VOC 水性环氧聚酯浸涂漆.中国涂料，2002，(5)：36-38.

[78] 王承伟，许玉霞，张福云.聚酯氨基电泳漆的研制与探讨.上海涂料，2007，(6)：4-6.

[79] 游波，武利民，廖慧敏.一种水性纳米复合聚酯氨基树脂涂层材料及其制备方法.CN 1884407A，2006.

[80] 闫福安.水性聚酯树脂的合成研究.涂料工业，2003，(3)：9-11.

[81] 林剑雄，王小妹，麦堪成等.水溶性丙烯酸树脂的合成及表征.塑料工业，2003，(1)：1-2.

[82] 季永新.水性丙烯酸树脂水溶性研究.精细石油化工，1999，(6)：3-4.

[83] 孟江燕，肖慧萍，张玉彬.水性丙烯酸树脂的制备.江西化工，2005，(2)：71-72.

[84] 张发爱，王云普，余彩等.含羟基丙烯酸树脂的水溶性研究.精细化工，2005，(9)：717-720.

[85] 赵晶丽，罗卫平.羟基丙烯酸树脂制备及其应用.山西化工，2002，(3)：21-23.

[86] 唐林生，杨晶巍，陈恩平.涂料用水溶性丙烯酸树脂的合成.青岛化工学院学报（自然科学版），2002，(3)：20-22.

[87] 肖文清，李晶，周新华等.超支化聚氨酯丙烯酸酯的水溶性能.仲恺农业工程学院学报.2010，(2)：43-47.

[88] 刘志远，朱亚君，王留方等.水性环氧树脂-聚丙烯酸酯互穿聚合物网络的合成及表征.涂料工业，2009，(11)：24-28.

[89] 李志强，温翠珠，王炼石.环氧树脂与丙烯酸酯单体的接枝共聚及其汽车阴极电泳涂料的性能.电镀与涂饰，2009，(3)：50-63.

[90] 高文艺，连丕勇，张海娟.水溶性丙烯酸涂料的环氧树脂改性.化工新型材料，2002，(12)：34-35.

[91] 王艺峰，蒋颜平，陈艳军.聚氨酯改性聚丙烯酸酯复合乳液的合成及其膜性能研究.化学建材，2009，(3)：1-3.

[92] 刘天亮，沈慧芳，陈焕钦.水性聚氨酯丙烯酸酯的多重交联改性及其相转变.热固性树脂，2009，(5)：21-24.

[93] 廖阳飞，张旭东.A/U-g-A 型核壳聚氨酯-丙烯酸酯复合乳液的合成.涂料工业，2009，(5)：1-6.

[94] 刘晓国，官文超，郑成等.水溶性有机硅改性丙烯酸树脂合成及其性能研究.绝缘材料.2004，(2)：1-2.

[95] 瞿金东，彭家惠，陈明凤等.核壳乳液的制备及其在耐沾污外墙涂料中的应用.东南大学学报（自然科学版）.2005，(S1)：162-166.

[96] 刘亚雄，谢忠.纳米碳酸钙在水性涂料中的研制及应用.广东化工，2006，(2)：58-60.

[97] 蒋红梅，王久芬，王香梅.新型核-壳结构丙烯酸酯乳胶涂料.化学世界，1999，(4)：198-200.

[98] 黄莹，程江，文秀芳.高耐候性外墙乳胶涂料的研制.精细化工，2003，(7)：430-433.

[99] 葛俊伟，胡剑青，胡飞燕等.接枝型自交联丙烯酸阴极电泳涂料树脂的制备.涂料工业，2006，(2)：21-24.

[100] 王婷，皮丕辉，文秀芳等.阴极电泳涂料用高硬度丙烯酸酯树脂的研制.电镀与涂饰，2007，(3)：31-34.

[101] 陈中华，陈文君，陈海洪等.改性水性丙烯酸氨基涂料的研制.涂料工业，2009，(1)：58-61.

[102] 陈剑华，陈中华，陈文君.水性氨基烘漆的研制.广州化工，2009，(4)：118-121.

[103] 娄建民，王素玲，李天茂.外墙弹性乳胶漆的研究及应用.房材与应用，2003，(6)：9-10.

[104] 殷武，孙志元，朱柯.低 VOC 纳米改性抗菌内墙乳胶漆的研制.涂料工业 2005，(5)：28-31.

[105] 王平华，汪倩文，黄璐.高固含量乳液丙烯酸酯压敏胶的研制.粘接，2005，(4)：3-5.

[106] 柯昌美, 汪厚植, 邓威等. 微乳液共聚自交联印花粘合剂及其应用. 印染, 2004, (4): 9-12.

[107] 王春梅. 柔软型聚丙烯酸酯类静电植绒粘合剂 RN 的研制. 印染助剂, 200, (6): 33-35.

[108] 王玉琴, 肖辉芝, 吕海金. 乳液型纸塑复膜胶的研制. 化学与粘合, 1999, (4): 204-205.

[109] 唐金海. 食用菌栽培包装袋用无纺布胶粘剂的研制与应用. 中国胶粘剂, 2004, (1): 17-19.

[110] 刘金树. 改性聚醋酸乙烯酯喷胶棉粘合剂的合成与研究. 印染助剂, 2004, (4): 5-7.

[111] 李靖靖, 张奇, 许楷等. 新型建筑密封材料用无乳聚合胶乳的研制. 化学与粘合, 2001, (5): 210-212.

[112] 许文俭, 李靖靖, 高广颖等. 粮仓建筑密封膏用无乳聚合胶乳的研制. 郑州工程学院学报, 2003, 04: 74-75.

[113] 熊大玉. 国内减水剂新品种的研究与发展. 混凝土, 2001, (11): 21-22.

[114] 熊大玉. 国内减水剂新品种的研究与发展 (续). 混凝土, 2001, (12): 16-17.

[115] 莫祥银, 许仲梓, 唐明述. 混凝土减水剂最新研究进展. 精细化工, 2004, (S1): 17-20.

[116] 李永德, 陈荣军, 李崇智. 高性能减水剂的研究现状与发展方向. 混凝土, 2002, (9): 10-13.

[117] 王立久, 卞利军, 曹永民. 聚羧酸系高效减水剂的研究现状与展望. 材料导报. 2003, (2): 43-45.

[118] 王国建, 魏敬亮. 混凝土. 高效减水剂及其作用机理研究进展. 建筑材料学报, 2004, (2): 188-193.

[119] 张秀芝, 李永清, 裴梅山. 效减水剂的应用与发展 [J]. 济南大学学报 (自然科学版), 2004, (2): 139-144.

[120] 鲁郑全, 刘应凡, 郭利兵等. 聚羧酸系高效减水剂的合成. 河南科学, 2009, (5): 539-542.

[121] 孙振平, 赵磊. 聚羧酸系减水剂的合成研究. 建筑材料学报, 2009, (2): 127-131.

[122] 李鸿洲, 祁自和. 水性油墨用丙烯酸树脂乳液的制备研究. 化学与粘合, 2006, (5): 327-328.

[123] 李世荣, 安勇, 官文超. 基于光敏水溶性树脂的耐高温涂料配方及成膜工艺研究. 现代化工, 2004, (3): 32-34.

[124] 谢萍华. 印刷纸张用水性上光剂的研制. 造纸化学品, 2007, (3): 10-12.

[125] 李金锁, 刘方. 改性聚丙烯酸酯乳液织物防水剂的制备和性能. 印染, 1988, (2): 18-22.

[126] 刘德峥, 苗郁. 种子乳液聚合法制备聚丙烯酸酯织物涂层剂. 染料工业, 2002, (1): 32-33.

[127] 刘德峥. 种子乳液共聚法制备含氢聚甲基硅氧烷/丙烯酸酯织物涂层剂. 精细石油化工, 2002, (1): 48-52.

[128] 高富堂, 张晓镭, 冯见艳等. 羟基硅油改性丙烯酸树脂皮革涂饰剂的合成与应用. 皮革科学与工程, 2006, (1): 63-66.

[129] 陈家昌, 郑元锁. 水溶性丙烯酸树脂在出土饱水漆木器脱水定型中的应用研究. 文物保护与考古科学, 2005, (3): 28-33.

[130] 杨超, 王云普, 刘汉功等. 水性丙烯酸系缔合型增稠剂的研究. 现代涂料与涂装, 2007, (4): 17-19.

[131] 陈平, 王德中. 环氧树脂及其应用. 北京: 化学工业出版社, 2004.

[132] 孙曼灵. 环氧树脂应用原理与技术. 北京: 化学工业出版社, 1972.

[133] 白云起, 薛丽梅, 刘云夫. 环氧树脂的改性研究进展. 化学与粘合, 2007, (4): 289-292.

[134] 杨惠弟. 环氧树脂的化学改性研究进展. 科技情报开发与经济, 2006, (21): 175-176.

[135] 谢海安, 陈汉全, 王伟. 环氧树脂改性研究进展. 塑料科技, 2007, (1): 82-84.

[136] 张海凤, 朱正荣, 高延敏. 水性环氧树脂的制备. 上海涂料, 2008, (7): 25-27.

[137] 赵明亮, 汪国杰, 马文石. 环氧树脂水性化体系研究进展. 粘接, 2006, (6): 22-25.

[138] 周继亮, 张道洪, 李廷成. 环氧树脂的水性化技术与研究进展. 粘接, 2007, (6): 40-43.

[139] 张肇英, 黄玉惠, 廖兵. 环氧树脂水性化改性及其固化. 高分子通报, 2000, (3): 77-81.

[140] 朱方, 裘兆蓉, 高国生. 自乳化水性环氧树脂乳液的研制. 高分子通报, 2008, (5): 45-49.

[141] 陈永, 杨树, 高青雨. 环氧树脂水性化及其特性的研究. 化工新型材料, 2007, (11): 49-51.

[142] 万欢, 张旭玲, 曾繁涤. 接枝型水性环氧树脂乳液的合成与粘接性能研究. 粘接, 2010 (3): 51-54.

[143] 刘洋, 黄焕, 孔振武. 非离子型水性萜烯基环氧树脂乳化剂的合成与特性. 林产化学与工业, 2009,

(5)：23-29.

[144] 邹海良，张亚峰，邝健政.新型非离子型自乳化水性环氧树脂固化剂的合成与表征.涂料工业，2010，(3)：21-26.

[145] 惠云珍，吴璧耀.水性环氧树脂乳液的合成及性能研究.粘接，2008，(2)：14-18

[146] 杨晓武，沈一丁，李培枝.水性环氧树脂改性丙烯酸共聚物的耐水性和力学性能.石油化工，2009，(7)：745-749.

[147] 赵文涛，郑水蓉，张聪莉.环氧树脂改性水性聚氨酯乳液的研究.中国胶粘剂，2010，(2)：38-41.

[148] 朱伟，王芳，吕菲菲等.环氧树脂改性聚氨酯水乳液稳定性的研究.涂料工业，2010，(5)：47-49.

[149] 易翔，何德良.有机硅改性环氧-聚氨酯乳液的合成与性能研究.涂料工业，2010，(2)：30-33.

[150] 汪立强，胡水仙，朱张林等.环氧树脂、有机硅复合改性水性聚氨酯的研究.杭州化工，2009，(1)：33-36.

[151] 郭文杰，傅和青，司徒粤等.聚氨酯-丙烯酸酯-环氧大豆油复合乳液的合成与性能.林产化学与工业，2009，(3)：31-36.

[152] 傅和青，黄洪，张心亚等.聚氨酯-环氧树脂-丙烯酸酯杂合分散体的合成.化工学报，2007，(2)：495-500.

[153] 夏博文，杨军，宋洁.一种水性环氧防腐蚀涂料的研制.腐蚀与防护，2008，(6)：326-328.

[154] 刘建颖，刘素敏.双组分水性环氧防腐涂料的研制.中国涂料，2009，(9)：44-46.

[155] 刘成楼.防静电抗菌除异味水性环氧地坪涂料的配制与应用.化学建材，2008，(5)：15-17.

[156] 万众，于杰.水性环氧内舱涂料的研制.现代涂料与涂装，2007，(8)：21-23.

[157] 李海峰.自交联环氧改性丙烯酸酯木器漆乳液的合成.化工新型材料，2009，(10)：122-124.

[158] 吕君亮，张力.环氧改性聚氨酯光固化涂料研究.电镀与涂饰，2010，(3)：49-52.

[159] 石磊，刘伟区，刘艳斌等.新型聚氨酯改性环氧水性涂料的研制.新型建筑材料，2006，(9)：69-70.

[160] 陈文，杨双明，彭学军等.水性 UV 固化木地板涂料的研制.表面技术，2005，(3)：51-53.

[161] 李春生，耿悦彬，解竹柏等.建筑用环氧树脂乳液的制备与应用.山东建材，2003，(5)：41-42.

[162] 郭俊杰，张宏元.环氧改性水性聚氨酯胶粘剂在复合薄膜中的应用.塑料工业，2005，(11)：53-55.

[163] 黄洪，谢筱薇，傅和青.多重改性水性聚氨酯乳液的合成及性能.华南理工大学学报（自然科学版），2006，(3)：46-50.

[164] 李辉.环氧 E-51 改性水性聚氨酯胶粘剂的制备及性能研究.石油化工高等学校学报，2010，(2)：37-39.

[165] 杨勋兰，孙培勤，孙绍晖等.甲基丙烯酸改性环氧树脂乳液性能的研究.粘接，2006，(1)：20-21.

[166] 张荣辉，朱伟超.微膨胀高强灌注料减脆增韧试验研究.新型建筑材料。2008，(9)：46-49.

[167] 朱伟超，张荣辉.水性环氧树脂在路面及桥面铺装层维修中的应用.新型建筑材料，2008，(4)：78-80.

[168] 何远航，张荣辉.水性环氧树脂改性乳化沥青在公路养护中的应用.新型建筑材料，2007，(5)：37-40.

[169] 周彩元，吴晓青，邓茂盛等.改性水性环氧-聚氨酯乳液包覆 RDX 的合成研究.中国胶粘剂，2010，(1)：40-43.

[170] 李士强，张亚峰，邝健政.阳离子型水性环氧树脂灌浆材料的制备.新型建筑材料，2009，(1)：53-57.

[171] 许戈文.水性聚氨酯材料.北京：化学工业出版社，2007.

[172] 李卫国，黄科林，廖小新等.水性聚氨酯的研究进展.化工技术与开发，2009，(11)：19-24.

[173] 陈建福，李晓，张卫英等.水性聚氨酯的合成与改性研究.化工科技，2009，(1)：56-59.

[174] 孙文章.水性聚氨酯的制备及应用.上海化工，2001，(11)：23-26.

[175] 鲍俊杰，刘都宝，谢伟等.预聚体法合成阴离子型水性聚氨酯的研究.印染助剂，2007，(3)：27-30.

[176] 谭海龙，杨保平，王刚等.水性氨酯油的制备合成.涂料工业，2008，(2)：25-27.

[177] 李艳辉，葛圣松，王云等.聚酯型水性聚氨酯的合成与表征.聚氨酯工业，2009，(4)：25-28.

[178] 王翠，吴佑实，吴莉莉.MDI 型水性聚氨酯乳液的合成及性能研究.涂料工业，2009，(2)：4-8.

[179] 卫晓利, 张发兴. 磺酸型亲水单体扩链制备水性聚氨酯的研究. 涂料工业, 2008, (3): 18-20.

[180] 张发兴, 卫晓利. 新型磺酸型表面活性单体制备水性聚氨酯微乳液. 石油化工, 2009, (5): 541-545.

[181] 郭鹏, 蔡毅. 非离子水性聚氨酯乳液的合成及性质. 西安科技大学学报, 2009, (5): 607-612.

[182] 李坚, 周晓彤. 非离子型水分散性聚氨酯的制备及性能研究. 中国胶粘剂, 2003 (1): 26-29.

[183] 李春, 郑光洪, 郭荣辉. 环保型水性聚氨酯的合成及应用研究. 染料与染色, 2009, (6): 42-45.

[184] 杨文堂, 闫乔, 唐丽等. 阳离子水性聚氨酯 FS-0566M. 聚氨酯工业, 2009, (5): 30-33.

[185] 乔勇, 卢秀萍, 郭平胜. 交联 PUA 复合乳液的制备与性能. 弹性体, 2008, (6): 9-12.

[186] 陈少双, 吕任扬, 郑宗武. 自交联水性聚氨酯油的研究. 化学工程与装备, 2009, (10): 20-22.

[187] 孙家干, 杨建军, 张建安等. 水性聚氨酯的复合改性研究及应用新进展. 中国皮革, 2009, (23): 42-45.

[188] 夏骏嵘, 刘娇, 潘肇琦等. 聚氨酯-丙烯酸酯杂化乳液结构与性能的影响. 功能高分子学报, 2005, (3): 399-404.

[189] 王纲, 黄胜飘, 刘新泰. 水性核 (PMMA) /壳 (PU) 聚氨酯丙烯酸酯杂化乳液的合成研究. 现代涂料与涂装, 2006, (11): 3-6.

[190] 刘天亮, 沈慧芳, 吴银萍等. 环氧树脂对 PUA 复合乳液的改性研究. 粘接, 2009, (10): 38-42.

[191] 朱延安, 张心亚, 阎虹等. 环氧树脂改性水性聚氨酯乳液的制备. 江苏大学学报 (自然科学版), 2008, (2): 164-168.

[192] 吴宁晶. 硅烷改性水性聚氨酯分散液的合成与性能研究. 涂料工业, 2009, (5): 7-10.

[193] 安秋凤, 窦蓓蕾, 孙刚. 氟代聚丙烯酸酯改性聚氨酯复合乳液的制备及其疏水性. 日用化学工业, 2010, (1): 28-30.

[194] 蒋洪权, 宋湛谦, 商士斌等. 蓖麻油改性聚醚型水性聚氨酯乳液的性能. 化工进展, 2010, (2): 285-288.

[195] 叶思霞. 纳米二氧化钛-水性聚氨酯复合材料的研究. 广州化工, 2009, (7): 73-75.

[196] 柯志烽, 夏正斌, 王国有等. 复合改性水性聚氨酯乳液的合成及表征. 热固性树脂, 2009, (4): 57-61.

[197] 吴宇雄, 周尽花, 曾明光. 聚氨酯-木质素-丙烯酸酯复合乳液研究. 中南林业科技大学学报, 2009, (4): 102-104.

[198] 洪峰, 杜渭松, 邱甫生. HDI-三聚体固化剂的合成和性能. 涂料工业, 1998, (7): 6-7.

[199] 吕贻胜, 李晓萱, 伍胜利. 封闭型水性多异氰酸酯固化剂的制备及其性能研究. 涂料工业, 2007, (12): 17-19.

[200] 娄春华, 王雅珍, 汪建新. 一种高初粘力聚氨酯胶粘剂固化剂的研制. 齐齐哈尔大学学报, 2004, (3): 17-19.

[201] 孙道兴, 丁小斌. 水性环氧含硅聚氨酯防腐涂料的研制. 电镀与涂饰, 2008, (4): 47-49.

[202] 胡剑青, 涂伟萍, 沈良军. 水性聚氨酯环氧树脂及其防锈涂料的研制. 涂料工业, 2005, (9): 1-5.

[203] 陈中华, 刘冬丽, 余飞. 高硬度单组分水性木器漆的研制. 应用化工, 2009, (1): 54-57.

[204] 刘艳芳. 单组份水性木器装饰涂料研制及施工. 上海涂料, 2002, (6): 36-37.

[205] 贾艳华, 潘明旺, 陈树东. 高性能水性双组分汽车清漆的制备. 涂料工业, 2008, (5): 63-65.

[206] 王从国, 黄昭可. 水性双组分聚氨酯金属涂料及其在线施工工艺的研究. 现代涂料与涂装, 2009, (3): 21-23.

[207] 孙道兴, 李昉. 水性自交联纳米复合道路标志涂料的研制. 纳米科技, 2007, (6): 20-23.

[208] 孙晓泽. 木地板用水性聚氨酯分散体及其涂料的研制. 涂料工业, 2006, (6): 59-60.

[209] 叶家灿, 孔丽芬, 林华玉等. 高固含量鞋用水性聚氨酯胶粘剂的合. 中国胶粘剂, 2007, (9): 25-28.

[210] 陈元武. 双组份水性乙烯基聚氨酯胶粘剂的研制. 中国胶粘剂, 2000, (4): 26-27.

[211] 张宏元, 王雪琴, 夏萍等. 水性聚氨酯胶粘剂在复合软包装中的应用研究. 包装工程, 2007, (12): 41-43.

[212] 项尚林，陈瑞珠，李莹. 内交联型复合薄膜用水性聚氨酯胶粘剂的研制. 包装工程，2006，(9)：39-42
[213] 郭俊杰，张宏元. 镀铝膜-PE 膜复合用水性复合胶的开发与应用研究. 包装工程，2006，(3)：25-27.
[214] 刘梅，贺江平，雷键. 水性聚氨酯涂料印花粘合剂的合成与应用. 印染助剂，2009，(9)：45-47.
[215] 李军，龚志超，邓联东等. 皮肤用亲水性聚氨酯压敏胶的制备及性能研究. 化学工业与工程，2004，(4)：235-238.
[216] 栾寿亭. PUS 聚氨酯乳液皮革涂饰剂生产技术. 皮革化工，2001，(5)：40-41.
[217] 韩君，贺江平，贾明静. 水性聚氨酯防水透湿涂层剂的合成与应用. 聚氨酯，2010，(9)：62-64.
[218] 李庆，樊增禄，豆春. 反应型水性聚氨酯固色剂的合成及性能. 印染，2009，(24)：1-5.
[219] 章基凯. 有机硅材料. 北京：中国物资出版社，1999.
[220] 夏正斌，张燕红，涂伟萍. 乳液聚合法制备水分散有机硅聚合物. 高分子通报，2003，(4)：73-78.
[221] 杨群，赵振河，崔进. 硅氧烷-丙烯酸酯共聚乳液的合成与应用. 有机硅材料，2006，(5)：233-237.
[222] 张晓镭，强国强，沈鹏程. 紫外光固化硅丙树脂皮革涂饰剂的研究. 中国皮革，2006，(19)：33-35.
[223] 胡静，马建中，管建军. 无皂丙烯酸树脂/SiO _ 2 纳米复合皮革涂饰剂的研究. 涂料工业，2006，(8)：8-12.
[224] 戴洪义，高世萍，徐龙权等. 硅壳结构硅丙乳液及其外墙涂料的制备. 新型建筑材料，2006，(2)：35-37.
[225] 张发兴，卫晓利. 有机硅改性磺酸-羧酸型水性聚氨酯的研究. 中国胶粘剂，2009，(6)：12-14.
[226] 吴晓波，伍胜利，何国平等. 聚醚型氨基硅油改性水性聚氨酯的制备与性能研究. 聚氨酯工业，2009，(3)：21-24.
[227] 谌开红，游胜勇. 二甲基二氯硅烷改性接枝环氧树脂的合成研究. 江西科学，2009，(5)：685-687.
[228] 毛晶晶，张良均，童身毅. 有机硅改性水性环氧树脂的合成研究. 广东化工，2009，(1)：10-11.
[229] 李海燕，杨德瑞，李云峰. 硅丙乳液与聚氨酯乳液的复合改性. 有机硅材料，2005，(5)：9-11.
[230] 刘洪珠，李缙成，赵兴顺. 我国水性氟碳树脂研究综述. 上海涂料，2010，(4)：37-40.
[231] 陈俊，闫福安. 自交联型水性聚氨酯-氟丙烯酸树脂的合成与研究. 涂料工业，2010，(5)：26-29.
[232] 陈俊，闫福安. 水性双组分氟丙烯酸-聚氨酯涂料的研制及性能测试. 中国涂料，2009，(3)：24-28.
[233] 陈勇，李鸣，张小林. 氟苯基异氰酸酯及纳米 SiO_2 改性环氧有机硅树脂涂层的制备及性能研究. 化工新型材料，2008，(4)：36-38.
[234] 刘东杰，高敬民，王云普. 环保型氟碳乳液改性乳化沥青防水涂料. 现代涂料与涂装，2006，(10)：12-14.
[235] 赵兴顺，赵洪良，李缙成等. 高耐候水性氟碳铝粉涂料的研制. 中国涂料，2010，(12)：36-38.
[236] 杨超，王云普，张守村等. 水性多羟基氟碳树脂的制备及其应用. 上海涂料，2008，(6)：7-8.
[237] 魏焕郁，施文芳. 超支化聚合物的结构特征、合成及其应用. 高等学校化学学报，2001，(2)：338-344.
[238] 曲忠先，焦剑，王轶洁等. 超支化聚合物的研究进展. 材料导报，2006，(3)：25-28.
[239] 韩巧荣，夏海平，丁马太. 超支化聚合物. 化学通报，2004，(2)：104-116.
[240] 苏慈生. 超支化聚合物涂料. 涂料工业，2004，(5)：38-43.
[241] 童身毅，寇玉霞，刘新泰等. 两亲性超支化聚酯-酰胺的制备及其性能. 化工学报，2006，(2)：457-460.
[242] 胥正安，蒋学，张霞等. 一种超支化聚（酰胺-酯）的合成及性能研究. 塑料工业，2007，(7)：5-8.
[243] 赵辉，罗运军，杨树等. 酯端基超支化聚（胺-酯）的合成与表征. 化学世界，2007，(10)：629-632.
[244] 吴璧耀，张峻珩，陈瑶等. 超支化环氧树脂合成与结构研究. 石油化工高等学校学报，2007，(1)：56-59.
[245] 韩利，吕德慧，蒋莹等. 超支化结构对水性聚氨酯脲分散液性能的影响. 化工时刊，2010，(5)：9-11.
[246] 张峰，陈宇岳，张德锁等. 端氨基超支化聚合物及其季铵盐的制备与性能. 高分子材料科学与工程，2009，(8)：142-144.

[247] 汤诚，童身毅.含氟化合物改性超支化聚合物及其性能研究.涂料工业，2008，(11)：50-61.

[248] 王思光，程海星，周永丰等.烷基链封端的两亲性超支化聚缩水甘油的合成及自组装.功能高分子学报，2008，(2)：128-132.

[249] 赵晓非，温海飞，刘立新等.超支化聚（酰胺-酯）的合成及其改性.大庆石油学院学报，2006，(6)：57-59.

[250] 曾少敏，刘丹，姚畅等.高度支化水性聚氨酯的合成及性能.高分子材料科学与工程，2009，(11)：5-8.

[251] 刘丹，曾少敏，姚畅等.PCDL型超支化水性聚氨酯的合成与性能.应用化学，2009，(9)：1031-1035.

[252] 唐进伟，向晶晶，汤诚.超支化聚酯酰胺/聚氨酯水分散体制备及成膜性能研究.涂料工业，2008，(9)：18-21.

[253] 姚畅，曾少敏，陈爱芳等.超支化水性聚氨酯的合成与表征.高分子材料科学与工程，2009，(6)：35-38.

[254] 陈华林.超支化皮革复鞣加脂剂的合成及应用.中国皮革，2008，(19)：

[255] 徐超，王德海.紫外光固化水性体系研究进展.轻工机械，2010，(1)：1-4.

[256] 罗雪方，赵秀丽，黄奕刚等.水性光固化树脂的研究进展.化工新型材料，2009，(3)：9-11.

[257] 陈尊，侯有军，曾幸荣等.水性紫外光固化树脂的研究进展.离子交换与吸附，2009，(4)：377-383.

[258] 陈寿.高固低黏水性紫外光固化环氧丙烯酸酯的合成及性能.化工新型材料，2010：(2)：104-107.

[259] 刘巍.水性光固化环氧树脂乳液的制备及性能研究.涂料工业，2009，(1)：62-65.

[260] 刘巍.环氧丙烯酸酯改性光固化水性聚氨酯的合成及性能研究.涂料工业，2008(12)：34-37.

[261] 李锦，谢益民，王鹏.水性光敏树脂的合成及其在纸张涂布中的应用.中国造纸，2007，(9)：12-14.

[262] 叶代勇.多重交联紫外光固化水性聚氨酯涂料.电镀与涂饰，2010，(11)：60-64.

[263] 罗雪方，赵秀丽，杜亮.多官能度水性光敏聚氨酯丙烯酸酯的合成与表征.涂料工业，2009，(8)：8-11.

[264] 冯利邦，王玉龙.UV固化聚氨酯-丙烯酸酯乳液的合成工艺研究。聚氨酯工业，2009，(20)：17-20.

[265] 吴蓁，郭青，刘飞伟.紫外光固化水性聚氨酯-丙烯酸酯复合树脂的结构与性能研究.新型建筑材料，2010，(8)：21-23.